Sicherheitsbewertung von Composite-Druckgasbehältern

Georg W. Mair

Sicherheitsbewertung von Composite-Druckgasbehältern

Potential statistischer Methoden jenseits aktueller Vorschriften

 Springer Vieweg

Georg W. Mair
Großbeeren
Deutschland

ISBN 978-3-662-48131-8   ISBN 978-3-662-48132-5 (eBook)
DOI 10.1007/978-3-662-48132-5

Die Deutsche Nationalbibliothek verzeichnet diese Publikation in der Deutschen Nationalbibliografie; detaillierte bibliografische Daten sind im Internet über http://dnb.d-nb.de abrufbar.

Springer Vieweg

Gedruckt auf säurefreiem und chlorfrei gebleichtem Papier

Springer Berlin Heidelberg ist Teil der Fachverlagsgruppe Springer Science+Business Media
(www.springer.com)

Es gibt keine Sicherheit, nur verschiedene Grade der Unsicherheit.
(Anton Pawlowitsch Tschechow)

Vorwort

Dieses Buch beschreibt eines der Themen, die sich wie ein roter Faden durch die vergangenen 25 Jahren meiner Arbeit mit Druckbehältern ziehen: Die probabilistische Betrachtung der Sicherheit von Gasbehältern aus Faserverbundwerkstoffen. Dieser rote Faden war immer geprägt von dem engen und kreislaufartigen Zusammenwirken dreier Perspektiven: Der praktischen Anwendung von Vorschriften, den in der Anwendung erkannten Defiziten mit der daraus abgeleiteten umfangreichen Forschung und den wiederum aus der Forschung resultierenden Änderungen des Rechts.

Die praktische Anwendung von Vorschriften ist fester Bestandteil meiner Arbeit an der Bundesanstalt für Materialforschung und -prüfung (BAM), die auf dem Gebiet der Transportbehälter für Gase zuständige Behörde ist. Diese Arbeit führt immer wieder zu überraschenden Prüfphänomenen, die als Schwächen eines Baumusters oder manchmal auch der Prüf- und Zulassungsvorschriften interpretiert werden müssen. Die Suche nach dem Ausgleich dieser Schwächen ist wiederum klassischer Bestandteil der Forschung, in deren Rahmen ich immer wieder die Ergebnisse in Form von Vorschlägen zur Vorschriftenänderungen formulieren und diese im Nachgang zur Forschung in der internationalen Harmonisierung von technischer Norm und Recht regelmäßig begleiten darf. Mit der Anwendung einer so überarbeiteten Vorschrift schließt sich der Kreis, um in die nächste Runde der praktischen Erfahrung zu gehen.

Im Rahmen dieser Zyklen der Vorschriftenverbesserung ging es thematisch immer wieder auch darum, wie Vorschriften zu ändern wären, um Zukunft zu gestalten. Hierzu gehören die Methoden, nach denen Prüffristen festzulegen sind, die Überwachung der Lebensdauer zu erfolgen hat oder ob mithilfe alternativer Sicherheitsnachweise neue, effizientere Speicherkonzepte zugelassen werden könnten. In den letzten 10 Jahren entwickelte sich aus Gedanken zur Lösung dieser Fragen – im Kontext der speziellen Anwendung auf Druckgefäße aus Verbundwerkstoffen im Gefahrguttransport – ein Ansatz mit neuen Prozeduren zur Prüfung und Sicherheitsbewertung von Speichern und Druckgefäßen aus Verbundwerkstoffen. Diese Prozeduren erlauben es, die Sicherheit eines Baumusters nahezu unabhängig von den im geltenden Recht vorgeschriebenen Werkzeugen und damit auch jenseits dieser Vorschriften zu beurteilen. Damit werden neue Bereiche der Baumusteroptimierung und Gestaltungsfreiheit eröffnet. Gleichzeitig werden aber auch manche Eigenschaften heute möglicher Auslegungen in Frage gestellt.

Abb. 1 Logo zum Probabilistischen Ansatz (PA)

Das resultierende Verfahren bietet die Möglichkeit zur Optimierung bzgl. Gewicht und Kosten auf jedem vom Gesetzgeber in entsprechender Form geforderten Sicherheitsniveau.

Deterministische und insbesondere probabilistische Verfahren zur Prüfung und Bewertung der Sicherheit müssen unabhängig vom Baumuster anwendbar sein. Im Fall der Zulassung muss ein Baumuster auch mit wenig Wissen über die Auslegung beurteilbar sein. In der Konsequenz sind die klassischen Fachthemen der Verbundwerkstoffe, die einer Auslegung oder Optimierung zugrunde liegen, wie die Werkzeuge der Spannungsanalyse, Festigkeitshypothesen oder die Kunst der Fertigung von Druckbehältern nicht Gegenstand der Ausführungen in diesem Buch.

Die Erläuterungen folgen dem Ziel, ein probabilistisches Konzept mit einem Einblick in die relevanten Grundlagen für die Weiterentwicklung im Recht anzubieten. Das Ergebnis ist eine systematische Darstellung von Arbeits- und Analyseschritten, die unabdingbar für die Betrachtung der Festigkeitseigenschaften im probabilistischen Sinne sind. Intention und Wirkung dieser Schritte sind überwiegend phänomenologisch anhand einer Auswahl eigener Prüf- und Forschungsergebnisse dargelegt. Zur Kenntlichmachung für Beiträge zu diesem Konzept ist bereits vor Jahren die Idee für ein „Logo" (Abb. 1) entstanden, das seit 2014 durch mein Team international Verwendung findet.

Das Buch soll dazu dienen, die wesentlichen Elemente eines probabilistisches Zulassungsansatzes und ihre Interaktion darzustellen. Damit Interessierte dem Ziel effizient folgen können, wird darauf verzichtet, die essentiellen Themen weiter zu vertiefen als dies für das Verständnis des Ansatzes als Ganzes erforderlich ist. Dies gilt insbesondere für einige Detailaspekte der Statistik und der Mikromechanik, die der zitierten Literatur folgend, individuell vertieft werden können.

Auch wenn der Anspruch besteht, alles Sinnvolle zu bedenken, so ist dies kaum zu leisten und noch schwerer ist es, dies lesbar auszudrücken. Es gibt noch eine Reihe von Fragen, deren Beantwortung in der Zukunft einen solchen Ansatz besser und effizienter machen wird. Hierzu gehört ein verbessertes Verständnis zum statistischen Langzeitverhalten der Verbundwerkstoffe, von der Bauteilebene bis hinein in mikromechanische Modelle. Dazu gehören auch die verbesserte Anwendbarkeit zerstörungsfreier Prüfverfahren und eine auf Druckbehälter aus Verbundwerkstoffen abgestimmte Validierung der umfangreichen Auswahl statistischer Werkzeuge.

Mit Blick auf den Rahmen, in dem und für den die dargelegten Erkenntnisse gesammelt und bewertet wurden, gehe ich davon aus, dass dieses Buch die Einführung von Wasserstoff als potenziell CO_2-neutralen und universell einsetzbaren Energieträger unterstützen wird. Denn gerade in diesem Bereich erfolgt die Suche nach gewichts- und kostengünstigen, aber insbesondere sicheren Gasspeichern mit hoher Intensität. Hierbei ist aus Sicht des Autors ein essentieller Grundsatz unbedingt zu berücksichtigen, der für die erfolgreiche Einführung neuer technischer Anwendungen eine besondere Bedeutung hat:

> Für die Attraktivität und Akzeptanz einer Technologie ist im Zweifelsfall die Sicherheit höher zu bewerten als die Wirtschaftlichkeit.

Danksagung

Im Grunde sind wir alle kollektive Wesen....... selbst das größte Genie würde nicht weit kommen, wenn es alles seinem eigenen Inneren verdanken würde. (J. W. v. Goethe)

Gerade mit Blick auf die Komplexität des Themas bin ich all denen dankbar, die mich in den letzten 25 Jahren bei der Prüfung von Composite-Druckgefäßen und –speichern, auf der Suche nach dem Verstehen ihrer Eigenschaften und deren statistischer Betrachtung begleitet haben.

Dies waren zunächst die Mitarbeiter des Instituts für Luft- und Raumfahrt der TU Berlin und zahlreiche Studenten mit ihren Abschlussarbeiten. Mein besonderer Dank gilt meinem Doktorvater Prof. Dr.-Ing. Johannes Wiedemann († 2004), der mich lehrte, ein analytisch geprägtes Verständnis von Verbundwerkstoffen zu entwickeln und die graphische Analyse zum Erkennen komplexer Zusammenhänge zu verwenden.

Jeder meiner ehemaligen und aktuellen Mitarbeiterinnen und Mitarbeiter im Bereich „Druckgefäße" an der Bundesanstalt für Materialforschung und -prüfung hat seinen Teil zum hier dargestellten Inhalt beigetragen. Nicht nur die Wissenschaftler, insbesondere auch diejenigen, die meine Ideen in der Prüfpraxis umzusetzen oder zur Bewertung von Ergebnissen anzuwenden hatten und haben, haben einen großen Anteil an der Entwicklung einer umfassenden Idee.

Dies sind: Dr.-Ing. Stefan Anders, Dr.-Ing. Ben Becker, Dipl.-Ing. Eric Duffner (FH), Dipl.-Ing. Christian Gregor, Dipl.-Ing Martin Hoffmann, M. Eng. André Klauke, Dipl.-Ing. Markus Lau, Dipl.-Ing. Stephan Lenz (FH), Heinz Macziewski, Dipl.-Ing. (FH) Hans-Jörg Müller, Dipl.-Ing. (FH) Andreas Neudecker, Dr.-Ing. Pavel Novak, Dr.-Ing. Pascal Pöschko, Dipl.-Wirt.-Ing. (FH) Herbert Saul, Dr.-Ing. Florian Scherer, Dipl.-Ing. Irene Scholz, Dipl.-Ing. (FH) André Schoppa, M. Eng. Thorsten Schönfelder, Dr.-Ing. Jost Sonnenberg, Dipl.-Ing. (FH) Manfred Spode, Dr.-Ing. Michael Schulz und Dipl.-Ing. (FH) Mariusz Szczepaniak. Nicht unerwähnt lassen möchte ich meinen ehemaligen Kollegen Herrn Dr. habil. Jürgen Bohse, der mein Verständnis für Verbundwerkstoffe durch seine Interpretation von Ergebnissen aus der Schallemissionsanalyse wesentlich geprägt hat.

Auch möchte ich es nicht versäumen, mich bei der Leitung der Bundesanstalt für Materialforschung und -prüfung BAM und meinen Vorgesetzten zu bedanken, die vor 15 Jahren mit einer weitsichtigen Investmententscheidung, die Voraussetzungen für die Erarbeitung der hier dargestellten, umfangreichen Prüfergebnisse geschaffen und über die Zeit begleitet haben.

Nicht zuletzt sei denjenigen gedankt, die sich auf deutscher und insbesondere auf europäischer Ebene als Forschungsmittelgeber und als Forschungspartner dem Thema im Rahmen der Vorhaben StorHy (6. Forschungsrahmenprogramm der EU „FP6"), INGAS (FP 7), HyComp (FP7), HyCube (EU „KIC InnoEnergy"), „Langzeitverhalten Composite-Druckgefäße" (Bundesministerium für Verkehr und digitale Infrastruktur BMVI) und CryoCode (Nationale Organisation Wasserstoff- und Brennstoffzellentechnologie NOW) unterstützend angenommen haben. Unentbehrlich für dieses Buch waren diejenigen, die durch kritische Diskussionsbeiträge zur Weiterentwicklung und Schärfung der hier dargestellten Inhalte beigetragen haben.

Der größte Dank gebührt aber meiner Frau und meinen Kindern, die Jahren viel Geduld mit mir haben und insbesondere im letzten Jahr der Manuskripterstellung hatten. Sie geben mir den Freiraum, der notwendig ist, um über viele Jahre konsequent und engagiert an einem Thema zu bleiben und so das vorliegende Buch entstehen zu lassen.

Inhaltsverzeichnis

Abkürzungsverzeichnis

Abkürzungen

Al	Aluminium
AMD	künstlich eingebrachte Fertigungsabweichung (artificial manufacturing defect)
BoL	Anfang des Betriebes/erstmaliges Inverkehrbringen
BT	Berstprüfung (burst test)
CC	Composite-Cylinder (Gasflasche aus Kompositwerkstoff)
CF	Carbonfaser (Kohlenstofffaser)
CFK	Carbonfaser-verstärkter Kunststoff (CF in Kunststoffbettung)
cyfas	lastwechsel-empfindlich (cycle fatigues sensitive)
EoL	Ende der geplanten Lebensdauer
F	Eintrittshäufigkeit F (frequency of occurance)
FC	Füllzyklus (filling cycle)
FR	Ausfallwahrscheinlichkeit (failure rate)
GFK	Glasfaser-verstärkter Kunststoff
LBB	Leck-vor-Bruchverhalten (leak before break)
LCT	Lastwechselprüfung (load cycle test)
LW	Lastwechsel (load cycle LC)
MF	Fertigungsfehler (manufacturing defect)
ND	(GAUSSsche) Normalverteilung
non-cyfas	lastwechsel-unempfindlich (non-cycle fatigue sensitive)
PA	Probabilistischer Ansatz
PAA	Probabilistischer Zulassungsansatz (probabilistic approval approach)
PRD	Druckentlastungseinrichtung (meist integral im Absperrventil)
SBT	langsame Berstprüfung
SPC	Arbeitsdiagramm für Stichprobenprobeneigenschaften (sample performance chart)
SR	Überlebenswahrscheinlichkeit (survival rate)
SV	statistische Verteilungsfunktion
TDG	Transport gefährlicher Güter (transport of dangerous goods)

TPRD	thermisch aktiviertes PRD
UTS	Anfangsfestigkeit (ultimate strength)
WCC	Worst case corner
WD	WEIBULL-Verteilung

Symbole mit Einheiten

b	Formparameter der WEIBULL-Verteilung [−]
i	laufende Nummer der Prüfmuster einer Stichprobe [−]
$k_{50\%}$	Korrekturfaktor für die Berechnung des Konfidenzintervalls für den Mittelwert [−]
k_s	Korrekturfaktor für die Berechnung des Konfidenzintervalls für die Standardabweichung [−]
m	Mittelwert der Ergebnisse einer Stichprobenprüfung
m_{logN}	Mittelwert der logarithmierten Werte einer Stichprobe; Lastwechselprüfung [−]
n	Stichprobenumfang (Anzahl der Prüfmuster eines Loses) [−]
p	Innendruck in einem Prüfmuster [MPa]*
$\dot{p}$	Druckanstiegsrate ($\Delta p/\Delta t$) [MPa/min]*
$\pm\Delta p$	akzeptierte Abweichung von der idealen Soll-Druckkurve [MPa]*
Δp_d	Druckabweichung während einer Druckstufe von der idealen Soll-Druckkurve [MPa]*
Δp_s	(Druck-) Höhe jeder einer Druckstufe [MPa]*
	in manchen Fällen wird [bar] gefordert, da es international für die Kennzeichnungen von CCn verwendet wird
$p_{10\%}$	Berstfestigkeit (-druck) bei SR von 10 % der Stichprobe [MPa]
$p_{50\%}$	Mittelwert und Median des Berstdrucks einer Stichprobe [MPa]
$p_{90\%}$	Berstfestigkeit (-druck) bei SR von 90 % der Stichprobe [MPa]
s	Standardabweichung einer Stichprobe
s_{logN}	Standardabweichung der logarithmierten Werte einer Stichprobe; LW-Prüfung [−]
t	Parameter der STUDENT-Verteilung
t_o	Parameter „ausfallfreie Zeit" einer WEIBULL-Verteilung
Δt_h	Haltezeit im Fall von Druckstufen in der Berstprüfung [s]
Δt_s	Gesamtdauer einer Druckstufe [s]
x_{ND}	Abweichungsmaß der GAUSSschen Normalverteilung [−]
MSP	Maximaler Betriebsdruck (Maximum service pressure ≤ test pressure PH) [MPa]
N	(Rest-) Lastwechselfestigkeit bis Versagen [−]
$N_{10\%}$	Anzahl der Lastwechsel bis Versagen bei SR von 10 % der Stichprobe [−]
$N_{50\%}$	Mittelwert bzw. Median der Lastwechsel bis Versagen einer Stichprobe [−]
$N_{90\%}$	Anzahl der Lastwechsel bis Versagen bei SR von 90 % der Stichprobe [−]
N_s	Streuwert der Lastwechselzahl bis Versagen (basiert auf der Standardabweichung) [LW]
NWP	Nennbetriebsdruck (nominal working pressure) [MPa]

PH	Prüfdruck (test pressure = 150 % nominal working pressure NWP) [MPa]
PW	Arbeits- oder Betriebsdruck [MPa]
Q	Umfang der Grundgesamtheit (Population) [−]
SR	Überlebenswahrscheinlichkeit einer Population bei einer definierten Last; Anteil der Prüfmuster einer Stichprobe, die eine definierte Last überleben [−]
T	Temperatur [°C]
T	Charakteristische Lebensdauer („63,2 %-Wert") der WEIBULL-Verteilung [−]
T_N	Streuspanne der Lastwechselfestigkeit = $N_{90\%}/N_{10\%}$ [−]
T_p	Streuspanne der Druckfestigkeit = $p_{90\%}/p_{10\%}$ [−]
T_t	Streuspanne der Zeitstandfestigkeit = $t_{90\%}/t_{10\%}$ [−]
UTS	Anfangsfestigkeit
V	nutzbares Volumen eines CC; ermittelt durch Auslitern [Liter]
Ψ	relatives Streumaß des Berstdrucks einer Stichprobe: $\Psi \equiv \Omega_{10\%} - \Omega_{90\%}$ [−]
Ω	relativer Berstdruck $\Omega \equiv p/MSP$ [−]
Ω^*	relativer Berstdruck $\Omega \equiv p/PH$ [−]
$\Omega_{10\%}$	relative Berstfestigkeit einer Stichprobe bei SR = 10 % $\Omega \equiv p_{10\%}/MSP$ [−] (s. Ω)
$\Omega_{50\%}$	relative Mittelwert der Berstfestigkeit einer Stichprobe $\Omega \equiv p_{50\%}/MSP$ [−] (s. Ω)
$\Omega_{90\%}$	relative Berstfestigkeit einer Stichprobe bei SR = 90 % $\Omega \equiv p_{90\%}/MSP$ [−] (s. Ω)
Ω_s	relative Standardabweichung der Berstfestigkeit $\Omega_s \equiv p_s/MSP$ [−] (s. Ω)
Ω_s^*	relative Standardabweichung der Berstfestigkeit $\Omega_s \equiv p_s/PH$ [−] (s. Ω)
Ω_μ	„wirklicher" Mittelwert des Bestfestigkeit (Grundgesamtheit) [−]
Ω_σ	„wirkliche" Standardabweichung der Berstfestigkeit [−]
α	Irrtumswahrscheinlichkeit [%]
γ	Konfidenzniveau (hier ist es 95 %, falls nicht anders dargestellt) [%]
μ	Mittelwert der Grundgesamtheit
σ	Spannung (Last pro Fläche) [MPa]
σ	Standardabweichung der Grundgesamtheit

Einführung

Gegenstand der nachfolgenden Analysen sind Druckbehälter aus Verbundwerkstoffen (auch „Kompositwerkstoffe" bzw. dem englischen Sprachgebrauch entnommen „Composite") für die Speicherung von Gasen im Kontext verschiedenster Anwendungen. Der Begriff „Druckbehälter" ist in Deutschland seit dem Rückziehen der DruckBehV [1] streng genommen auf stationäre Anwendungen beschränkt. Hier gewinnen Druckbehälter aus Verbundwerkstoffen aufgrund ihrer hohe Lastwechselfestigkeit z. B. als Pufferbehälter der obersten Druckstufen in Tankstellen an Bedeutung.

Im Bereich der Fahrzeuge, in dem diese Umschließungen aus Gewichtsgründen immer mehr Verbreitung finden, spricht man entweder von „Tanks" oder von „Treibstoffspeichern". Da in diesem Kontext der Treibstoff ein Gas ist, spricht man auch von „Treibgasspeichern/Treibgasspeichersystemen". Dieser Begriff ist relativ sperrig. Der davor genannte Begriff „Tank" ist dagegen im Kontext mit einem komprimierten Gas physikalisch nicht korrekt und insbesondere missverständlich, da er im Gefahrguttransportrecht ein definierter Oberbegriff für Umschließungen von Flüssigkeiten und Gasen mit einer Wasserkapazität von mindestens 450 L [2] darstellt.

Im Gefahrguttransport wiederum werden die hier interessierenden Druckbehälter als „Gasflasche" (bis 150 L) oder „Großflasche" (über 150 L bis zu 3000 L) bezeichnet, die mit anderen Behälterarten unter dem Oberbegriff „Druckgefäß" subsummiert werden.

Im Sprachgebrauch der ISO (International Standardisation Organisation) werden Druckbehälter, Großflaschen und Flaschen etc. abweichend von den teilweise widersprüchlichen Definitionen in den Rechtsvorschriften verschiedener Rechtsgebiete als „cylinders" (Gasflasche) bezeichnet. Im Duktus des ISO/TC58 werden Druckbehälter aus Verbundwerkstoffen (engl. „composite") unabhängig von der Verwendung (stationär, Fahrzeug oder Gefahrgut) kurz „composite cylinders" genannt. Davon abgeleitet wird in diesem Rahmen die Bezeichnung „Composite-Cylinder" für die verwendungsunabhängige Bezeichnung der Bauweise aus dem Englischen übernommen und ggf. mit „CC" abge-

© Springer-Verlag Berlin Heidelberg 2016
G. W. Mair, *Sicherheitsbewertung von Composite-Druckgasbehältern,*
DOI 10.1007/978-3-662-48132-5_1

Abb. 1.1 Wasserstoffbasiertes
Elektrofahrzeug (mit freund-
licher Genehmigung der BMW
Group)

kürzt. Sofern im Folgenden ein bestimmter Verwendungsbereich gemeint ist, wird wieder
auf die o. g., verwendungsspezifischen Bezeichnungen zurückgegriffen.

Unabhängig von dem Bereich der Verwendung sind die Entwicklung und auch das
Interesse an weiteren Verbesserungen mit Blick auf Sicherheit, Gewicht und Kosten die-
ser Composite-Cylinder (CC) wesentlich mit der Frage der e-Mobilität verbunden (z. B.
Abb. 1.1).

In diesem Kontext muss darauf hingewiesen werden, dass alle Fahrzeuge als e-Fahrzeug gelten, die
elektrisch angetrieben werden. Somit ist dieser Begriff nicht auf sog. „Plug-In-Batteriefahrzeuge"
begrenzt. Wasserstofffahrzeuge mit Brennstoffzelle (HFC) haben einen elektrischen Antrieb und
gelten somit im Gegensatz zu Wasserstofffahrzeugen mit Verbrennungsmotor (ICE) als e-Fahrzeug.
Der Begriff „Batteriefahrzeug" hat im Kontext des Elektroantriebes eine vollständig andere Bedeutung als im Gefahrgutrecht. Dort meint „Batteriefahrzeug" ein Fahrzeug, auf dem eine Batterie
von Druckgefäßen für den Transport von Gasen fest montiert ist, wie z. B. in Abb. 1.2 dargestellt.

Abb. 1.2 Modernes Großflaschenbatterie-Fahrzeug für die Belieferung von Wasserstofftankstellen
(mit freundlicher Genehmigung der Fa. Linde Gas)

Abb. 1.3 Kryogene Druckspeicherung von Wasserstoff in
Pkw (mit freundlicher Genehmigung der Fa. BWM Group)

Ohne einen leistungsfähigen Gasspeicher, der derzeit immer noch als „Flaschenhals" bzgl. Kosten in Treibgasfahrzeugen angesehen wird, bleibt der Teil der e-Mobilität, auf die batteriebasierten Kurzstreckenfahrzeuge bzw. auf e-Fahrzeuge mit fossil betriebenen Range-Extendern beschränkt. Entsprechend wird intensiv nach neuen Ansätzen zur Speicherung von Wasserstoff gesucht. Dies bedeutet meist eine Evolution im Sinne einer Topologieveränderung. Im Einzelfall ist dies aber auch eine Revolution im Sinne einer Funktionsänderung. So wird z. B. an der Speicherung in Mikrostrukturen (z. B. Glaskapilaren) oder an der Kombination von Druck und niedriger Temperatur (gasförmig kryogen) gearbeitet. In dem in Abb. 1.3 dargestellten Speicher ist ein vollumwickelter Metall-Composite-Treibgasspeicher mit einem hochisolierenden Vakuum kombiniert, um die Energiedichte der flüssig-tiefkalten Speicherung mit einem deutlich reduzierten Aufwand zu erreichen. Außerdem kann dieser Speicher im „Notfall" auch mit normalem „Druckwasserstoff" betrieben werden. Eine der besonderen Herausforderung in der Auslegung des innen liegenden Composite-Speichers ist der gegenüber vergleichbaren Druckspeichern große Temperatur- und damit auch Eigenspannungsbereich.

Das Interesse an Optimierung besteht grundsätzlich auch im Bereich der Infrastruktur und der Tankstellentechnik. Um in zumindest temporärer Ermangelung entsprechender Leitungen, Tankstellen mit Wasserstoff effizienter als bisher versorgen zu können, ist z. B. das in Abb. 1.2 dargestellte Batterie-Fahrzeug entwickelt worden.

Bei all diesen Anwendungen kommen verschiedenen Bauweisen von CCn (Composite-Cylindern) zum Einsatz. Um die relevanten Unterschiede besser nachvollziehen zu können, ist in Abb. 1.4 verdeutlicht, wonach die verschiedenen CC unterschieden werden.

Typ I meint einen Composite-Cylinder aus Metall, d. h. ohne Composite (meist aus Stahl, aber auch aus Aluminiumlegierungen), wie er im Grundsatz auch vor über 120 Jahren Verwendung fand [3].

Typ II bezeichnet einen Teil-Hybrid. Sein metallischer Basisbehälter (Liner) ist im zylindrischen Teil mit einer Umfangsarmierung versehen. Damit trägt das Metall nicht nur einen Teil der Umfangslast, sondern auch die gesamte Last in Richtung der Behälterachse.

Typ III bedeutet einen *Hybrid* – CC, der vollständig umwickelt ist. Damit hat die Armierung Steifigkeit und Festigkeit in alle Lastrichtungen. Dennoch trägt der metallische

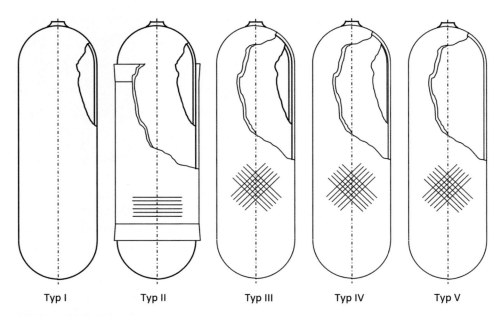

Typ I Typ II Typ III Typ IV Typ V

Abb. 1.4 Bauweisen (Typen) von Composite-Cylindern

Liner (Innenbehälter meist aus Aluminiumlegierung, aber auch aus Stahl,) nach Maßgabe des Steifigkeitsverhältnisses und der Vorspannung mit.

In CCn des Typs IV wird aus Gewichtsgründen ein Liner aus Kunststoff eingesetzt. Dieser Liner hat gegenüber Metall reduzierte Permeationseigenschaften und trägt aufgrund seiner geringen Steifigkeit nicht mehr mit. Ein gutes Design entgeht dadurch dem Problem der relativ geringen Ermüdungsfestigkeit der metallischen Werkstoffe und kann so die hohe Festigkeit des Composites besser ausnutzen.

Seit kurzem gibt es in der offiziellen Nomenklatur des bei der *ISO* für CC „zuständigen" Technical Committee (ISO/TC58) noch einen fünften Typ. Dieser Typ V steht für ein Design ganz ohne dichtenden Liner. Damit übernimmt das Composite bzw. eine entsprechende Behandlung der Innenoberfläche auch die Dichtfunktion. In der Praxis ist dieser Typ aber derzeit noch auf die Verwendung für niedrige Drücke (Prüfdruck bis 30 bar) reduziert. Hierbei kommt es oft weniger auf die Festigkeit gegen Innendruck als auf eine Mindestwanddicke bei robustem Umgang an.

Die Nutzung von Gasen wie auch deren Transport gehen, wie im Unterkapitel 1.1 dargestellt, in seiner Historie weit zurück. Die aktuell praktische Bedeutung von *Erdgas* und *Wasserstoff* für die Energieversorgung (s. z. B. [4–7]) und Mobilität (s. z. B. [8]) oder anderer Gase für das Funktionieren einer modernen Technikgesellschaft ist in der Literatur umfangreich dargestellt und wird mit Verweis auf die o. g. Studien hier nicht weiter ausgeführt.

Auch bezüglich der Grundlagen zu Verbundwerkstoffen sei auf Standardwerke wie [9–12] verwiesen. Speziell für die Gestaltung von Druckbehälter aus Verbundwerkstoffen gibt es in o. g. Literatur Abschnitte und umfangreiche Verweise auf weiterführende Literatur, die hier nur zum kleinen Teil bedarfsweise zitiert wird. Es ist aber kein umfangreiches Werk bekannt, das man international als Standardwerk für Druckbehälter aus Verbundwerkstoffen bezeichnen könnte.

Was im Gegensatz zur Motivation dafür, Gas zu Speichern oder Verbundwerkstoffe zu verwenden, einer Einführung bedarf, sind die drei Eckpunkte und weitere Schlüsselthemen, die aus Sicht des Autors zu dem hier dargestellten Ansatz für den statistischen Sicherheitsnachweis von Composite-Hochdruckspeichern geführt haben.

Der erste Eckpunkt ist die Einsicht in die Überschätzung der Bedeutung der deterministischen Mindestfestigkeiten bei Composite-Druckgefäßen. Der zweite Punkt ist die Erkenntnis, dass sich die Betriebsfestigkeit und auch die Restfestigkeit vieler Baumuster nicht über die Lastwechselprüfung statistisch quantifizieren lassen. Der dritte ist eine Reihe misslungener Zeitstandsprüfungen, aus denen die Motivation zur Entwicklung der langsamen Berstprüfung entstand.

Insofern sind die nachfolgenden, einführenden Betrachtungen von Bedeutung, um über diesen Hintergrund die Intention des in den Kap. 2 bis 4 beschriebenen Ansatzes und der weiter führenden Gedanken im Kap. 5 zu vermitteln.

1.1 Historische Entwicklung der Druckgasspeicher

Die Industrialisierung Europas fußte im Wesentlichen auf der Nutzung der mechanischen Energie, die im 19. Jhd. mithilfe der Dampfmaschinen zunehmend unabhängig von Wasserläufen und Wind zur Verfügung stand. Trotz der Betriebsregelung in Deutschland für Dampfkessel aus dem Jahr 1831 kam es mit der zunehmenden Anzahl von Dampfkesseln zu immer häufigeren Unfällen („Zerknall"; vergl. Abb. 1.5), die die wirtschaftliche Existenz der betroffenen Unternehmen als auch die Akzeptanz der Technik gefährdeten. Zur Vermeidung solcher Unfälle gründeten die Dampfkesselbesitzer unabhängige Überwachungsorganisationen in Form von Vereinen. Ihr Erfolg bei der Vermeidung von Dampfkesselunfällen war so beachtlich, dass die Dampfkessel von Mitgliedern dieser regionalen Selbsthilfe-Organisationen („Dampfkessel-Überwachungs- und Revisions-Vereine: DÜV") ab 1871 von der staatlichen Inspektion frei gestellt wurden. Erst 1908 gab es die ersten deutschen Bauvorschriften für Dampfkessel.

Der Erfolg des DÜV in der Unfallverhütung der sich rapide weiter entwickelnden Dampfdruck-Technologie war der Grund dafür, dass die DÜVe später auch mit Sicherheitsprüfungen auf anderen technischen Gebieten, unter anderem mit der wiederkehrenden Prüfung von Gasflaschen als Organisation staatlich anerkannter (beliehener) Sachverständiger (technische Überwachungsvereine „TÜV") beauftragt wurden. Aus diesen Erfahrungen entwickelten sich die „technischen Regeln Gase", die auch die technische Basis

Abb. 1.5 Dampfkesselzerknall einer Lokomotive am 2. November 1890

der in Deutschland im Jahr 1968 zum Zweck der Arbeitssicherheit eingeführten Druckgas-
verordnung darstellen. Im Ergebnis mussten nach 1968 alle Gasflaschen in Deutschland
zugelassen sein, um befüllt werden zu dürfen.

Unter dem Dach der EWG (römischen Verträge 1957/1958) folgten auf Basis des EG-
Vertrages Art. 95 (vormals: 100a) in den 80er Jahren Diskussionen zur Harmonisierung
auf der Basis von Normen (Entschließung 85/C136/01). Dem folgte der sog. „Global Approach" (Entschließung des Rates 89/C267/03) und später die Ausformung der Module
im „New Approach" (Beschluss des Rates 90/683/EWG), die den Binnenmarkt und die
europaweite Anerkennung von Prüfungen privater Prüfstellen zum Inhalt hatten.

Separate Anforderungen für den Transport von Gasen in Gasflaschen als Gefahrgut-
transportumschließung von Gasen (Druckgefäße) in Ergänzung zur Druckgas- und später
Druckbehälterverordnung gab es bis zu den Europäischen Übereinkommen über die inter-
nationale Beförderung gefährlicher Güter auf Straße (1957: ADR) und Schiene (1980:
RID) nicht. Auf die gegenseitige Anerkennung von nationalen Zulassungen für den ausschließlichen Zweck der Beförderungen durch bzw. in die Unterzeichnerstaaten mit der
Genehmigung zur Entleerung folgten 1984 die ersten EWG-weit harmonisierten Beschaf-
fenheitsanforderungen für Gasflaschen: drei harmonisierte EWG-Richtlinien 84/525/
EWG, 84/526/EWG und 84/527/EWG, nach denen die so genannten „EWG-" oder „ε–
Flaschen" gebaut wurden. Damit begann der Wechsel von der dominierenden Betrachtung
des Arbeitsschutzes hin zur Federführung des Transportrechtes mit seinen zwischenstaat-
lichen Verträgen. Diese griffen die bestehenden arbeitsrechtlichen Vorschriften zum größten Teil auf und ergänzten diese durch die Aspekte der Transportsicherheit. An der Anforderung, dass zum Schutze des Füllers grundsätzlich nur Flaschen mit einem Prüfstempel
eines deutschen TÜVs befüllt werden durften, änderte sich jedoch zunächst nichts.

Mit dem „ADR 1997" wurde das internationale Regelwerk ADR über die Rahmenricht-
linie 94/55/EG auch für den nationalen Straßenverkehr in D verbindlich. Parallel hierzu
gab es die Möglichkeit, für Druckgefäße mit nationaler Zulassung unter Einschaltung der
jeweils zuständigen Behörde für den IMDG-Code eine umfangreiche Transporterlaubnis
für den Seeverkehr zu erhalten. Für die Befüllung der Druckgefäße in (West-) Deutschland galt aber nach wie vor die auf dem Arbeitsschutz basierte Druckbehälterverordnung
(§ 15(3): Kennzeichen des GSG-Sachverständigen) mit den TRGs (z. B. 402) etc.

Auf dieser Basis wurde auch eine Richtlinie für Transportumschließungen von Gasen
entwickelt: die Richtlinie 1999/36/EG über ortsbewegliche Druckgeräte „TPED"(Transportable Pressure Equipment Directive). Sie basiert auf dem Artikel 75 (alt) der EG-Ver-
träge, beinhaltet aber dennoch wesentliche Elemente des „New Approach". Diese Richtlinie wurde in Stufen zwischen 1. Juli 2001 (Anfang Übergangszeit Gasflaschen) und 1. Juli
2007 (Ende Übergangszeit Gastanks) in allen EU-Mitgliedsstaaten verbindlich eingeführt.

Der § 15(3) DruckBehV galt in Deutschland bis Ende 2002 formal auch für die Flaschen, die seit dem 1. Juli 2001 in Übereinstimmung mit der TPED zertifiziert wurden.
Wobei in der EU alle Druckgefäße mit einem regelkonformen „π" und der Nummer einer
benannten Stelle als harmonisiert und sicherheitstechnisch unbedenklich befüllbar galten
und gelten. Die Konformitätsbestätigung nach der TPED ersetzte somit für die betroffenen Umschließungen die nationale Zulassung durch die jeweilig zuständigen (Bundes-)
Länderbehörden aufbauend auf Empfehlungen der nach dem Territorialitätsprinzip zuständigen Sachverständigenorganisation (TÜVs).

Nach dem 1. Juli 2003 mussten alle Gasflaschen, Großflaschen und geschlossene
Kryo-Gefäße grundsätzlich anstelle der vormals nationalen Zulassungen durch Anwendung der TPED (Richtlinie 1999/36/EG) zertifiziert werden. Hierbei sind nach wie vor
die technischen den Anforderungen der Landverkehrsvorschriften RID/ADR zu erfüllen.
ADR und RID sind jeweils völkerrechtliche Verträge, deren Vertragspartner ein Gebiet repräsentieren, das weit über EU-Europa und sogar den europäischen Kontinent hinausgeht.
Zum 1. Juli 2007 endete in der EU auch die Übergangsfrist für die übrigen ortsbeweglichen Druckgeräte wie Tanks, Bündel oder Druckfässer. Ausgenommen von der Erfassung
durch die TPED sind neue Druckgeräte nur, wenn diese ausschließlich für den Verkehr mit
Drittstaaten bestimmt sind (Artikel 1 (4) der TPED).

Mit dem Rückziehen der Druckbehälterverordnung Ende 2002 verschwanden jedoch
in Deutschland die Basis für nationale Zulassungen im Landverkehr als Verwaltungsakt
und auch die Zulassungsstellen der Bundesländer. Sofern Druckgefäße in Deutschland in
Verkehr gebracht werden sollen, bleibt somit de facto nur mehr der Weg über die TPED –
auch für den ausschließlichen Drittstaatenverkehr.

Per Beschluss des Europäischen Parlamentes vom 16. Juni 2010 wurde die Richtlinie
1999/36/EG durch die Richtlinie 2010/25/EU abgelöst. Auslöser für das Ersetzen waren
erheblichen Ergänzungen im ADR/RID, die das Wegfallen einiger Passagen aus der Richtlinie 1999/36/EG ermöglichten. Die Richtlinie 2010/25/EU wurde zum 03. Dezember
2011 mithilfe ODV (Ortsbewegliche-Druckgeräte-Verordnung vom 29. November 2011)

in Deutschland umgesetzt. Damit lief die Frist für die Herstellung und das Inverkehrbringen von Druckgefäßen nach der 1999/36/EG zum 31.12.2012 aus.

Parallel und teilweise bereits im Vorfeld zur Entwicklung der TPED entstanden bei den Vereinten Nationen in der sogenannten „Working Party 29" (kurz: UN ECE WP.29) unter dem Dach des sog. „1958er Agreement„ [13] technische Vorschriften für die Fahrzeugspeicher. In Deutschland wurden diese Fahrzeugspeicher anfangs ebenfalls nach der DruckBehV geprüft und zugelassen. Mit der Verabschiedung der ECE R67 [14] und der ECE R110 [15] in 2001 entstand mittels EU-Verordnung die Verpflichtung, diese im Zuge der STVZO [16] national anzuwenden. Damit fielen die Gasspeicher für Erdgas und Propan/Butan-Gemische als Bestandteil des Fahrzeugantriebs kurz vor dem Zurückziehen DruckBehV [1] ohnehin aus dem Geltungsbereich der DruckBehV.

Im Ergebnis waren damit ab 2002 die drei vorgenannten Anwendungen von CCn nach der DruckBehV (Gefahrguttransport, Fahrzeugspeicher und stationäre Speicher) rechtlich getrennt. In der Folge entwickelten sich sowohl die Vorschriften wie auch die Auslegung anwendungsspezifisch immer mehr auseinander. Was dazu führte, dass heute z. B. der Auslegungsdruck anwendungsabhängig unterschiedlich definiert wird. Auch die zugehörigen Sicherheitsbeiwerte und Prüfungen bilden in Umfang wie auch nach ihren Anforderungen unterschiedliche Niveaus ab.

Nichts desto trotz sind die technischen Eigenschaften im Grundsatz gleich. Auch sind die Verfahren zur Sicherheitsbeurteilung nach wie vor relativ stark an die umfangreichen Erfahrungen mit Stahlbehältern angelehnt. Daraus entsteht ein ähnlich gelagerter Bedarf, die Prüfverfahren weiter zu entwickeln. Auch das Potential, die Sicherheitskriterien anhand statistischer Methoden zu überprüfen, weiter zu entwickeln oder durch einen probabilistischen Ansatz für CCs zu ersetzen, ist vergleichbar.

1.2   Bedeutung des minimalen Berstdrucks für die Betriebsfestigkeit

In [17] ist das Ergebnis zuverlässigkeitsrestringierter Optimierungsrechnungen zu umfangsverstärkten Composite-Cylinder (Typ II) dargestellt: Eine Reihe optimaler Kombinationen (Optima) der Fertigungsparameter „Dicke des metallischen Liners", „Composite-Dicke" und „Vorspannung des Composites gegenüber dem Liner".

Jedes dieser Optima gibt ein Design wieder, das mindestens 99 % Zuverlässigkeit gegen Leckage und 99,9999 % gegen Bersten aufweist. Die im Nachgang erfolgte Analyse der aus diesen Designoptima resultierenden Berstdrücke ist in Abb. 1.6 über dem Gewicht der Optima dargestellt.

Abbildung 1.6 zeigt, dass die Auswertung der Berstfestigkeiten trotz gleicher Zuverlässigkeit gegen spontanes Versagen (Bersten) im Betrieb sehr unterschiedliche Ergebnisse liefert. Die in Abb. 1.6 dargestellte Gerade suggeriert einen Zusammenhang zwischen Berst-Sicherheitsbeiwert und Gewicht. Man ist damit versucht, zu vergessen, dass jeder Punkt in diesem Diagramm ein Design darstellt, das zumindest im Rahmen der Modellannahmen eine exakt gleiche Zuverlässigkeit gegen Bersten im Betrieb aufweist.

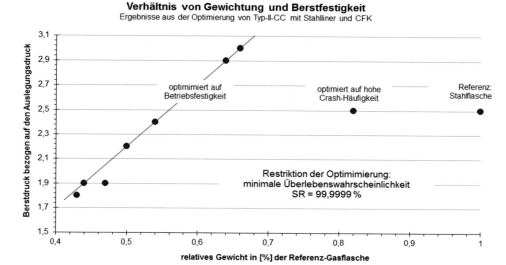

Abb. 1.6 Korrelation von Sicherheitsfaktor und Gewicht verschiedener Gasflaschen; alle nach [17] auf die gleiche Zuverlässigkeit optimiert

Daraus leitet der Autor ab, dass wenn aus der Zuverlässigkeit gegen Bersten im Betrieb nicht auf den Berstdruck geschlossen werden kann, dann auch aus dem Berstdruck nicht auf die Sicherheit im Betrieb geschlossen werden darf. Dies stellt konsequenterweise die zentrale Bedeutung der Mindestberstdrücke in Frage, wie diese heute für Composite-Cylinder zur Anwendung kommen. Ihre Aussagekraft für die Betriebssicherheit ist differenziert zu betrachten. Letztendlich führt das auch zu einer grundlegenden Verunsicherung, was die Aussagekraft deterministischer Werkzeuge der Sicherheitsbeurteilung angeht. Die Ergebnisse einer detaillierten Betrachtung des heutigen deterministischen Ansatzes werden im Kap. 5 im Detail ausgeführt.

1.3   Die Lastwechsel-Empfindlichkeit

Eines der aus dem Unterkapitel 1.2 ableitbaren Erkenntnisse ist die herausragende Bedeutung der statistischen Betrachtung von Festigkeitseigenschaften für die Sicherheitsbeurteilung. Aus dem Anspruch, Festigkeitseigenschaften statisch zu erfassen, leitet sich aber zwingend der Anspruch ab, die relevanten Prüfungen bis zum Versagen durchzuführen.

Es gibt eine Vielzahl von Baumustern, deren Festigkeit in der hydraulischen Prüfung der Ermüdungsfestigkeit deutlich über 100.000 Lastwechseln liegt. Vor dem Hintergrund einer statistischen Betrachtung bedeutet dies für die Lastwechselprüfung einer hinreichend großen Stichprobe einen nicht mehr tragbaren Aufwand. Mit teilweise 500.000 Lastwechsel bis zum Versagen erreicht man schon mit einer kleinen Stichprobe die Standzeit der

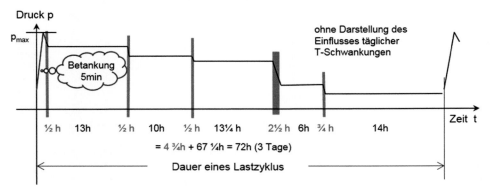

Abb. 1.7 Schema eines Druck-Zeit-Verlaufs eines Betankungszyklus (Kfz)

hydraulischen Druckübersetzer, wie sie heute (oft) in der Lastwechselprüfung eingesetzt werden.

Zur Reduktion der Lastwechselzahl ist eine Erhöhung des hydraulischen Innendrucks über den sogenannten Prüfdruck PH hinaus denkbar. Dies verbietet sich jedoch, da höhere Drücke betriebsfremde Belastungen darstellen würden. Diese würden über Kriechen und ggf. Linerplastifizieren einen deutlichen Einfluss auf den Eigenspannungszustand im Composite haben und damit möglichweise einen der Entwurfsparameter, d. h. die Auslegung, verändern.

Mit der Rückbesinnung auf die Belastungszustände während eines realen Betriebszyklus wird die Zweiteilung in der Simulation der Betriebsbelastung deutlich. Dies ist schematisch in Abb. 1.7 dargestellt. Während die Lastwechselprüfung der Frage der Zahl der Füllzyklen im Zeitraffer nachgeht, bleibt der Aspekt der Dauer einer Lasteinwirkung unbeleuchtet. Wie wir aus [18–20] und ähnlicher Literatur wissen, ist dieser Aspekt bei Composite-Werkstoffen im Gegensatz zu Metallen keinesfalls zu vernachlässigen. Wenn also die Zeitfestigkeit aus der Lastwechselprüfung für einen Aspekt der Betriebsfestigkeit steht, dann müsste auch die Zeitstandsfestigkeit einen Aspekt der Betriebsfestigkeit abbilden.

Die Entscheidung, ob die Lastwechselfestigkeit oder die Zeitstandsfestigkeit die beste Methode zur Ermittlung aktueller Betriebs-(Rest-)festigkeiten ist, bedarf eines Kriteriums. Als Kriterium wurde vom Autor ab 2010 (vergl. [21, 22]) die Lastwechsel-Ermüdungsempfindlichkeit vorgeschlagen. So wird jedes Baumuster als lastwechselempfindlich klassifiziert, das aus einer Stichprobe von mindestens 5 Prüfmustern einen oder mehr Ausfälle (Leckagen) vor 50.000 LW aufweist. Umgekehrt wird ein Baumuster als lastwechselunempfindlich bezeichnet, wenn in diesem Rahmen kein Ausfall festgestellt wird. Die Grenze von 50.000 LW basiert auf Praktikabilitätsüberlegungen und orientiert sich an der heute bereits übliche Abbruchgrenze von 45.000 LW (9-fache Füllzyklenzahl) gemäß z. B. Abschnitt 4.2.2.3 der REGULATION EU 406/2010 [23]. Man geht davon aus, dass ein Prüfmuster mit derart hoher Lastwechselfestigkeit eine im Betrieb schadensfreie bleibende Auslegung (safe-life design) hat. Entsprechend muss das Leckageverhalten nach diesem Konzept nicht weiter untersucht werden. Vor diesem Hintergrund wird die Grenze von 50.000 LW als akzeptabel angesehen. Dennoch ist dieser Zahlenwert ein de facto willkürlich gewählter Kompromiss zwischen Prüfaufwand und Aussagekraft.

1.4   Die Restfestigkeit

Betrachten man eine Prüfreihe zur Abnahme der o. g. Lastwechselfestigkeit im Laufe des Betriebes, dann kommt man zu einem zunächst überraschenden Phänomen. Die in Abb. 1.8 dargestellten Ergebnisse (vergl. Abschnitt 4.3.1) zeigen ein lastwechselempfindliches, Aluminium & Glasfaser- basiertes Baumuster.

Die Abnahme der Lastwechsel-Restfestigkeit wird als Degradation betrachtet und in verbliebenen hydraulischen Lastwechseln gemessen. Die Werte der jährlichen Degradation sind trotz unverändertem Betrieb altersabhängig. Der jährliche Verlust an LW-Festigkeit nimmt mit zunehmendem Alter ab, bleibt aber immer ein Vielfaches der im Betrieb real aufgebrachten Füllzyklen. Damit ist davon auszugehen, dass Zeit bzw. Alter einen zusätzlichen Aspekt der Betriebsfestigkeit dieser Composite-Druckgefäße darstellen.

Soweit die Beschreibung eines Phänomens aus der Lastwechselprüfung. Dagegen wird die Zeitstandsfestigkeit nach einer in Abb. 1.9 dargestellten Druck-Zeit-Kurve A ermittelt. Im Vergleich dazu stellt die Kurve B die klassische Berstprüfung dar.

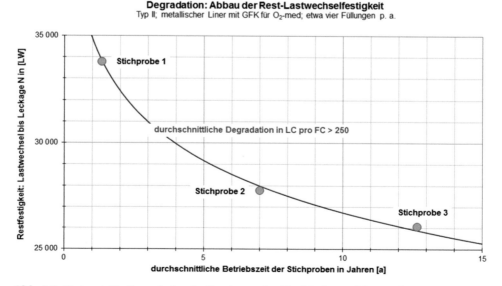

Abb. 1.8 Festgestellte Degradation der Restlastwechselfestigkeit von CCn aus dem Betrieb [24]

Die praktische Durchführung mit Druckanstiegsphase und Druckhaltephase hat jedoch einige Nachteile. Zum einen ist die Lastaufbringung schwierig. Bereits kleine Drucksprünge im Umschaltpunkt zwischen beiden Phasen führen manchmal zum vorzeitigen Versagen und zum Verwerfen des Prüfmusters. Die Streuung der Zeit bis Versagen ist sehr hoch – in ähnlichen Größenordnungen wie die Streuung der Lastwechselfestigkeit. Um eine Prüfung innerhalb weniger 1000 h abschließen zu können, muss das Lastniveau sehr nahe an die mittlere Berstfestigkeit gesteigert werden. Dies zielt aber auch bei Baumustern mit mittragendem Liner nur auf den Composite. Bei allen Typen von Baumustern führt dies zu einem beträchtlichen Anteil von Ausfällen bevor die Druckhaltephase und damit die Phase der Zeitmessung bis Versagen begonnen haben. Die Ergebnisse der frühausfallenden Prüfmuster sind somit nicht statistisch verwertbar. Damit wird deutlich, dass die Zeitstandsprüfung aus prüfpraktischen Aspekten nicht geeignet ist, die Resttragfähigkeit statistisch zu quantifizieren.

1.5   Die langsame Berstprüfung

Um dem Dilemma der Abwägung zwischen einem nicht machbarem Zeitrahmen und einem statistisch nicht verwertbaren Datensatz zu entkommen, wird im Jahr 2011 vom Autor erstmals eine Modifikation der Zeitstandsprüfung vorgeschlagen (s. [25]): Der Umschaltpunkt wird auf den Prüfdruck PH herunter gesetzt. Von dort wird dann mit einer geringen, aber erkennbaren Druckanstiegsrate bis zum Bersten weiter gefahren. Dies ist in Abb. 1.9 mit Kurve C dargestellt.

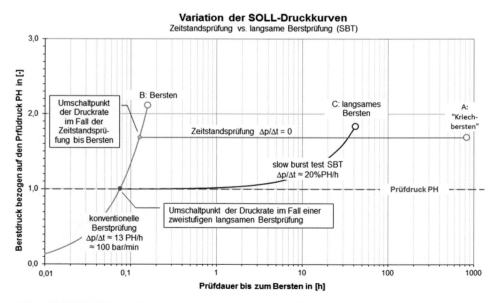

Abb. 1.9 Schematische Druck-Zeit-Kurve verschiedener Verfahren zum quasi-statischen Prüfen bis Bersten

Im Ergebnis können alle Prüfergebnisse statistisch bewertet und auch der Zeitrahmen in relativ engen Grenzen gehalten werden. Erfasst und bzgl. Mittelwert und Streuung bewertet werden können unmittelbar sowohl die Zeit vom Umschaltpunkt bis zum Bersten oder auch der Berstdruck. Daraus leitet sich auch die vom Autor mit dem Prüfverfahren eingeführte Bezeichnung „Slow-Burst-Test" (SBT) ab. Es stellt aber nach wie vor einen Ersatz für die Zeitstandsprüfung dar und ist damit vom Ansatz her nicht primär als Ersatz der Berstprüfung gedacht. Details hierzu sind im Unterkapitel 2.3 zu finden.

Ein für den hier dargestellten Ansatz essentielles Werkzeug ist das vom Autor gestaltete und in 2012 erstmals in einem Aufsatz [22] verwendete Arbeitsdiagramm zur Stichprobenauswertung (Sample Performance Chart SPC). Es bietet eine relativ einfache Darstellung und Bewertung der statistischen Festigkeitseigenschaften und damit auch der Degradation. Im Unterkapitel 3.1 werden die Varianten dieses Arbeitsdiagramms vorgestellt und in den nachfolgenden Abschnitten umfassend zur Darstellung der Ergebnisse aus der Lastwechsel und der langsamen Berstprüfung sowie relevanter Degradationseffekte verwendet.

1.6   Der probabilistische Ansatz

Damit sind die Grundzüge der Werkzeuge beschrieben, die erforderlich sind, um eine quantifizierte und damit auch statistisch auswertbare Festigkeitsermittlung durchzuführen: Die Lastwechselprüfung im Fall eines lastwechselempfindlichen Baumusters und die langsame Berstprüfung für lastwechselunempfindliche Baumuster.

Wie den in den Kap. 3 und 4 dargestellten Prüfergebnissen entnommen werden kann, ist die Streuung der Festigkeitseigenschaften im Neuzustand von wesentlicher Bedeutung. Hinzu kommt, dass die o. g. Kapitel zeigen, dass sich die Alterung baumusterabhängig auch – oder sogar überwiegend – durch Zunahme der Streuung der Restfestigkeit darstellt. Auch ist die belastungsspezifische Alterung baumusterabhängig. Da die Sicherheit im Sinne geforderter Zuverlässigkeit, wie in Abschn. 4.4.1 dargestellt bis zum Lebensende und insbesondere am Ende des Lebens einzuhalten ist, hat die Vorhersage und Validierung der Vorhersage der Alterung eine große Bedeutung. Daraus resultiert die Aufgabe, die Veränderung von Mittelwert und Streuung wie auch die Veränderungen des Versagensablaufs probabilistisch vorherzusagen und ergänzend betriebsbegleitend abzusichern.

Fasst man nun diese Erfahrungen und Erkenntnisse zusammen, ist zu folgern, dass die heutigen Bau- und Prüfvorschriften vor weiterer Reduktion der Sicherheitsmargen nach statistischen Aspekten neu bewertet werden müssten. Alternativ und weitreichender in der Nutzung von Optimierungspotentialen zur Gewicht-, Material- und Kosteneinsparung ist aber die unmittelbare Zulassung von Baumustern nach probabilistischen Anforderungen. Hierzu muss ein Grenzrisiko vorgegeben werden, was im Abschn. 5.1 betrachtet wird. Im Abschn. 5.2 sind Aspekte aktueller Prüfvorschriften in diesem Sinne analysiert, während Ansätze zur unmittelbaren Anwendung auf Baumuster im Abschn. 5.3 erläutert werden.

Literatur

1. Druckbehälterverordnung (DruckbehV) (1980),
2. ADR/RID (2015) Techncial annexes to the European agreements concerning the international carriage of dangerous goods. (2014)
3. Boellinghaus THK, Mair GW, Grunewald T (2014) Explosion of iron hydrogen storage containers – Investigations from 120 years ago revisited. Eng Fail Anal 43:47–62. doi:10.1016/j. engfailanal.2014.03.017
4. Winter CJ, Nitsch J (1986) Wasserstoff als Energieträger. Springer, Berlin
5. Bölkow L. (1987) Energie im nächsten Jahrhundert. S. 24
6. Albrecht U, et al (2013) Analyse der Kosten Erneuerbarer Gase – Eine Expertise für den Bundesverband Erneuerbare Energie, den Bundesverband Windenergie und den Fachverband Biogas. Bd. 978-3-920328-65-2 S. 54. Bochum
7. Ag L (2014) An introduction to the cleanest energy carrier. In: Hydrogen. Linde AG Linde Gas Division, Munich. http://www.linde-gas.com/en/news_and_media/publications
8. HyWays: HyWays Roadmap – the European hydrogen energy roadmap
9. Tsai SW (1987) Composites design, 3rd ed. Think Composites, Dayton
10. Schürmann H (2007) Konstruieren mit Faser-Kunststoff-Verbunden: Mit 39 Tabellen, 2., bearb. und erw. Aufl. Aufl. VDI. Springer, Berlin
11. Hinton MJ, Kaddour AS, Soden PD (2004) Failure criteria in fibre reinforced polymer composites: the World-Wide Failure Exercise. Elsevier, Amersterdam
12. Knops M (2010) Analysis of failure in fiber polymer laminates: the theory of Alfred Puck, Corr, 2. print Aufl. Springer, Berlin
13. Agreement concerning the adoption of uniform technical prescriptions for wheeled vehicles, equipment and parts which can be fitted and/or be used on wheeled vehicles and the conditions for reciprocal recognition of approvals granted on the basis of these prescriptions (1958) 1958-Agreement
14. Regulation 67 (2012) Concerning the adoption of uniform technical prescriptions for wheeled vehicles, equipment and parts which can be fitted and/or be used on wheeled vehicles and the conditions for reciprocal recognition of approvals granted on the basis of these prescriptions. ECE R67. UN ECE
15. Regulation 110 (2014) Uniform provisions concerning the approval of: I. Specific components of motor vehicles using compressed natural gas (CNG) and/or liquefied natural gas (LNG) in their propulsion system II. Vehicles with regard to the installation of specific components of an approved type for the use of compressed natural gas (CNG) and/or liquefied natural gas (LNG) in their propulsion system. ECE R110. UN ECE
16. Straßenverkehrs-Zulassungs-Ordnung straßenverkehrsrechtlicher Vorschriften (2014) StVZO, Bd. 2014. Bd. Teil I Nr. 15, S. 348
17. Mair GW (1996) Zuverlässigkeitsrestringierte Optimierung faserteilarmierter Hybridbehälter unter Betriebslast am Beispiel eines CrMo4-Stahlbehälters mit Carbonfaserarmierung als Erdgasspeichers im Nahverkehrsbus. Bd. Fortschrittsbericht Reihe 18. VDI-Verlag, Düsseldorf
18. Pauchard V, Chateauminois A, Grosjean F, Odru P (2002) In situ analysis of delayed fibre failure within water-aged GFRP. Int J Fatigue 24:447–454
19. Newhouse NL, Webster C (2008) Data supporting composite tank standards development for hydrogen infrastructure applications: STP-PT-014. ASME Standards Technology, LLC, New York
20. Robinson EY (1991) Design prediction for long-term stress rupture service of composite pressure vessels. The Aerospace Corporation, El Segundo

21. Mair GW, Pöschko P, Schoppa A (2011) Verfahrensalternative zur wiederkehrenden Prüfung von Composite-Druckgefäßen. Tech Sicherh 1(7/8):38–43
22. Mair GW, Hoffmann M, Schoppa A, Spode M (2012) Betrachtung von Grenzwerten der Restfestigkeit von Composite-Druckgefäßen: Teil 1: Kriterien der hydraulischen Lastwechselprüfung. Tech Sicherh 2(7/8):30–38
23. European Parliament (2010). Regulation (EU) No 406/2010 Implementing Regulation (EC) No 79/2009 of the European parliament and of the council on type-approval of hy-drogenpowered motor vehicles. Brussels
24. Mair GW et al (2013) Abschlussbericht zum Vorhaben „Ermittlung des Langzeitverhaltens und der Versagensgrenzen von Druckgefäßen aus Verbundwerkstoffen für die Beförderung gefährlicher Güter". BMVBS UI 33/361.40/2–26 (BAM-Vh 3226). Berlin
25. Mair GW, Duffner E, Schoppa A, Szczepaniak M (2011) Aspekte der Restfestigkeitsermittlung von Composite-Druckgefäßen mittels hydraulischer Prüfung. Tech Sicherh 1(9), 50–55

Prozeduren für die hydraulische Stichprobenprüfung

2

Alle gängigen Verfahren zur Beurteilung der Sicherheit und Betriebssicherheit von Bauteilen basieren auf der Erfassung von Festigkeitseigenschaften. Hierzu kommen meist zerstörende Prüfungen an einzelnen Prüfmustern zum Einsatz, während die zerstörungsfreien Prüfverfahren ggf. an jedem Bauteil ergänzend dazu genutzt werden, die Qualität und Fehlerfreiheit eines Werkstoffes oder einer Fügeverbindung zu überwachen. Unter sehr engen Randbedingungen ist es in wenigen Fällen mit Verfahren der zerstörungsfreien Prüfung wie Schallemissionsanalyse und Röntgenrefraktion auch möglich, den Belastungsgrad unter einer vorgegebenen Last grob abzuschätzen. Belastungsgrad meint das Verhältnis von Werkstoffanstrengung zu Belastbarkeit. Da dies aber derzeit kaum für ganze Bauteile (Composite-Cylinders) im Labor und sicherlich nicht im Feld genutzt werden kann, bleiben derzeit nur zerstörende Prüfungen, um die zentralen Sicherheitseigenschaften belastbar zu bestimmen.

Als die zentralen sicherheitsrelevanten Eigenschaften werden heute zum einen die statische Festigkeit im Sinne einer Berstprüfung und die Betriebsfestigkeit im Sinne der Lastwechselprüfung angesehen. Wie später noch ausgeführt werden wird, streuen Festigkeitseigenschaften von Bauteil zu Bauteil und von Werkstoffprobe zu Werkstoffprobe. Damit wird es im Zuge der mancherseits angestrebten Optimierung zur Kosten- oder Gewichtseinsparung unverzichtbar, das jeweilige Festigkeitsmerkmal anhand von mehreren Prüfmustern statistisch zu quantifizieren und zu bewerten.

Für die statistische Ermittlung von Festigkeitseigenschaften gibt es zentrale Aspekte, die im Folgenden diskutiert werden sollen. Zum einen wird im Unterkapitel Abschn. 2.1 erläutert, warum die Reproduzierbarkeit von Prüfungen wesentlich ist und nach welchen Aspekten diese in der Lastwechselprüfung verbessert werden kann. Zum anderen wird in den darauf folgenden, Unterkapiteln 2.2 bis 2.4 der Frage des geeigneten Prüfverfahrens nachgegangen. Führt die Lastwechselprüfung nicht zu den angestrebten Erkenntnissen, ist die Zeitstandsprüfung als Alternative zu diskutieren. In diesem Kontext wird die langsame

© Springer-Verlag Berlin Heidelberg 2016
G. W. Mair, *Sicherheitsbewertung von Composite-Druckgasbehältern*,
DOI 10.1007/978-3-662-48132-5_2

Berstprüfung als Ersatz für die Zeitstandsprüfung Stück für Stück erarbeitet (Abschn. 2.2), beschrieben (2.3) und es werden erste Erfahrungen dargestellt (2.4).

Die Aspekte der Auswertung von Ergebnissen werden hier nicht als Bestandteil der Ermittlung von Festigkeitseigenschaften angesehen, sondern separat betrachtet.

2.1   Anforderungen zur Verbesserung der Reproduzierbarkeit

Die Ergebnisse der Prüfungen dienen unterschiedlichen Zwecken. Oft sollen nach gängiger Praxis mit einzelnen Prüfungen Mindesteigenschaften nachgewiesen werden. Immer öfter dienen Prüfergebnisse dazu, aus direkten Vergleichen Schlüsse zu ziehen. Letzteres gilt im Prinzip auch für alle Prüfungen, die als Reihenprüfung einer statistischen Auswertung zugeführt werden.

Bei all diesen Prüfungen muss gewährleistet sein, dass die Prüfergebnisse unabhängig von Prüfanlage und Prüfstelle vergleichbare Werte liefern. Dies ist jedoch eine wage Anforderung, die bei Prüfungen zur Demonstration von Mindestwerten nur bei grenzwertigen Eigenschaften einen Einfluss der Prüfanlage erkennen lässt. Dieser scheinbar geringe Einfluss darf aber dennoch in seiner praktischen Bedeutung nicht unterschätzt werden.

Bei Prüfungen, deren Ergebnisse quantitativ ausgewertet werden sollen (d. h. Feststellung der tatsächlichen Eigenschaft anstelle einer reinen ja/nein-Abfrage) oder auf deren Basis statistische Auswertungen durchgeführt werden sollen, kommt bzgl. der Vergleichbarkeit der Werte noch ein deutlich verschärfender Aspekt hinzu: Hier bedeutet die Statistik von Eigenschaften, dass die ermittelte Streuung dieser Eigenschaft bei veränderten oder nur schwankenden Prüfparametern deutlich größer wird, als es die Eigenschaft der Stichprobe wirklich ist. Um dies zu vermeiden, müssen für eine statistische Bewertung der Prüfergebnisse die Prüfvorgaben sehr viel detaillierter als bisher üblich festgeschrieben werden. Dies beinhaltet auch, dass nicht mehr Mindest- ODER Maximalwerte für Parameter angegeben werden dürfen. Stattdessen müssen über Mindest- UND Maximalwerte möglichst enge Bereiche von Prüfparametern angegeben werden.

Bevor in den nachfolgenden Abschnitten die Berst- und Zeitstandsprüfprozeduren genauer beleuchtet werden, soll hier zunächst anhand der Lastwechselprüfung gezeigt werden, an welchen Stellen eine Nachbesserung der in den Normen vorgegebenen Prüfparameter wünschenswert ist, um einen für statistische Zwecke hinreichenden Grad der Reproduzierbarkeit zu erreichen.

2.1.1   Reproduzierbarkeit der Lastwechselprüfung

In [1, 2] sind Ringversuche dargelegt, die im Rahmen des EU-Vorhabens StorHy [3] zwischen Prüfeinrichtungen aus vier verschiedenen europäischen Ländern verabredet wurden. Diese bezogen sich unter anderem auf die Druck- und Temperaturverläufe verschiedener, im Detail verabredeter Varianten der hydraulischen Lastwechselprüfung.

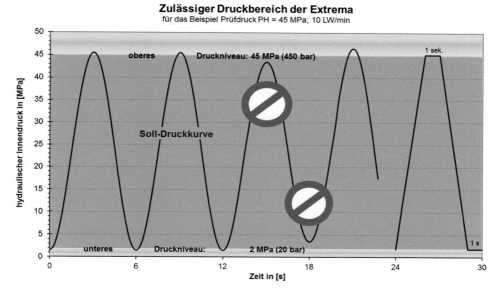

Abb. 2.1 Darstellung von Druckkurven und des Bereichs unerlaubter Extremwerte. (vergl. [2])

Als Form der Druckkurve wurde eine Trapezkurve mit oberen und unteren Haltephasen von je 1 Sekunde verabredet, wie es heute für Prüfungen für Treibgasspeicher von Fahrzeugherstellern teilweise gefordert wird (vergl. [4–6]). Das obere Druckniveau war mit 87,5 MPa (125 % von 70 MPa) festgelegt und das untere mit 2 MPa. Hierbei war darauf zu achten, dass die realen Druckextrema außerhalb dieses in Abb. 2.1 rot gekennzeichneten Druckbereichs liegen.

Die Ergebnisse der Versuche zur Formtreue, wie sie in Abb. 2.2 dargestellt sind, wurden unterschiedlich bewertet:

- Der Partner A hatte Maxima mit Druckspitze, so dass neben der Zyklenzahl pro Minute die Mindesthaltephase auf dem geforderten Druckniveau als nicht erfüllt gelten muss.
- Der Partner B nahm sich die Freiheit, bei vorgegebener Lastwechselanzahl pro Minute die Haltephase deutlich zu erhöhen, überschritt aber systematisch das untere Druckniveau.
- Der Partner C kam der Sollkurve deutlich näher, hatte aber mit nicht linearem Druckab- und -aufbau zu kämpfen.
- Der Partner D hielt die oberen und unteren Druckvorgaben gut ein, hatte aber eine gänzlich andere Lastwechselgeschwindigkeit gewählt.

Von ebenfalls essentiellem Interesse ist die Reproduzierbarkeit der schwellenden Last, wie sie in Abb. 2.3 mithilfe der Extrema (je Mittelwerte ± Standardabweichung) dargestellt sind. Hier sind für jeden Partner von links nach rechts jeweils die Ergebnisse der Prüfungen mit 1 LW/min, 2 LW/min, 3 LW/min, 5 LW/min und 10 LW/min dargestellt.

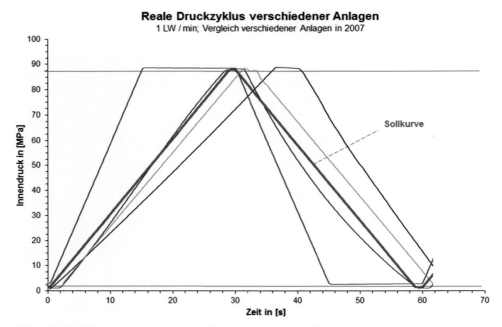

Abb. 2.2 Druckkurven verschiedener LW-Anlagen. (vergl. [1])

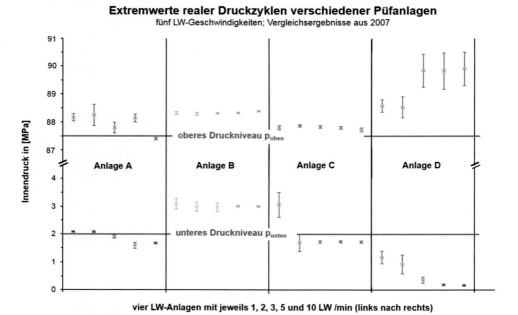

Abb. 2.3 Statistische Betrachtung der Druckminima und –maxima. (Mittelwert mit ± Standardabweichung; vergl. [1])

Die Ergebnisse zeigen:

- Partner A hatte eine Streuung der Oberwerte, die deutlich größer war als die der Minima. Streng genommen genügen nur die Prüfungen mit 3 LW/min und 5 LW/min den Druckvorgaben.
- Der Partner B hatte insbesondere bei 5 LW/min und 10 LW/min eine sehr kleine Streuung der Druckextrema. Großes Manko ist jedoch, dass alle dargestellten Werte der Druckextrema zu höheren Drücken verschoben sind. Die nachträgliche Analyse ergab, dass ein Spannungsoffset in der Messkette vorhanden war, der als systematischer Messfehler bezeichnet werden kann. Um auf diese Form der Fehlerquelle und ihre Auswirkung hinzuweisen sind hier nicht die wahren Werte, sondern die fehlerbehafteten, extern gemessenen dargestellt. In jedem Fall lässt sich dieser Fehler vergleichsweise einfach ergründen und beheben, sofern man über Kontrollmessungen in Ringversuchen darauf stößt.
- Der nächste Partner C erfüllte die Anforderungen erst bei mehr als 2 LW/min und zeigte geringe Streuungen ab 3 LW/min.
- Die vierte Prüfanlage im Vergleich (Partner D) erfüllte zwar in jedem Fall die Anforderungen an die Druckeinhaltung, stellt aber mit den relativ großen Streubreiten und den großen Abständen zu den Sollwerten dem Prüfling eine unnötig hohe Belastung dar. Dies ist zwar konservativ, geht jedoch zu Lasten der Reproduzierbarkeit.

Im Ergebnis zeigten die Prüfungen bei Raumtemperatur mit ansteigender Lastwechselgeschwindigkeit geschwindigkeitsabhängige Streubreiten der Druckextrema (Druckspitze und Druckminimum). Im Großen und Ganzen kamen die Anlagen aber mit 10 LW/min relativ gut zurecht. Obwohl der Nachweis erbracht wurde, dass die am Adapter gemessenen Druckextrema auch bei höheren Geschwindigkeiten in dieser Versuchsanordnung im Prüfmuster wirksam gewesen wären, wurden höherer Lastwechselgeschwindigkeiten nicht getestet, da dies bei zumindest einem der Partner nicht machbar gewesen wäre.

Aufgrund der teilweise deutlich kritikwürdigen Abweichungen von den Druckvorgaben ist an einem Beispiel dargestellt, welche Auswirkungen als Konsequenz solcher „Ungenauigkeiten" zu erwarten sind. Abbildung 2.4 gibt hierzu zunächst einen Eindruck des Einflusses der Druckabweichungen in den Extrema von den Sollwerten. Für die in Abb. 2.4 dargestellten Beispielanalysen wurden die in der FKM-Richtlinie [7] für 34CrMo4 angegebenen Materialdaten und Rechenverfahren verwendet.

In Abb. 2.4 ist die Abweichung des unteren Druckniveaus über der Abweichung des oberen Druckwertes aufgetragen. Parameter der Kurvenschar ist die relative Lebensdauer. So ergibt sich z. B. bei einer systematischen Abweichung des Oberdruckes von etwa $+7$ bar zum Solldruck eine Reduktion des Messergebnisses von 10 % gegenüber einer ideal durchgeführten Prüfung. Da die Linien konstanter Lebensdauer steiler als 45° geneigt sind, erkennt man, dass der Einfluss des oberen Druckniveaus (nur) etwas größer als der Einfluss der Abweichungen vom unteren Solldruckniveau ist.

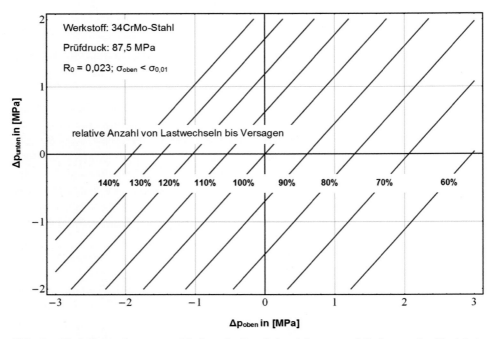

Abb. 2.4 Variationsrechnung zum Einfluss der Druckabweichungen auf die Lastwechselfestigkeit. (vergl. [2])

In der Praxis wird man oft mit der Auffassung konfrontiert, dass man besonders auf die oberen Druckniveaus zu achten hätte. Dies führt aufgrund von Regelproblemen bei sehr geringem Druck oft dazu, dass auf die Einhaltung des unteren Druckniveaus nicht annähernd vergleichbar Wert gelegt wird. Vor diesem Hintergrund überrascht die Geringfügigkeit des Unterschiedes in der Bedeutung beider Druckgrenzen nach Abb. 2.4. So sei es an dieser Stelle gestattet, eine Lanze für die detaillierte Beschreibung und exakte Regelung der Minimalwerte unterhalb des unteren Sollwertes zu brechen.

Da dieser Einfluss Werkstoff- und Design-spezifisch ist, können die quantitativen Angaben in Abb. 2.4 nur als Anhaltspunkt gewertet werden.

In [1, 2] wurde auch der Frage möglicher Oberschwingungen (grün) im Prüfmedium gegenüber der Solldruckkurve (rot; phasenverschoben) wie in Abb. 2.5 dargestellt nachgegangen. Das Ergebnis war ein unerwartet kleiner Einfluss auf das Gesamtprüfergebnis.

Des Weiteren wurde das Temperaturverhalten bei Extremtemperaturzyklen betrachtet. Hier wiesen die beiden Anlagen, die von den vier im Rahmen des Ringversuches beteiligten Anlagen überhaupt in der Lage waren, diese Prüfungen auszuführen, erkennbaren Unterschiede in den Temperaturverläufen auf (s. [1, 2]).

Wesentlicher Aspekt der Vergleichbarkeit der Medientemperaturen im Prüfablauf ist hierbei die Frage, wie gekühlt wird, wo gemessen wird und ob das Prüfmedium vorgekühlt wird. Hierbei spielt insbesondere die Frage eine Rolle, ob mindestens so viel Volumen vorgekühlt wird, wie zum Druckaufbau im Prüfaufbau nachgeschoben werden muss,

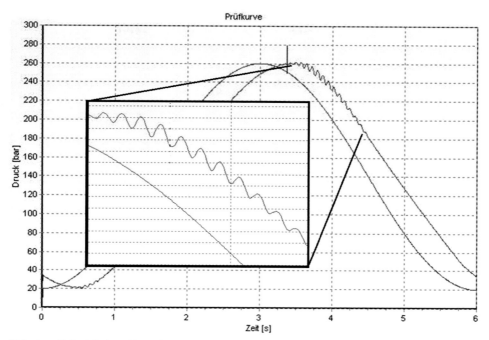

Abb. 2.5 Beispiel einer Oberschwingung (nachlaufend) an einer Soll-Sinuskurve; provoziert durch eine Falschabstimmung der Steuerparameter. (vergl. [2])

und ob das vorgekühlte Medium einer nennenswerten Durchmischung mit dem von der Anlage nachgeschobenen, warmen Medium unterliegt.

Ein Konzept, das dies leistet ist in Abb. 2.6 dargestellt. Es zeigt eine modulare Einheit, die als „Kühlstrecke" bei entsprechend angepasstem Volumen das Medium im notwendigen Umfang konditioniert und auch die sonst übliche Durchmischung verhindert. Details sind im Patent [8] und in [2] zu finden.

In Abb. 2.7 sind verschiedene Messungen dargestellt, die an den relevanten Stellen gemäß Abb. 2.6 gemessen wurden. In den hier gezeigten vier Prüfungen wurde das Medium im „Boss" (Gewindehalsstück aus Metall des CC) in mehrstündiger Kühlung auf eine Temperatur von −45 °C gebracht. Wie an dem Knick nach Prüfungsbeginn in allen Messkurven in Abb. 2.7 abzulesen ist, erreicht das Medium im durch den Composite relativ gut isolierten Prüfmuster aber nur eine mittlere Temperatur von etwa −20 °C. Diese großen Temperaturunterschiede zwischen dem Boss und dem Prüfmedium im Prüfmuster ergeben sich u. a. aus der unterschiedlichen Wärmeleitfähigkeit der verschiedenen Werkstoffe. Da der Boss und das darin enthaltene Druckmedium schneller als die relativ große Menge Prüfmedium im (gut isolierten) Prüfmuster abkühlen, kann die tatsächlich im Behälter erreichte Temperatur bei dieser Messanordnung erst kurz nach Beginn des Zyklierens indirekt am Kurvenverlauf der Temperatur am Boss abgelesen werden. Damit ist Erfahrung notwendig, die richtige Temperatur konstant zu erreichen.

Positionen der Temperatursensoren an der "Kühlstrecke"
(Draufsicht ohne Tragegerüst)

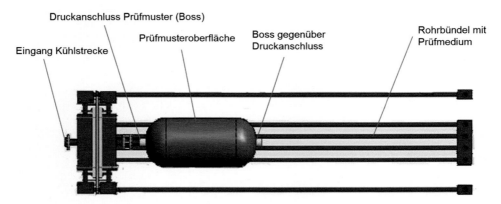

Abb. 2.6 Einheit zur Konditionierung des Druckmediums mit eingebautem Prüfmuster in der Draufsicht. (vergl. [2])

Die Druckzyklen werden bei dem hier verwendeten, geschlossenen Zweikreissystem durch das zyklische Pendeln einer Flüssigkeitssäule (Prüfmedium) in den Anschlussrohrleitungen aufgebaut. Das Prüfmedium durchmischt sich dabei an beiden Enden. Am einen Ende ist das gefüllte Prüfmuster, während am anderen Ende der Druckübersetzer (Kolben mit definiertem Hubvolumen) liegt.

Alle Analysen zu Abb. 2.7 basieren auf den hier gegebenen Voraussetzungen ausreichender Menge vorgekühltem Prüfmedium und geringer Durchmischung mit anlagenseitig warmen Prüfmedium. Zum Vorkühlen der notwendigen Menge an Prüfmedium, das mindestens dem genutzten Hubvolumen des Druckübersetzers entsprechen muss, wird die in [2], [8] und Abb. 2.6 beschriebene Kühlstrecke genutzt.

Die unterste Linie stellt eine Prüfung mit kontinuierlicher Kühlung der Klimakammer auf −40 °C dar. Durch die Durchmischung des (noch) zu warmen Druckmediums im Prüfmuster mit dem ausreichend vortemperierte Prüfmedium steigt zunächst die Temperatur am Boss. Darauf folgt ein Wendepunkt, der zeigt, dass durch das gekühlte Rohrsystem mehr Wärme abgeführt wird, als durch die Kompression, Strömung mit Reibung und anlagenseitigem Wärmeeintrag erzeugt wird. Die Medientemperatur sinkt bis sich dann das Gesamtsystem in der permanent gekühlten Prüfkammer auf einem Temperaturniveau einpendelt. Wird die Temperaturmesssonde direkt in das fließende Prüfmedium am Boss eingebracht kann dieser Effekt der zyklierenden Flüssigkeitssäule während jedem Zyklus wie in Abb. 2.8 beobachtet werden. Aufgrund der (geringen) kompressionsbedingten Wärmeerzeugung im relativ gut isolierten Prüfmuster und der gekühlten Rohrleitung, geht der Temperaturunterschied auch nach dem Erreichen des Temperaturgleichgewichts des Gesamtsystems nie ganz zurück.

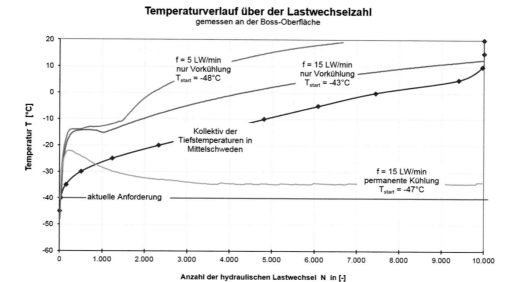

Abb. 2.7 Entwicklung der Temperatur über der Lastwechselzahl

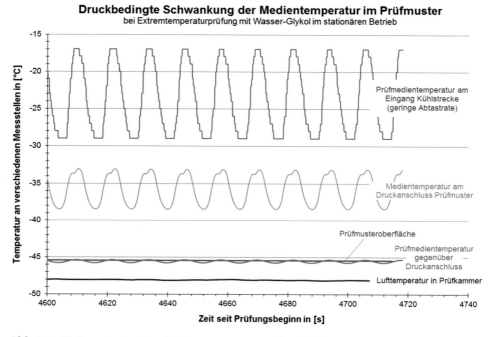

Abb. 2.8 Einfluss der Position des Temperatursensors. (vergl. [9])

Die Abb. 2.7 zeigt darüber hinaus eine Kurve, die auf der statistischen Auswertung einer über 30 Jahre laufenden Wetterstatistik eines Ortes in Mittelschweden (Jokkmokk; s. [10]) basiert. Hierbei ist die Häufigkeitsverteilung der Tiefsttemperaturen auf die 10.000 Zyklen zu 100 % angewendet. D. h. eine Temperaturkurve, die dieser Linie entspricht, wäre für die minimal in Europa zu erwartenden Minimaltemperaturen angemessen, die in Abb. 2.9 dargestellt ist.

Um diesen Temperaturverlauf nachzufahren, sind in der oberen Hälfte von Abb. 2.7 zwei verschiedene Prüfungen dargestellt, bei denen die Kühlung der Prüfkammer wie auch des Mediums mit dem Start des Zyklierens abgeschaltet wurde. Die schneller ansteigende Kurve gehört zu der Zykliergeschwindigkeit von 15 Lastwechseln pro Minute (LW/min). Der Kurve mit dem langsameren Anstieg beschreibt eine Geschwindigkeit von 5 LW/min. Damit ist die Zeit pro LW zwischen beiden Linien mit dem Faktor 3 verknüpft. Über die Zeit kommt aber neben dem Wärmeeintrag in das Prüfmuster durch die Kompression und Reibung des Mediums die allgemeine Erwärmung der Prüfkammer hinzu. Dennoch steigt die langsamere Prüfung nur etwa doppelt so schnell wie die schnellere Prüfung. Das heißt, dass die schnell Prüfung auch eine schnellere Temperaturerhöhung bedeutet. Damit haben die hydraulischen Vorgänge im Prüfmuster und dem Prüfmuster-

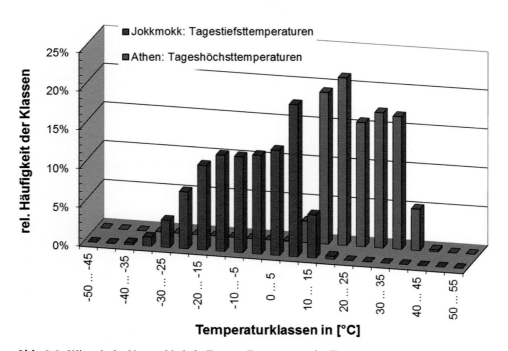

Abb. 2.9 Klimatische Unterschiede in Europa: Extremwerte der Temperatur

anschluss einen größeren Einfluss auf den Wärmeeintrag als der Verlust durch eine durchschnittlich isolierte, robuste Prüfkammer. Dieser hydraulische Einfluss ist aber von dem Strömungswiderstand in der Druckleitung in Relation zur Prüfmustergröße abhängig. Damit steigt die Anforderung an die Temperaturregelung der Prüfanlage in Abhängigkeit von der Adaption des Prüfmusters.

Dies bedeutet für die Reproduzierbarkeit, dass die Vorgabe einer konstanten Temperatur im Allgemeinen besser und auch mit einfacheren Mitteln zu halten und zu überprüfen ist als die Vorgabe einer Zeit-Temperaturkurve. Letzteres würde erheblich größeren Regelungsaufwand und auch die Möglichkeit der warm-kalt-Regelung von Prüfmedium und Kammer erfordern. Die Freigabe der Temperaturentwicklung des Druckmediums, wie dies derzeit in [4] zu finden ist, lässt dagegen erwarten, dass die Prüfungen anlagenspezifisch gefahren werden und damit kaum reproduzierbar sind. Eine hinreichende Reproduzierbarkeit wird aber auch nicht erreicht, wenn wie in [11, 12] während der Prüfung nicht temperiertes Druckmedium Verwendung finden sollte, die Oberflächentemperatur gemessen wird oder in einer Temperaturspanne von $10\,°C$ gehalten werden muss.

Insgesamt muss festgehalten werden, dass insbesondere die Unterschiede im Erreichen der Extremdrücke aber auch die Regelung der Extremtemperaturen geeignet sind, die Streuung der Lastwechselergebnisse erheblich zu beeinflussen. Die Temperatur hat insbesondere Einfluss auf das Verhalten metallischer Teile (Boss oder Liner) in Verbindung mit Composite und Plastikliner. Damit würde die erfasste Streuung der Prüfmustereigenschaften größer erscheinen als diese tatsächlich ist. Insofern scheint es dringend geboten, die Prüfprozeduren deutlich detailreicher darzustellen, die Parameter entsprechend zu verfeinern und diese auch wesentlich einschränkender einzufordern. Dies dürfte zwar zunächst zu Problemen führen, da die betroffenen Prüfanlagen erst in die Lage versetzt werden müssten, die genaueren Anforderungen zuverlässig erfüllen zu können. Letztendlich ist dies jedoch ein notwendiger Schritt, um die Voraussetzungen dafür zu schaffen, dass der Prüfanlageneinfluss sinkt und so die statistische Betrachtung von Prüfmustereigenschaften möglich wird.

2.1.2 Reproduzierbarkeit der Berstprüfung

Geht man in der Historie auf den Beginn der technischen Prüfungen von Druckbehältern zurück, ist die Berstprüfung aufgrund ihres einfachen Aufbaus die ursprünglichste Form der Festigkeitsprüfung von innendruckbelasteten Bauteilen und steht damit zunächst im Vordergrund der weiteren Betrachtungen.

Die Erfahrung mit der Technik der Druckspeicherung wurde von Dampfkesseln („vessel") und Gasflaschen („cylinder") aus Stahl geprägt. Bei diesen kommt es nicht darauf an, wie schnell der Berstdruck erreicht wird. Auch war die Frage, auf welche Weise der Druck erreicht wird, von geringer Bedeutung. Entsprechend gibt es auch in der Norm [4] für Fahrzeugspeicher keine statistisch hinreichend detaillierten Vorgaben zur Berstprüfung. Aber auch in den Normen [11–13] für Composite-Druckgefäße (Gasflaschen für

Industriegase) gibt es kaum konkrete Vorgaben. Es wird nur eine Maximal-Berstdruckrate vorgeben, die ohnehin bei üblichen Composite-Druckgefäßen kaum zu überbieten ist.

In Abb. 2.10 ist links die nach Norm maximal zulässige Druckrate dargestellt. Diese kann nur bei Großserien relativ kleiner CC erreicht werden. In den meisten Fällen sehen die realen Druckraten eher wie die hier grün dargestellte Linie aus. Nach einer Anlaufphase greift die Pumpe und fördert bis z. B. bei einer Stahlflasche oder einem Speicher mit metallischem Liner das Metall zu fließen beginnt und die Volumenzunahme pro Druckanstieg deutlich größer wird. Hinzu kommt oft, dass die Leistungsfähigkeit der Hydraulikpumpe nicht ausreicht, um auch bei höheren Drücken die erforderliche Volumenförderung aufrecht zu halten.

Unter Beachtung dieser praktischen Randbedingungen ist bereits eine Prüfung mit einer Druckanstiegsrate von konstant 10 MPa/min nicht von jeder Prüfanlage für jedes Prüfmuster zu leisten. Wie aber später noch gezeigt wird, hat die Gesamtprüfdauer bis zum Versagen bei Composite-Cylindern (CCn) einen erkennbar baumusterabhängigen Einfluss auf das Prüfergebnis. Damit ist auch davon auszugehen, dass nicht nur die Zeit bis Prüfende, sondern auch die Form der Druckkurve einen Einfluss auf das Prüfergebnis hat. Entsprechend ist damit zur Maximierung der Reproduzierbarkeit von Prüfergebnissen die Druckanstiegsrate als konstante Größe vorzugeben. Es ist auch davon auszugehen, dass zusätzlich Randbedingungen wie Temperatur und Feuchte Einfluss auf das Prüfergebnis haben. Diese Einflüsse sind derzeit aber kaum erfasst und nicht systematisch untersucht. Entsprechend müssten, solange nicht das Gegenteil nachgewiesen ist, im Gegensatz zu

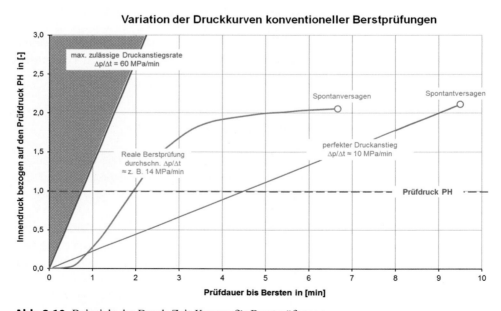

Abb. 2.10 Beispiele der Druck-Zeit-Kurven für Berstprüfungen

metallischen Werkstoffen, Vorgaben für den zulässigen Wertebereich dieser Prüfparameter gemacht werden.

2.2   Der Einfluss der Zeit auf die Ergebnisse quasi-statischer Prüfungen bis zum Versagen

Die zentrale Größe der Betriebsfestigkeit von CCn ist die mittels der Lastwechselprüfung ermittelte Ermüdungs- oder auch Schwingfestigkeit. In manchen Fällen wird die Ermüdungsfestigkeit unter Einhaltung strenger Konstruktionsvorgaben aus der Überlastfestigkeit (Berstdruck) abgeleitet (z. B. [7]). Dies war und ist z. T. noch insbesondere bei Stahlbehältern aus niedrig legierten Stählen üblich. Mit zunehmenden Möglichkeiten in der Prüftechnik, wurden Konstruktionsvorgaben reduziert und zunehmend Betriebsfestigkeitsprüfungen eingeführt.

Die Einführung der Prüfnomen für CC, Ende der 1990er Jahre, fiel in eine Phase, in der man anfing sogenannte „performance-based standards" zu bevorzugen. Damit ist gemeint, dass die Prüfungen gezielt auf die im Betrieb auftretenden Lasten, erforderlichen Eigenschaften und Festigkeiten abzielen. Inzwischen steht man gerade bei Druckgefäßen und auch Treibgasspeichern aus Carbonfasern vor einem Dilemma: Es versagt kaum mehr ein Prüfmuster in der Lastwechselprüfung vor dem Erreichen des Abbruchkriteriums. Deshalb ist man aufgrund der hohen Ermüdungsfestigkeit in Regel auch immer weniger in der Lage, eine Lastwechselfestigkeit bei Raumtemperatur zu bestimmen. Der Prüfaufwand jenseits der 100.000 Lastwechsel ist für Baumuster- aber insbesondere für Herstellungslosprüfungen zu kosten- und insbesondere zu zeitaufwendig.

Wird nun aufgrund der später beschriebenen Notwendigkeiten gefordert, Festigkeitseigenschaften statistisch zu erfassen und zu beschreiben, ist ein mittlerer Prüfaufwand jenseits der 100.000 und ggf. sogar ab 50.000 Lastwechseln als unakzeptabel einzustufen. Eine Notwendigkeit, die Betriebsfestigkeit statistisch zu erfassen, besteht aber unabhängig vom Prüfaufwand, weshalb über alternative Prüfmethoden nachzudenken ist. Dieser Gedanke einer alternativen Prüfmethode bezieht sich aber nur auf die Aufgabe der Erfassung von Festigkeiten bzw. Restfestigkeiten. Die Ermittlung von Restfestigkeiten hat zunächst nichts mit der später diskutierten Frage der Simulation von Betriebslasten im Sinne einer künstlichen Alterung zu tun.

2.2.1   Berstprüfung von Composite-Cylindern

Die in der Berstprüfung ermittelte Kurzzeitfestigkeit ist keine Eigenschaft der Betriebsfestigkeit. Im Gegensatz zu den Metallen fehlt bei CCn nach [9, 14–16] auch der mehr oder weniger direkte Bezug zwischen der Berstfestigkeit und der Lebensdauer. Die NASA unternahm in den 1970er Jahren beachtliche Anstrengungen, um die Zeitstandsfestigkeit über 30 Jahre aufzuzeichnen. In der Anfangsphase der 1980er Jahren wurden die ersten

Ergebnisse unter anderem in [18] publiziert. In den 1990er Jahren wurden dann die Ergebnisse von der Arbeitsgruppe WG 17 der ISO/TC 58 für CC aufgegriffen und flossen in die Anforderungen für die Auslegung, Bau und Prüfung von CCn (s. z. B. [19]) mit ein.

Damit ist gezeigt (vergl. [20]), dass die Zugfestigkeit von Materialproben im Laufe der Zeit abnimmt. Es gibt aber auch eine breite Rückmeldung aus der Praxis, gestützt durch die Untersuchungen in [21], nach der die Berstfestigkeit von CCs im Laufe des Betriebes unter statischer Last zunächst zunimmt. Gleichzeitig nimmt die Lastwechselfestigkeit von CCn mit metallischem Linern ab. Die weiteren Untersuchungen in [21–23] weisen darauf hin, dass die Berstfestigkeit nach Maßgabe der Ausfallwahrscheinlichkeit im Einzelfall nach 50.000 LW unter extremer Temperatur eine höhere Zuverlässigkeit zeigt als die neuer Prüfmuster. Dies wird zunächst als wenig plausibel angesehen und deshalb eher als Indiz dafür genommen, dass die Berstprüfung nach üblichen Prozeduren kein für die Betrachtung der Betriebsfestigkeit bzw. für die Degradation von Betriebsfestigkeit geeignetes Verfahren ist.

Geht man in der Technikgeschichte nicht ganz so weit zurück, kommt man auf das Prüfverfahren der Zeitstandsprüfung. Diese stellt genau genommen den zur Lastwechselfestigkeit komplementären Aspekt der Betriebsfestigkeit dar. Hierzu stellt Abb. 2.11 im Prinzip den Füllzyklus eines Treibstoffspeichers für Gas vor. An der Tankstelle werden die Speicher im Fahrzeug gefüllt. Da damit eine Temperaturerhöhung einhergeht, sinken die Temperatur und damit der Druck nach Abschluss des Betankungsvorgangs wieder. Dies überlagert sich dann meist mit dem (hier) kurzen Weg nach Hause. Dann steht das Fahrzeug über Nacht, wird zur Fahrt zur Arbeit genutzt, steht wieder, wird gefahren – und so weiter.

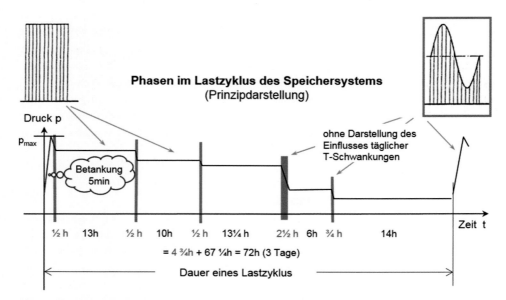

Abb. 2.11 Prinzipdarstellung eines Füllzyklus

Dieser Wechsel von Phasen der Fortbewegung und Ruhe (Parken) setzt sich fort bis erneut eine Tankstelle angefahren wird, womit ein neuer Füllzyklus beginnt. Während die Füll- und Fahrabschnitte (rot) mit Druckveränderungen verbunden sind, bedeuten die insgesamt zeitlich dominierenden Parkphasen immer einen nahezu konstanten Druck. Dass die Betrachtung dieser langen Phasen keine dominierende Rolle in den bisherigen Prüfanforderungen spielt, ist sicherlich auf die Erfahrung mit metallischen Druckgefäßen zurück zu führen. Die dort verwendeten metallischen Werkstoffe unterliegen in dem relevanten Temperaturbereich keiner limitierende Degradation oder Ermüdung unter konstanter Last. Nimmt man aber mit Blick auf z. B. [24] zur Kenntnis, dass bei Verbundwerkstoffen die Zeitstandsfestigkeit und auch visko-elastisch-plastische Eigenschaften betriebsfestigkeitslimitierende Größen sind, dann stellt die Zeitstandsfestigkeit den Konterpart zur Lastwechselfestigkeit dar.

Zeitstandsfestigkeit und Lastwechselfestigkeit sind in ihrer Kombination für den in Abb. 2.12 in vier Stufen (A bis D) idealisiert dargestellten Degradationsverlauf bis zum Totalversagen verantwortlich.

Liegt ein Baumuster vor, dessen Lastwechselprüfung bis Leckage zu aufwendig ist, stellt sich die Frage, ob die Zeitstandsfestigkeit auch oder besser geeignet ist, den Verlust

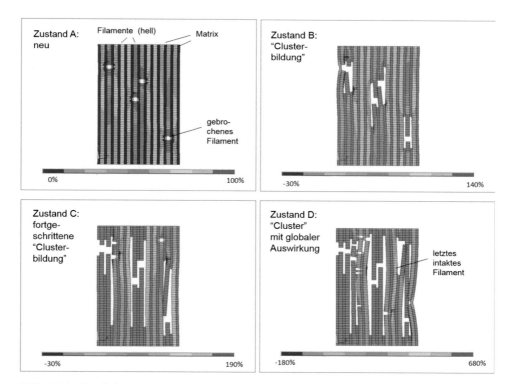

Abb. 2.12 Simulation der Degradation von Composite mit zunehmender Zahl gebrochener Filamente. (vergl. [9, 16])

an Betriebsfestigkeit (Degradation) zu erfassen. Hierbei geht es nicht nur um die Prüfung neuer Prüfmuster, sondern auch um die Erfassung der Restbetriebsfestigkeit von betrieblich gealterten CCn.

2.2.2   Zeitstandsprüfung von Composite-Cylindern

In der Zeitstandsprüfung (creep rupture test) werden Werkstoffproben oder Bauteile unter konstante Last – in diesem Fall Druck – gesetzt. Festigkeitskriterium ist die Zeit bis zu dem Zeitpunkt, bei dem ein vorher definiertes Versagen eintritt. Hierbei sind die Definition des Versagens, die Last, die Art der Lastaufbringung, die Probengeometrie, die Lasteinleitung, die Temperatur, die Luftfeuchte etc. wesentliche Einflussgrößen auf das Ergebnis und damit Prüfparameter.

Die Prüfung besteht aus zwei Phasen. Die erste ist die Lastaufbringung, die zweite die Haltephase, also die Phase des Wartens auf Versagen. Hierbei wird die Last in Relation zur Haltephase so schnell aufgebracht, dass man den Anteil der Lastaufbringungsphase am Ergebnis „Zeit bis Bersten" vernachlässigt. Dies ist im Prinzip in Anlehnung an Abb. 1.7 in Abb. 2.13 dargestellt: Während eine Berstprüfung mit selten konstanter Druckanstiegsrate bis zum Bersten geht, wird der Druckanstieg auf dem gewünschten Druckniveau gestoppt und idealerweise auf dem angestrebten Niveau konstant gehalten. Anderenfalls würde es auf dem Weg zu dem in Abb. 2.12 dargestellten Versagen durch Kriechen und Linerfließen zum Druckabfall oder auch bei Temperaturerhöhung zum Druckanstieg kommen können.

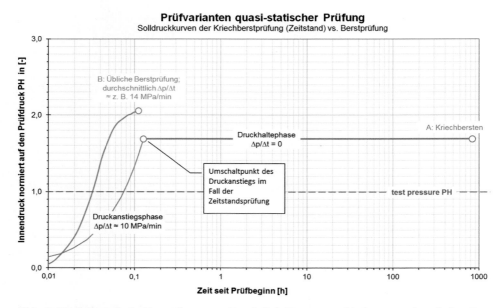

Abb. 2.13 Schematische Darstellung von Druck-Zeit-Kurve verschiedener quasi-statischer Prüfungen bis Bersten

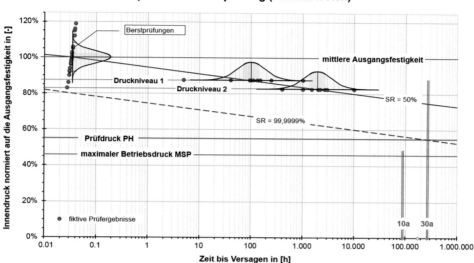

Abb. 2.14 Auswerteschema fiktiver Zeitstandsergebnisse bis Bersten aus drei Stichproben; vergl. [16]

Nimmt man die Ergebnisse aus der Berstprüfung und zwei verschiedenen Zeitstandsprüfungen auf Basis statistischer Auswertung zusammen, kommt man zu der idealisierten Darstellung in Abb. 2.14. Über die Mittelwerte ausreichend großer Stichproben erhält man abhängig von der Skalierung der Zeitachse im Idealfall eine Gerade durch drei Punkte. Dies könnte ergänzt werden durch parallele Linien konstanter Überlebenswahrscheinlichkeit. Gedanklich wäre dann die kritische Zeitstandsfestigkeit erreicht, wenn die Linie mit der geforderten Überlebenswahrscheinlichkeit das Niveau des zu ertragenden Innendrucks erreicht. Soweit die idealisierte Theorie.

In der Praxis steht man jedoch vor folgendem Konflikt. Man möchte auf der einen Seite die Prüfzeit möglichst kurz halten, in dem das Druckniveau so hoch wie möglich gesetzt wird. Auf der anderen Seite möchte man aber eine belastbare Statistik erhalten. Das heißt, dass möglichst viele der Prüfmuster erfasst werden können sollten. Bei einer Prüfung, die als Messgröße die Zeit bis Versagen bei einem definierten Last- bzw. Druckniveau hat, bedeutet dies, dass möglichst wenige der schlechtesten Prüfmuster versagen dürfen bevor der Solldruck erreicht ist. Auch darf man die Prüfung nicht abbrechen, da sonst die besten Prüfmuster aus der Statistik fallen würden.

Damit auch die sogenannten Frühausfälle statistisch über das gewählte Festigkeitskriterium „Zeit bis Versagen" erfasst werden können, darf das Druckniveau nicht höher liegen als es die Ergebnisse der initialen Berstprüfung vorgeben. Das heißt, wenn man akzeptiert, dass man nur eines von 100 Prüfmustern in der Druckanstiegsphase verliert, muss man mit der Last unter dem Niveau bleiben, das bei der Berstfestigkeit für eine Ausfallrate von 1 % (Überlebenswahrscheinlichkeit SR = 99 %) steht.

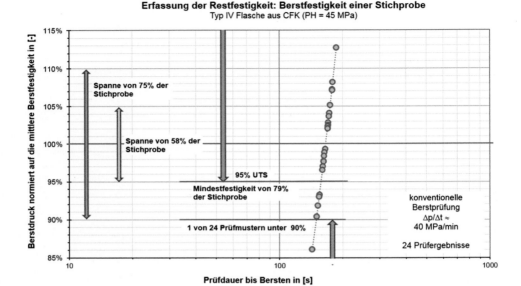

Abb. 2.15 Realer Bereich der Berstprüfung als Ausgangsfestigkeit für Zeitstandsprüfungen

Bezüglich der Zeitstandfestigkeit von Karbonfastersträngen ist zunächst festzustellen, dass diese eine sehr geringe Abnahme der Festigkeit aufweisen. Im Ergebnis geht [17] davon aus, dass ein Carbonfaser-Strang im doppelt-logarithmischen Diagramm linear degradiert. Genauer verliert er in sieben Größenordnungen (Dimensionen) der Zeit im Mittel 10 % seiner Ausgangsfestigkeit. Damit ist der oben erläuterte Konflikt eigentlich unlösbar. Er wird zum Dilemma, auch ohne die meist zusätzlichen Ausfälle im Moment des Umschaltens von „Druckanstieg" auf „Druck halten" zu problematisieren. Das heißt bei einer initialen Berstprüfung über 6 min wäre bei einer Last von 95 % der mittleren Festigkeit mehr als 100 h (4 Größenordnungen) zu warten, bis die Hälfte der Stichprobe versagt hat.

Vergleicht man diese Degradationsrate mit Berstdruckergebnissen, wie sie beispielsweise für eine CFK-Atemluftflasche des Typs IV in Abb. 2.15 dargestellt sind, ergibt sich ein vollständigeres Bild. Das vorgenannte Lastniveau von 95 % des mittleren Berstdruckes lässt erwarten, dass 79 % der Prüfmuster ausreichend fest sind, während 21 % vor dem Erreichen der Haltephase versagen. Um bei diesem Baumuster – mit zugegebener Maßen relativ großen Streuung – die Frühausfälle unter 5 % zu halten müsste das Druckniveau auf 90 % reduziert werden

Abbildung 2.16 zeigt auf Basis von Daten aus [20] Ergebnisse von CFK-Werkstoffproben. Mit Blick darauf würde eine Verlängerung des für die Hälfte der Prüfmuster zu erwartenden Zeitrahmens von 100 h auf über 10.000 h bedeuten. Tendenziell muss bei der Übertragung dieser Werkstoffdaten auf CC von einer tendenziell kleineren Streuung ausgegangen werden. Die Materialdaten zeigen, dass bei 95 % eine Ausfallrate von nur 1 % des mittleren Berstdrucks der Stichprobe nicht überschritten wird. Damit muss man selbst

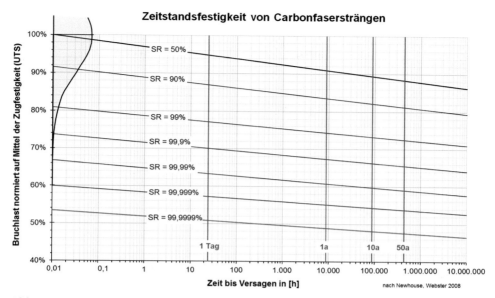

Abb. 2.16 Festigkeits-Zeit-Kurve von Zeitstandsprüfungen bis Versagen; nach [20]

im Idealfall einen Zeitrahmen nach wie vor etwa 100 h in Kauf nehmen, bis die Hälfte der Prüfmuster versagt hat. Liegt ein im logarithmischen Maßstab ideal symmetrische Zeitstandsfestigkeitsverteilung vor, wären aufgrund der geringen Zeitstandsempfindlichkeit weitere 4 Zeitdimensionen nötig, bis 99 % der Prüfmuster versagt haben. Das heißt ausgehend von 100 h, würden erst nach 10^6 h 99 % aller mindestens geforderten Prüfergebnisse vorliegen.

Insgesamt stellt die Gesamtprüfdauer einer Zeitstandsprüfung bis Versagen eine in der Baumusterprüfung nahezu unüberwindliche Hürde da. Hinzu kommt noch die hohe Unsicherheit in der Vorabschätzung der Prüfzeit. Täuscht man sich in der Abschätzung der Festigkeit auf Basis initialen Berstprüfungen kann sich die Zahl der Frühausfälle oder auch die Gesamtprüfdauer vervielfachen.

Im Wissen darum, dass bereits 1000 h für Baumusterprüfungen eines CCs sehr kritischer Zeitrahmen sind, ist die Zeitstandsprüfung für die Baumusterprüfung und insbesondere für die Herstellerlosprüfung zur generellen Festigkeitserfassung von Prüfmustern nicht anwendbar.

2.3 Die langsame Berstprüfung (SBT)

Um aus dem oben geschilderten Dilemma der Zeitstandsprüfung zu entkommen, ist der Gedanke entstanden, die Form der Lastaufbringung wie nachfolgend dargestellt zu modifizieren und so einen für den oben dargestellten Zweck sinnvollen Ersatz für die Zeitstandsprüfung zu erhalten.

2.3.1   Der Weg zum Konzept der langsamen Berstprüfung (SBT)

Während in der Zeitstandsprüfung versucht wird, den hydraulischen Innendruck möglichst exakt konstant zu halten, wird in der langsamen Berstprüfung eine genau definierte und möglichst exakt bis zum Versagen gefahrene Druckanstiegsrate angestrebt. Oberhalb des Umschaltpunktes entspricht dies zwar im Prinzip dem Vorgehen einer Berstprüfung. Dennoch geht man unverändert von dem Gedanken aus, dass die Zeit die zu ermittelnde Festigkeitskenngröße ist. Das bedeutet, dass der Druck ähnlich der Zeitstandsprüfung einer exakten Zeit-Druck-Kurve folgen muss, um als Messgröße belastbar verwendet werden zu können. Eine solche Zeit-Druck-Kurve ist in Abb. 2.17 dargestellt und mit dem Buchstaben „B*" gekennzeichnet. Damit ändert sich zunächst nichts bis zum Umschaltpunkt zwischen der schnellen Druckanstiegsphase und der „Haltephase".

Die Vorgabe einer Druckanstiegsrate steht im Gegensatz zur Praxis der Berstprüfung. Bei der Berstprüfung wird nach allen gängigen Normen nur eine sehr hoch angesetzte, an Fließprozessen von Metallen orientiere Maximaldruckrate als begrenzende Vorgabe angegeben. Damit ist deutlich gemacht, dass in den relevanten Normen kein Einfluss der Prüfdauer auf das Prüfergebnis erwartet wird.

Dadurch, dass die Druckanstiegsrate auch oberhalb des Umschaltpunktes größer Null ist (Kurve „A*"), entfällt in der Folge die Notwendigkeit, wie in der Zeitstandsprüfung (vergl. Abb. 2.13; Kurve „A"), den Umschaltpunkt zur Begrenzung der Prüfdauer möglichst hoch zu wählen. Um den Ausschluss von Frühausfällen aus der Zeitstatistik zu vermeiden, ist es nun ohne der Gefahr einer Vervielfachung der Prüfdauer möglich, den Umschaltdruck zu

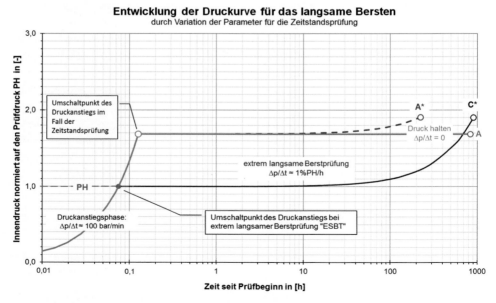

Abb. 2.17 Druck-über-Zeit-Kurve verschiedener quasi-statischer Zeitstandsprüfungen bis Bersten

senken. Hier bietet sich zumindest für den Gefahrguttransport der sogenannte Prüfdruck PH an, da dieser Druck (PH = TP = 150 % NWP) in jedem Fall von jedem Prüfmuster ertragen werden können muss. Diese Variante ist in Abb. 2.17 mit „C*" gekennzeichnet.

Dem Gedanken der Zeitstandsfestigkeit und den anderen, bisher in den Regelwerken für CC vorgesehenen Prüfungen folgend, ist von einem praktisch begrenzten Prüfzeitrahmen von maximal 1000 h auszugehen.

Geht man für den unteren Druckbereich von einer moderaten Druckanstiegsrate aus, die auch bei größeren Prüfmustern in der Berstprüfung durchführbar ist, bietet sich eine feste Anfangsdruckrate von z. B. 10 MPa/min bis PH an. In diesem Fall bleibt die Zeit bis zum Erreichen des Umschaltpunktes bei Erdgas bis hin zu Wasserstoffanwendungen zwischen 3 min (NWP = 20 MPa) und gut 10 min (NWP = 70 MPa). Bei hinreichend langen Gesamtprüfdauern bliebe der Zeitanteil der variierenden Druckanstiegsphase bei dieser Vorgabe so gering, dass der Beurteilungsfehler der Zeit als Festigkeitskriterium auch ohne Differenzierung beider Phasen bei immer gleichem Vorgehen vernachlässigbar wäre. Als Grenzwert für den Fehler in der Zeitmessung und damit für den Zeitanteil der Druckanstiegsphase wird von etwa 0,1 ‰ ausgegangen.

Dieser Anfangsidee folgend kann eine Prüfprozedur mit einer Druckanstiegsrate von etwa 10 MPa/min bis zum Umschaltpunkt bei 150 % des Arbeitsdrucks (NWP) beschrieben werden. Nach dem Umschaltpunkt folgt eine Phase mit exakt einzuhaltender Druckanstiegsrate. Mit dem Gedanken eines limitierten Maximalanteils der Druckanstiegsphase von 1 ‰ kommt man auf eine Mindestprüfdauer von etwa 100 h. Das so beschriebene Prüfverfahren nach Kurve „C*" im Abb. 2.17 und 2.18 wird im Folgenden als „extrem langsame Berstprüfung" (ESBT) bezeichnet.

Werden kürzere Prüfzeiträume angestrebt, ist der zeitliche Anteil der Druckanstiegsphase als Parameter unbedingt zu berücksichtigen. Alternativ kann die Phase des konstant langsamen Druckanstiegs von Anfang an, also von einem verschwindenden Innendruck beginnend ausgeführt werden. Diese vergleichsweise einfach zu steuernde Variante der oben beschriebenen und mit „C" gekennzeichneten Prüfprozedur wird im Fall einer Gesamtprüfdauer von mindestens rund 10 h im Folgenden als „langsame Berstprüfung" (SBT) bezeichnet.

Eine Prüfdauer von unter 100 h ist als Variante der extrem langsamen Berstprüfung auch zweistufig denkbar. Dies bedeutet einen schnellen Druckanstieg bis zum Umschaltpunkt kombiniert mit einer relativ kurzen Druckanstiegsphase oberhalb des Umschaltpunktes. In diesem Fall sind aber die in 2.3 dargestellten Einflüsse auf das Werkstoffverhalten und auch der nicht mehr vernachlässigbare Zeitanteil in der Druck-Zeit-Korrelation zu berücksichtigen. Diese Variante wird aber im Folgenden nicht weiter betrachtet und würde auch nicht unter dem Begriff der „langsame Berstprüfung" subsummiert werden.

Sofern in den Prozeduren ESBT der Zeitanteil der schnellen Druckanstiegsphase bis zum Umschaltpunkt vernachlässigbar gering ist, oder wie im SBT eine eindeutige Zeit-Druck-Korrelation gegeben ist, gilt: Jedem Zeitwert kann ein Druckwert zugeordnet werden – und umgekehrt. Damit können bei diesen Varianten der Berstprüfung sowohl

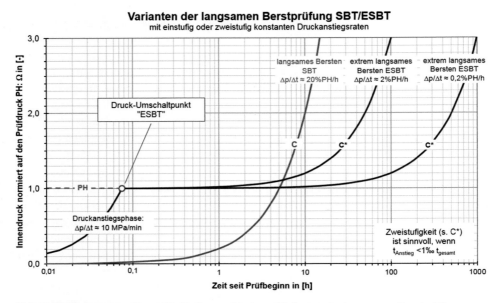

Abb. 2.18 Relevante p-über-t-Verläufe verschiedener Varianten der langsamen Berstprüfung

die Zeit bis Versagen als auch der Druck bei Versagen als Festigkeitskennwert interpretiert werden.

Im Gegensatz dazu haben die Zeitstandsprüfung und die übliche Berstprüfung unspezifizierte und in der Praxis meist anlagenabhängige Druckraten. Entsprechend sind diese Prüfverfahren auf nur einen der beiden Festigkeitskennwerte limitiert. Damit sind die Prüfprozeduren SBT und ESBT als eine Mischung aus Prüfung der Zeitstandsfestigkeit und restriktiver Berstprüfung hergeleitet.

Als nächstes ist zu klären, welchen Einfluss die Prüfparameter haben und insbesondere, wie die Prüfergebnisse ausgewertet werden können und bestimmte Effekte interpretiert werden können. Nach [25, 27, 28] und z. B. [29] besteht in der Zugfestigkeitsprüfung ein Zusammenhang zwischen der Dehngeschwindigkeit einer Werkstoffprobe und ihrer Bruchdehnung bzw. Bruchfestigkeit. Hierzu sei auch auf [30] verwiesen. Insofern wird angenommen, dass die Druck-Zeit-Kurve einer langsamen Berstprüfung SBT Einfluss auf das Ergebnis hat. Ob dieser Einfluss wesentlich ist, hängt sicherlich von vielen Faktoren ab, die sich auch in der Zeitstandsfestigkeit wiederspiegeln müssten. Das heißt, es wird zunächst einmal unterstellt, dass eine ideal gefertigte Materialprobe und die Wandung eines ebenso ideal gefertigten CCs Festigkeiten aufweisen, deren Werte mit ansteigender Prüfdauer niedriger werden. Damit wird die Druckanstiegsrate zum zentralen Parameter der SBT.

Wie oben bereits dargestellt, wird angenommen, dass eine Phase des schnellen Druckanstiegs ohne übermäßigen Einfluss auf die Universalität der Ergebnisinterpretation bleibt, sofern bestimmte Randbedingungen eingehalten werden. Dies sind:

a. Der schnelle Druckanstieg erfolgt bis zum Prüfdruck, das heißt bis 150 % des NWP.
b. Die Druckrate in der Druckanstiegsphase beträgt 10 MPa/min.
c. Nimmt die Druckanstiegsphase keinen größeren Anteil als etwa 1 ‰ an der Gesamtprüfdauer ein (ESBT), kann die Prüfdauer durch den Versagensdruck als zentrale Festigkeitsgröße ersetzt werden.
d. Die Druckanstiegsrate oberhalb des Umschaltpunktes wird sehr exakt geregelt, um die Reproduzierbarkeit der Ergebnisse zu gewährleisten.
e. Beträgt die Gesamtprüfdauer weniger als 100 h, so dass c) nicht erfüllt wird, muss der langsame Druckanstieg von Anfang an gefahren werden (SBT).

Greift man den oben genannten Aspekt der Abhängigkeit von Festigkeitswerten von der Dehnrate nochmals auf, scheint es von Vorteil, wenn die Druckanstiegsrate möglichst einer Dehnrate vergleichbar definiert wird. Damit kann die Dehnrate in etwa als die Faserbruchdehnung dividiert durch die Prüfdauer interpretiert werden. Dies ist zwar nicht exakt möglich, aber zumindest näherungsweise. Aufgrund der aktuellen Rechtsvorschriften müssen die CC faserspezifisch gleiche Mindestberstdrücke aufweisen. Deshalb scheint es wenig praktikabel, die Druckanstiegsrate auf den anfangs unbekannten Berstdruck zu beziehen. In den Vorschriften werden aber Mindestberstwerte als Vielfaches des NWP oder des Prüfdruckes vorgegeben. Entsprechend bietet es sich an, die Druckanstiegsrate in Analogie zum Umschaltpunkt als ein Vielfaches des Prüfdruckes zu definieren. Da der Berstdruck des größten Teils der Druckgefäße etwas über dem doppelten Prüfdruck liegt und die meisten Treibstoffspeicher für Gas (Treibgasspeicher) knapp darunter, bietet es sich an, Druckraten mit dem doppelte Wert des Prüfdruckes zu verwenden. So ist, z. B. bei einer Druckanstiegsrate von 20 % des Prüfdrucks bzw. 30 % des NWP pro Stunde, von rund 10 h Prüfdauer auszugehen.

Die damit verbundene Variabilität mag für die unmittelbare Vergleichbarkeit verschiedener Baumuster kleine Unterschiede machen. Für den Vergleich verschiedener Zustände eines Baumusters dürfte dieser Unterschied aber ohne Bedeutung sein.

Fasst man das Vorgenannte zusammen, sind die in Abb. 2.18 dargestellten Druck-Zeit-Verläufe (SBT: C; ESBT: C*) von primärem Interesse. Die in Abb. 2.18 dargestellten Druck-Zeit-Kurven unterscheiden sich deutlich von der Kurve einer unspezifizierten Berstprüfung (B) nach Abb. 2.10 oder der Zeitstandsprüfung (A) nach Abb. 2.17.

Die wichtigsten Punkte aktueller Erfahrungen mit dieser Prüfung sind mit Fokus auf den Einfluss der Prüfparameter im Folgenden ausgeführt.

2.3.2   Erfahrungen mit der langsamen Berstprüfung (SBT)

Über die in den Abb. 2.10, 2.17 und 2.18 gezeigten Varianten hinaus sind eine Reihe weiterer Varianten der Zeit-Druck-Kurven denkbar, die in [21–23] dargestellt und erläutert sind. Die wichtigsten der dort dargestellten Erkenntnisse können wie folgt dargestellt werden.

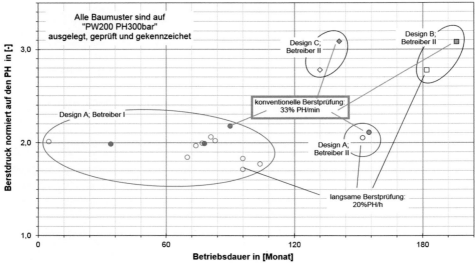

Abb. 2.19 Berstfestigkeiten von drei verschiedenen Baumustern *A, B* und *C*; aus dem Betrieb. (vergl. [26])

So zeigt z. B. Abb. 2.19 die Restfestigkeitsmessung drei verschiedener Baumuster mit Aluminiumliner und Glasfaserwicklungen (Baumuster A bis C). Hierbei sind die Berstdrücke auf den Prüfdruck PH bezogen. Trotz des fortgeschrittenen Betriebes mit teilweise erheblichen Gebrauchsspuren sind an den Prüfmustern relativ hohe „Burst Ratios" feststellbar. In allen Fällen sind die Ergebnisse aus der konventionellen Berstprüfung und die aus der langsamen Berstprüfung paarweise dargestellten. Die Berstfestigkeiten aus der erstgenannten sind im Paar jeweils höher als die aus der zuletzt genannten Prüfung. Dies ist zu beobachten obwohl die Prüfmuster für die konventionelle Prüfung eine jeweils längere Gebrauchsdauer aufweisen. Ein plausibles Erklärungsmodell wäre, dass es für diese GFK-armierten Prüfmuster durchaus auch einen Einfluss der Festigkeitsdegradation der Armierung gibt, so dass sich Alterungsprozesse in der Armierung tatsächlich auf den Berstdruck bei entsprechend langer Prüfdauer (geringer Druckanstieg) auswirken können. Dies gilt für den neuen, d. g. nicht degradierten Werkstoff. Wie später noch gezeigt werden wird, lässt es die längere Prüfdauer zu, dass sich im gealterten Composite noch zusätzliche Effekte entfalten.

Für das Baumuster A des Betreibers I, von dem auch relativ neue Prüfmuster verfügbar waren, scheinen die wenigen Werte aus den konventionellen Berstprüfungen sogar mit der Gebrauchsdauer zuzunehmen. Gleichzeitig zeigen die Ergebnisse der langsamen Berstprüfung eine deutlich abnehmende Tendenz. Damit steht der Eindruck im Raum, dass mit zunehmender Nutzung der Unterschied zwischen den Ergebnissen der üblichen und der langsamen Berstprüfung immer größer wird. Abb. 2.20 zeigt die Berstfestigkeit

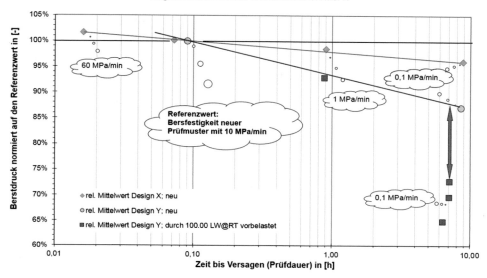

Abb. 2.20 Einfluss der Druckrate auf die Berstfestigkeit der Baumuster Y und X. (vergl. [23, 26])

zweier sehr ähnliche Baumuster Y (blau) und X (grün). Beide sind Typ IV und haben einen wesentlichen Anteil Glasfasern an der tragenden Gesamtfasermasse.

Bei beiden geht eine verlangsamte Prüfgeschwindigkeit mit einer Berstfestigkeit ein-her. Jedoch muss an dieser Stelle betont werden, dass es sich aufgrund des Glasfaseranteils um Baumuster handelt, die nach dem Ansatz CAT [31] eine grenzwertige Lastwechsel-empfindlichkeit aufweisen. Deshalb ist und deren Degradationsverhalten nach [32] bes-ser mittels einer ggf. ausgeweiteten Lastwechselprüfung zu beurteilen. Besonderheit in Abb. 2.20 ist, dass die Stichprobe geschädigter Prüfmuster (rot), geprüft mit 1 MPa/min, keinen erkennbaren Unterschied zu den neuen Prüfmustern zeigt (blau), während bei einer Druckanstiegsrate von 0,1 MPa/min alle Stichproben mit gleicher oder geringerer Vor-schädigung einen deutlichen Abfall (blauer Pfeil) gegenüber der neuen Stichprobe zeigen (langsame Berstprüfung mit 0,1 MPa/min=20 % PH/h; PH=30 MPa). Dieses Verhalten lässt sich nicht verallgemeinern, regte aber dazu an, weitere Analysen und Prüfungen zu diesem beobachteten Phänomen zu unternehmen.

▶   So werden die beschriebenen Beobachtungen als Arbeitshypothese weiter ver-
    folgt: Es gibt Mindestprüfdauern, die eingehalten werden müssen um Degrada-
    tionseffekte (besonders) deutlich zu machen.

In diesem Kontext wurden die in [25] dargestellten Simulationen durchgeführt. Basis die-ser Analysen ist ein auch dem Abb. 2.12 zugrundeliegender mikromechanischer Ansatz (s. [33–37]). Nach diesem Ansatz sind gemäß [27] Festigkeiten und Bruchstellen in jedem

Filament (Einzelfaser) statistische verteilt. Über die Matrix, die mit visko-elastisch-plastischen Eigenschaften modelliert ist, werden Spannungsspitzen zeitabhängig in die Nachbarfilamente übertragen. Damit kommt es auch ohne Betrachtung von Mikrorissen in der Matrix und Faser-Matrix-Debonding zu einem zeitabhängigen Anstieg der Faserbrüche. Hinzu kommt ein übergeordnetes Versagenskriterium nach dem ein globales Versagen einer Einzelschicht ab einer definierten lokalen Anhäufung von versagten Filamenten (Cluster) eintritt. Mit Blick auf die Diskussion zum Versagen monolithischer Behälter (Typ 1) könnte das lokale Versagen einer ganzen Einzelschicht im Vielschichtverbund in seiner Bedeutung und Erkennbarkeit dem technischen Anriss gleich gesetzt werden. In beiden Fällen kommt man von der mikroskopischen Ebene auf die Bauteilebene. In beiden Fällen verändert sich die Spannungsverteilung in der Wandung in einem lokal messbaren Umfang.

Der genannte mikromechanische Ansatz wurde in [25] genutzt, um das Design Y in etwa nachzubilden. Die daraus resultierenden Simulationsergebnisse sind in Abb. 2.21 in Analogie zu Abb. 2.20 dargestellt. Die Unterschiede in den einzelnen Ergebnissen gleicher Druckrate resultieren aus der im Ausgangszustand der Simulation statistisch zufällig anders verteilten Fehlstellen. Damit ist dargestellt, dass auch nach fundierten analytischen Modellen die Prüfdauer einen erkennbaren Einfluss hat, ohne dass die Fasern selbst mit einer zeitabhängigen Festigkeit modelliert sind.

Im Rahmen weiterer Prüfungen zu den Effekten der Prüfgeschwindigkeit im Vergleich von (exakt konstanten Druckanstiegsraten) konventionellen und langsamen Berstprüfungen wurden zunächst 26 Berstprüfungen an Prüfmustern aus vier Losen eines Baumusters

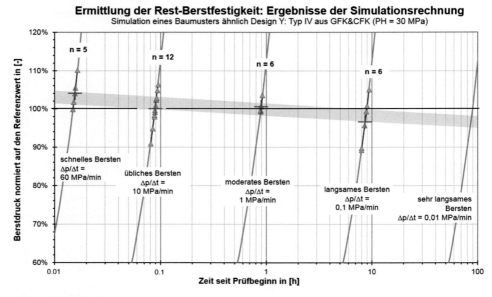

Abb. 2.21 Ergebnisse der rechnerischen Simulation des Einflusses der Zeit auf das Berstprüfergebnis

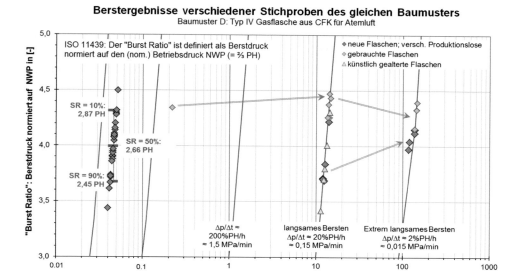

Abb. 2.22 53 Berstprüfergebnisse zum Baumuster D: neu, künstlich gealtert und aus dem Betrieb genommen (vergl. [21–23])

mit EP-Liner und CFK, das im Folgenden mit „Design D" bezeichnet wird, durchgeführt. Die Ergebnisse sind aufbauend auf [26] in Abb. 2.22 dargestellt und um 27 zur Verfügung gestellte Ergebnisse aus der Prüfung der Herstellungslose ergänzt.

Es fiel auf, dass die Streuung der Ergebnisse aus den Hersteller-Losprüfungen (links im Bild) relativ groß ist. Auch die neuen Prüfmuster aus zwei Losen (blau gefüllte Symbole in der rechten Bildhälfte) variieren deutlich. Ungewöhnlich an diesen Ergebnissen an Carbonfaser-bewehrten Druckgefäßen war, dass ausgerechnet die Prüfmuster, die zuvor im Gebrauch waren (Vierecke mit oranger Füllung), am oberen Rand des Festigkeitsspektrums liegen. Die Prüfmuster aus dem Herstellungslos, das ohne Vorschädigung neu unter dem langfristigen Mittel der Hersteller-Losprüfungen liegt, zeigen Festigkeitszugewinn bei Verlangsamung der Prüfung (blauer Pfeil). Aufgrund der großen Streuung ist hier kein rapider Festigkeitsverlust bei einer Druckanstiegsrate von 20%PH/h oder 2% PH/h erkennbar, wie dies in Abb. 2.20 und 2.21 für GFK der Fall war. Im Zuge der Prüfkampagne traten erste Anzeichen dafür auf, dass die Zeitstandsbelastung den Berstdruck tendenziell erhöht, während hydraulische Lastwechsel den Berstdruck reduziert.

Um ein vertieftes Verständnis der in Abb. 2.22 dargestellten Effekte zu erhalten, waren weitere Prüfungen in diesem Kontext vorzunehmen. So wurden weitere 75 Prüfmuster aus zwei gut durchmischten und benachbarten Fertigungslosen zerstörend geprüft. Das Prüfkonzept mit Variation sowohl der Vorschädigung (Konditionierung; in summa mit 2,5 Mio. Prüfmusterlastwechseln) wie auch der Berstparameter für die damit verbundenen Berstprüfung sind in [21, 22, 38, 39] und [26] umfassend dargelegt.

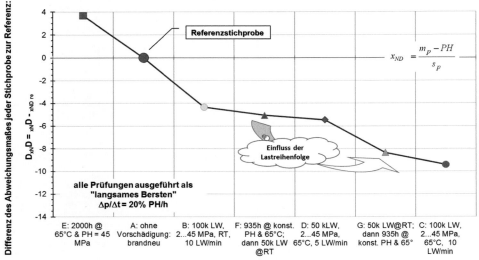

Abb. 2.23 Ranking der Vorschädigung nach Maßgabe der Zuverlässigkeit. (vergl. [22–23])

Zunächst konnte über die in der vorgenannten Literatur beschriebene systematische Variation eine Bewertung verschiedener Vorschädigungen im Sinne einer künstlichen Alterung erstellt werden. Das in Abb. 2.23 dargestellte Ranking resultiert aus einer Auswertung von Mittelwert und Standardabweichung. Hierbei kommen die Basisgleichungen für die Berechnung der Überlebenswahrscheinlichkeit SR nach der Normalverteilung zum Tragen. Jedoch kann für das Ranking der unterschiedlichen Stufen künstlicher Alterung auf die Quantifizierung der Überlebenswahrscheinlichkeit verzichtet werden. Das Abweichungsmaß ist als Kriterium hinreichend.

Die Streuung bzw. das Abweichungsmaß x, so wie diese in Abb. 2.23 betrachtet werden, ist die Differenz zwischen dem Mittelwert des Berstdruckes m_p und dem Prüfdruck (PH) dividiert durch die zugehörige Standardabweichung des Berstdruckes s_p einer Stichprobe. Im Fall der Normalverteilung ND ist die Überlebenswahrscheinlichkeit *SR* eines angenommenen Beispiels:

$$R \sim SR \sim x_{ND} = \frac{m_p - PH}{s_p} \tag{2.1}$$

Gl. 2.1 ist die allgemein gültige Formel für die Berechnung des Abweichungsmaßes, wie diese für die Normierung in eine Standard-Normalverteilung nach GAUSS (Normal Distribution; ND) benötigt wird. Die Differenz von Last und Belastbarkeit wird auf die normierte Streuung bezogen. Man erhält für jede Stichprobe einen Wert für das Abweichungsmaß x_{ND}. In den gängigen Handbüchern der Mathematik (z. B. [40]) und Berechnungsprogrammen wird x_{ND} üblicherweise für die Berechnung der Zuverlässigkeit auf

Basis der ND genutzt. Im Rahmen dieses Kapitels werden Werte nur miteinander ver-glichen, ohne dass absolute Zuverlässigkeiten diskutiert werden. Aus diesem Grund ist es nicht notwendig, die Verteilungsfunktion der Prüfergebnisse genau zu kennen. Für die vergleichende Bewertung ist es ausreichend, das Abweichungsmaß x_{ND}, wie es in Gl. 2.1 definiert wird, als einen qualitativen Platzhalter für die Zuverlässigkeit zu nutzen.

Darauf aufbauend zeigt Abb. 2.23 das Ranking der Wirkung der Vorkonditionierungs-prozeduren auf die Degradation der Stichproben. Das Abweichungsmaß x_{ND} ist für jede Stichprobe berechnet. Die Art der Vorschädigung dieser Stichproben wird in Abb. 2.23 durch einen Buchstaben (Spalte im Diagramm) wieder gegeben.

Δx_{ND} gibt die Differenz zwischen dem Abweichungsmaß einer der unterschiedlich vor-konditionierten Stichproben (Alterung) gegenüber dem Abweichungsmaß der Referenz-stichprobe aus neuen Prüfmuster mit $x_{ND} = 12{,}5$ dar. Die so ermittelte Differenz Δx_{ND} des Abweichungsmaßes zu dem der Referenzstichprobe ist in Abb. 2.23 dargestellt. Je weiter diese Differenz ins Negative geht, umso größer ist der Verlust an Überlebenswahrschein-lichkeit SR und damit die verbleibende Sicherheit im Betrieb.

Alle Stichproben wurden mit einer Druckanstiegsrate von 20 % PH/h bis Bersten ge-prüft (vergl. Berstprozedur „C" gemäß Abb. 2.18). Die Darstellung im Vergleich zur Refe-renzstichprobe dient dazu, die Intensität der Degradation zu vergleichen. Folgende Effekte sind in Fortsetzung der Liste in Abschn. 2.3.1 feststellbar:

f. Eine reine Lastwechsel-Vorkonditionierung mit 100.000 LW bei RT (B) führt zu einem Verlust an Überlebenswahrscheinlichkeit SR.

g. Ein Vergleich der beiden Stichproben, die bei 65 °C die gleiche Zeit unter wechselnde Last gesetzt waren, zeigt: Der Verlust an Berstfestigkeit der Stichprobe (C), die mit 100.000 LW bei 65 °C Vorkonditionierung war, ist größer als der der Stichprobe (D), die mit 50.000 LW bei 65 °C mit doppelter Zyklendauer (halber Lastwechselgeschwin-digkeit) belastet wurde.

h. Die Überlebenswahrscheinlichkeit SR sinkt mit ansteigender Temperatur während der zyklischen Innendruckbelastung (LW), beginnend bei A → B → D → C.

i. Die Stichprobe (E), bestehend aus CCn, die unter Zeitstandsbedingung bei Prüfdruck (PH) und 65 °C für 2000 h vorbelastet wurden, zeigt eine höhere SR als die Referenz-stichprobe ohne Vorbelastung.

j. Die Stichprobe (F) mit einer Vorkonditionierung bei PH und 65 °C für 935 h, gefolgt von 50.000 LW bei RT zeigt eine höhere Restüberlebenswahrscheinlichkeit als die Stichprobe (G), deren Prüfmuster in der Summe gleich, nur in umgekehrter Reihen-folge vorbelastet wurden.

k. Trotz der moderaten Zeitstandsvorkonditionierung zeigt die Stichprobe (F) gegenüber der Stichprobe (D) keine erkennbare Verbesserung; während eine solche Verbesserung zwischen den Stichproben (E) und (D) festzustellen ist. Dennoch scheint die Wechsel-belastung nach einer statischen Vorkonditionierung (Stichprobe F) weniger kritisch zu sein als in der umgekehrten Reihenfolge (Stichprobe G).

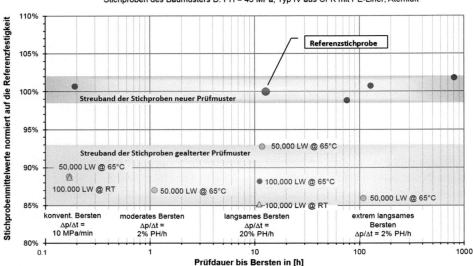

Abb. 2.24 Stichprobenmittelwerte der Berstfestigkeiten über der Berstprüfdauer

Die Intention der Abb. 2.24 ist es, diejenige Druckanstiegsrate in der quasi-statischen Berstprüfung heraus zu arbeiten, mit der es am besten gelingt, das Maß der Vorschädigung und Degradation zu differenzieren. Ausgehend von dem Phänomen, das in Abb. 2.20 dargestellt ist, wurde erwartet, ein Mindestprüfdauer bzw. maximale Druckanstiegsrate feststellen zu können, die an degradierten Stichproben einen deutlicheren Festigkeitsverlust zeigt als die Bertprüfungen mit den üblichen kurzen Prüfzeiten.

Zu diesem Zweck sind in Abb. 2.24 die Mittelwerte von neuen (nicht-vorkonditionierten) Stichproben aus verschiedenen Berstprozeduren mit den Ergebnissen der Lastwechselkonditionierung 50.000 und 100.000 LW bei RT und bei 65 °C gegenübergestellt. Die Mittelwerte der Stichproben (i.d. R je 5 Prüfmuster) sind über der Prüfdauer aufgetragen. Der Mittelwert jeder Stichproben ist auf den Mittelwert der bereits in Abb. 2.23 verwendeten Referenzstichproben normiert (7 Prüfmuster; neu; Druckrate = 20 % PH/h).

In der Berstprüfung zeigen alle Stichproben, die nicht vor-konditioniert wurden (blaues Band = neu), eine nur marginale Abweichung von der Referenzstichprobe. Diese Schwankung könnte ggf. auf die Streuung zurückgeführt werden, die „durch Zufall" entsteht, wenn aus einer großen Grundgesamtheit mehrere kleine Stichproben entnommen werden (vergl. Abschn. 3.4.1.). Damit würde die Breite des oberen (blauen) Bandes verkleinert werden können, indem die Stichproben vergrößert werden. Da dies im Zuge der Prüfkampagne aber nicht möglich war, bleibt es eine begründete Hypothese.

Die Prüfergebnisse von künstlich gealterten Stichproben aus CCn streuen in einem Bereich, der durch das untere Band (orange) in Abb. 2.24 dargestellt ist. Es umhüllt die Restfestigkeiten nach 50.000 LWn Streuband bei 65 °C und die nach 100.000 LWn bei RT und

65 °C. Es sind keine eindeutigen Tendenzen der Abhängigkeit von der Prüfdauer zu erkennen; mit einer Ausnahme: Wie bereits in Abb. 2.20 dargestellt, scheinen die Stichproben mit einer Vorschädigung bei 65 °C in der langsamen Berstprüfung (SBT; 20 %PH/h) eine höhere mittlere Festigkeit aufzuweisen als diejenigen, die bei Raumtemperatur belastet wurden. Auch ließe sich eine Tendenz in den Vergleich der Stichproben mit 50.000 LW bei 65 °C hineininterpretieren. Mit zunehmender Prüfdauer, nehmen die mittleren Festigkeiten tendenziell ab. Insgesamt gilt aber primär das oben Erläuterte: Aufgrund der kleinen Stichproben sind diese vermeintlich erkennbaren Tendenzen der Mittelwerte nicht als signifikant anzusehen.

Im Endeffekt sprechen diese Beobachtungen gegen eine ausschließliche Betrachtung der Mittelwerte zur Bemessung der Degradation. Es wird dennoch weiter als Arbeitshypothese angenommen, dass die Unterschiede in der Berstfestigkeit zwischen neuen und künstlich gealterten Stichproben grundsätzlich ein Indikator für den Grad der Degradation sind.

Abb. 2.25 stellt den Einfluss der Prüfdauer auf den Berstdruck unter Anwendung des Abweichungsmaßes nach Gl. 2.1 dar. Es zeigt den Verlauf des Abweichungsmaßes x_{ND} in Form von zwei Linien. Die Differenz beider Abweichungsmaße Δx_{ND} ist anders als in Abb. 2.23 nicht direkt, sondern als Unterschied zwischen den jeweiligen Stichprobenpaaren bzw. den relevanten Linien abzulesen. Jedes Paar wurde mit der gleichen Druckanstiegsrate geprüft. Die neuen Stichproben bestehen aus 5 bis 7 CCn. Die vorkonditionierten Stichproben aus 5 und in einem Fall aus drei künstlich gealterten CCn.

Die Ergebnisse der künstlich gealterten Stichproben sind mithilfe der gestrichelten Linie (blau) interpoliert), während die durchgezogene Linie (rot) die neuen Stichproben-

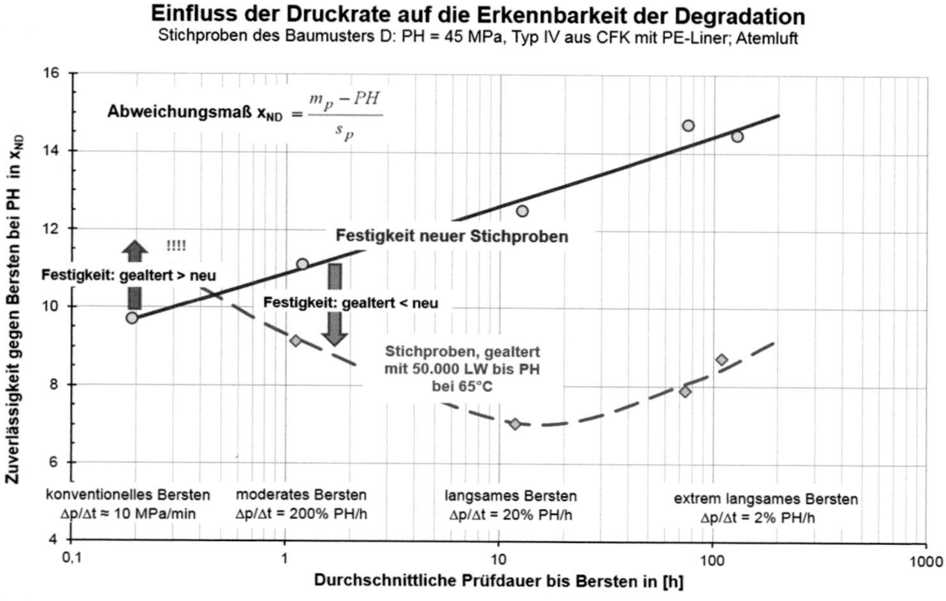

Abb. 2.25 Einfluss der Druckanstiegsrate auf das Abweichungsmaß xND

eigenschaften interpoliert. Aufgrund der geringen Streuung der künstlich gealterten Stichprobe in der (üblich) schnellen Berstprüfung kommt es zu einem erstaunlichem Effekt: Die hochgradig vorgeschädigte Linie kreuzt die Linie der neuen Prüfmuster. Damit scheint die vorgeschädigte Stichprobe bei schneller Prüfung besser zu sein als das neue Prüfmuster. Wie die Zeitstandskonditionierung (Abb. 2.23; Stichprobe E) zeigt, ist dies zumindest in Sonderfällen plausibel. Dies gilt insbesondere dann, wenn die Berstwerte nach moderater Belastung höher sind als die neuer Prüfmuster. In dem in Abb. 2.25 dargestellten Fall ist die Vorschädigung jedoch nicht mehr moderat. Auch zeigen die anderen Prüfgeschwindigkeiten, die der realen Betriebslast näher kommen, einen deutlichen Verlust an Festigkeit. Damit ist diese Beobachtung wahrscheinlich als Sondereffekt zu interpretieren und erschüttert zumindest das Vertrauen in die Ergebnisse aus der üblichen Berstprüfung.

Der Abstand zwischen den Linien der neuen Prüfmuster (durchgezogen) und der gealterten Prüfmuster (gestrichelt) nimmt von links nach rechts zu. Bis die Differenz bei einer Prüfdauer von 10 h ihr Maximum hat und dann mit weiter zunehmender Prüfdauer annähernd bleich bleibt. Eine Aussage über Prüfdauern, die über 100 h liegen, wird hier jedoch nicht gemacht. Eine Prüfdauer von etwa 10 h wird bei Prüfmustern mit einem Berstdruck von etwas doppeltem Prüfdruck mit einer Druckanstiegsrate von etwa 20 % PH/h erreicht. Als Folgerung aus dieser Beobachtung wird anstelle der konventionellen Prüfprozeduren eine Berstprüfung mit einer konstanten Druckanstiegsrate von 20 % PH/h empfohlen.

Eine Analyse optimaler Prüfgeschwindigkeit konnte in dieser Intensität bisher nur an einem Baumuster systematisch untersucht werden. Das Ergebnis kann damit nicht als allgemeingültig angesehen werde. Dennoch verbietet alleine die Möglichkeit der in Abb. 2.25 dargestellten Fehleinschätzung, die Verwendung der üblichen Berstprüfung für die Degradationsbeurteilung. Dies wird durch die Indizien aus Abb. 2.20 (beide Baumuster Typ IV) gestützt.

Eine Druckanstiegsrate von 20 % PH/h oder weniger ermöglicht einen optimalen Erkenntnisgewinn und biete eine maximale Differenzierung der Festigkeitseigenschaften. Eine derart lange Zeit unter Druck entspricht auch eher der betrieblichen Belastungen als eine schnelle Berstprüfung. Ein mit Gas gefüllter CC hat den Betriebsdruck sehr lange zu halten. Ein Füllzyklus bis zur Neubefüllung (Füllen, Druck halten und Entleeren) bewegt sich in der Regel zwischen 10 h und 3 Monaten.

Die drei nachfolgenden Arbeitshypothesen werden in Verbindung mit [27, 41] als brauchbare Erklärungen für die teilweise überraschenden Phänomene angesehen. Es ist jedoch an dieser Stelle weder möglich noch beabsichtigt, diese als allgemeingültig zu beweisen:

▶   (I) Die Temperatur kann über eine beschleunigende Wirkung von Kriechmechanismen (visko-elastische Relaxation) einen positiv homogenisierenden Effekt haben. Hierbei könnten hoch belastete Filamente (Einzelfasern) die Gelegenheit bekommen, schneller als bei RT der Last auszuweichen und so andere Fasern und Faserschichten zum Mittragen zu nötigen.

(II)   Ggf. kommt es zu Nachvernetzungen, was die Matrixfestigkeit erhöht.

(III)   Der mikromechanische Versagensablauf unter schneller Laststeigerung ist gegebenenfalls ein anderer als derjenige, der im Betrieb die Degradation dominiert.

Das heißt, dass es im Fall von konkurrierenden Versagensmechanismen, die bei langsamen Geschwindigkeiten alternativ zum Versagen führen, zu einer größeren Streuung kommt als bei einer schnellen Druckanstiegsrate, die ggf. weniger oder andere Versagensmechanismen provozieren.

So wäre zu prüfen, welche der Phänomene grundsätzlich zu erwarten sind, welche davon für bestimmte Bauweisen (z. B. Typ III; voll-umwickelt ohne mittragendem Liner) und welche baumusterspezifisch zu bewerten sind. Aufgrund dieser Unsicherheiten und der vielen möglichen Einflüssen wird es grundsätzlich empfohlen, in allen Fällen ohne entsprechender baumusterspezifischer Analyse o. g. Fragenstellungen eine Druckanstiegsrate von nicht mehr als 20 %PH/h anzuwenden.

Nachdem für das Baumuster der o. g. dargestellten Atemluftflaschen (Baumuster D) die Empfehlung feststand, mit maximal 20 % PH pro Stunde zu prüfen, wurde diese Druckanstiegsrate auch auf weitere Fragen angewendet. So wurden drei Stichproben von je 5 Prüfmustern eines Designs E mit der gleichen konstanten Druckanstiegsraten nach künstlicher Alterung geprüft. Um den Einfluss der Alterung durch Gaszyklen im Vergleich mit hydraulischen Zyklen zu bewerten, wurden die drei Stichproben wie folgt vorkonditioniert: Künstliche Alterung durch 1000 hydraulische Zyklen bei RT, künstliche Alterung durch 1000 hydraulische Zyklen bei 85 °C und künstliche Alterung durch 1000 Gaszyklen bei (nominell) Umgebungstemperatur. Der Vergleich diese Ergebnisse ist in Abb. 2.26 dargestellt.

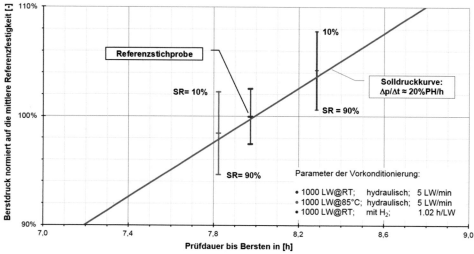

Abb. 2.26 10 %, 50 % und 90 % -Werte von drei unterschiedlich gealterten Stichproben

Zur besseren Vergleichbarkeit sind in Abb. 2.26 die Festigkeiten auf die mittlere Festigkeit der Stichprobe mit Vorschädigung bei RT bezogen. Vergleichbare Werte ohne Vorschädigung liegen leider nicht vor.

Damit wird aber auch deutlich, dass die hier erstmals ergänzend dargestellten Streuungen wesentliche Anhaltspunkte für die Intensität einer Alterung und die Zuverlässigkeit nach Alterung geben können. Dies wird durch die Unterschiede in der Interpretation zwischen den Abb. 2.24 (reine Mittelwertbetrachtung) und Abb. 2.25 (Betrachtung von Mittelwert und Streuung nach Gl. 2.1) gestützt und führt zu den im nachfolgenden Kap. 3 entwickelten Arbeitsdiagrammen.

2.4 Detaillierte Empfehlungen für eine SBT-Prüfprozedur

Da die langsame Berstprüfung (slow burst tests SBT: Druckanstiegsrate $\dot{p} \leq 20\,\%$ PH/h) insbesondere dafür gedacht ist, Restfestigkeiten zum Zweck der statistischen Auswertung zu ermitteln, hat die Frage der Reproduzierbarkeit eine große Bedeutung. Wie im Unterkapitel 2.1 erläutert, erfordert die statistische Auswertung Prüfverfahren, die möglichst wenig zusätzliche Streuung durch schwankenden Prüfparameter mit sich bringen. Daraus entsteht die Notwendigkeit, die Prüfprozeduren detaillierter und restriktiver zu beschreiben und einen größeren Aufwand für die Aufzeichnung relevanter Daten zu betreiben. Aus diesem Grund werden im Folgenden praktisch erprobte Anforderungen zu den Prüfverfahren dargestellt, die einen deutlich höheren Detaillierungsgrad als heute üblich abbilden.

2.4.1 Zusammensetzung der Stichprobe

Alle Prüfverfahren müssen auf eine Stichprobe mit einem Umfang an Prüfmustern angewendet werden, die ein ausreichendes Vertrauen in das jeweilige Prüfergebnis erlaubt (vergl. Abschn. 3.4.2). Alle Prüfmuster einer Stichprobe müssen zum selben Baumuster und bzgl. Alter und Belastungshistorie detailliert zur Definition der Stichprobe gehören.

Für die Untersuchung verschiedener Degradationsprozeduren oder die wissenschaftliche Untersuchung grundlegender Einflüsse auf das Verhalten von CCn sollten alle Prüfmuster möglichst einem Herstellungslos entnommen sein.

Prüfmuster, die nach der Fertigung (inkl. Autofrettage und erstmaliger Druckprüfung) eine Belastung von mehr als 20 % des Prüfdrucks erfahren haben, sollten nicht mehr im Rahmen von Stichproben verwendet werden, die als „neu" oder „unbelastet" angesehen werden.

2.4.2 Prüfparameter

Die nachfolgend gelisteten Daten sollten im Rahmen von Prüfungen zum Zweck statistischer Auswertung zusammengetragen und aufgezeichnet werden, um das Prüfverfahren und die Prüfmuster identifizieren und beschreiben zu können:

Prüfdatum und Prüfingenieur (Inspektor); Hersteller; Bauweise/Typ und Baumuster-/ Baureihen-bezeichnung; (Nenn-) Betriebsdruck (NWP bzw. PW), maximal zulässiger Betriebsdruck (MAWP) bzw. maximaler Betriebsdruck (MSP); Prüfdruck (PH bzw. TP); Faser- und Linermaterial; Serien- oder Identifikationsnummer jedes Prüfmusters; Datum der Herstellung und/oder Nummer des Loses des Prüfmusters; ggf. genaue Beschreibung über das/die angewandte/en Verfahren und dem jeweiligen Ziel der künstlichen Alterung jedes Prüfmusters; ggf. Details über die vorangegangene Nutzung (Gaseart, Intensität der Nutzung, Anzahl der Füllungen etc.; soweit vorhanden) und weitere Betriebsbedingungen (wie z. B. Land der Nutzung/Klimazonen) zu jedem Prüfmuster.

Parameter, die während der Prüfung überwacht bzw. aufgezeichnet werden müssen, sind der hydraulische Druck im Inneren des Prüfmusters. Ersatzweise kann der Prüfdruck im Medium am Druckanschlussstück oder der Rohrleitung möglichst nah am Prüfmuster gemessen werden. Die Mess- und Aufzeichnungsfrequenz sollte nicht kleiner als eine Messung pro Sekunde sein.

Für die nachträgliche Bewertung von Effekten sollten zu jeder Prüfung folgende Daten aufgezeichnet werden: Temperatur der Prüfumgebung und der Prüfmusteroberfläche zu Beginn und am Ende jeder Prüfung; relative Luftfeuchtigkeit während der Lagerung des Prüfmusters; verwendetes Prüfmedium; eingesetzte Druckmesssensoren inkl. Genauigkeitsklasse und die weiteren Geräte in der Messkette; Information über den Druckerzeuger (Funktionsweise des Erzeugers, Einstellungen am Erzeuger wie SOLL-Druckanstiegsrate; ggf. Stufeneinstellungen etc.); jede Besonderheit vor, während und nach der Prüfung bzgl. des Prüfmusters, der Prüf- und Messtechnik; maximal erreichter Druck in Verbindung mit der Versagensform, insbesondere Leckage oder Bersten (Leck-vor-Bruch; LBB).

2.4.3 Prüfprozedur

Die Prüfprozeduren müssen an allen Prüfmustern einer Stichprobe und allen für den direkten Vergleich miteinander gedachten Stichproben möglichst identisch ausgeführt werden. Für die Analyse absoluter Überlebenswahrscheinlichkeitswerte wären darüber hinaus weitere Anstrengungen in Richtung quantitativer Einheitlichkeit der Prüfparameter zu unternehmen. Dazu gehörten dann auch Ringversuche zum neutralen Vergleich der IST-Prüfparameter.

Während jeder Prüfung sollten die folgenden Randbedingungen eingehalten werden: Temperaturen im Prüfmedium, des Prüfmusters und in der Prüfkammer sollten bei 23 °C ± 5 °C. Können nur ± 10 °C eingehalten werden wäre dies zu vermerken. Die Luftfeuchtigkeit in der Prüfkammer sollte am Anfang er Prüfung zwischen 30 und 70 % rel. Feuchte sein. Jedes Prüfmusters muss vollständig gefüllt und frei von Luft sein. Die Verträglichkeit des Prüfmediums mit dem Linermaterial und der anderen unter Druck stehenden Ausrüstung muss bestätigt sein. Die Temperatur des Druckmediums sollte ähnlich der des Prüfmusters und der Umgebung sein. Dies hilft einerseits Temperaturveränderungen zu vermeiden und andererseits auch Regelungsprobleme bei langsamem Druckanstieg aufgrund z. B. einer Druckveränderung aufgrund von Temperaturveränderungen zu umgehen. Der Druck während einer ggf. anfangs durchgeführten Dichtheitsprüfung sollte 20 % des Prüfdruckes (etwa 10 % des Berstdruckes) nicht überschreiten.

Alle Prüfmuster sollten mit einem bis zum Bersten gleichmäßig ansteigenden Innendruck mit einer Rate von $\dot{p} = \Delta p/\Delta t = 20\,\%$ PH pro Stunde beaufschlagt werden (vergl. [42]). Der Anfangsdruck für den gleichmäßigen Anstieg des Drucks mit $\dot{p}$ sollte bei nominell 0 MPa sein.

Falls die Druckanstiegsrate im Fall einer besonders langsamen Druckerzeugung mit $\dot{p} = \Delta p/\Delta t \leq 2\,\%$ PH/h erfolgen soll, kann der Startpunkt des langsamen Druckanstieges auf den Prüfdruck PH hoch gesetzt werden (vergl. Abb. 2.18). In diesem Fall muss sichergestellt sein, dass der Zeitanteil der ersten, schnellen Druckanstiegsphase 1 ‰ des Gesamtprüfzeitraums bis Bersten/Leckage nicht übersteigt.

Die Anlauf- und Einregelungsphase vieler Druckerzeuger, die mit außerordentlichen Druckschwankungen verbunden sind, sollte unterhalb eines Druckes von 20 % des Prüfdruckes PH beendet sein. Nach dem Ende dieser Stabilisierungsphase sollte die Abweichung des IST-Druckes vom SOLL-Druckanstieg nicht größer sein als:

$$\Delta p \leq 1.0\,\% \; PH \qquad\qquad (2.2)$$

Dieses zulässige Streuband ist in Abb. 2.27 markiert. Die Einhaltung dieser Anforderung garantiert weitgehende Reproduzierbarkeit und Vergleichbarkeit der Prüfergebnisse; d. h. das Toleranzband ist in den meisten Fällen kleiner als er 0,5 % des Berstdruckes. Das bedeutet am Beispiel eines CC mit einem NWP von 70 MPa und einem Prüfdruck PH von 105 MPa eine akzeptable Abweichung von 1,05 MPa.

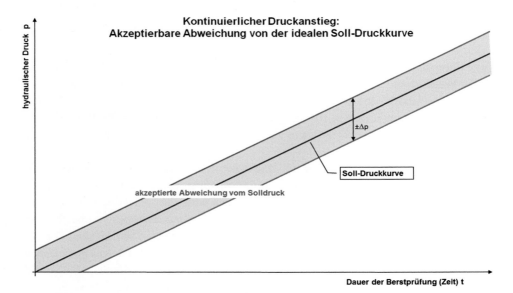

Abb. 2.27 Toleranzband für die Abweichung von der idealen Soll-Druckkurve

Eine Leckage aufgrund einer ungenügenden Eindichtung ins Anschlussgewinde gilt im Rahmen der Berstprüfung nicht als Versagen. Es wird empfohlen, die Prüfung nach der erneuten Abdichtung fortzusetzen. Im Fall einer Unterbrechung der Prüfprozedur ist hierbei folgendes zu beachten: Erfolgt die Unterbrechung während der Prüfung von neuen Prüfmustern oberhalb von 20 % des Prüfdruckes PH kann eine Fortsetzung der Prüfung bzw. ein Neuanfahren des Prüfmusters nicht empfohlen werden. Im Fall von Prüfmustern aus dem Betrieb liegt der empfohlene Grenzwert mit 2/3 des Prüfdruckes PH deutlich höher. In Fällen höherer Drücke vor der Prüfungsunterbrechung ist das Prüfmuster zu verwerfen und durch ein zusätzliches zu ersetzen, das die Anforderungen an die Stichprobe erfüllt.

Falls ein kontinuierlicher Druckanstieg in Übereinstimmung mit Abb. 2.27 nicht möglich ist, kann der Druck auch in Stufen wirkungsgleich gesteigert werden, sofern die nachfolgend beschriebene Leitlinie eingehalten wird.

2.4.4 Der SBT mit schrittweisem Druckaufbau

Insbesondere bei der Verwendung von Prüfanlange, bei denen die Hochdruckpumpe nicht direkt auf das Prüfmuster wirkt und nur einen Druckübersetzer- oder Antriebskolben haben, ist es meist nicht möglich, die Prüfung wie oben dargestellt durchzuführen. In diesen Fällen limitiert das Fördervolumen des Druckkolbens den pro Kolbenhub erreichbaren Druckanstieg. Das Volumen reicht in der Regel nicht aus, das für den Druckaufbau bis zum Bersten erforderliche Volumen in einem Hub zu erzeugen. In diesen Fällen ist es meist notwendig, den Kolben am Ende des Hubes gegen das Prüfmuster abzusperren und drucklos zurückzufahren. So können wiederholt weitere Hübe ausgeführt werden, bis der Berstdruck erreicht ist. Aus diesem Grund ist auch ein Verfahren von Interesse, das den stufenweisen Druckaufbau ermöglicht. Die Haltestufen in diesem Verfahren, ermöglichen eine Druckhaltephase in jedem Schritt, die es jeweils ermöglicht, den Kolben kontrolliert zurückzupositionieren und wieder auf den Vordruck im Prüfmuster zu bringen. Hierzu muss eine Ventiltechnik eingesetzt werden, die einen Druckabbau im Prüfmuster beim Öffnen und Schließen der Rohrleitung zum Prüfmuster verhindert.

Jeder Schritt bei dieser Form des Druckaufbaus besteht aus zwei Phasen: Der Phase der Drucksteigerung (Rampe) um die Druckdifferenz Δp_s und die Haltephase konstanten Drucks mit der Dauer Δt_h Am Ende jeder Stufe soll wieder die Idealkurve nach Gl. 2.2 und Abb. 2.27 erreicht werden. Deshalb muss der Druckanstieg während der Rampe einer Stufe um den Betrag gegenüber Abschn. 2.4.3 schneller durchgeführt werden, den man danach benötigt, um in der Haltephase den Kolben zurückfahren und neu bis zur Druckgleichheit anfahren zu können. Alle Druckstufen sollten soweit technisch möglich identisch sein. Im Fall der stufenweisen Druckerhöhung muss die akzeptable Abweichung des Drucks am Ende jeder Stufe kontrolliert werden (Punkte *(Δt_s; Δp_s)* in Abb. 2.28).

Die Höhe jeder Stufe Druckstufe Δp_s und die Anzahl der Stufen sind nicht begrenzt. Eine Teilung in weniger als 100 Stufen wird jedoch mit Blick auf den Einfluss auf das Ergebnis nicht empfohlen. In der Praxis leitet sich die Anzahl der Stufen von der gemes-

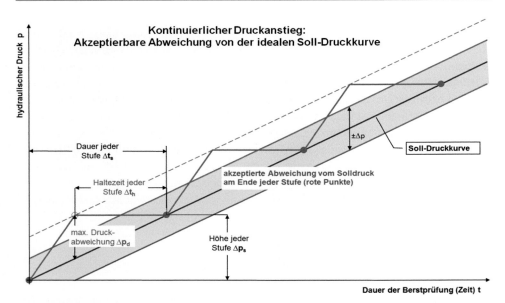

Abb. 2.28 Bereich der Drucktoleranz gegenüber der idealen Solldruckkurve; einschließlich der Details für die stufenweise Druckerhöhung

senen Druckerhöhung pro Stufe und der sich daraus entwickelnden zyklisch entstehenden Abweichung von der idealen Druck-Zeit-Kurve ab. Geht man von mindestens 100 Stufen mit der maximalen zyklischen Abweichung Δp_d am Ende jeder Druckrampe aus gilt:

$$\Delta p_d \leq 2.0\% \, PH \tag{2.3}$$

Aus Δp_d und der idealen Sollkurve $\dot{p}$ kann die Druckhaltephase t_h jeder Stufe abgeleitet werden:

$$t_h = \frac{\Delta p_d}{\dot{p}} \quad t_{h\max}(\dot{p} = 20\% PH \, / \, h) = \frac{2\% PH}{20\% PH \, / \, h} = 6\text{min} \tag{2.4}$$

Dies kann anhand des nachfolgenden Beispiels erläutert werden: $\dot{p} = \Delta p/\Delta t = 20\%$ PH/h, $PH = 105$ MPa; $\dot{p} = \Delta p/\Delta t = 0,35$ MPa/min; $\Delta t_s = 135s$; $\Delta p_s = 0,79$ MPa; $t_h = 90s$; $\Delta p_d = 0,5\% \, PH = 0,53 \, MPa$. Dieses Beispiel bedeutet eine Prüfdauer von 5 h bis zum Prüfdruck PH und erlaubt eine maximale Haltezeit von 360 s je Druckstufe.

Bei der Untersuchung der gemessenen Druckkurve müssen Messfehler und Kalibrierabweichungen berücksichtigt werden. Das bedeutet, dass Druckaufnehmer der Klasse 0,2 nur dann hinreichend wären, wenn der Messbereich des Druckaufnehmers kleiner als der doppelte Prüfdruck (in etwa Berstdruck) wäre. Damit ist in allen Fällen eine Genauigkeitsklasse[1] 0,1 empfohlen.

---

[1] Angabe der Grenze der Eigenabweichung (Genauigkeit) in % vom Messbereich.

Fazit zur Betrachtung der hydraulischen Prüfverfahren

Für statistische Betrachtungen müssen die Beschreibungen der eingesetzten zerstörenden Prüfmethoden in den relevanten Normen weiter konkretisiert werden, um die Reproduzierbarkeit der Ergebnisse auf dem erforderlichen Niveau zu gewährleisten.

Das Prüfverfahren der Lastwechselprüfung muss zwingend bis zum Versagen durchgeführt werden, um statistische Auswertungen zu ermöglichen. Die Detailgenauigkeit
der Prüfprozeduren muss verbessert werden, um die gemessene Streuung auf die der
Prüfmustereigenschaften begrenzen zu können.

Der Ansatz, den Zeitstandsanteil in der Betriebsbelastung mit Hilfe der Zeitstandsprüfung abzudecken, ist nicht praktikabel. Bei vielen Baumustern kann die Betriebsfestigkeit aber nicht mithilfe der Lastwechselprüfung abgeprüft werden. Deshalb wurde die langsame Berstprüfung als Ersatz für die Zeitstandsprüfung entwickelt. Diese
scheint auch eine Alternative zur Lastwechselprüfung zu sein, wenn letztere aufgrund
hoher Lastwechselfestigkeiten des zu prüfenden Baumusters nicht bis zum Versagen
durchführbar ist.

Die Aussagekraft der üblichen Berstprüfung muss in Frage gestellt werden. So dass
empfohlen wird, die langsame Berstprüfung auch dann einzusetzen, wenn es um die
Überprüfung der Sicherheit gegen Bersten an Prüfmustern aus dem Betrieb geht.

Literatur

1. Mair GW, Duffner E, Lau M, Szczepaniak M (2010) Beitrag zur Verbesserung der Reproduzierbarkeit von hydraulischen Lastwechsel-prüfungen an Composite-Druckbehältern. Teil II. Tech
   Überwachung (TÜ) 51(1):33–36
2. Mair GW, Duffner E, Lau M, Szczepaniak M (2009) Beitrag zur Verbesserung der Reproduzierbarkeit von hydraulischen Lastwechsel-prüfungen an Composite-Druckbehältern: Teil I. Tech
   Überwachung (TÜ) 50(11/12):33–39
3. Hydrogen Storage Systems for Automotive Application (STORHY) Project No.: 502667; integrated project thematic priority 6: sustainable development, global change and ecosystems
4. ISO 11439 (2000) Gas cylinders – high pressure cylinders for the on-board storage of natural gas
   as a fuel for automotive vehicles. Geneva (CH)
5. Proposal for a new Regulation on hydrogen and fuel cell vehicles (HFCV) (2014) ECE/TRANS/
   WP.29/2014/78. Geneva
6. GTR (2012) Revised draft global technical regulation on hydrogen and fuel cell vehicles. ECE/
   TRANS/WP.29/GRSP/2012/23. Geneva
7. Forschungskuratorium Maschinenbau FKM-Richtlinie (2003) „Rechnerischer Festigkeitsnach-
   weis für Maschinenbauteile". VDMA-Verlag, Frankfurt a. M.
8. Mair GW (2006) „Prüfvorrichtung zur Durchführung zyklischer hydraulischer Belastungsversuche in einem Extremtemperaturintervall an Druckbehältern aus Verbundwerkstoff".
   EP2007011830420071011
9. Mair GW (2009) Die betriebsbegleitende Prüfung als Methode der Sicherheitsüerwachung und
   interaktiven Lebensdauerfestlegung an Composite-Druckbehältern. Teil 1. Tech Überwachung
   (TÜ) 50(7/8):46–49

10. Mair GW (2006) Der Einfluss unterschiedlicher Klimazonen auf Betriebssicherheit und Lebensdauer von Behältern (Nr. 12). GGT 2006. Storck-Verlag, Hamburg
11. ISO 11119-2 (2012) Gas cylinders – Refillable composite gas cylinders and tubes – Design, construction and testing – Part 2: Fully wrapped fibre reinforced composite gas cylinders and tubes up to 450 l with load-sharing metal liners. Part 2: Fully wrapped fibre reinforced composite gas cylinders and tubes up to 450 l with load-sharing metal liners. Bd. ISO 11119-2, S. 30. ISO, Geneva (CH)
12. ISO: ISO 11119-3 (2013) Gas cylinders – Refillable composite gas cylinders and tubes Part 3: Fully wrapped fibre reinforced composite gas cylinders and tubes up to 450L with non-load-sharing metallic or non-metallic liners. Bd. ISO 11119-3. Geneva (CH)
13. CEN: EN 12245 (2012) Transportable gas cylinders – fully wrapped composite cylinders. Bd. DIN EN 12245. European Standard, Brussels
14. Mair GW (2009) Die betriebsbegleitende Prüfung als Methode der Sicherheitsüberwachung und interaktiven Lebensdauerfestlegung an Composite-Druckbehältern. Teil 2. Tech Überwachung (TÜ) 50(9):41–45
15. Mair GW (2009) Die betriebsbegleitende Prüfung als Methode der Sicherheitsüberwachung und interaktiven Lebensdauerfestlegung an Composite-Druckbehältern. Teil 3. Tech Überwachung (TÜ) 50(10):46–49
16. Mair GW, Scherer F, Duffner E (2014) Concept of interactive determination of safe service life for composite cylinders by destructive tests parallel to operation. Int J Press Vessels Piping 120–121:36–46
17. Robinson EY (1991) Design prediction for long-term stress rupture service of composite pressure vessels
18. Glaser RE, Moore RL, Chiao TT (1983) Life estimation of an S-glass/epoxy composite under sustained tensile loading. Compos Technol Rev 5(1):21–26
19. ISO/TC 58/SC 3/WG 17: Rationale. High pressure cylinders for the on-board storage of natural gas as a fuel for automotive vehicles. IISO
20. Newhouse NL, Webster C (2008) Data supporting composite tank standards development for hydrogen infrastructure applications: STP-PT-014. ASME Standards Technology, LLC, New York
21. Mair GW, Hoffmann M, Scherer F, Schoppa A, Szczepaniak M (2014) Slow burst testing of samples as a method for quantification of composite cylinder degradation. Int J Hydrogen Energ 39(35):20522–20530. doi:10.1016/j.ijhydene.2014.04.016
22. Mair GW, Hoffmann M, Schönfelder T (2013) The slow burst test as a method for probabilistic quantification of cylinder degradation. In: Proceeding ICHS 2013. S. ID 102. http://www.ichs2013.com/
23. Mair GW, Duffner E, Schoppa A, Szczepaniak M (2012) Betrachtung von Grenzwerten der Restfestigkeit von Composite-Druckgefäßen: Teil 3: Phänomene der Berstprüfung. Tech Sicherheit (TS) 2(11/12):43–50
24. Harris B (Hrsg) (2003) Fatigue in composites: science and technology of the fatigue response of fibre-reinforced plastics. Woodhead Publishing Limited, Abington Cambridge
25. Chou HY, Bunsell AR, Mair GW, Thionnet A (2013) Effect of the loading rate on ultimate strength of composites. Application: pressure vessel slow burst test. Compos Struct 104:144–153. doi:10.1016/j.compstruct.2013.04.003
26. Mair GW, Duffner E, Schoppa A, Szczepaniak M (2011) Aspekte der Restfestigkeitsermittlung von Composite-Druckgefäßen mittels hydraulischer Prüfung. Tech Sicherheit (TS) 1(9):50–55
27. Scott AE, Sinclair I, Spearing SM, Thionet A, Bunsell A (2012) Damage accumulation in a carbon/epoxy composite: comparison between a multiscale model and computed tomography experimental results. Composites (Part A 43):1514–1522

28. Schulz M, Gregor C (2009) Assessment of state of residual stress of hybrid pressure vessels. In: ASME (Hrsg) PVP 2009-ASME pressure vessels and piping conference (Proceedings). New York

29. Schulz M (2014) Ein Beitrag zur Modellierung des Zeitstandverhaltens von Faserverbundwerkstoffen im Hinblick auf die Anwendung an Hochdruckspeichern: a contribution to the modelling of the creep rupture behaviour of carbon fiber reinforced plastics using the example of high pressure accumulators: Diss. Technische Universität Berlin

30. Hinton MJ, Kaddour AS, Soden PD (2004) Failure criteria in fibre reinforced polymer composites: The World-Wide Failure Exercise. Elsevier, Amersterdam

31. Mair GW, Scherer F, Saul H, Spode M, Becker B (2015) CAT (Concept Additional Tests): Concept for Assessment of Safe Life Time of Composite Pressure Receptacle by Additional Tests. http://www.bam.de/en/service/amtl_mitteilungen/gefahrgutrecht/gefahrgutrecht_medien/druckgefr_regulation_on_retest_periods_technical_appendix_cat_en.pdf (2013, 1st rev. 2014, 2nd rev. 2015)

32. Mair GW, Pöschko P, Schoppa A (2011) Verfahrensalternative zur wiederkehrenden Prüfung von Composite-Druckgefäßen. Tech Sicherheit (TS) 1(7/8):38–43

33. Bunsell AR (2006) Composite pressure vessels supply an answer to transport problems. Reinf Plast 50:38–41. 0034-3617/06(February)

34. Blassiau S, Thionnet A, Bunsell AR (2006) Micromechanisms of load transfer in a unidirectional carbon fibre epoxy composite due to fibre failures: part 1: micromechanisms and 3D analysis of load transfer: the elastic case. Compos Struct 74(3):303–318

35. Blassiau S, Thionnet A, Bunsell AR (2006) Micromechanisms of load transfer in a unidirectional carbon fibre epoxy composite due to fibre failures: part 2: influence of viscoelastic and plastic matrices on the mechanisms of load transfer. Compos Struct 74(3):319–331

36. Blassiau S, Thionnet A, Bunsell AR (2008) Micromechanisms of load transfer in a unidirectional carbon fibre epoxy composite due to fibre failures: part 3: multiscale reconstruction of composite behaviour. Compos Struct 83(3):312–323

37. Camara S, Bunsell AR, Thionnet A, Allen DH (2011) Determination of lifetime probabilities of carbon fibre composite plates and pressure vessels for hydrogen storage. Int J Hydrogen Energ 36(10):6031–6038

38. Mair GW, Scherer F (2013) Statistic evaluation of sample test results to determine residual strength of composite gas cylinders. MP Mat Testing 55(10):728–736

39. Mair GW, Pöschko P, Hoffmann M, Schoppa A, Spode M (2012) Betrachtung von Grenzwerten der Restfestigkeit von Composite-Druckgefäßen: Teil 1: Kriterien der hydraulischen Lastwechselprüfung. Tech Sicherheit (TS) 2(7/8):30–38

40. Bronshteïn IN, Semendiï, aï, ev KA, Musiol G, Mühlig H (2015) Handbook of mathematics, 6th Aufl. Springer-Verlag, Berlin

41. Reeder JR (2012) Composite stress rupture: a new reliability model based on strength decay. Langley Research Center, Hampton

42. Technical Annex SBT of the Concept Additional Tests (CAT) (2014) Test procedure „Slow Burst Test". Berlin. http://www.bam.de/de/service/amtl_mitteilungen/gefahrgutrecht/druckgefaesse.htm

Statistische Bewertung der Stichprobenprüfergebnisse

3

Wie bereits im Unterkapitel 2.2 im Kontext mit Abb. 2.15 festgestellt wurde, lässt die Betrachtung der Festigkeiten von Einzelprüfergebnissen nur eine sehr begrenzte Bewertung der Sicherheit eines Baumusters zu. Dies gilt insbesondere dann, wenn mit einer kleinen Stichprobe auf eine größere Stückzahl (Population) geschlossen werden soll oder die Qualität der Reproduzierung des auf eine Stichprobe angewendeten Prüfverfahrens nicht als hinreichend identisch angesehen werden kann.

Als „Stichprobe" wird im Folgenden mit Verweis auf Kap. 2 eine Gruppe von Prüfmustern verstanden, die alle mit dem gleichen Baumuster zugeordnet sind und eine hinreichend identische Belastungshistorie aufweisen. Hierbei richtet sich die Bedeutung des Begriffs „Baumuster" nach seiner ursprünglichen Bedeutung. So wird im Folgenden davon ausgegangen, dass alle Prüfmuster diesem Muster im Rahmen der technischen Möglichkeiten identisch nachgebaut sind.

Für jede grundsätzlich nach den Normen und Vorschriften zulässige Variante eines Baumusters muss die Möglichkeit statistisch unterschiedlicher Eigenschaften berücksichtigt werden. Dies verbietet jede sicherheitstechnische Betrachtung, die nicht zwischen Baumuster und ihren abgeleiteten Varianten (Baureihen) differenziert. Deshalb muss jede Variation eines Baumusters zunächst wie ein selbständiges Baumuster betrachtet werden. Das heißt, dass jede Variante mittels eigener Stichproben zu bewerten ist.

Um tendenzielle Veränderungen von statistisch grundsätzlich erfassten Festigkeitseigenschaften von Stichproben graphisch einfach bewerten zu können, hat der Autor im Rahmen seiner Arbeit an der Bundesanstalt für Materialforschung und -prüfung BAM im Jahr 2010 ein Arbeitsdiagramm eingeführt (s. [1]). Dieses stellt den Mittelwert der ermittelten Stichprobeneigenschaft über der Streuung dieser Eigenschaftswerte dar. Damit lassen sich insbesondere Veränderungen darstellen, wie diese z. B. als Degradation im Betrieb oder in der Produktion unvermeidlich sind. Hierbei wird Qualität als eine hohe Güte der Produktion eines Produktes mit möglichst identischen Eigenschaften verstanden.

© Springer-Verlag Berlin Heidelberg 2016
G. W. Mair, *Sicherheitsbewertung von Composite-Druckgasbehältern,*
DOI 10.1007/978-3-662-48132-5_3

59

Die Streuung an sich wird im Unterkapitel 3.1 erläutert und zunächst unabhängig von der Ursache eingeführt. Im Unterkapitel 3.2 wird an Beispielergebnissen der Frage nachgegangen, wie die Parameter der Diagramme aus den Prüfergebnissen einer Stichprobe zu entwickeln sind. Das Unterkapitel 3.3 ist der Frage gewidmet, wie konkrete Zuverlässigkeitsaussagen über die geprüfte Stichprobe mit Hilfe der Arbeitsdiagramme gemacht werden können, indem Linien konstanter Überlebenswahrscheinlichkeit ergänzt werden. Um diese Linien auf die Grundgesamtheit anwenden zu können, werden diese im Unterkapitel 3.4 noch um die Frage des Einflusses der Stichprobengröße ergänzt. Dies ist – so wie hier – dann von großer Bedeutung, wenn von zerstörenden Prüfungen einer Stichprobe auf die Population nominell identischer Prüfmuster geschlossen werden soll. Im Unterkapitel 3.5 wird der Einfluss von Aspekten des Umgangs ergänzt. Dies bezieht sich insbesondere auf die Frage des den Untersuchungen zugrunde zulegenden Drucks und einem Abstecher in die probabilistische Betrachtung von Brand und Crash als Unfallszenarien.

3.1   Einführung des „Stichproben-Arbeitsdiagramms"

Die im Folgenden dargestellten Arbeitsdiagramme zur Auswertung von Stichproben („Sample Performance Charts" SPC) wurden vom Autor erstellt, um statistische Eigenschaften verschiedener Stichproben direkt graphisch vergleichen zu können. Hierzu wird, wie in Abb. 3.1 dargestellt, der Mittelwert über der Streuung der betrachteten Festigkeits-

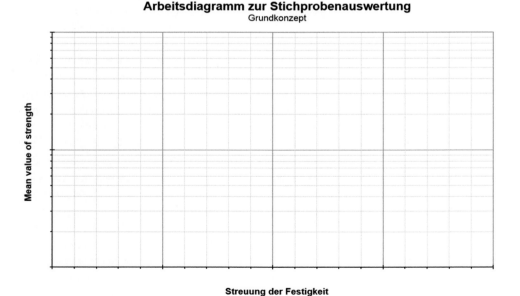

Abb. 3.1 Prinzip des Stichproben-Arbeitsdiagramms (SPC): Mittelwert über Streuung

eigenschaft aufgetragen. Wie später erläutert wird, ist neben dem Vergleich auch die absolute Bewertung graphisch möglich. Damit für diese Zwecke das jeweilige Diagramm möglichst universell verwendbar ist, wird der Weg aufgezeigt, wie sowohl der Mittelwert wie auch die Streuung unmittelbar mithilfe der Betriebslast (Druck, Zeit oder Lastwechsel) bewertet werden können.

Welches Kriterium bzgl. Mittelwert und Streuung auszuwerten ist, hängt von der betrachteten Eigenschaft und damit von der Prüfung ab, die durchgeführt wird. Letztendlich können nur die Werte bewertet werden, die eine Prüfprozedur anbietet. Eine erschöpfende Betrachtung der Sicherheit mit statistischen Mitteln geht aber davon aus, dass gegenüber den Norm-basierten Prüfergebnissen heutiger Zulassungsverfahren quantitativ und qualitativ höherwertige Prüfdaten zur Verfügung stehen.

Der Anspruch an die erforderliche Anzahl der Prüfmuster ergibt sich aus den Anforderungen an die statistische Auswertung. Dies bedeutet, dass die Einzelprüfung oder auch die Doppelprüfung nach Norm durch eine Stichprobe des Umfangs n zu ersetzen ist.

Der gesteigerte Anspruch an die Qualität der Prüfung ist weitaus komplexer zu formulieren. Neben der oben bereits erwähnten höhen Anforderung an die Reproduzierbarkeit einer Prüfung kommen drei weiter Aspekte hinzu: Ausgehend von der Bauweise des Baumusters ist zunächst die Frage zu stellen, welche Festigkeitseigenschaften dazu geeignet sind, die zu untersuchende Sicherheit zu beurteilen. Die nächste Frage ist, welche Prüfung geeignet ist, die relevante Festigkeitseigenschaft in einer statistisch auswertbaren Weise zu ermitteln. Die dritte Frage ist, welche Eigenschaft/en von derart zentraler Bedeutung sind, dass die gewonnenen Sicherheitserkenntnisse den für die statische Betrachtung erforderliche Mehraufwand rechtfertigen.

Um den Nachweis zu führen, welche Festigkeitseigenschaften bei welchem Baumuster zur Sicherheitsbeurteilung geeignet sind, wird zunächst der Frage nachgegangen, wie die in Kap. 2 dargestellten Prüfungen ausgewertet werden können.

Die nachfolgenden Betrachtungen sind primär auf die GAUSSschen Normalverteilung ND (normal distribution; s. Abb. 3.2) bzw. Log-Normalverteilung LND (log-normal distribution) aufgebaut. Nach BASLER sind die meisten praktisch auftretenden Verteilungen von Zufallsvariablen normalverteilt (s. S. 71 in [2]). BASLER begründet dies mit dem zentralen Grenzwertsatz. Dieser besagt: „…unter sehr allgemeinen, praktisch immer erfüllten Voraussetzungen ist die Summe ……. von irgendwelchen n unabhängigen, zufälligen Variablen exakt (GAUSS) normalverteilt, sobald die Anzahl n dieser Summanden hinreichend groß ist…" Er schreibt weiter, dass sich viele in der Praxis interessante Zufallsgrößen aus einer großen Zahl zufälliger und unabhängiger Einflussgrößen zusammensetzen würden, und führt z. B. technische Messfehler sowie Abweichungen von Abmessungs-, Gewichts- und Festigkeitsvorgaben an.

Deshalb und auch wegen ihrer relativen Einfachheit als zweiparametrische Verteilung ist die GAUSSsche Verteilung die am häufigsten genutzte Verteilungsform. Sie beschreibt unbeeinflusste Zufallsereignisse, d. h. natürliche Verteilungen, besonders gut. Die stetige Wahrscheinlichkeitsdichtefunktion f(x) des Merkmalkriteriums X, das heißt die Funktion,

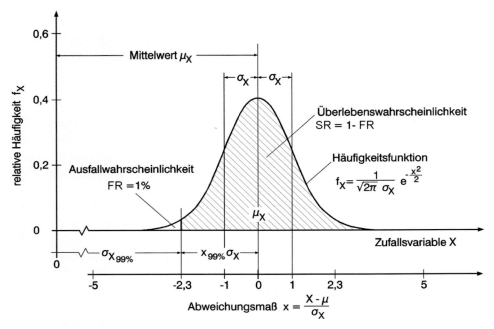

Abb. 3.2 Prinzip der GAUSSschen Normalverteilung ND aus [3] bzw. [4]

die die relative Häufigkeit beschreibt, stellt eine symmetrische Verteilung dar, die auch als „Glockenkurve" bekannt ist.

Für eine Stichprobe, bestehend aus n Prüfmustern, folgt für das Merkmalskriterium X das arithmetische Mittel m der Stichprobe:

$$m_X = \frac{1}{n}\sum_{i=1}^{n} X_i \qquad (3.1)$$

Die Grundgesamtheit, aus der die Stichprobe mit n Prüfmustern entnommen wurde, hat die Mächtigkeit Q. Es gilt mit Q>n für das gleiche Merkmalskriterium:

$$\mu_X = \frac{1}{Q}\sum_{i=1}^{Q} X_i \qquad (3.2)$$

Aufgrund des symmetrischen Charakters der Verteilung fallen auf den jeweiligen Mittelwert m der Stichprobe bzw. μ der Grundgesamtheit auch der jeweilige Punkt der größten Dichte und der Median. Der Median ist hierbei definiert als der Wert, bei dem die Hälfte der Merkmalswerte oberhalb und die andere Hälfte unterhalb liegen.

Für die Standardabweichung der Stichprobe s (Gl. 3.3) bzw. der Grundgesamtheit σ (Gl. 3.4) des Merkmalkriteriums X gelten:

$$s_X = \sqrt{\frac{1}{n-1}\sum_{i=1}^{n}(X_i - m)^2} \tag{3.3}$$

$$\sigma_X = \sqrt{\frac{1}{Q-1}\sum_{i=1}^{Q}(X_i - \mu)^2} \tag{3.4}$$

Daraus resultiert eine symmetrische Dichtefunktion, deren Merkmalskriterium mithilfe von Mittelwert und Standardabweichung der Stichprobe normiert wird. Das Ergebnis der Normierung ist die in Abb. 3.2 dargestellte Beschreibung des Merkmalskriteriums mithilfe des Abweichungsmaßes (standard-score). Der Nulldurchgang des Merkmalskriteriums wird hierzu auf den Mittelwert der Verteilung verschoben. Gleichzeitig wird die nun vom Mittelwert ausgehende Skala des Merkmalskriteriums auf die Standardabweichung der Stichprobe bezogen. Das Abweichungsmaß gibt damit den Wert des Merkmalskriteriums wieder, gemessen in dem Vielfachen der Standardabweichung.

Damit gilt für die Beziehung zwischen der Verteilung des Merkmalskriteriums und der normierten Verteilung der Stichprobe (Gl. 3.5) bzw. der normierten Verteilung der Grundgesamtheit (Gl. 3.6):

$$x_X \equiv \frac{X - m_X}{s_X} \tag{3.5}$$

$$x_X \equiv \frac{X - \mu_X}{\sigma_X} \tag{3.6}$$

Für eine Stichprobe gilt die Dichtefunktion f der normalisierten GAUSS Verteilung für das Merkmalskriterium X:

$$f_X(x, s_X) = \frac{1}{\sqrt{2\pi} \cdot s_X} \cdot \exp\left(\frac{-x^2}{2}\right) \qquad \text{für } -\infty < x < \infty \tag{3.7}$$

$$SR_X = 1 - FR_X = \Phi_0(X, m_X, s_X) = \frac{1}{\sqrt{2\pi}} \cdot \int_{-\infty}^{x(X)} \exp\left(\frac{-x(X)^2}{2}\right) dx \tag{3.8}$$

Die Gleichungen für die Grundgesamtheit zum Merkmalskriterium X basieren analog auf μ_X anstelle m_X und σ_X anstelle von s_X.

3.1.1   Das Arbeitsdiagramm für die Berstfestigkeit von Stichproben

Das klassische Ergebnis der Berstprüfung ist die Festigkeit gegen Überlast, der sogenannte Berstdruck. Der Berstdruck wird in Europa traditionell als Überdruck in [bar] gemessen. In der Wissenschaft wird dagegen seit Jahren die SI-basierte Einheit [MPa] verwendet. Daraus leitet sich das in Abb. 3.3 dargestellte Grundmuster für das Arbeitsdiagramm (SPC) ab: Mittlerer Berstdruck $p_{50\%}$ über der noch genauer zu spezifizierender Streuung des Drucks p_s. Hierbei ist Abb. 3.3 um die Ergebnisse aus vier Stichprobenprüfungen ergänzt. In der linken Hälfte (blau) sind zwei Baumuster zur Wasserstoffspeicherung dargestellt, während die beiden Punkte auf der rechten Seite (orange) zum selben Baumuster einer Atemschutzflasche gehören, aber zu unterschiedlichen Produktionslosen.

Da der Charakter der Dichtefunktion zur Berstfestigkeit zunächst unbekannt ist, muss eine möglichst universelle Definition für Mittelwert und Streuung gewählt werden. Als Mittelwert einer Stichprobe aus n Prüfmustern wird der Median gewählt. Damit wird definiert, dass die Festigkeit der Hälfte der Prüfmuster unterhalb und die andere Hälfte oberhalb des Mittelwerts $p_{50\%}$ liegt. Im Fall einer symmetrischen Verteilung würde dies dem arithmetischen Mittelwert der Stichprobe entsprechen:

$$p_{50\%} = p_m = m_{pB} = \frac{1}{n}\sum_{i=1}^{n} p_i \qquad (3.9)$$

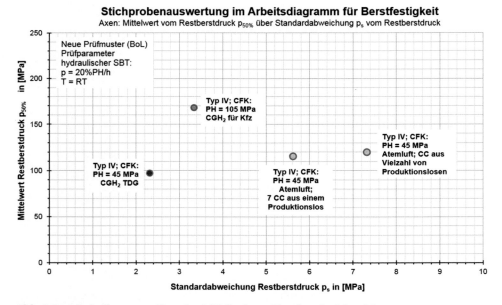

Abb. 3.3 Arbeitsdiagramm „Berstdruck" Mittelwert über Standardabweichung

Die Streuung könnte durch die Standardabweichung der Stichprobe oder verteilungsneutral durch z. B. den Abstand zweier dezidierter Festigkeitswerte, wie den $p_{10\%}$- und den $p_{90\%}$-Wert beschrieben werden:

$$p_s = p_{10\%} - p_{90\%} \qquad (3.10)$$

Dabei beschreibt der $p_{90\%}$-Wert die Festigkeit, die von 90 % der Prüfmuster in der Berstprüfung erreicht wurde. Der $p_{10\%}$-Wert der Berstfestigkeit wurde dagegen nur von 10 % der Prüfmuster erreicht. Details hierzu werden im Unterabschnitt 3.2 erläutert.

Im Fall einer symmetrischen Verteilung der Eigenschaften einer Stichprobe aus n Prüfmustern liegt die Verwendung der Standardverteilung nahe, wie diese gegenüber Gl. 3.10 in Gl. 3.11 angegeben ist:

$$p_{scatter} = p_s = s_{pB} = \sqrt{\frac{1}{n-1} \sum_{i=1}^{n} \left(p_i - p_{50\%} \right)^2} \qquad (3.11)$$

Damit ist ein Diagrammformat geschaffen, das es erlaubt, jede Stichprobe in seinen statistisch primär relevanten Festigkeitseigenschaften durch einen Punkt im Diagramm darzustellen. In Abb. 3.3 sind in das hiermit entwickelte Grundkonzept des Diagramms die Festigkeitswerte zweier Stichproben als Punkte ergänzend dargestellt. Der ganz rechte Punkt mit der höchsten Streuung repräsentiert relativ umfangreiche Ergebnisse aus der Herstellerlosprüfung einer Atemluftflasche, die bereits in Abb. 2.15 vorgestellt wurden. Der Punkt ganz links (blau) zeigt die Restfestigkeiten einer geringfügig gealterten, kleinen Stichprobe von Treibstoffpeichern für 70 MPa Wasserstoff.

Es ist deutlich erkennbar, dass die Berstfestigkeiten erheblich unterschiedlich sind. Dies ist aber zu erwarten, wenn man die unterschiedlichen Druckbereiche (PH = 105 MPa gegenüber PH = 45 MPa) betrachtet. Es fällt auch auf, dass die Streuungen deutlich unterschiedlich sind.

Eine fundierte Sicherheitsbewertung erfordert den Vergleich der Festigkeit mit der Belastung. Um die einfache Beurteilung des Verhältnisses von Festigkeit zu Last unabhängig vom Druckniveau zu ermöglichen, bietet es sich an, die Festigkeitswerte aus Abb. 3.3 auf den realen Spitzendruck zu beziehen. Hierbei wird angenommen, dass dieser gegen Überschreitung abgesichert ist. Der Spitzendruck im Betrieb wird im Folgenden MSP (maximum service pressure) genannt. Da dieser Maximaldruck MSP im Betrieb aber vom erlaubten Fülldruck, vom Gas und den Temperaturbedingungen abhängt, bietet es sich im Rahmen eines konservativen und möglichst universellen Herangehens an, als Referenz den Prüfdruck PH zu verwenden. Dieser umschreibt im Gefahrguttransport den für die Menge aller relevanten Gase maximal möglichen MSP. Zu diesen Gasen gehören auch die im Fahrzeug gespeicherten Treibstoffe „Gas" (Treibgas). Der Prüfdruck PH (oder TP) ist definiert als 150 % des nominellen Füll- oder Arbeitsdruckes PW oder NWP. Damit darf ein Druckgefäß nur mit der Menge komprimierten Gases gefüllt werden, die bei 15 °C keinen höheren Druck als den Nennbetriebsdruck entwickelt.

Davon abgeleitet ist die relative Berstfestigkeit Ω:

$$\Omega \equiv \frac{p_{Berst}}{MSP} \quad \text{mit } NWP < MSP \leq PH \tag{3.12}$$

Für den Mittelwert auf der Abszisse folgt daraus:

$$\Omega_{50\%} \equiv \frac{p_{50\%}}{MSP} = \frac{1}{MSP} \cdot \frac{1}{n} \sum_{i=1}^{n} p_i \tag{3.13}$$

Die Streuung auf der Ordinate kann mithilfe dieser Kennwerte durch die Kenngröße ψ nach folgender Gleichung beschrieben werden:

$$\psi \equiv \frac{p_{10\%} - p_{90\%}}{MSP} = \Omega_{10\%} - \Omega_{90\%} \tag{3.14}$$

Im Fall einer symmetrischen Verteilung kann auch wieder direkt die Standardverteilung verwendet werden:

$$\Omega_s \equiv \frac{p_s}{MSP} \quad \text{bzw. } \Omega_s^* \equiv \frac{p_s}{MSP} \tag{3.15}$$

$$\Omega_s = \frac{1}{MSP} \sqrt{\frac{1}{n-1} \sum_{i=1}^{n} (p_i - p_{50\%})^2} = \sqrt{\frac{1}{n-1} \sum_{i=1}^{n} (\Omega_i - \Omega_{50\%})^2} \tag{3.16}$$

Für die Standardverteilung gilt auch:

$$\Omega_{10\%} = \Omega_{50\%} - 1,281 \cdot \Omega_s \quad \text{und} \quad \Omega_{10\%} = \Omega_{50\%} + 1,281 \cdot \Omega_s \tag{3.17}$$

Damit gilt:

$$\frac{p_s}{PH} = \psi = 2,56 \Omega_s \tag{3.18}$$

Bezieht man die Festigkeitskennwerte aus Abb. 3.3 auf den maximalen Betriebsdruck MSP, erhält man die in Abb. 3.4 dargestellten Zusammenhänge.

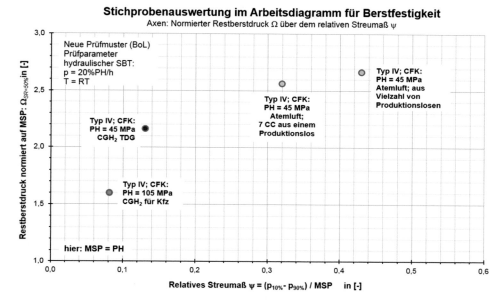

Abb. 3.4 Arbeitsdiagramm „SPC statisches Versagen" Mittelwert über Streumaß; normiert auf MSP

Auf dieser Basis sind in Abb. 3.4 sowohl der Prüfdruck als 100%-Referenzlinie wie auch die beiden Stichproben mit Ihren Eigenschaften als je ein Punkt dargestellt. Ein Vergleich von Abb. 3.3 mit 3.4 macht zunächst den Eindruck einer Verwechslung. Zwar bleibt die relative Position auf der x-Achse (Streuung) vergleichbar, aber die mittleren Festigkeiten (y-Achse) in Relation zum Prüfdruck tauschen ihre relativen Lagen. Es wird erkennbar, dass der konventionelle Sicherheitsbeiwert im Sinne eines Berstdruckverhältnisses („burst ratio") der Atemluftflasche deutlich höher ist als der Sicherheitsbeiwert des Treibgasspeichers. Diese Beobachtung im Sinne der einführenden Betrachtungen darf nicht mit einem Ergebnis der nachfolgend erläuterten statistischen Sicherheitsbewertung verwechselt werden.

In Abb. 3.4 fällt auch auf, dass die Stichproben mittlere Berstfestigkeiten aufweisen, die de facto umso höher sind, je größer die Streuung ist. Dies kann aber nicht auf die Zulassungsanforderungen zurückgeführt werden. Es dürfte auf die umfangreiche Erfahrung der Hersteller der ausgewählten Prüfmuster zurückzuführen sein.

3.1.2   Das Arbeitsdiagramm für die Zeitstandsfestigkeit von Stichproben

Die Betrachtung der Zeitstandsprüfung in Analogie zur oben dargestellten Berstdruckbetrachtung muss von anderen Voraussetzungen ausgehen. Wie bereits in Kap. 2 angedeutet muss die Zeit als Festigkeitskenngröße der Zeitstandsfestigkeit logarithmisch dargestellt werden. Daraus leitet sich auch eine unsymmetrische Dichtefunktion der Wahrscheinlichkeitsverteilung ab. Diese wiederum legt die universelle Darstellung der Zeit über die 10 %, 50 % und 90 % -Werte der Überlebenswahrscheinlichkeit nahe. Dabei steht der Zeitwert $t_{50\%}$ für den Median der Verteilung. Der $t_{90\%}$-Wert steht für die Zeit, die von 90 % der Prüfmuster in der Zeitstandsprüfung ohne Versagen erreicht wird. Der $t_{10\%}$-Wert der Zeitstandsfestigkeit wird dagegen von nur 10 % der Prüfmuster schadensfrei erreicht.

Es wird somit für eine Stichprobe bestehend aus n Prüfmustern eingeführt:

$$t_{50\%} = 10^{m_t} \quad \text{mit} \quad m_t = \frac{1}{n} \sum_{i=1}^{n} \log_{10}\left(t_i\right) \tag{3.19}$$

$$T_t \equiv t_{SR=90\%} : t_{SR=10\%} \tag{3.20}$$

Da die Zeit eine Größe ist, die anschaulich unmittelbar für alle Anwendung in gleicher Art bewertete werden kann, wird diese auch in der Sicherheitsbetrachtung direkt, d. h. ohne Relativierung auf eine Bezugsgröße bewertet. Es ist zwar denkbar, die gemessene Zeit auf die Lebensdauer zu beziehen. Im Gegensatz zur Berstfestigkeit ist hier jedoch kein unmittelbarer Vorteil zu erkennen. Zum einen sind „CCs with non-limited life" im Transport gefährlicher Güter üblich, zum anderen soll der hier vorgestellte Ansatz auch dazu dienen, die Prüffrist im Sinne von Note 2 in 6.2.2.1.1 der Gefahrguttransportvorschriften [5–7] zu überprüfen. Aus diesem Grund wäre zudem ein Ansatz mit Relativierung der Zeit auf eine Lebensdauer nicht durchgehend möglich.

Auf Basis dieser Grundlagen lässt sich in Analogie zu Abb. 3.3 die 3.5 entwickeln. Aus den im Kap. 1 beschriebenen Gründen, liegen keine hinreichend detaillierten Daten für ein reales Beispiel vor. Dies war wie oben beschrieben der Anstoß dafür, die langsame Berstprüfung einzuführen.

Aber auch in diesem Diagramm würde jede Stichprobe aus n Prüfmustern durch einen einzelnen Punkt dargestellt werden.

3.1.3　Das Arbeitsdiagramm für die Lastwechselfestigkeit von Stichproben

Seit Wöhler (s. [8]) hat die Lastwechselprüfung („Schwingprüfung") kontinuierlich an Bedeutung für den Nachweis der Betriebsfestigkeit gewonnen. So ist es heute üblich, wiederbefüllbare Druckgefäße und Treibgasspeicher zyklisch durch Innendruck zu belasten. Hierbei wird in Übereinstimmung mit den Zulassungsanforderungen die in Kap. 2.1 dargestellte Prüfung zum Nachweis von geforderten versagensfrei ertragbaren Mindestlastzyklenzahlen verwendet. Daraus resultiert die Praxis, die Prüfungen mit dem Erreichen der geforderten Lastwechselzahl abzubrechen. Damit liefern diese Prüfungen nur dann

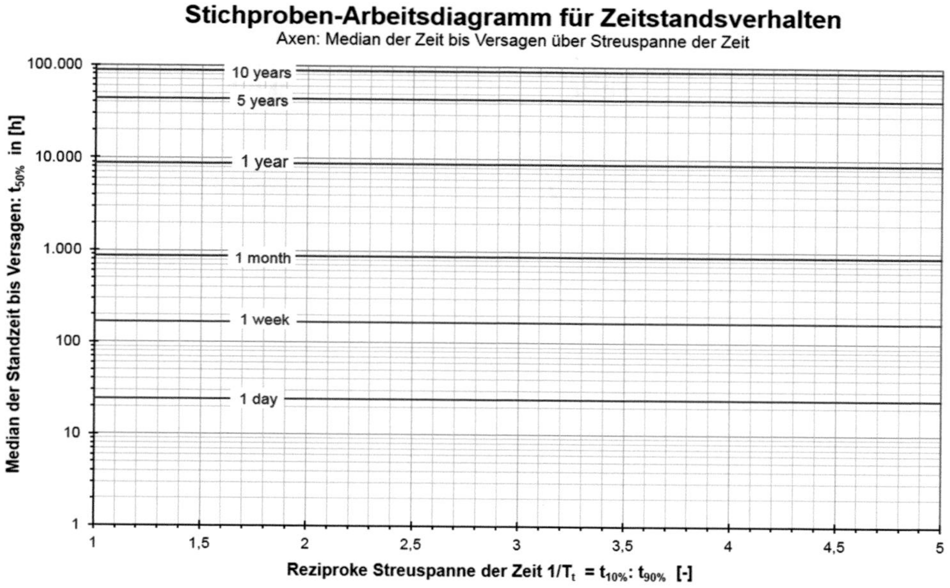

Stichproben-Arbeitsdiagramm für Zeitstandsverhalten
Axen: Median der Zeit bis Versagen über Streuspanne der Zeit

Abb. 3.5 Arbeitsdiagramm „SPC Zeitstand" Median über Streuspanne der Zeit

statistisch verwertbare Ergebnisse, wenn die Mindestlastwechselzahl nicht erreicht wurde und der Versagensfall festgestellt werden kann. Liegen keine Festigkeitswerte im Sinne der Belastbarkeit bis Versagen vor, lässt sich auch keine Betrachtung im Sinne der Bilder Abb. 3.3 bis 3.5 mit Mittelwert und Streuung quantifizieren.

Setzt man jedoch trotz des erhöhten Aufwandes die Prüfungen bis zum Versagen fort, kommt man zu einem Herangehen, das der Betrachtung der Zeitstandsfestigkeit nach Kap. 3.1.2 ähnlichen ist. Aufgrund der Erfahrung mit der Lastwechselfestigkeit und der von Wöhler initiierte „S-N-Curves" ist von einem, im logarithmischen Maßstab linearen Verhalten der Lastwechselfestigkeit auszugehen.

Der Mittelwert der Lastwechselfestigkeit in der Bedeutung des Medians der verteilten Eigenschaft wird wie folgt berechnet:

$$N_{50\%} = 10^{m_{\log N}} \quad \text{mit} \quad m_{\log N} = \frac{1}{n} \sum_{i=1}^{n} \log_{10}(N_i). \tag{3.21}$$

Die Streuspanne T_N der Verteilung der Lastwechselfestigkeit ist definiert als das Verhältnis der Lastwechselfestigkeiten mit den Überlebenswahrscheinlichkeiten 10 % und 90 %

$$T_N \equiv N_{SR=90\%} : N_{SR=10\%} < 1. \tag{3.22}$$

Bei Betrachtung der logarithmierten Lastwechselfestigkeitswerte wird die Standardabweichung für die lognormale Verteilung (LND) wie folgt berechnet:

$$s_{\log N} = \sqrt{\frac{1}{n-1} \sum_{i=1}^{n} \left(\log_{10} \left(\frac{N_i}{N_{50\%}} \right) \right)^2} . \tag{3.23}$$

Dies entspricht:

$$s_{\log N} = \sqrt{\frac{1}{n-1} \sum_{i=1}^{n} \left(\log_{10}(N_i) - m_{\log N} \right)^2} = \frac{1}{2{,}56} \cdot \log_{10}\left(1 : T_N \right) \tag{3.24}$$

Mit Blick auf die Zahl der Lastwechsel N_s bedeutet dies:

$$N_s = 10^{s_{\log N}} = \left(1 : T_N \right)^{\frac{1}{2{,}56}} \tag{3.25}$$

In diesem Fall kann die Streuspanne aus der Standardabweichung abgeleitet werden:

$$1 : T_N = N_{SR=10\%} : N_{SR=90\%} = 10^{2{,}56 \cdot s_{\log N}} = N_s^{2{,}56} > 1 \tag{3.26}$$

Ähnlich dem Kriterium der Zeitstandsfestigkeit ist es auch hier nicht hilfreich, die Lastwechselzahl zu relativieren und auf einen Zielwert zu beziehen. Wie im Kap. 1 kurz erläutert, ist es aufgrund der unterschiedlichen Ermüdungsprozesse nicht möglich, einer vorgegebenen Lebensdauer eine feste Lastwechselzahl zuzuordnen. So hat im Gegensatz zu monolithischen Druckbehältern auch die Zeit einen unmittelbaren Einfluss auf die betriebsbedingte Abnahme der Lastwechselfestigkeit von CCn.

Ähnlich wie in Abb. 3.4 sind auch in Abb. 3.6 verschiedene Stichprobeneigenschaften durch je einem Punkt dargestellt. Diese Punkte sollen im Folgenden der Orientierung und als Vergleichsmaß dienen. Sie stehen für Stichproben, die aus neuen, nur erstmalig geprüften Prüfmustern zusammengestellt wurden. Wie die Prüfmuster in Abb. 3.4 sind auch die Prüfmuster für Abb. 3.6 entweder im Rahmen der Baumusterprüfung geprüft oder aus der Serienproduktion entnommen. Nur im Fall der Flaschen für medizinischen Sauerstoff musste auf geringfügig im Betrieb vorbelastete Prüfmuster zurückgegriffen werden.

Diese Stichproben verschiedener Baumuster zeigen einen erkennbaren, aber nicht überraschenden Unterschied in den mittleren Lastwechselfestigkeiten. Auffallend ist dagegen die große Variation der Streuung der verschiedenen Baumuster.

Aus den deutlichen Unterschieden in der Streuung würden selbst bei gleichen Mittelwerten statistisch erheblich unterschiedliche Überlebenswahrscheinlichkeiten resultieren.

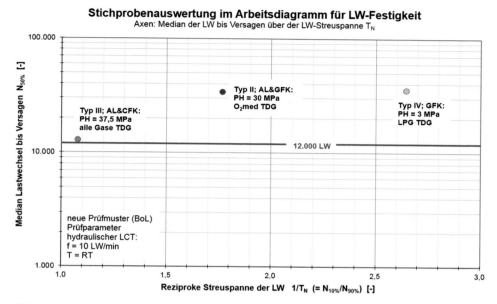

Abb. 3.6 Arbeitsdiagramm „SPC Lastwechselprüfung" Median über Streuspanne

Damit ist der Mittelwert kein hinreichendes Kriterium für die Sicherheit eines Baumusters. Wenn aber der Mittelwert kein hinreichendes Kriterium darstellt, dann kann ein Mindestwert, der an einem oder zwei Prüfmustern nachgewiesen werden muss, auch kein hinreichendes Kriterium darstellen. Selbst die Berstprüfung, die heute teilweise den Nachweis der Mindestfestigkeit an drei Prüfmustern fordert, ist dazu nur begrenzt geeignet. Daraus wird gefolgert, dass die Eignung der geforderten Mindestwerte davon abhängt, bis zu welchem Maximalwert der Streuung dieser Sicherheitsbeiwert gilt; in wie weit er die Herstellungsschwankungen und die alterungsbedingte Zunahme der initialen Streuung im Betrieb berücksichtigt.

Aufgrund der Angabe von Mittelwert und Streuung erlauben die oben dargestellten Abbildungen für jeden Punkt im Diagramm eine Überlebenswahrscheinlichkeit zu berechnen. Damit können auch Linien konstanter Überlebenswahrscheinlichkeit, sog. „Isoasfalen"[1], berechnet und in das Diagramm eingezeichnet werden. Die so entstehenden Linien konstanter Überlebenswahrscheinlichkeit (SR-Isoasfalen) ermöglichen eine einfache graphische Beurteilung einer Stichprobeneigenschaften, die wiederum als Punkt im Diagramm dargestellt ist. Allerdings muss hierzu bekannt sein, welcher Dichtefunktion die reale Verteilung unterliegt. Dies wird im Folgenden mit Verweis auf [9, 10] untersucht.

---

[1] Die Bezeichnung setzt sich zusammen aus den (alt-) griechischen Wörtern „ισοσ" (iso: gleich) und „ασφαλια"; asfalia: kommt dem Begriff der technischen Zuverlässigkeit schon relativ nahe.

3.2   Statistische Auswertung der Stichprobenprüfergebnisse

Zur weitergehenden Darstellung der statistischen Analysen wird ein Teil der vorliegenden Prüfergebnisse zur Berst- und Lastwechselprüfung gemäß den bereits erläuterten Grundlagen analysiert. Wie in Kap. 2 dargelegt, liegen keine verwertbaren Ergebnisse zur Zeitstandsprüfung vor. Entsprechend wird dieses Prüfverfahren in diesem Kapitel nicht weiter betrachtet.

3.2.1   Ergebnisse der Berstprüfung und der langsamen Berstprüfung

Zur weitergehenden Analyse von Abb. 3.3 werden im Folgenden die Prüfergebnisse verwendeten, die anhand der langsamen Berstprüfungen SBT an Carbonfaser-Composite-Gasflaschen für Atemschutzgeräte erarbeitet wurden (Punkte rechts in Abb. 3.3).

Die Tab. 3.1 zeigt die Ergebnisse der langsamen Berstprüfung einer Stichprobe aus 7 Prüfmustern des ausgewählten Baumusters. Die Druckanstiegsrate als Hauptparameter der quasistatischen Prüfung wurde gemäß SBT [11] konstant bei 20 % PH/h gehalten. Das waren in diesem Fall 0,15 MPa/min.

Zur Auswertung werden die Prüfergebnisse zunächst aufsteigend nach dem Wert ihrer jeweiligen Berstfestigkeit geordnet. Die Rankingfunktion oder empirische Verteilungsfunktion für die Abschätzung der individuellen Überlebenswahrscheinlichkeit richtet sich nach der anzunehmenden Wahrscheinlichkeitsverteilung. Die individuelle Überlebenswahrscheinlichkeit des jeweiligen Prüfmusters wird aufgrund der Annahme einer Normalverteilung (s. Erläuterungen in Unterkapitel 3.3) anhand der Funktion von Rossow [12] berechnet.

Tab. 3.1 Ergebnisse der langsamen Berstprüfung von CFK-Typ-IV-CCn für Atemluft

Typ IV CFK   PH = 45 MPa   neu, aus einem Batch

$\Delta p/\Delta t = 20\% PH/h$

$$SR = \frac{3 \cdot j - 1}{3 \cdot j_{max} + 1}$$

ansteigend sortiert

	ordnen	Berstdruck	SR	Mittelwert	Standard-abweichung
	j	p_B in [MPa]	in [%]	$p_{50\%}$ in [MPa]	p_S in [MPa]
$j_{max} =$	7	107	91%		
	6	112	77%		
	5	113	64%		
	4	116	50%	115	5,62
	3	118	36%		
	2	119	23%		
	1	124	9%		

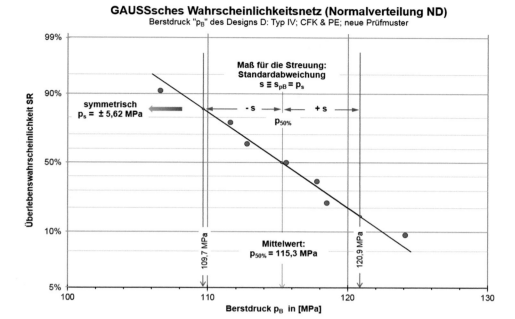

Abb. 3.7 Prüfergebnisse Bersten, Mittelwert und Standardabweichung einer Stichprobe; Werte aus Tab. 3.1

Die entsprechenden Formeln für die beiden rechten Spalten in Tab. 3.1 (mittlere Berstfestigkeit der Stichprobe in MPa und die Standardabweichung der Stichprobe in MPa) basieren auf den bereits oben dargestellten Gln. 3.9 und 3.11.

Die einzelnen Ergebnisse können zusammen mit dem Mittelwert und der Standardabweichung dargestellt werden, wie zum Beispiel in Abb. 3.7. Die graphische Auswertung der Ergebnisse aus Tab. 3.1 in Abb. 3.7 erlaubt die Darstellung von Mittelwert und Standardabweichung. Der Gradient der Ausgleichsgeraden stellt die Streuung der Berstdrücke im Sinne der Standardabweichung s_{pB} dar.

Zerstörende Prüfverfahren, wie die Berstprüfung, werden üblicherweise nur auf eine kleine Anzahl von Prüfmustern angewendet. Entsprechend kann die Frage nach der tatsächlich vorliegenden Verteilung im Einzelfall nicht anhand der Stichprobenergebnisse diskutiert werden. Daher sei an dieser Stelle festgestellt, dass zunächst eine Vergrößerung der bisher dargestellten Datenbasis zur Verbesserung der Aussagekraft der Stichprobe stattfinden müsste, bevor die Anwendung anderer Verteilungsfunktionen (vergl. Abschn. 4.3.2) diskutiert werden könnte. Grundsätzlich ist es im Fall einer wie hier als normal verteilt angenommenen Stichprobe angeraten, mit einem relativ einfachen Test nach z. B. GRUBBS [13] zu prüfen, ob die Annahme einer ND bestätigt werden kann bzw. ob Frühausfälle vorliegen.

Da die Absicht dieser Betrachtungen, die Abschätzung der Sicherheit ist, muss die verfügbare Festigkeit wie bereits dargestellt, in Relation zur Beanspruchung gesetzt werden.

Im Falle von Druckgefäßen bzw. Gasflaschen für den Gefahrguttransport ist der universellste Ansatz die Division des Berstdruckes durch den im Betrieb maximal zu ertragenden Gasdruck (MSP). Das Ergebnis wird im Allgemeinen als Sicherheitsfaktor bezeichnet. Üblicherweise wird für Gasflaschen zum Gastransport der Prüfdruck (PH) als Betriebslast angenommen. Er beschreibt den Maximaldruck, der in den üblichen Anwendungsfällen bei Umgebungstemperatur bzw. beim Füllen bis zu 65 °C auftreten kann. PH kann daher auch als das Maximum aller höchst zulässigen Betriebsdrücke (MSP) verstanden werden.

Für bestimmte Gas-Anwendungen wie zum Beispiel sog. Batteriefahrzeuge („tube trailer"), Atemluftflaschen oder auch Speicher von Gasfahrzeugen (CNG oder CGH_2) können andere, konkretere Annahmen getroffen werden. In diesen Fällen kann, um unnötig konservative Definitionen der Sicherheitsfaktoren zu vermeiden, der mit dem speziellen Gas maximal im Betrieb auftretende Gasdruck (MSP) als Auslegungsgrundlage genutzt werden; wie in [14–17] erarbeitet.

Durch Normierung der Werte aus Tab. 3.1 auf PH (= 150 % NWP bzw. 150 % PW) entsteht Abb. 3.8. Alle Prüfungsergebnisse und Betrachtungen werden im Weiteren auf PH normiert, um eine allgemeinere Vergleichbarkeit sicher zu stellen.

Durch Normierung auf den Referenzdruck MSP (d. h. hier konsequent MSP=PH) wird aus dem mittleren Berstdruck m_{pB} der relative mittlere Berstdruck m_{rel}, was dem hier neu eingeführten relativen Berstdruck $\Omega_{50\%}$ mit 50 % Überlebenswahrscheinlichkeit entspricht.

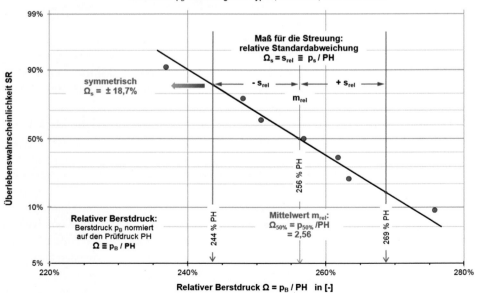

Abb. 3.8 Ergebnisse aus Abb. 3.7 nach der Normierung auf den Prüfdruck PH

$$\Omega^*_{50\%} = m_{rel} = \frac{m_{pB}}{PH} = \frac{1}{n}\sum_{i=1}^{n}\frac{p_i}{PH} \tag{3.27}$$

Wird die Standardabweichung s_{pB} auf den Prüfdruck (PH) als Sonderfall des MSP normiert, ist dies durch „*" gekennzeichnet. Daraus ergibt sich bereits eine universell verwendbare Kenngröße s_{rel}.

$$\Omega^*_s = s_{rel} = \frac{s_{pB}}{PH} = \sqrt{\frac{1}{n-1}\sum_{i=1}^{n}\left(\frac{p_i}{PH} - \Omega^*_{50\%}\right)^2} \tag{3.28}$$

In diesem Kontext häufiger verwendet (z. B. in den Standardwerken [18, 19]) und universeller als die Standardabweichung ist das sog. „Streumaß". Normiert auf PH ist es das „relatives Streumaß ψ^*". Es resultiert aus der Differenz zwischen den auf PH normierten Festigkeitswerten Ω^* bei 10 % und 90 % Überlebenswahrscheinlichkeit:

$$\psi^* \equiv \Omega^*_{10\%} - \Omega^*_{90\%} \tag{3.29}$$

Daraus entsteht folgender direkter Zusammenhang zur relativen Standardabweichung:

$$\psi^* = \frac{p_{10\%}}{PH} = \frac{p_{90\%}}{PH} = 2,56\frac{s_{pB}}{PH} = 2,56\Omega^*_s \tag{3.30}$$

In Abb. 3.9 sind Mittelwert $\Omega^*_{50\%}$ und Streuung ψ^* durch die Ausgleichsgerade ohne die Prüfergebnisse aus Abb. 3.8 dargestellt.

Unter Verwendung dieser Vereinheitlichungen wird es möglich, Prüfergebnisse – selbst von Baumustern verschiedener Druckniveaus – in einem Diagramm bzgl. ihrer Streuung miteinander zu vergleichen. Auch ist möglich, die Festigkeiten zu den 10%- und 90%-Überlebenswahrscheinlichkeit abzulesen.

Grund für diese Herangehensweise ist – wie bereits erläutert – die Intention, Stichprobeneigenschaften als Wertepaare (x; y) abzubilden, um die Ergebnisse verschiedener Stichproben graphisch vergleichen und bewerten zu können. Setzt man dies unmittelbar um, ergibt sich eine Darstellung wie Abb. 3.10. Diese Darstellungsform ist für den Vergleich von verschiedenen Stichproben eines Baumusters deutlich besser geeignet, enthält aber im Gegensatz zu Abb. 3.7 bis 3.9 keine Information mehr über die Streuung der Einzelwerte in Relation zur angenommen Verteilungsfunktion. Die Darstellung in Abb. 3.10 ermöglicht aber eine bessere Beobachtung der Degradation während der Lebensdauer oder der Langzeitüberwachung der Herstellungsqualität mittels Losprüfung. Jedes Wertepaar (normierter Berstdruck und relatives Streumaß) kann mit Linien geforderter Zuverlässigkeit verglichen werden. Hierbei gilt der Zusammenhang:

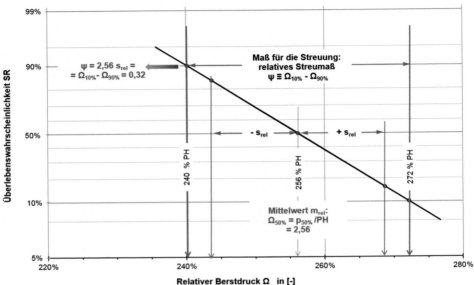

Abb. 3.9 Eigenschaften aus Abb. 3.8 unter Verwendung des Streumaßes zur quantitativen Darstellung der Streuung

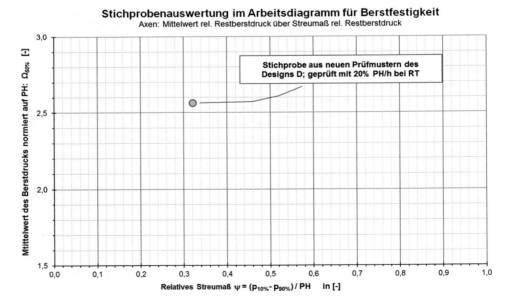

Abb. 3.10 Darstellung der Stichprobeneigenschaften durch nur einen Punkt; neue Typ-IV-CC (SBT)

$$Zuverlässigkeit \sim \frac{\phi Festigkeit - \phi Last}{Streuung} \qquad (3.31)$$

Im Fall der GAUSSschen Normalverteilung ND ist jeder Zuverlässigkeit bzw. Überlebenswahrscheinlichkeit ein Abweichungsmaß x zuzuordnen und umgekehrt. Das Abweichungsmaß x der Normalverteilung ND für den Berstdruck folgt aufgrund der Normierung auf den Referenzdruck MSP (hier Prüfdruck PH) wie folgt:

$$-x_{ND} = \frac{m_{pB} - MSP}{S_{pB}} \xrightarrow{\ MSP=PH\ } -x^*_{ND} = \frac{m_p - PH}{s_{pB}} = \frac{\Omega^*_{50\%} - PH}{\Omega^*_s} \qquad (3.32)$$

Der größte Vorteil von Diagrammen wie Abb. 3.10 ist, dass sie universell und unabhängig vom Druckbereich für die gleichzeitige Darstellung von vielen Stichproben nutzbar sind, weshalb auch die „burst ratios" unterschiedlicher Anwendungen miteinander verglichen werden können.

In Gl. 3.32 wird mit der Standardabweichung gearbeitet. Somit bietet es sich trotz der zuvor erwähnten Universalität der Nutzung der Streuspanne an, auf die Standardabweichung zur Quantifizierung der Streuung in Diagrammen wie Abb. 3.10 zurück zu gehen. Die entsprechend überarbeitete und mit Linien konstanter Überlebenswahrscheinlichkeit „Isoasfalen" nach Maßgabe des Abweichungsmaßes (x-Isoasfalen) ergänzte Abb. 3.10 ist als Abb. 3.11 wiedergegeben. Hierzu wird Gl. 3.33 angewendet:

$$x_{ND} \equiv \frac{p_{Last} - m_p}{s_p} = \frac{MSP - m_p}{s_p} = \frac{1 - \Omega_{50\%}}{\Omega_s} \qquad (3.33)$$

Mit Blick auf eine eindeutige und konservative Interpretation wird im Folgenden für den MSP der maximal mögliche Druck, der Prüfdruck PH angenommen. Der Einfluss dieser Vereinfachung auf die Bewertung der Sicherheit ist hier zunächst ohne weitere Bedeutung, da in Abb. 3.11 keine unmittelbare Bewertung der Überlebenswahrscheinlichkeiten diskutiert ist.

3.2.2   Ergebnisse der Lastwechselprüfung

In der historischen Entwicklung der Sicherheitsnachweise folgt auf die quasi-statische Belastung bis Versagen die Schwing- oder Lastwechselprüfung nach WÖHLER [8]. Auch bei Druckbehältern folgte auf die Berstprüfung die Lastwechselprüfung als Einstufenbelastung bei Umgebungstemperatur. Für den sog. „load cycle test" (LCT) wird das Prüfmuster zwischen zwei Druckniveaus (meist 2 MPa und Prüfdruck PH) zyklierend mit einem hydraulischen Prüfmedium so oft belastet, bis es zum Versagen kommt oder der Mittelwert erreicht ist. Bei Composite-Druckgefäßen mit metallischem Liner führt das

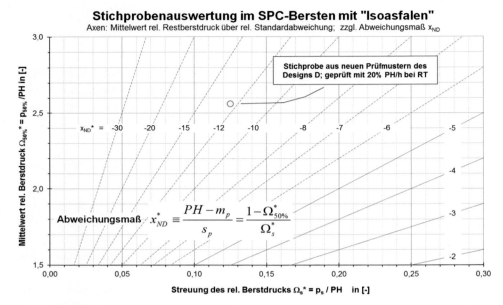

Abb. 3.11 Stichprobe aus Abb. 3.10 als Punkt in einem ND-basierte SPC mit Netz der Isoasfalen

fast ausnahmslos zu einer Leckage mit Austritt des Prüfmediums während es bei Gasflaschen ohne metallischen Liner meist zum spontanen Bersten kommt.

Druckgefäße bzw. Gasflaschen aus Verbundwerkstoffen zeigen eine erkennbare Empfindlichkeit gegenüber Temperatur und Feuchte beim Zyklieren. Demzufolge ist für eine
gute Vergleichbarkeit der Ergebnisse verschiedener Prüfanlagen bzw. hohe Reproduzierbarkeit der Ergebnisse auf eine deutlich enger gefasste Parameterbeschreibung zu achten
als heute in den Normen üblich ist. Dies bedeutet auch, dass die Temperatur des Mediums
und des Prüfmusters in engen Toleranzen festzuschreiben ist. Um den technischen Aufwand allgemein und mit Blick auf die Reproduzierbarkeit im Besonderen gering einfach
zu halten, wird die Prüfung mit Medien- und Umgebungstemperatur bei Raumtemperatur
(zwischen 18 und 28 °C) durchgeführt. Außerdem wird auf eine enge Toleranz der Extremdrücke im Prüfmuster geachtet (vergl. Abb. 2.1).

Die im Folgenden geschilderten Betrachtungen basieren auf der Anwendung der in
[20] beschriebenen und gegenüber den Normen deutlich enger gefassten Prüfvorschriften
für die Lastwechselprüfung bei Raumtemperatur. Hierbei kommen weiterhin als Sollwerte
ein unteres Druckniveau von 2 MPa und als oberes Druckniveau der Prüfdruck zur Anwendung. Die im Folgenden wieder exemplarisch verwendeten Prüfergebnisse der LCT
wurden im Rahmen eines Vorhabens [21, 22], gefördert vom BMVBS[2] und unterstützt von
der Gaseindustrie, an mit Glasfaser umwickelten Composite-Gasflaschen mit Aluminiumliner des Typs II für medizinischen Sauerstoff erarbeitet.

---

[2] Heute „BMVI": Bundesministerium für Verkehr und digitale Infrastruktur.

Tab. 3.2 Hydraulische Rest-Lastwechselfestigkeit eines Typ-II-CC

Typ II GFK   LC: 2 MPa… PH   PH = 30 MPa nach ca. 6 Monate Betrieb

$$SR = \frac{3 \cdot j - 1}{3 \cdot j_{max} + 1}$$

Chronologie der Prüfung			erste Schritte der Auswertung		
1.	2.		3.	4.	5.
ID der Prüfmuster	Prüfergebnis LC bis Leckage		Ranking j	ansteigend sortiert LC bis Leckage	SR in [%]
067	35.364	$j_{max} =$	9	21.663	92,9%
222	26.738		8	26.598	82,1%
636	38.011		7	26.738	71,4%
178	39.695		6	35.364	60,7%
156	37.807		5	36.897	50,0%
134	39.552		4	37.807	39,3%
091	26.598		3	38.011	28,6%
094	21.663		2	39.552	17,9%
975	36.897		1	39.695	7,1%

Für Gasflaschen muss im Rahmen der Zulassung obligatorisch anhand von zwei Prüfmustern und nachfolgenden Prüfungen zur Überwachung der Produktion (Losprüfung) immer eine Mindestlastwechselzahl nachgewiesen werden. Dabei muss nach Abschn. 2.1 nicht bis zum Versagen geprüft werden. Dies bedeutet jedoch, dass das tatsächliche Festigkeitspotential nicht ermittelt wird – weder für eine Einzelflasche noch für eine Stichprobe. Wenn die Lastwechselparameter nach [20] in einem engen Bereich gewählt sind und die Prüfmuster bis zum Versagen zyklisch belastet werden, wird das folgende Auswerteverfahren, das auf der Log-Normalverteilung (LND) basiert, zur Beschreibung der Stichprobeneigenschaften empfohlen.

Die Ergebnisse der beispielhaft auszuwertenden Prüfungsreihe sind in den Spalten 1 und 2 der Tab. 3.2 dargestellt. Der dominierende Parameter in der Lastwechselprüfungen ist der obere Druck jedes Zyklus, der hier wie üblich mit PH gewählt wurde. An dieser Stelle sei auf nochmals auf Abb. 2.4 verwiesen, die die nahezu gleiche Bedeutung des unteren Druckniveaus zeigt.

Wie oben und in [14–16] beschrieben, sind damit die bei allen real auftretenden Umgebungstemperaturen mit zulässigen Gasen entstehenden Drücke abgedeckt.

Ähnlich wie bereits im Kontext der Auswertung von Berstprüfungen beschrieben, werden die Ergebnisse der Lastwechselprüfung zunächst aufsteigend sortiert (Spalten 3 und 4 in Tab. 3.2) und die Überlebenswahrscheinlichkeit der einzelnen Prüfmuster berechnet (Spalte 5). Abweichend von den Betrachtungen der quasi-statischen Lastprüfungen geht man bei der Lastwechselfestigkeit primär von einer logarithmischen Normalverteilung LND aus. Damit weisen die logarithmierten Werte einen normalverteilten Charakter auf, weshalb in Spalte 5 wieder die Funktion nach ROSSOW [12] zur Anwendung kommt.

Tab. 3.3 Weitere Auswertungsschritte für o. g. Typ-II-Gasflaschen

Typ II GFK　　LC: 2 MPa… PH　　　　PH = 30 MPa nach ca. 6 Monate Betrieb

ansteigend sortiert　　　　　　　　　weitere Schritte der Auswertung

1.	4.	6.	7.	8.	9.
ID der	Prüfergebnis	$\log_{10}$-Wert	Mittelwert	Standardabweichung	$N_{50\%}$
Prüfmuster	LC bis Leckage	[-]	m_{logN}	s_{logN}	LC
094	21.663	4,336			
091	26.598	4,425			
222	26.738	4,427			
067	35.364	4,549			
975	36.897	4,567	4,52	0,096	32.169
156	37.807	4,578			
636	38.011	4,580			
134	39.552	4,600			
178	39.695	4,599			

In Tab. 3.3 sind der Logarithmus der ertragenen Lastspiele (Spalte 6), der Mittelwert der Logarithmen der ertragenen Lastspielzahl (Spalte 7), die Standardabweichung (Spalte 8) und der Mittelwert (Spalte 9) dargestellt. Die für Spalten 7 bis 9 relevanten Gleichungen sind:

$$N(x_{LND}) = 10^{m_{\log N} + x \cdot s_{\log N}} \text{ mit } N_{50\%} = 10^{m_{\log N}} \quad N_s = 10^{s_{\log N}} \qquad (3.34)$$

In Abb. 3.12 sind die Werte der Spalten 6 bis 8 aus Tab. 3.3 dargestellt. Der Gradient der Ausgleichsgeraden zwischen den Einzelwerten entspricht der logarithmischen Standardabweichung „s_{logN}" und bildet damit die Streuung der Prüfergebnisse ab. Hierzu wird eine Log-Normalverteilung (LND) vorausgesetzt, was noch im Abschn. 4.3.1 überprüft werden wird. Auch hier ist angeraten auf Basis der Annahme log-normalverteiler Prüfergebnisse mit dem relativ einfachen Test nach GRUBBS [13] zu prüfen, ob die LND bestätigt werden kann und ob Frühausfälle vorliegen.

Die Streuung ergibt sich in Abb. 3.12 graphisch aus dem Abstand zwischen dem relevanten Paar von Lastwechselzahlen mit definierten Überlebenswahrscheinlichkeiten, wie dies hier als Beispiel in Analogie zu Abb. 3.8 für SR=50%±34% für die Standardabweichung dargestellt ist.

Werden die Prüfungsergebnisse gemäß Abb. 3.12 ausgewertet, ist die Standardabweichung des Logarithmus der ertragenen Lastspiele bekannt. Logarithmische Werte sind zunächst kaum intuitiv zu bewerten. Daher ist es üblich, die Ergebnisse von Lastwechselprüfungen – wie in Abb. 3.13 – über einer logarithmischen Skalierung auf der Abszisse darzustellen. Die zugehörige Dichtefunktion der LND (Glockenkurve über logarithmi-

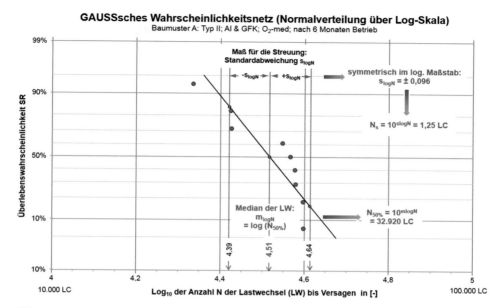

Abb. 3.12 Darstellung der Log10-Werte aus Tab. 3.3 (lineare Skalierung der x-Achse)

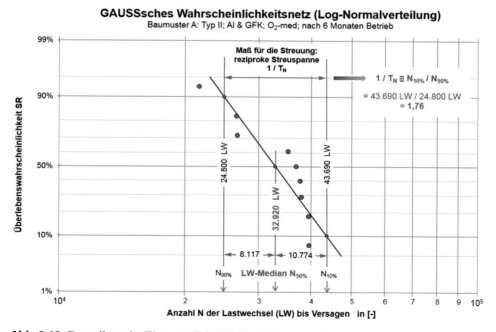

Abb. 3.13 Darstellung der Werte aus Tab. 3.3 (logarithmierte x-Achse)

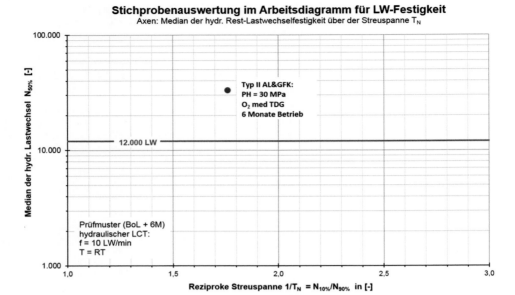

Abb. 3.14 LW-Festigkeit einer Stichprobe, dargestellt durch einen Punkt im SPC

scher Skala) bedeutet jedoch asymmetrische Lastwechselzahlen: Die Lastwechselzahlen zu Punkten mit gleichem Abstand zur mittleren Lastwechselzahl haben verschieden große Differenzwerte. Darüber hinaus sind diese absoluten Differenzwerte vom Mittelwert abhängig. Andererseits entspricht der Gradient der Ausgleichsgeraden der Streuung der Lastwechselzahlen in Form der Standardabweichung s_{logN} und damit dem Verhältnis zweier bestimmter Überlebenswahrscheinlichkeiten.

Daher ist eine andere Darstellung der Streueigenschaften üblich: die Streuspanne T_N. Die Streuspanne T_N einer Lastwechselfestigkeit ergibt sich, wie in Gln. 3.22 und 3.26 dargestellt, aus den Versagens-Lastwechselzahlen bei den Überlebenswahrscheinlichkeiten von 10 % und 90 %. Sie kommt in Abb. 3.13 zur Anwendung.

Bildet man dieses Ergebnis analog zu Abb. 3.10 im Arbeitsdiagramm ab, erhält man Abb. 3.14. Zur Orientierung ist die Linie konstanter 12.000 LW angegeben, wie diese derzeit für eine Zulassung mit nicht begrenztem Leben im Gefahrgutbereich nachzuweisen sind.

Ergänzt man in Abb. 3.14 das zugehörige Netz von Linien konstanten Abweichungsmaßes erhält man Abb. 3.15.

Hierbei gilt für das Abweichungsmaß, bezogen auf einen einzigen (letzten) Lastwechsel, den jeder CC im Betrieb noch sicher ertragen muss:

$$-x_{LND} = \frac{m_{\log N} - \log(N = 1)}{s_{\log N}} \tag{3.35}$$

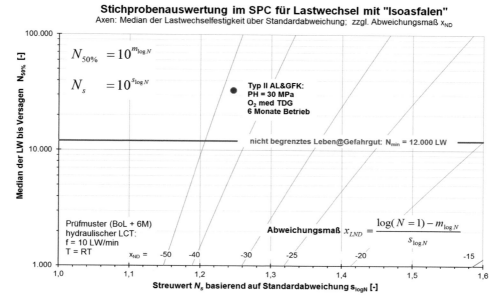

Abb. 3.15 LW-Eigenschaft verschiedener Stichproben im SPC mit Linien konstanten Abweichungsmaßes

So kann das Abweichungsmaß für jede Lastwechselzahl und damit für jede ermittelte Lastwechselfestigkeit eines Prüfmusters in Abhängigkeit von Mittelwert und Streuung gemäß Gl. 3.34 dargestellt werden.

Aus Gründen der einfacheren Ermittlung der Streuung ist in Abb. 3.15 entgegen den Erläuterungen zur Streuspanne T_N die Skala der x-Achse verändert: Anstelle der Streuspanne wird die logarithmusbasierte Beschreibung der Standardabweichung N_s nach Gl. 3.25 verwendet.

Mit Abb. 3.11 (Berstdruck) und Abb. 3.15 (LW-Zahl) ist es möglich, die Eigenschaft einer Stichprobe vom Einsatzspektrum, das insbesondere durch Druck und Mindestfüllzyklen beschrieben wird, durch je einen Punkt darzustellen. Außerdem kann die relative Lage der Punkte anhand des Netzes der Isoasfalen des Abweichungsmaßes bewertet werden. Um jedoch die Überlebenswahrscheinlichkeit einer Stichprobe absolut zu bewerten, muss die Verteilungsfunktion umfassender diskutiert und ebenfalls im Sample Performance Chart (SPC) dargestellt werden.

Damit sind die Eigenschaften einer Stichprobe auf Basis der Beschreibung der Parameter einer Normalverteilung bzw. Log-Normalverteilung dargestellt. Der nächste Schritt zur Interpretation der Stichprobenergebnisse ist die Analyse der die Einflüsse aus der zugrundeliegenden Verteilung und der Unsicherheit aus der Stichprobenentnahme. Dies meint die Übertragung von Stichprobeneigenschaften auf die eigentlich zu beurteilende

Population; d. h. die Gruppe von CCn, aus der die Stichprobe möglichst repräsentativ genommen wurde.

3.3   Ermittlung der Überlebenswahrscheinlichkeit einer Stichprobe

Sowohl die Belastung, wie auch die Belastbarkeit (Festigkeit) eines CCs sind Eigenschaften, die einer Streuung unterliegen. Hierbei wird die äußere Last „Innendruck" mit der Festigkeitsgrenze „Innendruck" verglichen. Gleiches gilt z. B. für die Materialspannung, die Lastwechselzahl, die Temperatur, die Zeit unter Last etc. Ein solcher Vergleich der Dichtefunktionen der jeweils zwei Streuungen von Last und Belastbarkeit ist am Beispiel des Innendruckes in Abb. 3.16 dargestellt.

Die im Ausschnitt in Abb. 3.16 (rechts oben) markierte Überlappung beider Dichtefunktionen ist ein Maß für die Häufigkeit der Kombinationen von Last und Belastbarkeit, die zum Versagen führen. Die Berechnung der Überlappung beider Kurven ist nicht trivial, aber in der Praxis auch kaum notwendig. Während die zentralen Festigkeitseigenschaften mit den bereits erläuterten Werkzeugen ermittelt werden können, besteht grundsätzlich eine relativ hohe Unsicherheit über die real zu erwartende Verteilung der Lasten.

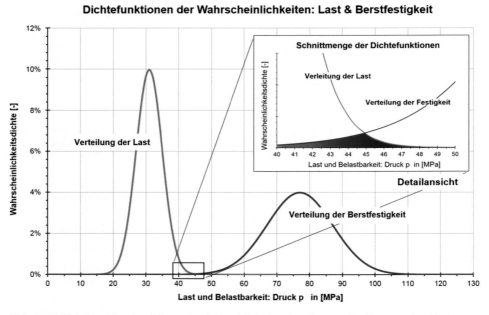

Abb. 3.16 Schätzen der Ausfallrate durch Vergleich der Verteilungen für die Innendruckbelastung und -festigkeit

3.3.1 Die Überlebenswahrscheinlichkeit im Kontext der Berstprüfung und der langsamen Berstprüfung

Aufgrund der oben genannten Unsicherheit in der Beschreibung der Last mit Hilfe von Lastkollektiven, bietet es sich an, die Lastannahmen konservativ zu vereinfachen. Hierzu wird, wie in Abb. 3.17 im Gegensatz zu Abb. 3.16 dargestellt, der bereits eingeführte Maximum Service Pressure (MSP) heran gezogen. Abhängig von der Möglichkeit, in Zukunft die jeweils betrachtete Maximallast zu begrenzen und zu kontrollieren, hängt der MSP von der Anwendungen der CC ab, z. B. im Fahrzeug oder in Transport-Trailer-Fahrzeugen. So liegen die Annahmen für den MSP üblicherweise zwischen ggf. 120 % des Nennbetriebs-drucks (NWP) und dem Prüfdruck (150 % NWP).

Aus der Annahme für die Maximallast leitet sich die vereinfachte Berechnung der Überlebens- oder Ausfallwahrscheinlichkeit ab. Ist die maximale Lastannahme für nor-male Betriebsbedingungen bekannt, kann die Überlebenswahrscheinlichkeit auf Basis der Dichtefunktion für die Festigkeitsverteilung berechnet werden. Die Überlebenswahr-scheinlichkeit entspricht – bildlich gesprochen und wie in Abb. 3.18 dargestellt – der Flä-che unter der Kurve von $-\infty$ bis zur Maximallast (MSP).

Nach [9] gibt es nur in Ausnahmefällen einen Anhaltspunkt dafür, dass für die Be-schreibung der Restfestigkeit neuer CC von einer anderen Verteilung als der GAUSSschen Normalverteilung ND auszugehen wäre. In [9] wird auch dargelegt, dass es nicht möglich

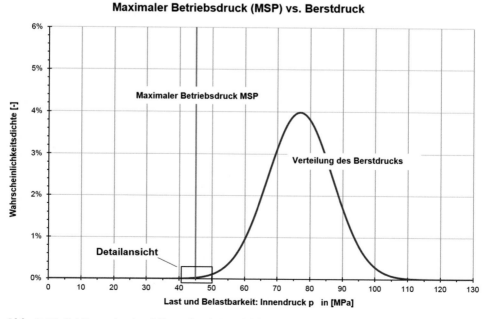

Abb. 3.17 Schätzen der Ausfallrate durch Vergleich der Verteilungen für die Festigkeit mit dem maximalen Lastniveau

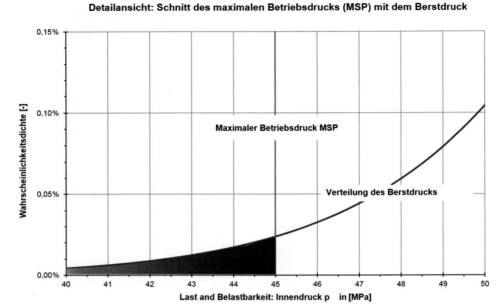

Detailansicht: Schnitt des maximalen Betriebsdrucks (MSP) mit dem Berstdruck

Abb. 3.18 Fläche unter der Kurve bis zum maximalen Lastniveau zur Schätzung der Ausfallrate

ist, die Verteilungsfunktion einer Festigkeitseigenschaft von CCn im Rahmen zumutbarer Stichprobenuntersuchungen zu ermitteln. Aus diesem Grund wird an dieser Stelle unter Verweis auf [14, 23] und Abschn. 5.3.1 darauf verzichtet, mathematische Werkzeuge zur Bewertung von Verteilungen, wie den „Goodness-of-fit-Test", zu erläutern. Unabhängig davon bietet sich die im Unterkapitel 3.2 vorgestellte und nachfolgend im Unterkapitel 4.3 angewendete graphische Auswertung zur einfachen Überprüfung auf Ausreißer an.

Damit kann die Dichtefunktion f_X der ND nach Gl. 3.7 bzw. die entsprechende Überlebenswahrscheinlichkeit gemäß Gl. 3.8 für das in Abb. 3.19 gewählte Beispiel ausgewertet werden. Dort liegt die Lastannahme (MSP) um das 2,32-Fache der Standardabweichung unterhalb des Mittelwerts der Verteilung. Die Fläche unter der Kurve stellt die Ausfallwahrscheinlichkeit FR von 1 % dar. Umgekehrt wäre die Überlebenswahrscheinlichkeit SR = 99 % die Fläche unter der Dichtefunktion von $+\infty$ bis $x_{ND} = -2,32$.

Die Berechnung der Überlebenswahrscheinlichkeit für jeden Punkt der normierten Verteilung führt zu den aus der Literatur bekannten Tabellen [24], wie diese in Tab. 3.4 auszugsweise dargestellt ist.

Die zugehörige Kurve der Überlebenswahrscheinlichkeit bzw. Summenhäufigkeit nach Gl. 3.8 ist in Abb. 3.20 graphisch dargestellt.

Nimmt man die aus Abb. 3.11 bekannten Linien konstanten Abweichungsmaßes (Isoasfalen) und kombiniert diese mit dem bereits aus Abb. 3.6 bekannten Stichprobenergebnis, erhält man das Arbeitsdiagramm (Sample Performance Chart SPC) Abb. 3.21.

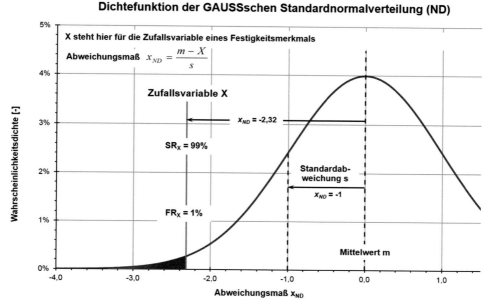

Abb. 3.19 Die ND-Dichtefunktion, ausgewertet am Beispiel des Abweichungsmaßes $x = -2.32$: $SR = 99\%$

Tab. 3.4 Abweichungsmaß x in Abhängigkeit der SR für ND (s. [3, 25])

Überlebenswahrscheinlichkeit (Survival Rate SR) SR = 1 - FR									
SR	50%	90%	99%	99,9%	$1-10^{-4}$	$1-10^{-5}$	$1-10^{-6}$	$1-10^{-7}$	$1-10^{-8}$
Wert des Abweichungsmaßes x für ND									
x-Wert	± 0	- 1,28	- 2,33	- 3,10	- 3,72	- 4,27	- 4,76	- 5,20	- 5,67
Wert des Abweichungsmaßes x für ND; bei partieller Anpassung auf WD (vergl. ⊙ Abb. 3.24)									
x-Wert	± 0	- 1,28	- 3,38	- 5,43	- 7,44	- 9,48	- 11,4	-13,3	- 15,3

Konkretisiert man die Darstellung in Abb. 3.10 auf Basis einer ND mit Hilfe der Tab. 3.4 bzw. der Werte aus Abb. 3.20, können als Isoasfalen anstelle der Linien konstanten Abweichungsmaßes (x-Isoasfalen) auch konkrete Überlebenswahrscheinlichkeiten (SR-Isoasfalen) für die Stichprobe dargestellt werden. Dies ist in Abb. 3.22 dargestellt und wird in Kap. 3.5 unter Einbeziehung der Diskussion der Stichprobe als Teilmenge einer Population weiter ausgeführt. Man sieht, dass die oben ausgewertete Stichprobe auf Basis der Normalverteilung Überlebenswahrscheinlichkeiten aufweisen, die oberhalb der zu diskutierenden Zuverlässigkeiten liegen.

Damit ist gezeigt, dass keine der geprüften Stichproben eine Überlebenswahrscheinlichkeit unter $1 - 10^{-8}$ aufweist. Dies lässt aber noch keine Aussage über das Verhalten der gesamten Populationen zu, aus denen die Prüfmuster gezogen wurden.

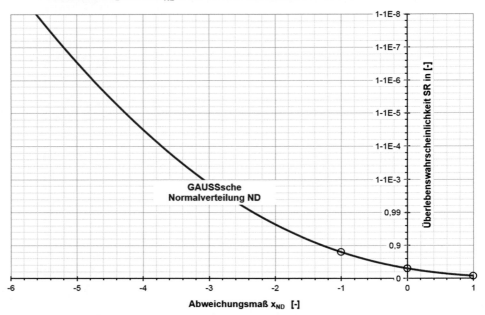

Abb. 3.20 Die Überlebenswahrscheinlichkeit als Funktion des Abweichungsmaßes für ND

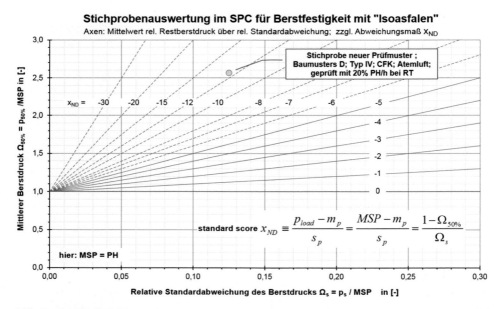

Abb. 3.21 Die SBT-Eigenschaften einer Stichprobe im SPC mit dem Netz der Abweichungsmaß-basierten Isoasfalen

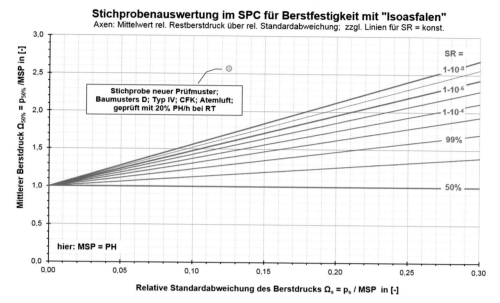

Abb. 3.22 Die SBT-Eigenschaften einer Stichprobe im SPC mit dem Netz der SR-basierten Isoasfalen

3.3.2   Die Überlebenswahrscheinlichkeit im Kontext der Lastwechselprüfung

Grundsätzlich gelten auch für die Betrachtung der Lastwechselfestigkeit mit der Lastwechselzahl N die im Abschn. 3.2.1 gemachten Aussagen zur Schnittmenge der Verteilungen von Belastung und Festigkeit. Jedoch kann mit Verweis auf z. B. [10] nicht von der Anwendbarkeit der ND oder der Lognormalverteilung (LND) für die Lastwechselfestigkeit ausgegangen werden. Stattdessen wird konservativ von einer WEIBULL-Verteilung (WD) [10, 26] ausgegangen. Um den Aspekt des konservativen Verhaltens zu veranschaulichen zeigt Abb. 3.23 die Dichtefunktionen der LND und der WD in Analogie zu Abb. 3.17.

Die Flächen unter den beiden Kurven links von der angenommenen Last sind deutlich unterschiedlich. Die für LND verschwindet, während die für WD noch deutlich erkennbar ist. Daraus lässt sich erkennen, dass es Unterschiede in der Überlebenswahrscheinlichkeit bei Maximallast geben muss: Die Fläche der WD unter der Dichtefunktion von links $(-\infty)$ bis zum Wert der Grenzbelastung „maximale Füllzyklenzahl" und damit die FR der WD sind größer als die der LND. Umgekehrt ist dann die Fläche unter Kurve von rechts $(+\infty)$ bis zur Lastannahme die Überlebenswahrscheinlichkeit SR. Dieser Wert der WD ist kleiner als der der LND. Dies bedeutet, dass die WD kleinere SR-Werte bei gleicher Last wiedergibt und damit konservativer ist.

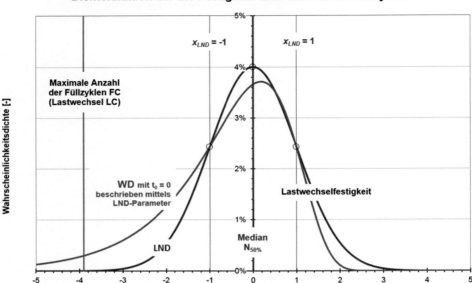

Abb. 3.23 Vergleich der Dichtefunktionen von LND und WD mit $t_0 = 0$

Für die Beschreibung der WD auf Basis der Parameter m_{logN} und s_{logN} muss für die WD mit $t_0 = 0$ vorausgesetzt werden, dass die Werte der Lastwechselzahl N beider Verteilungsfunktionen LND und WD an zwei Punkten identisch sind:

$$N_{16\%} = 10^{(m \log N + s \log N)}; \; SR(N_{16\%}) = 15,866\% \qquad (3.36)$$

$$N_{84\%} = 10^{(m \log N - s \log N)}; \; SR(N_{84\%}) = 84,134\% \qquad (3.37)$$

Auf dieser Basis können die Werte des Abweichungsmaßes mit den Überlebenswahrscheinlichkeiten SR der WD in Analogie zu Abb. 3.20 korreliert werden. Dies erfolgt, wie in Abb. 3.24 dargestellt, mit den in den Gln. 3.36 und 3.37 bereits erwähnten Übereinstimmungen. In den Punkten $N_{16\%}$ und $N_{84\%}$ wird gefordert, dass sowohl die Last N bzw. das Abweichungsmaß x_{LND} und die Überlebenswahrscheinlichkeit SR(N) identisch sind.

Sind die drei Parameter T, b und t_0 der WD bestimmt, kann die Dichtefunktion $f_X(X)$ der Zufallsvariablen X angegeben werden. Sie ist definiert als:

$$f_x(X) \equiv \frac{b}{T - t_0} \cdot \left(\frac{X - t_0}{T - t_0} \right)^{b-1} \cdot \exp\left[-\left(\frac{X - t_0}{T - t_0} \right)^b \right] \qquad (3.38)$$

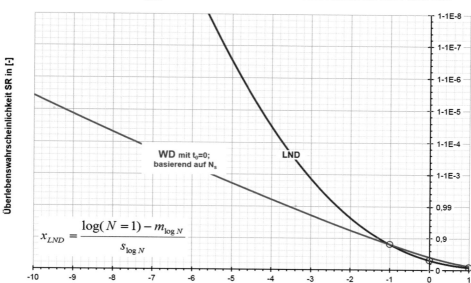

Abb. 3.24 Die Überlebenswahrscheinlichkeit als Funktion des Abweichungsmaßes für LND und WD

Damit ist auch die Verteilungsfunktion FX(X) bekannt:

$$F_x(X) \equiv 1 - \exp\left[-\left(\frac{X - t_0}{T - t_0}\right)^b\right] = 1 - SR(X) = FR(X).\qquad(3.39)$$

Die Parameter werden wie folgt interpretiert:

X Lebensdauervariable (hier Lastwechselzahl)
T Charakteristische Lebensdauer,
   bei der 63,2 % der Einheiten ausgefallen sind
   (für X=T gilt FR=100 % (1–1/e)=63,2 %);
b Formparameter, Steigung der Ausgleichsgeraden im Weibull-Netz;
t_0 steht für die sog. „ausfallfreie Zeit"

Wird mit t_0=0 gerechnet, entspricht dies der sog. 2-parametrigen Form. Prüfungen an neuen Prüfmustern ergaben jedoch Hinweise darauf, dass so etwas wie eine ausfallfreie Mindestlastwechselzahl vorkommt (d. h. t_0>0). Dieses Prinzip ist in Abb. 3.25 mithilfe von Linien unterschiedlicher ausfallfreier Zeiten bzw. ausfallfreier Lastwechselzahlen dargestellt.

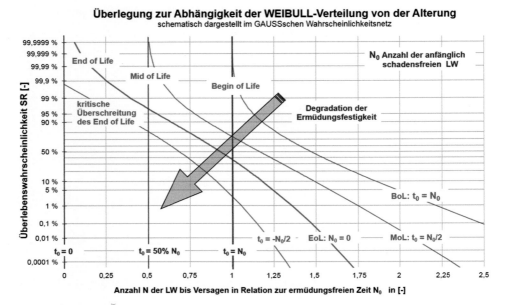

Abb. 3.25 Prinzdarstellung des Einflusses von t_0 auf die Lebensdauer bei BoL

    So ist es vorstellbar, dass die Eigenschaften einer Population mit einer ausfallfreien Zeit $t_0 > 0$ (Zahl der ausfallfreien Lastwechsel zum Zeitpunkt $t_0 = N_0$) beginnen und sich dann im Laufe des Betriebes bis $t_0 = 0$ entwickeln. Diese Entwicklung ist konservativ durch eine zweiparametrige WD abgedeckt. Würde man jedoch die Population über $t_0 = 0$ bis zu einer sog. ausfallfreien Zeit mit $t_0 < 0$ betreiben, wäre der Ansatz der zweiparametrigen WD in der Bewertung von Stichproben nicht mehr konservativ.

    Wie in [9, 10, 23] dargestellt, ist es nicht möglich, anhand üblicher Stichproben die Verteilungsfunktion oder bei Verwendung der WD die ausfallfreie Zeit zu überprüfen. Damit kann die Frage des Einflusses der Degradation bzw. der ggf. abnehmenden ausfallfreien Zeit t_0 in der Praxis nur in Ausnahmefällen baumusterspezifisch oder gar altersabhängig beantworten werden. Vielmehr müssen im Fall von Stichproben mit weniger als etwa 20 Einzelergebnissen (vergl. [10]) – also in der Regel – grundsätzliche Überlegungen und die Übertragung von Ergebnissen aus den wenigen hinreichend umfangreichen Untersuchungen im Vordergrund stehen. Der Argumentation in [10] folgend wird für die weiteren Sicherheitsanalysen mit der Annahme einer ausfallfreien Zeit $t_0 = 0$ gearbeitet. In der praktischen Auswertung von Stichprobenergebnissen lag bisher nur dann die Verwendung der eine WD mit negativer ausfallfreier Zeit zur Interpolation der Prüfergebnisse (best-fit-line) vor, wenn die Prüfergebnisse im Sinne von Abschn. 4.3.1 als eine nicht homogene Stichprobe (Stichwort: Frühausfälle) bewertet werden mussten. Dies bestärkt den vorgeschlagenen und im Weiteren verfolgten Ansatz, die Prüfergebnisse von Stichproben

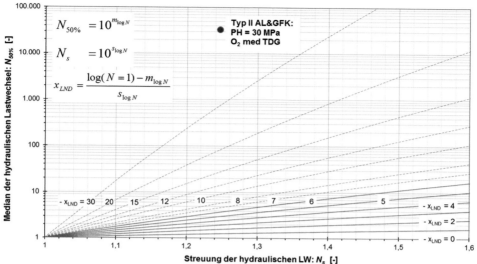

Abb. 3.26 LC-Eigenschaften einer Stichprobe im SPC mit Liniennetz konstanten Abweichungs-maßes

bzgl. Überlebenswahrscheinlichkeit bis zum Lebensende anhand der WD mit $t_0 = 0$ zu extrapolieren.

Auf dieser Grundlage können die Schritte zur Bewertung von Stichproben mithilfe der Isoasfalen auch im Arbeitsdiagramm SPC für die Lastwechselfestigkeit in Analogie zu Abb. 3.21 und 3.22 vollzogen werden. Zunächst sind in Abb. 3.26 als Weiterentwicklung der Abb. 3.15 die Linien konstanten Abweichungsmaßes in Analogie zu Abb. 3.21 wieder gegeben. Auch hier ist wieder eine der aus Abschn. 3.1.3 (Abb. 3.6) bekannten Stichpro-beneigenschaften ergänzt.

Ersetzt man die in Abb. 3.26 dargestellten Linien konstanten Abweichungsmaßes (stan-dard score), in Analogie zu Abb. 3.22 durch Linien konstanter Überlebenswahrscheinlich-keiten, erhält man Abb. 3.27.

Hierzu werden jedem Abweichungsmaß die entsprechenden Werte der Überlebens-wahrscheinlichkeit der WD (mit $t_0 = 0$) zugeordnet. Diese Werte können entweder wieder Tab. 3.4 oder Abb. 3.24 entnommen werden.

Auch liegt die Stichprobe erneut oberhalb des betrachteten Spektrums der Überlebens-wahrscheinlichkeiten. Damit ist gezeigt, dass die dargestellte neue Stichprobe eine Über-lebenswahrscheinlichkeit über $1 - 10^{-8}$ aufweist. Es sei aber erneut darauf hingewiesen, dass diese nun abgeschlossene Betrachtung der Überlebenswahrscheinlichkeiten einer kleinen Stichprobe keine Aussage über das Verhalten der gesamten Populationen, aus denen die Prüfmuster gezogen wurden, zulässt.

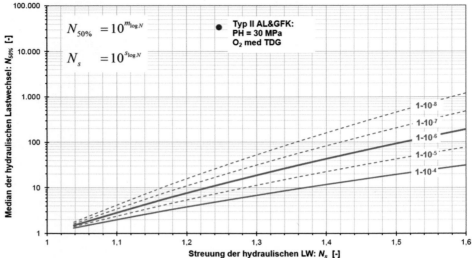

Abb. 3.27 LC-Eigenschaft einer Stichprobe im SPC mit einem Liniennetz konstanter SR-Werte für WD

An dieser Stelle muss zusammenfassend erläutert werden, dass die Wertung „konservativ" im Zusammenhang mit der Anwendung der 2-parametrigen WD (d. h. WD mit ausfallfreier Zeit $t_0 = 0$) von der Perspektive des Betrachters abhängt.Für die im Kap. 3 gezeigten Betrachtungen gilt: Je größer der wahre Betrag einer ausfallfreien Zeit t_0 ist, umso weiter auf der sicheren Seite bzw. umso „konservativer" ist die Abweichung der zweiparametrigen WD vom wahren Wert. Nimmt man in diesem Sinne die 2-parametrige WD zur Sicherheitsbeurteilung als Momentaufnahme am Anfang des Lebens, wird man die Sicherheit bzw. SR geringer einschätzen als diese zu diesem Zeitpunkt vermutlich ist. Gegen das Lebensende bis $t_0 = 0$ wird die Sicherheitsaussage, der Modellannahme in [10] folgend, immer zutreffender, die Abweichung damit immer geringer und immer weniger konservativ.Die Perspektive im Kap. 4 auf die Einschätzung als „konservativ" unterscheidet sich etwas:

Versucht man die Degradation unmittelbar aus der für verschiedene Alterungsstufen ermittelten Überlebenswahrscheinlichkeiten SR zu extrapolieren, kann auf der Basis einer „konservativ" gehaltenen ausfallfreien Zeit folgendes Fehlurteil auftreten: Aufgrund der Unterschätzung der Sicherheit am Lebensanfang mit WD und $t_0 = 0$ wird in der Folge auch die Degradation im Sinne der Abnahme der Überlebenswahrscheinlichkeit über den Vergleich verschiedener Alterungsstufen geringer geschätzt, als diese tatsächlich ist. Entsprechend würde die Extrapolation der Überlebenswahrscheinlichkeit zu einem zu langen Leben führen. Dies wiederum würde bedeuten, dass die Überlebenswahrscheinlichkeit am geschätzten Lebensende unter den eigentlich geforderten Wert fallen könnte. Damit würde die konservative Betrachtung in frühen Lebensstadien zu einer unsicheren Situation am Ende der Lebensdauer führen. Diese Fehleinschätzung wäre umso gravierender, je länger die letzte Überprüfung der Degradation vor dem Lebensende durchgeführt wurde.Dies ist aber kein Grund, den Ansatz in Frage zu stellen. Es bedeutet nur, dass die Prüfungs-dichte bzgl. Degradationseffekten zum Lebensende hin zunehmen müsste und man für die perspektivische Diskussion der Degradation nicht auf das mittelbare Kriterium der Über-lebenswahrscheinlichkeit zurückgreifen darf. Vielmehr muss die Degradation unmittelbar anhand der Festigkeitseigenschaften und deren Veränderung extrapoliert werden. Wie im Unterkapitel 4.4 zur Erläuterung dargestellt, ist eine Interpolation der Degradation auf Ba-sis von SR retrospektiv oder für eine überkritische künstliche Alterung durchaus hilfreich (vergl. Abschn. 4.4.1 und Abb. 4.50).

▶   Das Merkmal „Überlebenswahrscheinlichkeit SR" darf nicht für die Extrapolation herangezogen werden. Die Extrapolation muss auf die Beschreibung der Stich-probeneigenschaften (Mittelwert, Standardabweichung, ggf. Abweichungs-maß) beschränkt bleiben. Die Überlebenswahrscheinlichkeit am Lebensende kann erst nach erfolgter Extrapolation der Stichprobenfestigkeit bewertet werden.

3.4   Übertragung der Stichprobenergebnisse auf eine Population von Composite-Cylindern

Die im Unterkapitel 3.3 dargelegte Bewertung von Stichproben lässt, in der dort darge-stellten Form, die Quantifizierung der Überlebenswahrscheinlichkeit ausschließlich in Abhängigkeit der Belastung für diese Stichprobe zu. Dies entspricht in der Regel aber nicht der Intention von statistischen Untersuchungen zur Sicherheit von CCn. Nur wenn Daten retrospektiv für eine Statistik ausgewertet werden, wäre dies hinreichend.

Im Kontext der Probabilistik, d. h. hier der zuverlässigkeitsbasierten Sicherheitsbe-urteilung von CCn, geht es aber um die perspektivische Fragestellung der aktuell zu er-wartenden Ausfallhäufigkeiten. Dies bezieht zwangsläufig immer die Zukunft ihm Rah-men der Betriebslebensdauer einer Population von CCn mit ein. Um die Frage der Zuver-lässigkeit einer Population sicher für den Moment zu beurteilen, müsste man die gesamte Population prüfen und bewerten. Da die Prüfung nach den vorgenannten Verfahren immer zwangsläufig zerstörend wäre, ist ein derart vertrauenswürdiger Ansatz nicht möglich. Schließlich soll ein möglichst großer Teil der Population in dem perspektivisch zu be-urteilenden Zeitraum verwendet werden.

Daraus entsteht die Notwendigkeit, von den Eigenschaften einer relativ geringen Stichprobe auf die gesamte Population zu schließen. Dies kann aber nur mit einer als Irrtumswahrscheinlichkeit bezeichneten Unsicherheit erfolgen. Diese Unsicherheit und das komplementäre Konfidenzniveau werden im Folgenden erläutert. Eine konservativ vereinfachende Betrachtung wird dazu genutzt, die aus den Sample Performance Charts (Abb. 3.22 und 3.27) bekannten Isoasfalen abhängig von der Stichprobengröße so zu ver-schieben, dass die jeweils dann für die Stichprobe getroffene Zuverlässigkeitsaussage für die zugehörige Population verwendet werden kann.

3.4.1   Konfidenzniveau und Konfidenzintervall

Das Interesse gilt dem Parameter X zur Beschreibung der betrachteten Festigkeitseigenschaft einer Grundgesamtheit. Mit Grundgesamtheit ist die jeweilige Population eines
CCs gemeint. Als Festigkeitseigenschaft sind bereits die Merkmale Berstdruck p_B, Lastwechselzahl bis Versagen N und Zeit bis Bersten t_B erläutert. Die Streuung von Eigenschaften einer solchen Grundgesamtheit sind in Abb. 3.28 an einem Beispiel für das (langsame) Bersten gezeigt.

Zur Darstellung der Streuung einer Grundgesamtheit wird wieder das SPC (Sample
Performance Chart) für den SBT (Slow Burst Test) verwendet. Ergänzt ist ein Punkt, wie
er bereits in Abb. 3.11, 3.21 und 3.22 dargestellt ist. Er steht für die Eigenschaft einer
im Abschn. 3.2.1 erläuterten Stichprobe aus der Population einer Atemluftflasche (design type D). Dieser, der Simulation als „wahr" beispielhaft angenommene Punkt ist aber
grundsätzlich unbekannt, da zu seiner Ermittlung praktisch alle CC einer Population zerstörend geprüft sein müssten.

Um diesen „wahren" Punkt der gesamten Population sind in Abb. 3.28 mithilfe einer
Monte-Carlo-Simulation zwei verschiedene Gruppen aus jeweils 100.000 Stichproben
generiert. Eine Gruppe (violett) besteht aus 100.000 Stichproben mit je 3 Prüfmustern
(insgesamt 300.000 CC). Die andere Gruppe (grün), besteht aus 100.000 Stichproben mit
je 7 Prüfmustern (insgesamt 700.000 CC). Jede Stichprobe simuliert normal-verteile Ergebnisse der Berstprüfung. Jede statistische Auswertung einer Stichprobe ergibt einen der
100.000 Punkte der jeweiligen Wolke.

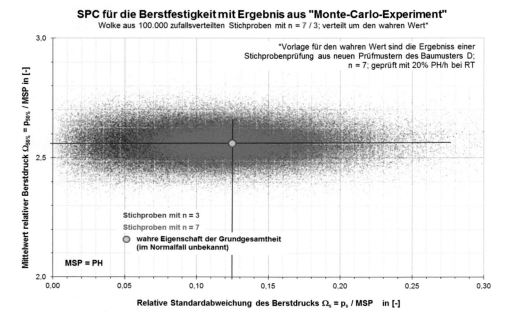

Abb. 3.28 Monte-Carlo-Experiment: 100.000 normalverteilte Stichproben aus je 3 bzw. 7 CCn

Es fällt auf, dass die so entstandenen Wolken nicht symmetrisch sind und links vom Stichprobenergebnis, das das Zentrum der Simulationen darstellt, dichter sind. Besonders markant ist die Abhängigkeit der Wolkenfläche vom Stichprobenumfang. Es ist erkennbar, dass größere Stichproben eine enger begrenzte Aussage zulassen und damit jede begrenzte Fläche um den wahren Wert eine Aussage mit höherem Vertrauen bzw. höherer Trefferquote darstellt.

Der Parameter X des zu untersuchenden Merkmals der Population mit unbekanntem Merkmalswert wird durch eine Schätzfunktion aus einer Stichprobe vom Umfang n geschätzt (vergl. Abschn. 3.1). Es wird davon ausgegangen, dass die Stichprobe eine einfache Zufallsstichprobe ist. Das meint, dass alle n Elemente der Stichprobe zufällig aus der Grundgesamtheit gezogen sind und die Stichprobe so die Grundgesamtheit repräsentativ wiedergibt. Nur dann kann davon ausgegangen werden, dass der durch die Stichprobe geschätzte Wert eine unbeeinflusste Aussage über den wahren Parameter X des zu untersuchenden Merkmals erlaubt. Aus der Perspektive der Grundgesamtheit ist die geschätzte Funktion eine Zufallsvariable mit einer Verteilung, die den wahren Wert des Parameters X des zu untersuchenden Merkmals beinhalten sollte.

Die Wahrscheinlichkeit, dass man bei einem statistischen Test feststellt, dass die gemachte Schätzung der Lage des Parameters X außerhalb eines Konfidenzintervalls für das zugehörige Merkmal liegt, wird als Irrtumswahrscheinlichkeit α bezeichnet. Das Konfidenzniveau γ beschreibt als Komplement die Wahrscheinlichkeit, dass die Schätzung im Konfidenzintervall liegt. Es gilt somit:

$$\gamma = 1 - \alpha \tag{3.40}$$

Diese Zusammenhänge sind für ein beidseitiges Konfidenzintervall in Abb. 3.29 dargestellt. Im Folgenden wird das Konfidenzniveau eines beidseitigen Konfidenzintervalls mit „γ_2" bezeichnet, während „γ_1" für die Betrachtung eines einseitig begrenzten „Konfidenzintervalls" steht.

Damit kann auf Basis einer angenommenen Verteilung (hier im Kontext der Berstfestigkeit der Normalverteilung ND) für jede Stichprobe ein Intervall angeben werden, das die Lage des unbekannten wahren Merkmalsparameter X der Grundgesamtheit mit einer Wahrscheinlichkeit γ enthält. So kann das beidseitige Konfidenzintervall ermittelt werden, das mit einer Wahrscheinlichkeit von z. B. $\gamma_2 = 90\,\%$ den wahren Mittelwert μ_X nach Gl. 3.2 beschreibt. Wie in Abb. 3.29 dargestellt ergibt sich daraus für jedes Ende des Intervalls, eine Irrtumswahrscheinlichkeit von 5 %; in der Summe gilt $\alpha = 10\,\%$. Damit ist davon auszugehen, dass 90 von 100 Zufallsstichproben mit gleichem Volumen, deren Erwartungswert (z. B. Mittelwert $\Omega_{50\%}$) im so gewählte Konfidenzintervall liegt, die Lage des wahren Erwartungswert μ_X (z. B. Ω_μ) enthalten.

▶   Die vereinfachte Formulierung, nach der der wahre Wert mit dem Konfidenzniveau γ im hierzu berechneten Konfidenzintervall liegt, ist nach [27, 28] genau genommen nicht korrekt. Richtig dagegen ist, dass für $\gamma 2 = 90\,\%$ in 90 von 100 Stichproben das in Abb. 3.29 dargestellte 90 %-Konfidenzintervall einer Stichprobe die Lage des Erwartungswertes μ_X der Population (unbekannten Grundgesamtheit) beinhaltet.

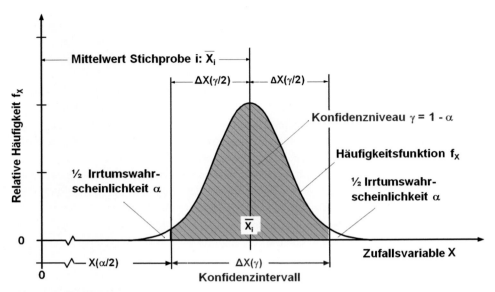

Abb. 3.29 Signifikanzniveau und bilaterales Konfidenzintervall

Diese Betrachtung lässt sich auch im SPC in Abb. 3.30 auf Basis des Abb. 3.11 darstellen.

Die Berechnung des dargestellten Konfidenzintervalls (y-Achse im SPC; s. Abb. 3.30) für den Mittelwert der Stichprobe $\Omega_{50\%}$ aus n Prüfmustern basiert auf der „t" oder STUDENT-Verteilung. Die Größe einer Stichprobe ist n. Der Freiheitsgrad der Verteilung ist dann $n-1$. Im Fall einer in Relation zur Grundgesamtheit Q kleinen Stichprobe n (d. h. $n<5\%Q$; s. [29, 30]) gilt für das aus der Stichprobe abgeleitete Konfidenzintervall zu dem wahren Mittelwert Ω_μ der gesamten Population:

$$\Omega_{50\%} - \frac{t_{1-\frac{\alpha}{2};n-1}}{\sqrt{n}}\Omega_s \leq \ \Omega_\mu \ \leq \Omega_{50\%} + \frac{t_{1-\frac{\alpha}{2};n-1}}{\sqrt{n}}\Omega_s \tag{3.41}$$

Definiert man die Hilfsgröße $k_{50\%}$ wie folgt

$$k_{50\%}(\alpha,n) = \frac{t_{1-\frac{\alpha}{2};n-1}}{\sqrt{n}} \tag{3.42}$$

ergibt sich eine Trennung zwischen den Stichprobeneigenschaften $\Omega_{50\%}$ und Ω_s. Der Einfluss des Stichprobenumfangs auf das Konfidenzniveaus kann abgebildet werden durch $k_{50\%}$:

$$\Omega_{50\%} - k_{50\%}\Omega_s \leq \ \Omega_\mu \ \leq \Omega_{50\%} + k_{50\%}\Omega_s \tag{3.43}$$

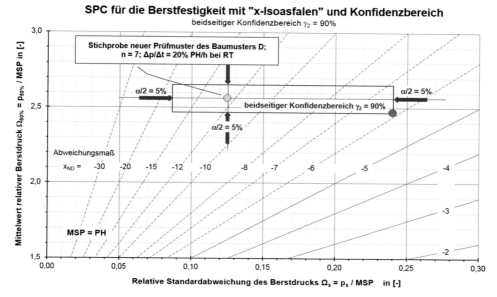

Abb. 3.30   Beispiel eines Konfidenzbereichs, basierend auf zweiseitigen Intervallen

Für den niedrigsten Wert des Konfidenzbereiches auf der y- Koordinate $\Omega_{50\%-min}$ gilt:

$$\Omega_{50\%-min} = \Omega_{50\%} - \frac{t_{1-\frac{\alpha}{2};n-1}}{\sqrt{n}}\Omega_s \qquad (3.44)$$

Da bei den Betrachtungen immer der Stichprobenumfang durch die verfügbaren Daten vorgegeben und das Konfidenzniveau festgelegt sind, gilt vereinfachend für die y- Koordinate $\Omega_{50\%}$:

$$\Omega_{50\%-min} = \Omega_{50\%} - k_{50\%}\Omega_s \qquad (3.45)$$

Die Berechnung des dargestellten Konfidenzintervalls (x-Achse im SPC; s. Abb. 3.30) für die Streuung der Stichprobe Ω_s basiert auf der „χ^2" oder Chi-Quadrat-Verteilung. Es gilt für die geschätzten Mittelwerte derjenigen Verteilungen, die den wahren Wert der Streuung Ω_σ als Wurzel der wahren Varianz Ω_σ^2 enthalten:

$$\Omega_s \sqrt{\frac{n-1}{\chi^2_{1-\frac{\alpha}{2};n-1}}} \leq \Omega_\sigma \leq \Omega_s \sqrt{\frac{n-1}{\chi^2_{\frac{\alpha}{2};n-1}}} \qquad (3.46)$$

Auch hier lässt sich eine Hilfsgröße k_s definieren:

$$k_s\left(\alpha,n\right) = \sqrt{\dfrac{n-1}{\chi^2_{\frac{\alpha}{2};n-1}}} \tag{3.47}$$

Für $\Omega_{s\text{-max}}$ (x-Koordinate) gilt:

$$\Omega_{s-\min} = \sqrt{\dfrac{n-1}{\chi^2_{\frac{\alpha}{2};n-1}}}\,\Omega_s = k_s\Omega_s \tag{3.48}$$

Hierbei ist in Abb. 3.30 der gesamte Konfidenzbereich als Rechteck im SPC dargestellt, der sich aus den beiden zweiseitigen Konfidenzintervallen ergibt; ein Intervall für den vermutet wahren Mittelwert Ω_μ, ein Intervall für den vermutet wahren Wert der Streuung Ω_σ. Die rechte, untere Ecke des Konfidenzbereiches ist durch einen Punkt (rot) hervorgehoben. Diese Ecke stellt den ungünstigsten Punkt bzw. die ungünstigste Kombination beider Konfidenzintervalle dar, die das Konfidenzkriterium noch erfüllen. Aus diesem Grund wird dieser Punkt auch mit „Worst-Case-Corner" (WCC) bezeichnet (s. [9]).

Im Sinne des oben genannten Monte-Carlo-Experiments, mit 100.000 Stichproben aus in diesem Fall je 7 Prüfmustern, kann die Grenzlinie des Konfidenzinterbereichs in jeder der beiden betrachteten Richtungen (Ω_σ; Ω_μ) wie folgt überprüft werden: Legt man die Eigenschaft der Grundgesamtheit eines Merkmals X (z. B. der Mittelwert) auf die Bereichsgrenze, dann gilt, dass 5 % der simulierten Stichproben einen Konfidenzbereich wieder geben, der den angenommenen wahren Mittelwert der Grundgesamtheit an der Grenze ihres Konfidenzintervalls haben. Damit liegt der wahre Punkt in nahezu 5 % der simulierten Stichproben außerhalb des jeweiligen Konfidenzintervalls.

Dies ist in Analogie zu Abb. 3.29 im Prinzip in Abb. 3.31 entlang einer vertikalen Linie aus Abb. 3.30 für den Schätzwert $\bar{X}$ der Zufallsvariablen X des betreffenden Merkmals dargestellt. Damit steht X für die Variable Mittelwert der Stichprobenfestigkeit ($\Omega_{50\%}$, y-Achse), während die Streuung der Stichprobe (Ω_s; x-Achse) konstant gehalten wird. Aufgrund der konstanten Streuung entlang des Schnitts verschieben sich die Mittelwerte der grenzwertigen Stichprobenintervalle, so dass deren Intervallgrenzen den Ausgangspunkt gerade noch erfassen; d. h. die Mittelwerte werden auf die Grenzen des geschätzten Konfidenzintervalls der Stichprobe geschoben.

In den weiteren Betrachtungen geht es im Unterschied zu in Abb. 3.29 und 3.30 darum, den Schätzfehler bzgl. des Mindestwertes für den Mittelwert der Population und den des Maximalwertes für die Streuung dieser Population zu beurteilen. Damit interessiert immer nur eine der beiden oben diskutierten Intervallgrenzen des Konfidenzintervalls des jeweiligen Merkmalsparameters. Entsprechend steigt das Konfidenzniveau aufgrund der Einseitigkeit des Intervalls um $\alpha/2$ bei gleicher Position von $X(\alpha/2)$.

Während Abb. 3.30 einen allseitig begrenzten Konfidenzbereich im SPC zeigt, stellt Abb. 3.32 den für jedes Merkmal X einseitig begrenzten Konfidenzbereich dar. D. h. in Abb. 3.32 ist es ohne Bedeutung, wenn der Mittelwert der Grundgesamtheit (Population)

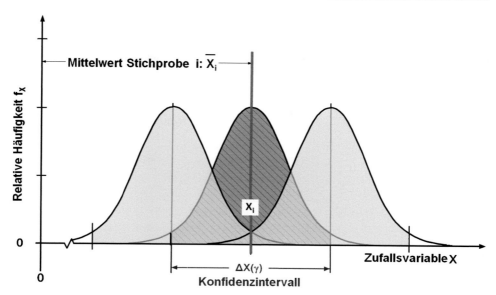

Abb. 3.31 Zweiseitiges Konfidenzintervall mit Verteilungen an seinen Grenzen

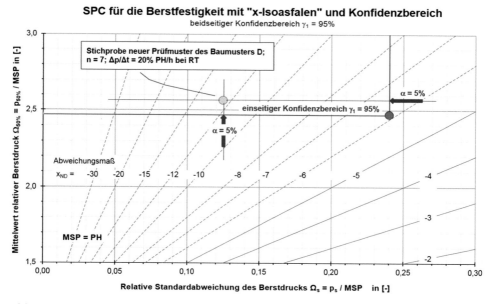

Abb. 3.32 Beispiel eines Konfidenzbereichs, basierend auf zwei einseitigen Konfidenzintervallen

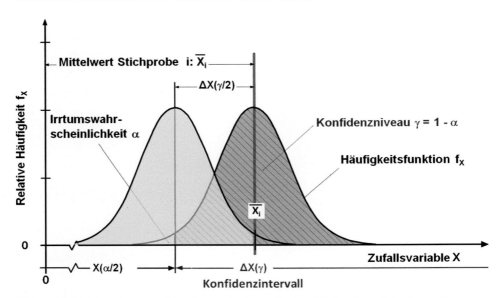

Abb. 3.33 Links-seitiges Konfidenzintervall mit zugehöriger Stichprobe auf der Intervallgrenze

zu hoch oder die Streuung der gesamten Population zu gering eingeschätzt wird. Beiden Diagrammen gemeinsam ist die Darstellung der ungünstigsten Kombination von Mittelwert und Streuung für die einseitige Unterschreitung der Irrtumswahrscheinlichkeit $\alpha/2$ bzw. $\alpha = 5\%$. Nominell erhöht sich das Konfidenzniveau aufgrund der einseitigen Betrachtung von $\gamma_2 = 90\%$ (bilateral) in Abb. 3.30 auf $\gamma_1 = 95\%$ (unilateral) in Abb. 3.32. Die WCC befindet sich auch in diesem Fall in der rechten, unteren Ecke.

Stellt man das einseitige Konfidenzintervall aus Abb. 3.32 für $\Omega_s = $ konstant in Analogie zu Abb. 3.31 für das einseitige Konfidenzintervall des normalverteilten Mittelwerts der Berstfestigkeit dar, erhält man Abb. 3.33.

Der direkte Vergleich akzeptierter und nicht akzeptierter Verteilungen für den Mittelwert $\Omega_{50\%}$ ist in Abb. 3.34 dargestellt. Es stellt die unilaterale und die gleichwertige bilaterale Verteilung gegenüber. Abbildung 3.34 zeigt hierzu im oberen Teil eine Reihe möglicher Stichproben, die nach einem bilateralen Konfidenzintervall bewertet werden. Verteilungen, die zwischen den beiden gelben Verteilungen liegen, weisen die geforderte Eigenschaft auf (grün). Die Mittelwerte derjenigen Verteilungen, die rechts oder links außerhalb der beiden gelben Grenzverteilung liegen, sind nicht mehr akzeptabel und deshalb rot dargestellt. Die Mittelwerte dieser Stichprobe erfüllen nach Abb. 3.30 nicht mehr die als Konfidenzniveau geforderte Wahrscheinlichkeit.

Im unteren Teil von Abb. 3.34 sind dagegen mögliche Stichproben dargestellt, die nach einem unilateralen Konfidenzintervall bewertet werden. Verteilungen, die rechts der gelben Verteilung liegen, weisen die geforderte Eigenschaft auf (grün). Die Mittelwerte derjenigen Verteilungen, die links der gelben Grenzverteilung liegen, sind nicht mehr akzep-

Konfidenzintervall zum Mittelwert relativer Berstdruck Ω

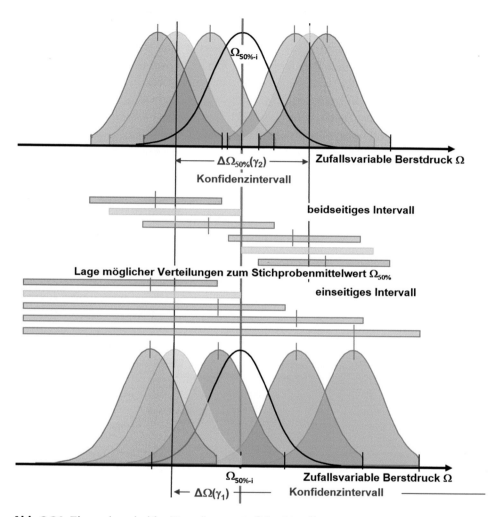

Abb. 3.34 Ein- und zweiseitige Betrachtung möglicher Verteilungen zum Stichprobenergebnis

tabel und deshalb rot dargestellt. Aufgrund der Lage ihrer Mittelwerte wird angenommen, dass diese Verteilungen nicht mehr mit der geforderten Wahrscheinlichkeit den unbekannten wahren Wert (hier Ω_σ) enthalten. Somit erfüllen sie nach Abb. 3.32 nicht mehr die als Konfidenzniveau bezeichnete Wahrscheinlichkeit.

Das Vorgehen zur Veranschaulichung des Konfidenzintervalls für die Streuung Ω_μ ist analog. Aufgrund der unsymmetrischen „χ^2" oder Chi-Quadrat-Verteilung ergeben sich nur andere Geometrien. Als Grenzfall werden zwei Kriterien im Konfidenzbereich betrachtet.

An der Stelle des roten Punktes in Abb. 3.32, also des WCC des Konfidenzbereichs, werden folglich beide Richtungen und damit die Konfidenzintervallgrenzen für den wahren Mittelwert und die wahre Streuung des Parameters X (hier Berstfestigkeit Ω) gleichzeitig bewertet. Auch wenn die Punktewolken in Abb. 3.28 ovoidisch (eiförmig) ist, können die geraden Linien des Konfidenzintervalls in Monte-Carlo-Experimenten mit den Konfidenzintervallgrenzen grenzwertiger Grundgesamtheiten bestätigt werden. Eine Aussage darüber, wie wahrscheinlich das Eintreten dieses (WCC-) Eckpunktes, als wahre Beschreibung der Grundgesamtheit ist, wird hier nicht gemacht.

In dem in Abb. 3.28 bis 3.34 dargestellten Beispiel einer Stichprobe aus 7 Prüfmustern wird deutlich, dass die in Abb. 3.35 dargestellte Verschiebung der Stichprobe hin zur mit $\gamma_1 = 95\,\%$ garantierten Ecke im rechteckigen Konfidenzbereich mit beträchtlichen Abschlägen der ermittelten Eigenschaft (reduzierter Mittelwert, erhöhte Streuung) verbunden ist. Für das Abweichungsmaß x an den in Abb. 3.30 und 3.32 rot dargestellten Eckpunkten der Konfidenzbereiche gilt: $x_{ND} < -6$. Diesem Abweichungsmaß ist gemäß Tab. 3.4 und Abb. 3.22 ein absoluter SR-Werte zuzuordnen, für den gilt: $SR > 1 - 10^{-8}$.

Wie in Abb. 3.35 dargestellt, verändert sich die Lage des WCC-Punktes der mit $\gamma_1 = 95\,\%$ einseitig erwarteten Eigenschaft erheblich in Abhängigkeit des Stichprobenumfangs. So ist für die Population auf Basis einer zufälligen und damit repräsentativen Stich-

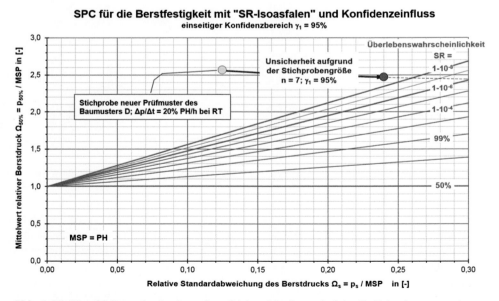

Abb. 3.35 Verschiebung des Punktes einer Stichprobeneigenschaft in die Ecke der ungünstigsten Kombination des Konfidenzbereiches (WCC)

probe eine Überlebenswahrscheinlichkeit von etwas höher als $1 - 10^{-8}$ für den Begin of Life (BoL) dargelegt.

Damit lässt sich die Verschiebung der in der Stichprobenprüfung ermittelten Eigenschaftskoordinate (Punkt Ω_s; $\Omega_{50\%}$) in den nach Maßgabe des einseitigen, rechteckigen Konfidenzbereichs schlechtesten Wert (WCC) darstellen als:

$$\left(\Omega_{s-min}; \Omega_{50\%-min} \right) = \left(k_s(\alpha,n) \right) \cdot \Omega_s; \Omega_{50\%} - k_{50\%} - \left((\alpha,n) \cdot \Omega_s \right) \qquad (3.49)$$

Die dafür anzuwendenden Werte für k_s und $k_{50\%}$ sind in Abb. 3.36 dargestellt. Die Darstellung belegt die alte Faustregel, dass man unter drei Einzelwerten keinen Mittelwert bilden und unter 5 Einzelergebnissen keine Streuung diskutieren sollte (s. $k_{max} \approx 2,4$).

Wertet man die Gl. 3.43 und 3.46 für verschiedene, angenommene Stichprobengrößen aus, wird die Wirkung des in Abb. 3.36 dargestellte Einflusses der Stichprobengröße auf den in Abb. 3.37 gezeigten, allseitig begrenzten Konfidenzbereich (vergl. Abb. 3.30) deutlich.

Um die Abhängigkeit von weiteren Eigenschaften der Stichproben zu veranschaulichen, sind in Abb. 3.38 für die verschiedenen Stichprobenergebnisse aus Abb. 3.4 die Abhängigkeiten für die jeweils ungünstigste Ecke des Konfidenzintervalls (WCC) nach Gl. 3.49 dargestellt.

Es wird offensichtlich, dass mit steigender Streuung der Konfidenzbereich größer wird und damit auch die von der Stichprobengröße abhängigen Abschläge zunehmen müssen. Bei Betrachtung der verschiedenen Stichprobeneigenschaften zeigt sich, dass die Stichprobe mit dem höchsten Mittelwert die geringste Sicherheit im Feld der betrachteten

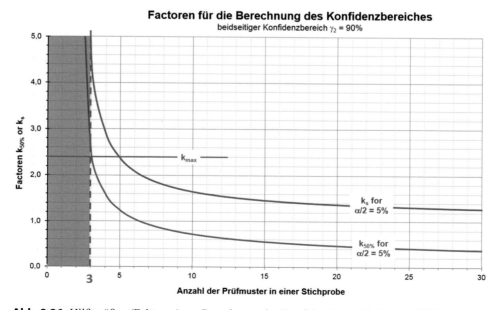

Abb. 3.36 Hilfsgrößen (Faktoren) zur Berechnung der Konfidenzintervalle (vergl. [31])

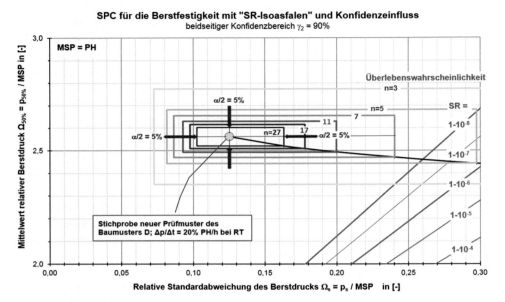

Abb. 3.37 Einfluss des Stichprobenumfangs auf die Größe des Konfidenzbereichs

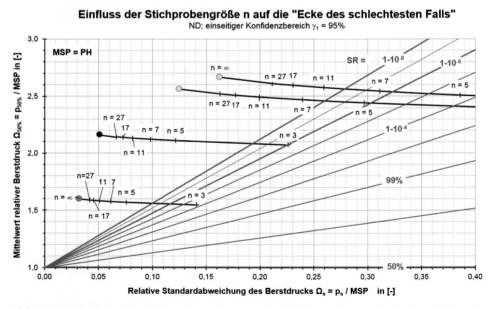

Abb. 3.38 Einfluss des Stichprobenumfangs auf die Lage der ungünstigsten Ecke des Konfidenzbereichs

Stichproben nachweisen kann. Aufgrund der großen Streuung dieser Stichprobe, die mit dem hohen Mittelwert einhergeht, liegt der ungünstigste Punkt des Konfidenzbereiches („worst case corner" WCC) der Stichprobe bei einer Stichprobengröße von 5 Prüfmustern knapp oberhalb von SR = 99.99 % $(1 - 10^{-4})$ und selbst eine Stichprobe von 7 Prüfmustern könnte im Neuzustand gerade mal die Eigenschaft von $1 - 10^{-6}$ mit einer Restunsicherheit von $\alpha_1 = 5$ % belegen.

Mit Blick auf den gesamten „Satz von Werkzeugen", die notwendig sind, den probabilistischen Ansatz unter Nutzung des Sample Performance Chart (SPC) anzuwenden, ist damit der hinreichende Schritt getan: Die Abschätzung des Verhaltens der gesamten Population auf Basis einer repräsentativen Stichprobe.

Es liegen nun alle Elemente vor, die notwendig sind, um die Überlebenswahrscheinlichkeit einer Population von CCn auf Basis der Ergebnisse einer geprüften Stichprobe abzuschätzen: a) Auswahl der bestgeeigneten Prüfmethode – b) Stichprobennahme – c) Darstellung der betrachteten Stichprobeneigenschaften im passenden SPC – d) Darstellung der Linien konstanter Überlebenswahrscheinlichkeit im SPC – e) Betrachtung der WCC (worst case corner) als Mittel der Übertragbarkeit der Stichprobeneigenschaften auf die gesamte Population – f) Quantifizierung des SR in der WCC zur Sicherheitsbewertung der Stichprobe eines definieren Alterungszustandes.

3.4.2 Stichprobenbewertung im Arbeitsdiagramm für die Berstfestigkeit (lineare Achsenskalierung)

Für die systematische Bewertung von Stichproben gleicher Größe kann ein weiteres Werkzeug erarbeitet werden, das zwar keine neuen Erkenntnisse liefert, aber den Arbeitsaufwand in der Anwendung deutlich vereinfacht (vergl. Prüfkonzept CAT mit Anlagen; s. [11, 20, 31, 32]).

Nach Gl. 3.49 kann man in Abhängigkeit des Konfidenzniveaus und der Stichprobengröße jede durch Prüfung ermittelte Stichprobeneigenschaft als Punkt auf den Grenzwert der Ecke des ungünstigsten Falles („worst case corner" WCC) des zugehörigen Konfidenzbereiches verschieben. Die Verschiebung jedes Punktes erfolgt dabei um die in Gl. 3.49 dargestellten Differenzen:

$$\left(\Delta\Omega_{s-\min} ; \Delta\Omega_{50\%-\min} \right) = \left(\left(1 - k_s(\alpha, n) \right) \cdot \Omega_s ; k_{50\%}(\alpha, n) \cdot \Omega_s \right) \tag{3.50}$$

Anstelle der individuellen Analyse des WCC und dessen Vergleich mit den Isoasfalen der Überlebenswahrscheinlichkeit nach der ND – wie in Abb. 3.37 dargestellt – kann man einen, für den Anwender einfacheren Weg gehen. Man kann jede, durch die Isoasfalen als Punkt auf der Linie bekannte Koordinate, ohne Kenntnis der Stichprobeneigenschaften, nur auf Basis der bekannten Stichprobengröße in die entgegengesetzte Richtung verschieben. Im Ergebnis lassen sich dann die durch einen Punkt ausgedrückten Stichprobeneigenschaften direkt mit der modifizierten Isoasfalen bewerten. Für die verschobenen Isoasfalen gilt:

$$\left(\Omega_s^*(SR,\gamma,n);\Omega_{50\%}^*(SR,\gamma,n)\right)=$$
$$=\left(\Omega_s(SR)-\left(1-k_s(\gamma,n)\right)\cdot\Omega_s(SR);\Omega_{50\%}(SR)+k_{50\%}(\gamma,n)\cdot\Omega_s(SR)\right) \tag{3.51}$$

So entsteht auf Basis von Gl. 3.51 ein Netz von Isoasfalen, das nicht mehr nur von der Verteilung, sondern zusätzlich von der Stichprobengröße und dem Konfidenzniveau abhängt. Während man das Konfidenzniveau ohnehin vorgeben muss, wird jetzt aber ein Satz von Diagrammen benötigt, um für jede Stichprobengröße die richtige Schar von Isoasfalen zur Verfügung zu haben. Dies ist in Abb. 3.39 zu sehen, indem die Ausgangsschar der ND-Isoasfalen für den Fall dargestellt ist, dass die Stichprobengröße der gesamten Population entspricht. Dies ist mit $n=\infty$ gekennzeichnet. Außerdem sind die Isoasfalen für die Stichprobengröße $n=5$ und $n=13$ ergänzt.

In Abb. 3.40 ist im Gegensatz dazu eine Schar von Isoasfalen dargestellt, die für verschiedene Stichprobengrößen alle zum Wert der Überlebenswahrscheinlichkeit $SR=1-10^{-6}$ gehören.

Abbildung 3.41 und 3.42 entsprechen mit Ausnahme der Variation der mindestens geforderten Überlebenswahrscheinlichkeit SR der Abb. 3.40. Durch die Variation von SR

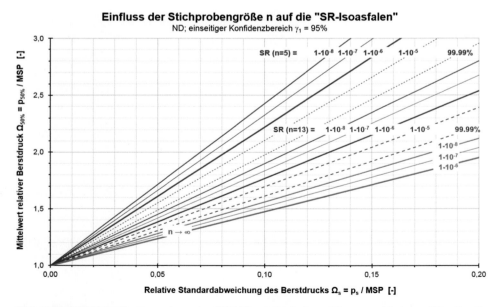

Abb. 3.39 SPC für die Bewertung der SBT-Eigenschaft; Isoasfalen verschiedener SRn für die Grundgesamtheit und zwei verschiedene Stichprobengrößen

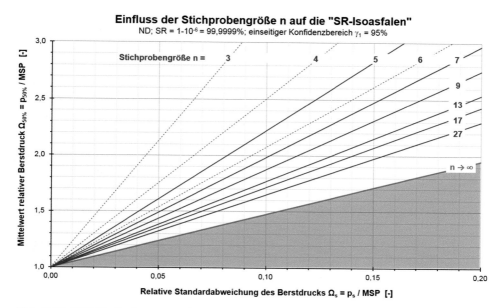

Abb. 3.40 SPC für die Bewertung der SBT-Eigenschaft mit $SR = 1 - 10^{-6}$ und Isoasfalen in Abhängigkeit der Stichprobengröße

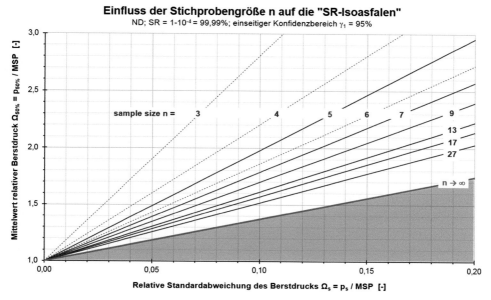

Abb. 3.41 SPC für die Bewertung der SBT-Eigenschaft mit $SR = 1 - 10^{-4}$ und Isoasfalen in Abhängigkeit der Stichprobengröße

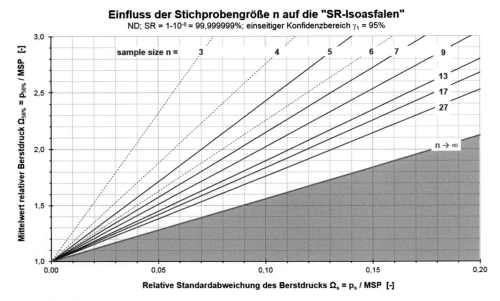

Abb. 3.42 SPC für die Bewertung der SBT-Eigenschaft mit $SR = 1 - 10^{-8}$ und Isoasfalen in Abhängigkeit der Stichprobengröße

zwischen $1 - 10^{-4}$ und $1 - 10^{-8}$ unterscheiden sich die Neigungen der Linien deutlich. Die Unterschiede der relevanten Extreme (rote Flächen) sind ebenfalls erkennbar.

Um die Arbeitsweise weiter zu veranschaulichen sind in Abb. 3.43 für $SR = 1 - 10^{-6}$ die zentralen Elemente der Betrachtung der Stichprobengröße aus den Diagrammen Abb. 3.37 und 3.40 nochmals zusammen dargestellt.

Im Endeffekt muss die Berücksichtigung der Stichprobengröße nach beiden, in Abb. 3.43 zusammengestellten Methoden zum gleichen Urteil über die Festigkeitseigenschaften einer Stichprobe kommen. Zum einen kann der Punkt, der die gemessene Stichprobenfestigkeit beispielhaft repräsentiert, unmittelbar mit der für seinen Stichprobenumfang n dargestellten Isoasfalen (blau) verglichen werden. Zum anderen kann die WCC entlang seiner Verschiebungslinie (schwarz) mit der Anforderung an die Grundgesamtheit (rote Fläche, rechts unten) verglichen werden. Letztere basiert auf der Forderung von hier $SR = 1 - 10^{-6}$. WCCs steht wieder für die ungünstigste Ecke des von der Stichprobengröße abhängigen Konfidenzbereichs.

So liegt die WCC des Konfidenzbereichs für z. B. $n = 5$ knapp oberhalb (besser) als die Forderung an die Grundgesamtheit $SR = 1 - 10^{-6}$ (rote Fläche). Die Stichprobeneigenschaften (gelber Punkt in der Mitte) sind ebenfalls knapp besser als die zu $n = 5$ und $SR = 1 - 10^{-6}$ gehörige Isoasfale (durchgezogen, blau). Der gelbe Punkt liegt schlechter als die Isoasfalen für $n = 3$; entsprechend liegt der WCC auch weit rechts von der roten Grenzlinie (außerhalb des Diagramms). Die Konfidenzbereiche für $n > 7$, bewertet über

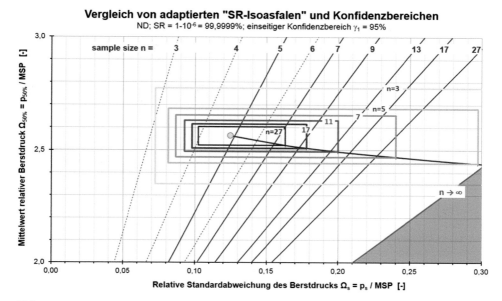

Abb. 3.43 SPC für die Bewertung der SBT-Eigenschaft mit $SR = 1 - 10^{-6}$; einschließlich der Lage der jeweils ungünstigsten Ecke der Konfidenzbereiche in Abhängigkeit der Stichprobengröße und den zugehörigen Isoasfalen

den WCC, sind weit oberhalb von $SR = 1 - 10^{-6}$ (rote Linie). Der gelbe Punktes liegt ebenso deutlich oberhalb der Isoasfalen für $n = 7$ (blau).

Damit ist zumindest an einem Beispiel gezeigt, dass beide Vorgehensweisen „Vergleich der WCC mit der Isoasfalen für die Grundgesamtheit (unbegrenzte Stichprobe)" wie auch „Vergleich der Stichprobeneigenschaft mit der modifizierten Isoasfalen" zu gleichen Bewertungen kommt.

3.4.3   Stichprobenbewertung im Arbeitsdiagramm für die Lastwechselfestigkeit (logarithmische Achsenskalierung)

Analog hierzu kann auch mit dem SPC für die Lastwechselfestigkeit vorgegangen werden. Für die systematische Bewertung von Stichproben gleicher Größe wird in [11, 20, 31, 32] auch für dieses Sicherheitskriterium ein weiteres Werkzeug angeboten, das den Arbeitsaufwand in der Anwendung deutlich vereinfacht.

Auch wenn die oben dargelegten Betrachtungen des Konfidenzbereiches in erster Linie für normalverteilte Eigenschaften gilt, ist das in [11, 20, 31, 32] dargestellte Vorgehen nicht von der Hand zu weisen. Die Auswertung der Stichprobeneigenschaften basiert auf der Analyse der logarithmierten Festigkeitswerte auf Basis der Normalverteilung. Auch die Beschreibung der Stichprobenparameter folgt mit Verweis auf Abb. 3.24 und der zuge-

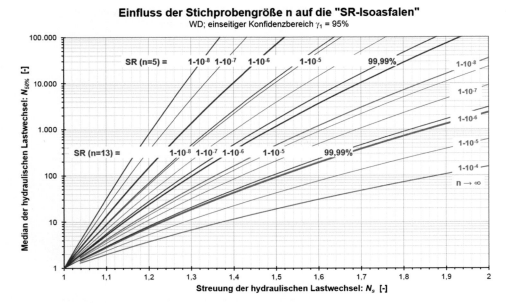

Abb. 3.44 SPC für die Bewertung der LCT-Eigenschaft mit Isoasfalen verschiedener SRn für drei verschiedene Stichprobengrößen

hörigen Erläuterungen über Mittelwert und Standardabweichung – wie für ND bzw. LND üblich. Die Anwendung der für die Lastwechselfestigkeit empfohlenen zweiparametrigen WD erfolgt auf Basis der Übereinstimmung nach Gln. 3.36 und 3.37. Damit ist eine Modifikation der beiden dort beschriebenen Punkte mit den oben beschriebenen Werkzeugen trotz der Einschränkung auf die ND konsequent.

Die Funktionsweise und Anwendung erfolgt wie zuvor für die Betrachtung der Stichprobe ohne Übertragung auf die Population im Sample Performance Charts (SPC) dargestellt. Die graphisch erkennbare Spreizung der verschiedenen Linien ist jedoch auf Basis der für die Mindestanforderungen zugrunde gelegten WD, die deutlich empfindlicher vom Parameter Streuung abhängt, größer als bei der im SPC für die Berstfestigkeit verwendeten ND. Entsprechend überlappen sich in Abb. 3.44 auch die Bereiche der farblich getrennten Linienscharen für den Stichprobenumfang $n=5$ (blau) mit $n=13$ (violett) und n gegen unendlich (rot).

In Abb. 3.45 ist wie zuvor das Gegenstück dargestellt. Hier ist die Überlebenswahrscheinlichkeit mit $SR=1-10^{-6}$ festgehalten und nur der Stichprobenumfang variiert. Ansonsten weist auch der Einfluss der Zuverlässigkeit gleiche Tendenzen auf, wie in Abb. 3.41 und 3.42 dargestellt.

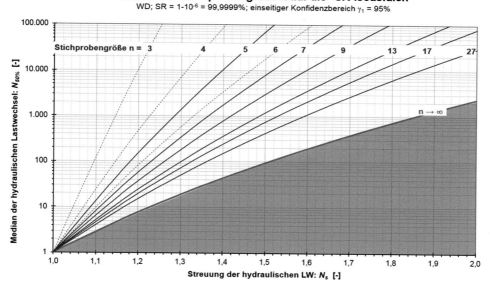

Abb. 3.45 SPC für die Bewertung der LCT-Eigenschaft mit SR $= 1 - 10^{-6}$ und Isoasfalen in Abhängigkeit der Stichprobengröße

3.5   Aspekte der praktischen Verwendung

Die oben vorgestellte probabilistische Sicherheitsanalyse basiert auf der Voraussetzung, dass die Belastung normalen Betriebsbedingungen unterliegt. Der Betrieb beinhaltet jedoch grundsätzlich die Wahrscheinlichkeit, dass es einmalig oder wiederholt zur Überlastung im Vergleich zu den nominellen Betriebsbedingungen kommt. Im Kontext einer probabilistischen Betrachtung muss eine solche Überlast aber als Unfall betrachtet werden. Anders gesagt muss davon ausgegangen werden, dass Lasten, die nicht als Unfalllasten angesehen werden sollen, in die Beschreibung der normalen Betriebslasten zu integrieren sind.

Klassische Szenarien für einen Unfall sind eine herausragende Impactbelastung oder eine Brandlast. Es kann aber auch nur eine einfache, aber ggf. unerkannte Überhitzung durch z. B. Sonnenschein oder eine Überfüllung sein. Deshalb wird im Folgenden schlaglichtartig analysiert, wie die Aspekte „normaler Betriebsdruck bei beschränkter Zulassung für ein Gas", „Unfallszenario Crash" und „Unfallszenario Brand" in einem probabilistischen Ansatz betrachtet werden könnten.

3.5.1 Einfluss der Gase-Eigenschaften

Der Füllgrad und die maximal zu erwartende Tagestemperatur bzw. maximal zulässige Fülltemperatur spielen eine zentrale Rolle bei der Betrachtung der betrieblichen Grenzbelastung. Hierbei sind keine Unfallszenarien gemeint.

Wie in 3.1.1 beschrieben und in Abb. 3.46 und 3.47 dargestellt, hängt der entwickelte Druck von der Gastemperatur ab. Damit ist die maximal zulässige Temperatur von zentraler Bedeutung für die Grenzbelastung bzw. Überlastung der CC-Struktur.

Grundsätzlich geht man davon aus, dass keine Überfüllung eintreten kann. Dies bedeutet, dass sorgfältig darauf geachtet wird, dass nicht mehr als die zulässige Gasmenge eingefüllt wird. In der Regel meint dies, dass die insgesamt eingefüllt Gasmasse soweit limitiert ist, dass der NWP bei 15 °C nicht überschritten ist. Da bei CNG und CGH_2 die Gasmasse praktisch nicht gewogen werden kann, muss in Anhängigkeit der bei der Befüllung entstehenden Temperatur der Druck bestimmt werden, bei dem die Füllung beendet wird. Würde bei der Füllung der Prüfdruck überschritten werden, wäre dies eine Überdrückung. In diesem Fall müsste auch ohne einer Überschreitung der zulässigen Füllmenge von einer Überlastung der Struktur bezüglich Innendruck und wahrscheinlich auch Temperatur mit einem lebensdauerverkürzendem Effekt unbekannten Ausmaßes ausgegangen werden.

Unter der Voraussetzung der Einhaltung der Füllmenge und der maximalen Fülltemperatur ist die Betrachtung der Sicherheit auf Basis der Lastannahme „Prüfdruck PH" ein konservativer Ansatz. Der Prüfdruck stellt in etwa den Druck dar, der bei Gasen mit

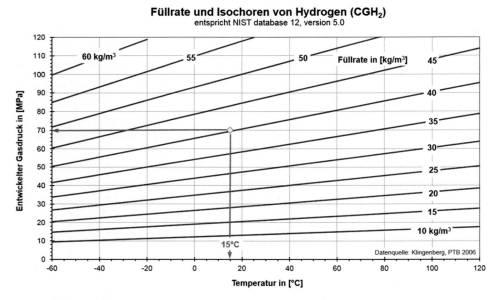

Abb. 3.46 Druckentwicklung von CGH_2: Druck über Temperatur, abhängig von der spezifischen Füllmenge (s. [33])

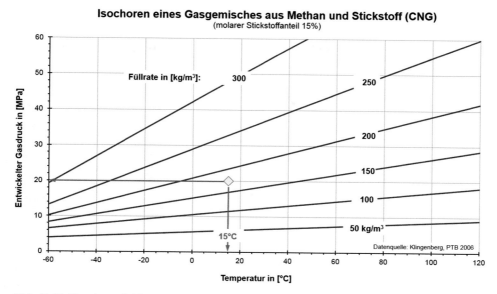

Abb. 3.47 Druckentwicklung von CNG: Druck über Temperatur, abhängig von der spezifischen Füllmenge (s. [33])

besonders ausgeprägt temperaturabhängigem Druck bis 65 °C entsteht. Diese Druck-Temperatur-Abhängigkeit ist in den Diagrammen für Wasserstoff (Abb. 3.46) und Erdgas (Abb. 3.47) dargestellt.

Die Temperaturabhängigkeit des entwickelten Drucks von Erdgas ist bei gleichem Ausgangsdruck deutlich höher als die von Wasserstoff. Dafür ist die Dichte von Wasserstoff bei 15 °C in etwa ein Zehntel der Dichte von Erdgas. Beides zusammen macht deutlich, warum man bei CGH_2 über einen nominellen Betriebsdruck NWP von 70 MPa und von 85 °C maximale Temperatur ausgeht, während CNG in der Regel mit NWP=20 MPa und bis max. 65 °C gefüllt wird. Entsprechend wird trotz der Temperaturunterschiede bei automobilem CNG ein maximaler Fülldruck von 130 % (26 MPa) des NWP angewendet während CGH_2 trotz der höheren Maximaltemperatur mit 87,5 MPa auf 125 % des NWP limitiert ist.

Dies und die Auswertung des Verhaltens weiterer Gase sind in Tab. 3.5 dargestellt. Eine Auswertung des entwickelten Druckes ist in Tab. 3.6 gezeigt. Hierzu sind die entwickelten Drücke für die beiden praktisch relevanten Maximaltemperaturen von 65 °C und 85 °C auf den entsprechenden Prüfdruck bezogen. Erdgas, Luft und Stickstoff werden bis 65 °C gefüllt und transportiert, während komprimierter Wasserstoff bis 85 °C befüllt wird. Ein Betrieb von Erdgas (Methan, 20 MPa NWP oder 30 MPa NWP) bis 85 °C würde einem Überdruck von 103 % bis 107 % des Prüfdruckes entsprechen. Dagegen ist Methan bis zur Temperatur von 65 °C noch durch den Prüfdruck abgedeckt.

Die in Tab. 3.6 grün gekennzeichneten Werte zeigen diejenigen Gase, die bei der jeweiligen Temperatur unter 85 % des Prüfdruckes (entspricht 127 % NWP) bleiben. Der Maxi-

Tab. 3.5 Druckentwicklung von Gasen in Abhängigkeit von der Temperatur

Gas	Prüfdruck PH	(Nenn-) Betriebs-druckNWP	Füllgrad	entwickelter Gasdruck in Abhängigkeit von der Temperatur (MSP)					
	[MPa]	[MPa]	[-]	-40°C	-20°C	15°C	55°C	65°C	85°C
Druckluft	30	20		14,40	16,44	20,00	24,03	25,03	27,02
UN 1002	45	30		20,86	24,20	30,00	36,55	38,17	41,41
CGH$_2$	30	20		16,03	17,48	20,00	22,87	23,58	25,01
	45	30		24,00	26,19	30,00	34,32	35,40	37,54
UN 1049	75	50		39,97	43,64	50,00	57,19	58,98	62,53
	105	70		56,06	61,16	70,00	79,95	82,42	87,33
Methan	30	20		11,26	14,44	20,00	26,31	27,88	31,01
UN 1971	45	30		15,61	20,84	30,00	40,38	42,96	48,09
Sauerstoff	30	20		13,96	16,17	20,00	24,34	25,41	27,56
UN 1072	45	30		19,81	23,53	30,00	37,32	39,14	42,76
Butan UN 1011	10	not valid	52%	0,017	0,045	0,176	0,564	0,720	1,126
Propan UN 1978	30		43%	0,111	0,245	0,732	1,907	2,343	3,436

Tab. 3.6 Einfluss der Temperatur auf den entwickelten Druck; bezogen auf den Prüfdruck PH

Gas	Prüfdruck PH	(Nenn-) Betriebsdruck NWP	relativer Druck (MSP)	
			bei 65°C	bei 85°C
	[MPa]	[MPa]	bezogen auf PH	
Druckluft	30	20	83,4%	90,1%
	45	30	84,8%	92,0%
CGH$_2$	30	20	78,6%	83,4%
	45	30	78,7%	83,4%
	75	50	78,6%	83,4%
	105	70	78,5%	83,2%
Methan	30	20	92,9%	103,4%
	45	30	95,5%	106,9%
Sauerstoff	30	20	84,7%	91,9%
	45	30	87,0%	95,0%
Butan	10	not valid	7,2%	11,3%
Propan	30		7,8%	11,5%

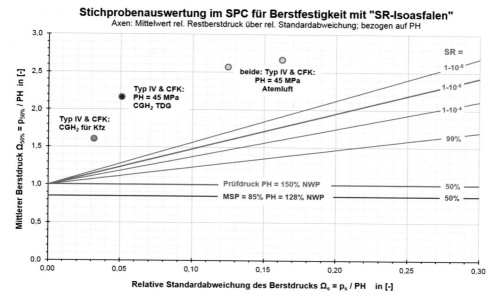

Abb. 3.48 Einfluss des Referenzdruckes auf die Lage der Isoasfalen im SPC

malwert des auftretenden Betriebsdrucks (MSP) von CGH_2 ist 83,4 % PH und entspricht den vorgenannten 125 % NWP. Insgesamt kann der maximale Betriebsdruck (MSP) aller bisher betrachteten Anwendungen (Druckluft und Wasserstoff) mit 85 % von PH beziffert werden. Die Werte zu Stichstoff, Propan und Butan sind zur Orientierung ohne weitere Verwendung ergänzt. Für Methan bzw. CNG ist auch bis 65 °C kein gegenüber dem Prüfdruck reduzierter MSP anwendbar.

Wendet man den herausgearbeiteten Wert von MSP=85 % des Prüfdruckes auf das SPC an, verschiebt sich die rote Linienschar aus Abb. 3.22 parallel, wie in Abb. 3.48 dargestellt, auf die Position der violetten Linien. Da die Sicherheit durch die relative Lage der Punkte der beispielhaften Stichprobeneigenschaften zur jeweils geforderten Isoasfalen dargestellt wird, gibt diese Verschiebung der Isoasfalen eine höhere Sicherheit aufgrund geringerer Belastung wieder.

Bezieht man, wie in Abb. 3.49 dargestellt, das gesamte SPC auf den reduzierten MSP anstelle des PH, treffen sich die Isoasfalen bei verschwindender Streuung wieder bei einem relativen Druck von 100 % MSP (links). Gleichzeitig werden die Punkte der Stichproben nach oben verschoben, da die Bezugsbasis (MSP) der Achsen kleiner wird (100%PH → 85 % PH). Damit ist gezeigt, dass das SPC für jeden MSP angewendet werden kann, wenn die Isoasfalen und die Festigkeitsangaben konsequent auf den gleichen MSP bezogen werden.

Die Bedeutung dieser Druckunterschiede für die Ermüdungsfestigkeit von Werkstoffen, bei identischer Auslegung ist in Abb. 3.50 dargestellt. Angenommen wird, dass alle CC so ausgelegt sind, dass sie nach 12.000 LW bei dem jeweiligen Prüfdruck versagen.

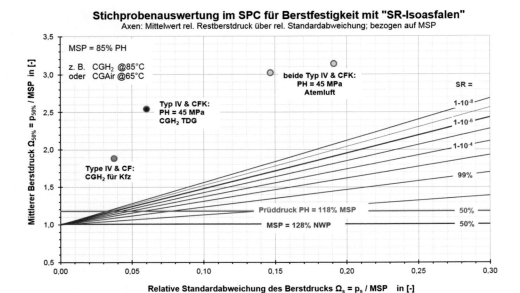

Abb. 3.49 Lage der Isoasfalen und Stichproben bei Verwendung des MSP als Bezugsgröße

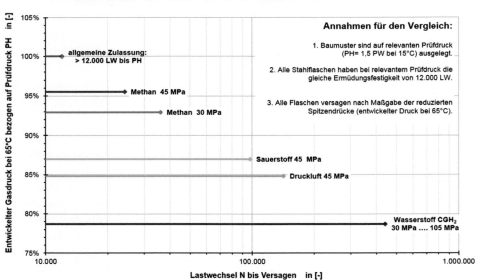

Abb. 3.50 Einfluss des entwickelten Gasdruckes auf die Lastwechselfestigkeit einer für den jeweiligen Prüfdruck optimierten Stahlflasche

Betrachtet man dann die Lastwechselfestigkeit in Abhängigkeit des gasspezifisch entwickelten Druckes ergeben sich für die Werkstoffdaten nach [3] die in Abb. 3.50 verändert dargestellten Lastwechselwechselfestigkeiten.

Da eine Änderung der Belastung nicht die gleiche Dimension hat, wie die zu ermittelnde Lastwechselfestigkeit, kann die Lastwechselfestigkeit bei verändertem Druckniveau nicht in einer mit dem Berstdruck vergleichbar eindeutigen Art und Weise umgerechnet werden. Selbst bei monolithischen CCn ist die Berechnung der aufgrund reduzierter Last veränderten Lastwechselfestigkeit eine komplexe Aufgabe, mit zweifelhafter Genauigkeit. Aufgrund des statisch unbestimmten Charakters eines Speichers mit metallischem Liner ist eine Umrechnung der Festigkeit auf andere Druckniveaus für CCs nicht hinreichend einfach und keinesfalls hinreichend belastbar möglich.

Entsprechend kann ein der Abb. 3.48 oder 3.49 analoges Vorgehen nur qualitativ abgeschätzt werden. Aufgrund der Erkenntnisse aus Abb. 3.50 ist zu erwarten, dass die Lastwechselzahl und damit auch die absolute Streuung zunehmen, wenn der Wert des oberen Druckes in der Lastwechselprüfung reduziert wird. Auf Basis der Beispiele aus Abb. 3.27 wird dies in Abb. 3.51 durch die roten Pfeile symbolisiert. Da eine Umrechnung, die den Anforderungen der statistischen Auswertung entsprechen könnte, nicht möglich ist, müssten im Zweifelsfall die Lastwechselprüfungen mit der entsprechend reduzierten Last wiederholt bzw. anstelle der höheren Lastannahme originär ausgeführt werden.

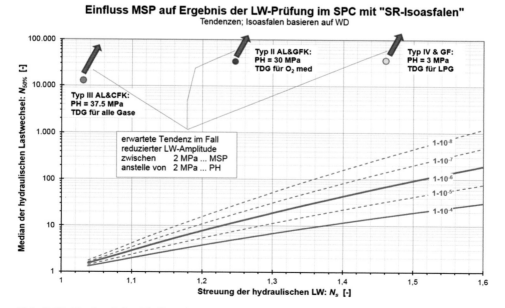

Abb. 3.51 Tendenzieller Einfluss der Berücksichtigung reduzierter Betriebslasten im LW-SPC

3.5.2 Aspekte unfallbedingter Lasten

Während die normale Betriebsbelastung dadurch gekennzeichnet ist, dass die Lasten gemäß einer Annahme über die Lebensdauer zyklisch wiederholt bis kontinuierlich am Bauteil wirken, sind die Unfallsituation durch Lasten gekennzeichnet, die in Betrag und Form nur einmalig auftreten und dann zum Aussondern oder zur Reparatur des Bauteils führen (sollten). Aufgrund ihres seltenen Auftretens sind diese bzgl. Last und Häufigkeit meist auch nicht statistisch hinreichend zu beschreiben.

Wie im Unterkapitel 3.3, insbesondere im Abschn. 3.3.1, dargestellt, kann das Spektrum einer normalen Betriebslast aufgrund relativ geringen Schwankungen ihrer Form und Intensität oft konservativ durch die Annahme einer Maximallast beschrieben werden. Dem gegenüber ist für jedes Szenario einer Unfallsituation die Eintrittswahrscheinlichkeit der Situation mit der Überlebenswahrscheinlichkeit des Bauteils oder des Systems in diesem Szenario zu kombinieren. Dies ähnelt im Prinzip der in Abb. 3.16 für den betrieblichen Innendruck dargestellten Interaktion der streuenden Eigenschaften von Lastverteilung und Festigkeit. Die Analogie zum in Abb. 3.17 dargestellten Schritt der Vereinfachung der Beurteilung wäre in diesem Kontext z. B. die Festlegung einer vorgegebenen Unfalllast mit der zugehörigen Eintrittswahrscheinlichkeit und die Analyse der Versagenswahrscheinlichkeit unter dieser Last. Im Sinne der Betrachtungen im Abschn. 4.4.1 wäre dann von einer funktionellen Parallelschaltung (Funktionsgruppe) [4, 18] von zwei unabhängigen Ereignissen auszugehen: Nur wenn ein Umfall eintritt und die zugehörige Last zum Versagen führt ist ein Versagen gegeben.

Die Gesamtzuverlässigkeit (Z oder hier SR) einer Funktionsgruppe berechnet sich nach Paragraph 7.1.1.4 im Teil 2 aus [18] gemäß Gl. 3.52 als Produkt der Ausfallwahrscheinlichkeiten FR bzw. der Überlebenswahrscheinlichkeit SR:

$$SR_{Funktionsgruppe} = 1 - FR_{FR} = \prod_{i=1}^{n} FR_i = \prod_{i=1}^{n} (1 - SR_i) \qquad (3.52)$$

Bei Betriebslasten geht man davon aus, dass die Eintrittswahrscheinlichkeit von Lasten oberhalb der Lastannahme verschwindet und damit vernachlässigt werden kann. Bei Unfalllasten kann dagegen keine fundierte Maximallast angenommen werden. Da jedoch in dieser vereinfachenden Lastannahme keine Aussage mehr über das Verhalten des Systems unter Lasten oberhalb des betrachteten Szenarios gemacht werden kann, muss für Unfallszenarien eine weitere Randbedingung beachtet werden. Es müssen Lastannahmen für die Betrachtung der Unfallfestigkeit getroffen werden, deren auf das Individuum bezogene Eintrittswahrscheinlichkeit in der Größenordnung der Überlebenswahrscheinlichkeit liegt, die als Schutzziel formuliert ist. Dies führt zu relativ hohen Lastannahmen. Hier ermöglichen stufenweise Betrachtungen in Klassen von Eintrittswahrscheinlichkeiten eine Reduzierung der Lastannahmen.

In diesem Kontext werden an dieser Stelle zwei Beispiele diskutiert. Das eine ist das klassische Unfallszenario des Zusammenstoßes von zwei Kraftfahrzeugen mit der mög-

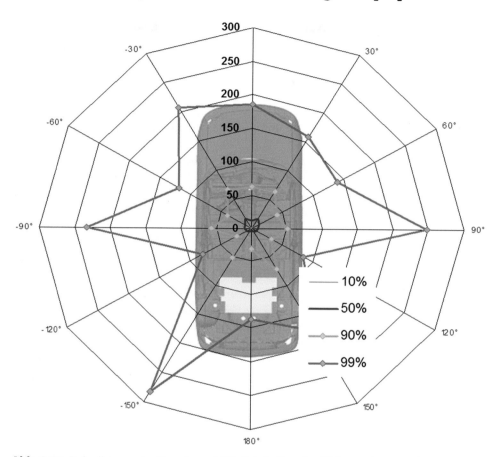

Abb. 3.52 Polardiagram der Energie und Häufigkeit über der Richtung des Energieeintrages für Pkw in Deutschland 2006 (s. [34])

lichen Wirkung mechanischer Kräfte auf den/die Speicher des Treibstoffes „Gas" in einem der Fahrzeuge. Das zweite Beispiel ist ein Unfallszenario, das von einer Brandbelastung ohne zusätzlich mechanischer Belastung ausgeht.

Unfallbelastung: Widerstand von Treibgasspeichern im Fahrzeug gegen „Crash"
Die Statistiken über Crash-Unfälle zeigen eine eindeutige Abhängigkeit von verschiedenen Parametern. Das Polardiagramm, wie es in Abb. 3.52 dargestellt ist, zeigt Linien konstanter Häufigkeit in einem polaren Netz der Richtung und der Energie der Crash-Belastung. Dieses und die nachfolgenden Diagramme basieren überwiegend auf Ergebnissen des EU-Projektes „StorHy" [34].

Die „GIDAS-Datenbank"[3] [35] erfasst alle Unfälle mit verletzten Insassen. Damit wird jedes Jahr in etwa 1 % der Fahrzeuge in Deutschland erfasst. Entsprechend beträgt die Gesamtwahrscheinlichkeit etwa 1/100 der in der Datenbank bzw. in Abb. 3.52 den dargestellten Linien zugeordneten Werten der relativen Häufigkeit. Dies bedeutet, dass etwa 1 von 10.000 Fahrzeugen einen Energieeintrag erfährt, der höher ist als in Abb. 3.52 dargestellt (hier gezeigt sind die Werte für 2006). Bei einer Menge von in Deutschland ungefähr 47 Mio. zugelassenen Fahrzeugen (2005) repräsentiert die 99 % Linie in Abb. 3.52 letztendlich die Unfalldaten von 5000 Fahrzeugen pro Jahr. Für eine wirklich substantielle Untersuchung der Unfalldaten müsste die Statistik aber eine verbleibende Unschärfe auf dem Niveau von maximal $SR = 99,9999\%$ (1:1.000.000) abbilden können. Da Daten für derart seltene Ereignisse aber nicht dem Diagramm entnommen werden können, bleibt nur eine Extrapolation der Energieeinträge auf die entsprechend niedrigen Ereignishäufigkeiten. Im Endeffekt muss die Kombination von Eintrittswahrscheinlichkeit eines Ereignisses und der Zuverlässigkeit gegen Berstens aufgrund der zu diesem Ereignis gehörenden Belastung auf den Speicher die mindestens geforderte Überlebenswahrscheinlichkeit darstellen. Sind aber die Energien nicht bekannt, die zu diesen sehr seltenen Ereignissen gehören, kann das Verhalten bis zu diesen hohen Belastungen einer akzeptierten Restwahrscheinlichkeit nicht analysiert werden. Es bleibt eine Restunsicherheit in der Aussage zum Verhalten seltener Ereignisse, die aber immer noch zu häufig auftreten, um die zugehörigen Konsequenzen ohne zusätzliche Vorkehrungen der Konsequenzvermeidung oder Maßnahmen zur Reduktion der Häufigkeit akzeptieren zu können.

Auf der einen Seite gibt es eine Datenlücke bzgl. der Crash-Parameter, die für die Beurteilung relativ seltener, hochenergetischer Unfallszenarien erforderlich sind. Auf der anderen Seite fokussieren die momentan angewandten Parameter für die Crash-Prüfungen auf Fragen der Insassensicherheit. Für die letztgenannte Betrachtung sind aber Energien oberhalb denen man vom Tod der Insassen ausgeht nicht mehr von Interesse. Für die Analyse der Beeinträchtigung von Anwohnern und anderen unbeteiligten Dritten im Sinne der sog. öffentlich-technischen Sicherheit sind aber gerade diese sehr seltenen worst-case-Ereignisse (schlimmster anzunehmender Unfall) von besonderem Interesse. Der Grund dafür liegt in einer berechtigten Annahme, dass auch die schlimmsten anzunehmenden Unfällen von Treibgasfahrzeugen (wie auch im Gefahrguttransport) aufgrund der möglichen Konsequenz aus einem übergeordneten öffentlichen Interesse heraus zu bewerten sind. Diese nicht auszuschließenden Konsequenzen beeinträchtigen die Bereiche neben dem Staßengelände in einem von den konventionellen Treibstoffen nicht bekannten Umfang. Dies ist in Abb. 3.53 (s [36, 37]) dargestellt. Damit kommt die Sicherheit der unbeteiligten Dritten zwangsweise in den Fokus der Betrachtung von Konsequenz und Sicherheit.

Der Satz von Crash-Daten, wie er in Abb. 3.52, dargestellt ist, oder auch Daten, die zu höheren Energien mit einer geringeren Eintrittshäufigkeit extrapoliert wurden, können für nachfolgende Simulationen mithilfe der FEM genutzt werden. Dies meint die Crash-

---

[3] Die Datenbank **GIDAS** (German In-Depth Accident Study) sammelt intensiv Daten als Wissensbasis für verschiedene Interessengruppen. Aufgrund eines umfassend definierten Konzepts der Datensammlung werden die dort erfassten Daten als repräsentativ für Deutschland angesehen [38].

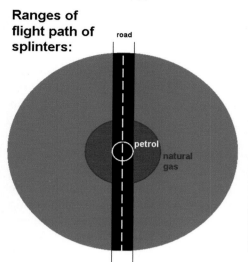

Ranges of flight path of splinters:

Worst Case Scenarios

affected public area in relation to the affected road surface :

Ratio of area not part of the road	federal motorway (≈30 m)	federal road (≈14 m)
petrol	0%	0%
natural gas (e. g. ~250 m*)	92%	96%
Hydrogen (e.g. ~1000 m*)	98%	99%

* These values are assumed for explanation in principle.
The assumptions are based on some gaseous burst experience.
The ranges depend strongly on the type of storage containment and the packaging in the car.

Abb. 3.53 Beispiel für das Ansteigen des Anteils von der Flugweite von Splittern betroffener Fläche außerhalb des Straßenlandes (vergl. [36])

Energie und -Richtung als äußere Last auf ein Finite-Elemente-Modell zu interpretieren, wie es in Abb. 3.54 skizziert ist. Ein wesentliches Element dieser Modellierung ist die Definition eines „Überlebensraums", der dem sicheren Schutz des Treibgasspeichersystems gelten soll. Der Umriss dieses definierten Bereiches mit der Steifigkeit des darin liegenden Treibgasspeichersystems hat zwei Funktionen. Eine Funktion ist es, zu überprüfen ob das Fahrzeugchassis die Energie vollständig aufnimmt und die Kontur des Überlebensraumes in der Crash-Simulation nicht deformiert wird. Trifft dies nicht zu, kommt die zweite Funktion zum Tragen. In diesem Fall sollten die ermittelten Kontaktkräfte, -energien und deren Impulsdauer dafür verwendet werden, um die Impact-Belastung auf die CC-Treibgasspeicher zu beschreiben.

Der nächste Schritt der Untersuchung ist die Prüfung des CCs und ggf. ganzen Treibgasspeichersystems auf ausreichende Robustheit. Das meint die Festigkeit gegen eine Im-

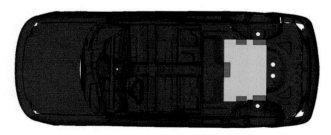

Abb. 3.54 FE-Modell mit einem markierten „Überlebensbereich" für das Treibgasspeichersystem aus [38]

 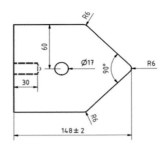

Abb. 3.55 Zeichnung der Geometrie der verwendeten Impact-Kante

pactbelastung mit den zuvor ermittelten Lastdaten. Eine entsprechende Impuls-Eindring-
prüfung kann mithilfe einer geführten oder auch ungeführten Masse durchgeführt werden.
Die in StorHy [34] vorgenommenen Prüfungen basierten auf einer ungeführten Fallmasse,
die mit einer Impactgeometrie ausgestattet war, wie diese in Abb. 3.55 dargestellt ist. Die
Geometrie wurde nach dem Kriterium der Geometrie der Kontaktflächen in der FEM
gewählt. Die Formaggressivität wurde abgeschätzt als am oberen Ende der Elemente in
einem Fahrzeug aber noch realistisch für einen Träger, Spant/Rippe oder Stringer.

Zu jedem der verschiedenen CC-Baumuster wurden zwei Prüfmuster geprüft. Hierzu
wurden sie auf einem unnachgiebigen Fundamten fixiert, mit Wasser unter einen hydraulischen Vordruck von etwa 0,3 MPa gesetzt und mit dem erläuterten Versuchsaufbau mit
3,6 kJ bzw. 4,6 kJ bei 5,5 m/s bzw. 6 m/s beschädigt. Hierzu wurde die oben dargestellte
Impact-Kante einmal parallel (geringe Wirkung) und sonst immer quer zur Behälterachse
orientiert. Der hydraulische Innendruck erhöhte sich während der Prüfung auf Werte bis
über 6 MPa. Dies entspricht einer durchschnittlich realistischen Innendruckstützung. Da
im anschließenden Schritt nachzuweisen war, dass die Prüfmuster dem Prüfdruck stand-
halten können, wurden Restberstprüfungen durchgeführt. Eines der Prüfmuster wurde bereits durch die Impactbelastung undicht.

Am Ende der Versuchsreiche im Rahmen des Vorhabens StorHy [34] zeigten zwei Baumuster einen ausreichenden Widerstand (Restberstdruck > PH) gegen die Impact-Belastung quer zur Achse: Das eine war ein 700 bar Typ-III-Design und das andere ein 200 bar
Type-II-Design. Beide dieser erfolgreich untersuchten CC hatten neben der Carbonfaser
nur eine erkennbare Gemeinsamkeit: Sie basierten auf einem Liner aus Stahl. Bedauerlicherweise standen für die Versuchsreihe in 2007 kein CC eines 700 bar Typ-IV-Designs
oder eines 700 bar Typ-III-Designs mit Alu-Liner zur Verfügung.

Im Allgemeinen hängt der erforderliche Widerstand gegen Impactbelastung eines CC
von der Energieabsorption des Fahrzeugchassis, dem „Packaging" (Anordnung/Platzie-
rung der CC im Fahrzeug) ab. Unter Umständen sind noch Zusatzmaßnahmen wie ein
„Behälter-Airbag" zu berücksichtigen. Aus diesem Grund kann keine grundsätzliche Feststellung zur Eignung von Speichersystem getroffen werden. Es ist aber offensichtlich,
dass derartige Prüfkonzepte auch aus wirtschaftlichen Gründen nicht ausschließlich am
Gesamtsystem „Fahrzeug" absolviert werden können. Die Vielzahl relevanter Parameter
beim Zusammenstoß zweier Fahrzeuge, wie z. B. die Richtung, relative Position, Versatz/

Überdeckung der Fahrzeuge etc. zeigt, dass eine umfassende Sicherheitsuntersuchung mehrstufig aufgebaut sein muss. Es müssen Simulationen und auch Komponentenprüfungen durchgeführt, bevor abschließende Systemtests durchgeführt werden und diese auch zur Überprüfung der Simulationen dienen können.

Aufgrund des oben dargestellten Mangels an statistischen Daten über Unfallenergien, die Aussagen zu Überlebenswahrscheinlichkeit oberhalb von 99,99 % gestatten, können keine allgemeinen Folgerungen zu angemessenen Prüfparametern gemacht werden. Es sei jedoch gestattet festzustellen, dass keine der analysierten Zulassungsvorschriften nach den Umständen fragt, die im Falle eines Crashs zum spontanen Totalversagen führen; bzw. bis zu welchem Energieeintrag dies zuverlässig verhindert werden kann. Dies ist ein Aspekt der öffentlich-technischen Sicherheit, den es zu ergänzen gilt.

▶   Zusammenfassend wird vorgeschlagen, in den Zulassungsvorschriften den Nachweis der ausreichenden Sicherheit von Treibgasspeichersystemen, einschließlich des Aspektes des spontanes Berstens, in der hier exemplarisch vorgestellten Art und Weise zu verankern: Simulation verschiedenster Crash-Konstellationen mit Bewertung nach dem Kriterium der Eintrittswahrscheinlichkeit, Komponentenprüfung auf Basis der Simulationsergebnisse mit Bewertung der Überlebenswahrscheinlichkeit, Systemprüfung mit Überprüfung der Simulationsergebnisse. Hierzu müssten die erfassten Crash-Daten ggf. über mehrere Jahre hinweg bzgl. der sehr seltenen, aber noch zu vermeidenden Ereignisse (bis z. B. 5 Ereignisse pro Jahr, d. h. 5:47.000.000 Fahrzeuge; entspricht ungefähr einer Ausfallrate von $FR = 10^{-7}$) ausgewertet und berücksichtigt werden. Darauf aufbauend müssten Eindring- und/oder Quetschprüfungen an teilgefüllten CCn (z. B. 20 % NWP) auf statistischer Basis durchgeführt werden. Ist der Speicher nicht in der Lage, diese Last mit der aus der Eintrittshäufigkeit abgeleiteten Überlebenswahrscheinlichkeit zu ertragen, müssten zusätzliche Maßnahmen zum Schutz des Speichers ins System integriert werden oder ein anderes CC-Design zur Anwendung kommen.

Unfallbelastung: Widerstand gegen Brandlasten
Zwischenfälle in Fahrzeugen mit Gasspeichern, die mit einer Brandeinwirkung einhergehen sind seltener als Unfälle mit Crash-Belastung. Aus diesem Grund sind die verfügbaren Statistiken über derartige Zwischenfälle weniger aussagekräftig als die zu Crash-Unfällen; sofern im Einzelfall überhaupt zutreffende Daten zu finden sind. Dennoch ist die Anzahl der Parameter für Ereignisse mit Brandeinwirkung nicht geringer als die der Crash-Szenarien: Die zeitabhängige Entwicklung der Flammen- und Wärmebeaufschlagung mit ihren primären Aspekten „Temperatur" und „Wärmeeintrag", auch die Geometrie der Flamm- und Wärmebeaufschlagung spielen eine Rolle; Füllgrad, Gasart etc.

Mit Blick auf die probabilistische Betrachtung des Aspektes der öffentlich-technischen Sicherheit werden zufällig anwesende, unbeteiligte Dritte auch durch Brandereignisse potentiell beeinträchtigt. Die Auswirkungen sind im schlimmsten Fall sogar tendenziell kritischer zu bewerten, da je nach Füllgrad und Behälterverhalten ggf. temperaturbedingt mit höheren Versagensdrücken zu rechnen ist. Das bedeutet, dass es notwendig ist, kritische Lasten nach dem Kriterium der Systemzuverlässigkeit zu ermitteln, ähnlich wie dies für die Crash-Belastung beschrieben ist. Gegenwärtig ist dieser Aspekt nur teilweise in den Prüfvorschriften berücksichtigt. Es wird eine Brandlast für das einhüllende Feuer und ein anderes für den Aspekt des lokalen Feuers vorgegeben. Die GTR [39] betrachtet eine Aneinanderreihung beider Lasten. Die Kriterien, die im Zusammenhang mit diesen Lasten erfüllt werden müssen, unterscheiden sich teilweise. Das übliche Kriterium des erfolgreichen Nachweises, dass der drucklose Zustand ohne Bersten erreich wird, ist jedoch nicht geeignet die Zuverlässigkeit gegen Versagen bzw. die Überlebenswahrscheinlichkeit gegen Versagen zu beschreiben. Aus diesem Grund ist im Folgenden ein alternativer Ansatz zum Nachweis der Sicherheit beschrieben, der wie auch die nachfolgend verwendeten Abbildungen auf im Rahmen des EU-Projektes „StorHy" [34] vorgestellten Ergebnissen [38] basiert.

Zunächst muss das Feuerlastszenario beschrieben sein und ergänzend zur heute üblichen Praxis auch die Häufigkeit bzw. Eintrittswahrscheinlichkeit des Szenarios bekannt sein. Auf dieser Basis kann der Widerstand gegen diese Brandlast (ob lokal oder umhüllend), d. h. die Zeit bis zum Versagen ohne Druckentlastungseinrichtung (pressure relieve device PRD) ermittelt werden. Diese Festigkeitseigenschaft eines CCs ist in Abb. 3.56 durch die umhüllende Linie (blau) dargestellt.

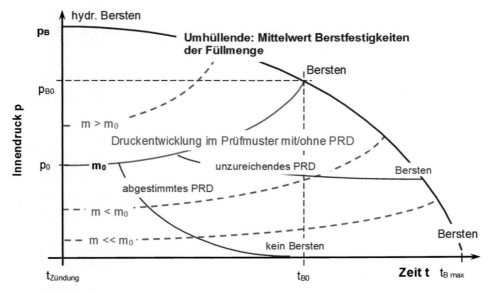

Abb. 3.56 Schematisches Diagramm der Interaktion von CC und PRD bis zu einem thermisch verursachten Bersten (vergl. [33])

Die Anforderungen an den Prüfaufbau sind sehr hoch. Es muss möglich sein, das Unfallszenario eines intensiven Benzinlachenbrandes zu simulieren. Die Wärmequelle sollte unabhängig von der Gaseart, der Gasmenge oder der Art der Gasspeicherung (komprimiert, tiefkalt-flüssig, feststoff-eingelagert „Hydrid") international harmonisierten Anforderungen erfüllen, um verwendbare Ergebnisse für die Erfassung der Festigkeitseigenschaften im Brand zu garantieren. Diese Anforderungen sind beschrieben in z. B. EN ISO 10497 (s. [40]) oder IAEA [41]. Außerdem wären das RID/ADR, Abschn. 6.4.17.3 [5] und das „IAEA Advisory Material" [42] zu nennen. Dieses sog. „IAEA-Feuer" ist auf die Prüfung großer Prüfmuster (unfallsichere Verpackungen Typ B für den Transport von z. B. Uran-Brennstäben) ausgerichtet. Nach DROSTE [43] erzeugt ein IAEA-Feuer mit einer Flammentemperatur von 800 °C einen Wärmefluss von 75 kW/m^2 bzw. von 62 kW/m^2 bei einem Konvektionskoeffizient von etwa 10 W/m^{2}K. Der Emissivitätskoeffizient der Flamme darf 0,9 nicht unterschreiten, während der Absorptionskoeffizient des Prüfmusters für die dort dargestellte Betrachtung mit ungefähr 1,0 angenommen wird (gemäß IAEA [41] mindestens 0,8). Im Fall eines kleines Prüfmusters (d. h. kleine Wärmesenke, vollständige Flammeneinhüllung) kann aufgrund einer höheren Durchschnittsflammentemperatur ein Wärmefluss von 100 k/m^2 oder mehr auftreten (s. [43]).

Diese Anforderungen können in der Regel bei Verwendung von Propan oder Erdgas als Brenngas zuverlässig erreicht werden. Dagegen muss davon ausgegangen werden, dass ein Holzstapelfeuer diese Anforderungen nur im Ausnahmefall erreicht. Mit einem Holzstapelfeuer lässt sich im primär interessanten Zeitrahmen oft nur ein Wärmefluss von etwa 50 kW/m^2 effektiv realisieren. Andere Gründe gegen die Verwendung von Holz und für eine Gasflamme ist ggf. der Umweltaspekt der Feinstauberzeugung, in jedem Fall aber die gegenüber der Gesamtprüfdauer bis Bersten sehr langsame Entwicklung der Flamme und die nicht regelbare Wärmeleistung bzw. Wärmeabgabe. Außerdem ist das Holzfeuer deutlich abhängiger von den Umweltbedingungen (Wind und Feuchte) als das Gasfeuer. Flüssige Brennstoffe werden an dieser Stelle nicht diskutiert, da neben den allgemeinen Umweltaspekten insbesondere Mängel in der Regelbarkeit und praktische Handhabungsaspekte dagegen sprechen. So würde die hier adressierte systematische Belastung bis zum Bersten bei jeder Prüfung das Verspritzen einer brennenden aber auch grundwassergefährdenden Flüssigkeit, zumindest aber Dämpfe und kleine Lachen/Verunreinigungen durch entzündbare Flüssigkeiten mit sich bringen.

Die Linie der Festigkeit in Abb. 3.56 (blau) kann ausgehend von den Ergebnissen der (langsamen) Berstprüfung (Zeit seit Zündung $t_z = 0$) durch Prüfung verschiedener Füllzustände (horizontal beginnende Linien; rot) ermittelt werden. Hierzu wird vorgeschlagen, neben einer Stichprobe mit maximaler Füllung/Füllmasse m_0 auch eine Stichprobe mit einer Teilfüllung (z. B. 20 % m_0) zu prüfen. Auch hier gelten die beiden, bereits ausgeführten, grundsätzlichen Argument gegen einzelne Demonstrationsprüfungen: A) Eine Prüfung, die keinen Hinweis auf die tatsächliche Festigkeit liefert, erlaubt kein Urteil über das tatsächlich vorhandene Festigkeitsmarge. B) Eine Stichprobe aus nur einem Prüfmuster liefert kein belastbares Resultat, bestenfalls einen Hinweis oder Eindruck über eine Eigenschaft. Aus diesem Grund benötigt der probabilistische Ansatz die mehrfache

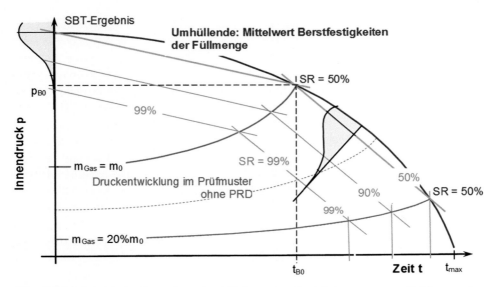

Abb. 3.57 Schematische Darstellung der Ableitung von Festigkeitsgrenzen aus Prüfungen ohne PRD (vergl. [33])

Wiederholung der relevanten Prüfungen an CCn mit identischer Füllung und thermischer Belastung. Der Prüfaufwand wie auch die Schutzmaßnahmen dafür sind hoch, aber machbar. Im Fall ausreichend vorhandener Prüfergebnisse würden Mittelwert und die Streuung des Widerstands gegen Versagen im Brandfall durch die in Abb. 3.57 dargestellten Geraden (grün) wiedergegeben werden. Diese bilden zwar die umhüllende Vierteil-Ellipse noch nicht umfassend ab, es könnte aber die in Abb. 3.57 angedeutete Verteilung an drei Punkten abgeschätzt werden. Was eine hinreichend genaue Vereinfachung der Ellipsen als Funktion der geforderten Überlebenswahrscheinlichkeit darstellen dürfte.

Abbildung 3.56 zeigt zusätzlich zu der umhüllenden Ellipse der Festigkeit (blau; $SR = 50\%$) und den Kurven der Druckentwicklung für verschiedene Füllgrade (rot) zwei violette Linien. Diese stellen Beispiele für die Interaktion von CCn und „T"PRD (thermisch aktivierte PRD) dar. Während die Linie für $m = m_0$ die Druckentwicklung bei maximaler Füllung ohne TPRD zeigt, verlassen die beiden Linien, die die TPRD-Wirkung darstellen, die Linie $m = m_0$ im Moment der Initiierung, die eine früher, die andere etwas später. Kommt, wie hier dargestellt, zu einer späten Auslösung des TPRD ein für die verbleibende Zeit bis zum Versagen ungenügender Durchfluss hinzu, kreuzt die Linie der Druckentwicklung die Festigkeitsellipse des CC. Das Ergebnis ist ein Versagen (Bersten). Ist die Durchflussmenge groß genug, um in der Zeit zwischen der Initiierung und der Zeit bis Bersten eine (nahezu) vollständige Druckentlastung zu erreichen, kommt es nicht zum Bersten. Es wird der sichere Zustand erreicht, bevor die Festigkeit des CC kritisch wird.

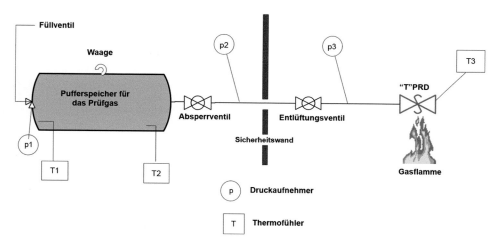

Abb. 3.58 Schema des Prüfaufbaus für die TPRD-Prüfung (vergl. [33])

Parallel zu den in Abb. 3.57 skizzierten Prüfungen können die Zeit bis Auslösung (Initiierung) und die Druckflussmenge bzw. Abblaseleistung des TPRD ermittelt werden. Hierbei ist insbesondere die Wiederholbarkeit und Zuverlässigkeit der Zeit bis Auslösen und der maximalen Durchflussmenge von Interesse. Dies kann mit relativ wenig Aufwand, d. h. ohne jedes Mal einen CC mitzerstören zu müssen, mit dem in Abb. 3.58 dargestellten Prüfaufbau organisiert werden. Die wesentlichen Elemente des Aufbaus sind die Gasflamme zur indirekten Unterfeuerung des PRDs und der große Gaspuffer, der mit dem Gas gefüllt ist, das durch das PRD ausströmen soll und dessen Masse im Puffer während der Prüfung permanent gemessen wird. Der Fülldruck des Pufferspeichers muss hierbei auf den Druckbereich des PRDs abgestimmt sein.

Nach der Feststellung der Zeitspanne zwischen Zündung der Gasflamme und der Aktivierung des zu prüfenden PRDs, wird mit dieser Prüfanordnung über den Massenverlust im Puffer der Massenfluss des Gases durch das PRD druckabhängig bestimmt.

Im Gegensatz zur Brandquelle, die für die Feststellung des Zeit-Druckverlaufes bis zum ggf. thermischen Versagen eines Druckgefäßes oder Treibgasspeichers erforderlich ist, kann hier mit einer relativ kleinen Flamme (<10 kW/m^2) gearbeitet werden. Grundsätzlich kann auf diese Art und Weise mit relative wenig Aufwand auch die Auslösedauer und das weitere Verhalten bei direkter oder indirekter Flammeinwirkung und verschiedensten Wärmeinträgen wiederholt dargestellt werden.

Alle Feuerbelastungsprüfungen sollten so durchgeführt werden, dass eine hohe Reproduzierbarkeit gewährleistet ist. Größter Einflussfaktor hierbei ist das Wetter (Wind, Regen, Luftfeuchte etc.). Nur dann lassen sich die statistischen Daten in der Qualität erhalten, wie diese im Rahmen einer Zuverlässigkeitsbetrachtung der Funktionalität des zu prüfenden TPRDs notwendig sind. Das bedeutet, Wahrscheinlichkeitsverteilungen für die Aspekte „Zeit bis Aktivierung" und „Massenfluss" zu erarbeiten.

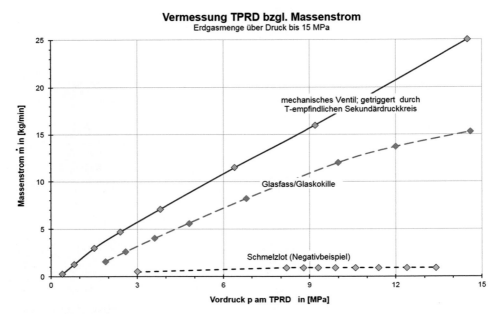

Abb. 3.59 Mit dem Prüfaufbau nach Abb. 3.58 ermittelte Abblaseleistungen drei verschiedener „T"PRDs (vergl. [33])

Die möglichst genaue Messung der Gasmenge im Pufferspeicher ist ebenfalls eine große Herausforderung. Im Druckbereich moderner Wasserstoffspeicher und Trailerkonzepte von 500 bar ist eine Gasflussmessung derzeit nicht möglich. Die Messung, der sich stark und schnell verändernden Größen „Druck" und „Temperatur", erlaubt auch keine exakte Erfassung des Gasflusses. Die sog. Temperaturkompensation bleibt eine Schätzung, da die Temperatur in dynamischen Prozessen wie Entleerung und Füllung inhomogen ist. Der hier dargestellt Aufbau wurde bisher erfolgreich für Erdgas geprüft. Mit der aktuellen Wägetechnik sollte es aber möglich sein, auch bei Wasserstoff die Gasmasse mit der Genauigkeit eines Druckäquivalents von unter 3 bar messen zu können. Beispiele für so ermittelte druckabhängige Volumenströme von PRDs sind in Abb. 3.59 dargestellt. Bei Wiederholung derartiger Einzelmessungen an den danach als zerstört anzusehenden PRDs lässt sich auf diese Art und Weise auch eine Schar von Isoasfalen (Linien konstanter Wahrscheinlichkeit) erstellen und bewerten

Eine vergleichbare Anforderung an die Genauigkeit des Füllens besteht für die zuvor erläuterten Brandprüfungen der CC. Hierbei kommen für den gesamten Prüfaufbau noch die Belastungen aus der Temperatur des großen Feuers und dem Versagens des Prüfmusters mit Erschütterungen, ggf. Durchzünden einer Gaswolke und Druckwelle/Splitterflug für die relevanten Prüfszenarien hinzu.

Ein relevantes Szenario ist z. B. die Prüfung eines 70 MPa-CC mit 10 kg Wasserstoff („Wasservolumen" 250 L), dessen Prüfung bei z. B. 150 MPa durch Bersten beendet wird.

Üblicherweise wird die für eine Druckwelle relevante Energiemenge, die beim Versagen frei gesetzt wird, in TNT-Äquivalent angegeben. Dies ist keine perfekte, aber eine relativ simple Methode [44, 45].

So hängt die Geschwindigkeit der Entspannung und damit auch die der wegfliegenden Splitter des CC vom Druckniveau, dem Werkstoff, der Temperatur etc. ab. Die Anfangsgeschwindigkeit von Splittern liegt im Bereich von etwa 100 m/s. Dagegen entsteht bei einer TNT-Explosion eine Startgeschwindigkeit von etwa 1000 m/s, also dem 10-fachen des Versagens unter Gasdruck. Zusätzlich müssen die Anteile der beim Bersten frei gesetzten Energien eines gasgefüllten CCs quellenabhängig diskutiert werden: Es gibt die Verbrennung (Deflagration oder ggf. Explosion) des gespeicherten Gases (chemische Reaktionsenergie) und die schnelle Entspannung der in der elastisch Wanddicke gespeicherten Energie (physikalische Energie). Die Druckwelle aus der chemischen Reaktion im Fall von Wasserstoff variiert von nahezu null (Wasserstoffverbrennung) und einer Deflagration von etwa 25 % des Wasserstoffs. Die physikalische Energie eines 70 MPa CCs kann besser abgeschätzt werden und kann in einem Bereich zwischen 10 bis 20 kg TNT-Äquivalent angegeben werden. Splitterflug ist hierbei noch nicht enthalten. Beide Quellen einer möglichen Druckwelle, die physikalische Entspannung und die chemische Reaktion der Gaswolke können kaum kumulativ betrachtet werden. Meist ist die erste Druckwelle aus dem Bersten auf ihrem Weg, bevor die Reaktion der Wolke beginnt.

Sind beide Aspekte der Brandprüfung von CC und PRD modular abgeprüft, liegen folgende Eigenschaften als Verteilung vor: Die Druck-Zeit-Linien konstanter Überlebenswahrscheinlichkeit für das CC und die Druck-Massenfluss-Linien konstanter Wahrscheinlichkeit für das PRD. Beide können nun rechnerisch kombiniert werden, so dass der Druckverlauf über der Zeit für beliebige Eintrittswahrscheinlichkeiten abgeschätzt und die zugehörige Überlebenswahrscheinlichkeit gegen Bersten des CC jedem Zeitpunkt zugeordnet werden kann. Damit wäre das Verhalten der CC-PRD-Paarung für ein bestimmtes Szenario (voll unterfeuert oder lokales Feuer) deutlich besser beschrieben als dies mit Prüfungen der derzeit obligatorischen Prüfung des CC inkl. PRD überhaupt denkbar ist.

Erste Prüfungen dieser Art an CCn (in 2005 und folgende im Rahmen des Vorhabens „StorHy" [34]) ergaben vielversprechende Ergebnisse. Diese rechtfertigen die weitergehende Diskussion dieses Konzeptes als Alternative zu den Prüfverfahren in den aktuellen Vorschriften, die CC und PRD ausschließlich in Kombination prüfen.

Der skizzierte modulare Ansatz macht aus sicherheitstechnischer Sicht Sinn, wenn es darum geht, die Wirksamkeit einer CC-PRD-Kombination anhand von Prüfung von Schlüsseleigenschaften zu beurteilen. Damit lassen sich insbesondere auch Kombinationen beurteilen, wenn z. B. 15 Jahre nach der Inbetriebnahme das in der Kombination zugelassene entsprechende Ventil mit PRD ersetzt werden muss, aber nicht mehr verfügbar ist. Es scheint damit möglich zu sein, eine ganze Baumusterfamilie von CCn – von der kleinsten bis zur größten zu beurteilen.

Damit ist ein erster Schritt in die Richtung eines probabilistischen Ansatzes für die Sicherheitsbeurteilung von CCn gemacht.

Fazit zur statistischen Bewertung von Stichproben

Als Werkzeug zur Bewertung der statistischen Eigenschaften von Stichproben wurde ein Arbeitsdiagramm (Sample Performance Chart SPC) eingeführt. In diesem Diagramm können die statistischen Stichprobeneigenschaften als Punkt dargestellt und die statistischen Mindestanforderungen als Linien (Isoasfalen) dargestellt werden. Hierzu werden eine normalverteilte Festigkeit in der langsamen Berstprüfung und eine WEIBULL-verteilte Festigkeit in der Lastwechselprüfung angenommen. Dies sind, wie gezeigt wurde, mehrheitlich begründete, aber nicht allgemein gültige Annahmen.

Die Unsicherheit, im Sinne einer Irrtumswahrscheinlichkeit in der Übertragung von Stichprobeneigenschaften auf die Grundgesamtheit (Population), wird durch Betrachtungen des Konfidenzniveaus berücksichtigt. Im SPC kann dies graphisch entweder durch Darstellung des Konfidenzbereiches zu jeder Stichprobe oder durch Transformation der Isoasfalen erfolgen. Das Ergebnis ist zunächst ein graphisch nachvollziehbares Werkzeug, das entsprechend gut auf Plausibilität überprüft werden kann. Es erlaubt ggf. die unmittelbare Bestätigung, dass eine repräsentative Stichprobe und die zugehörige Grundgesamtheit zum Zeitpunkt der Prüfung die geforderte Zuverlässigkeit erfüllen.

Dies ist ergänzt durch die Betrachtung statistischer Grundzüge zweier Unfallbelastungen.

Literatur

1. Mair GW, Saul H, Scherer F (2015) Composite cylinders – 10 years determination of retest periods in D: from VdTÜV-guideline 506 to BAM-CAT. In: 2nd WORKSHOP on statistical safety assessment of composite cylinders from mass production. Berlin
2. Basler H (1971) Grundbegriffe der Wahrscheinlichkeitsrechnung und statistischer Methodenlehre, 3. Aufl. Physika-Verlag, Würzburg
3. Mair GW (1996) Zuverlässigkeitsrestringierte Optimierung faserteilarmierter Hybridbehälter unter Betriebslast am Beispiel eines CrMo4-Stahlbehälters mit Carbonfaserarmierung als Erdgasspeichers im Nahverkehrsbus, Bd. Fortschrittsbericht Reihe 18. VDI-Verlag, Düsseldorf
4. Mair GW (2005) Die probabilistische Bauteilbetrachtung am Beispiel des Treibgasspeichers im Kfz – Teil 1: Ein Werkzeug für die Risikosteuerung. Technische Überwachung (TÜ) 46(Nr. 11/12 – Nov./Dez.), S 42–46
5. ADR/RID 2015 (2014) Technical annexes to the European agreements concerning the international carriage of dangerous goods
6. UN Model Regulations (2015) UN recommendations on the transport of dangerous goods. United Nations Publications, Geneva
7. IMDG Code (inc Amdt 37-14). In. (2014)
8. Wöhler A (1867) Wöhler's experiments on the strength of metals. Engineering 4:160–161
9. Mair GW, Becker B, Scherer F (2014) Burst strength of composite cylinders – assessment of the type of statistical distribution. Mater Test 56(9):642–648
10. Mair GW, Becker B, Scholz I. (2015) Assessment of the type of statistical distribution concerning strength properties of composite cylinders. In: Proceeding of 20th International Conference on Composite Materials, Copenhagen

11. Technical Annex SBT of the Concept Additional Tests (CAT) (2014) Test procedure „Slow Burst Test". Berlin. http://www.bam.de/de/service/amtl_mitteilungen/gefahrgutrecht/druckgefaesse. htm

12. Rossow E (1964) Eine Einfache Rechenschiebernäherung an die den normal scores entsprechenden Prozentpunkte. Zeitschrift wirtsch. Fertigung 59(Heft 12)

13. Grubbs FE (1969) Procedures for detecting outlying observations in samples. Technometrics 11(1):1–21. doi:10.1080/00401706.1969.10490657

14. Mair GW, Scherer F (2013) Statistic evaluation of sample test results to determine residual strength of composite gas cylinders. Mater Test 55(10):728–736

15. Mair GW, Hoffmann M, Scherer F (2015) Type approval of composite gas cylinders – probabilistic analysis of RC&S concerning minimum burst pressure. Int J Hydrogen Energy

16. Mair GW, Hoffmann M, Scherer F (2014) Type approval of composite gas cylinders – probabilistic analysis of RC&S concerning minimum burst pressure. In: Proceeding of European Hydrogen Energy Conference EHEC 2014, S HS2–6

17. Mair GW, Hoffmann M (2013) Assessment of the residual strength thresholds of composite pressure receptacles – criteria for hydraulic load cycle testing. Mater Test 55(2):121–129

18. Wiedemann J (1989, 1996, 2006) Leichtbau: Elemente und Konstruktion: (Klassiker der Technik), 3. Aufl. Springer-Verlag, Berlin

19. Haibach E (2006) Betriebsfestigkeit – Verfahren und Daten zur Bauteilberechnung (VDI-Buch), 3., korr. u. erg. Aufl. Springer-Verlag, Berlin

20. Technical Annex LCT of the Concept Additional Tests (CAT) (2014) Test procedure „Hydraulic Load Cycle Test". Berlin. http://www.bam.de/de/service/amtl_mitteilungen/gefahrgutrecht/ druckgefaesse.htm

21. Mair GW et al (2013) Abschlussbericht zum Vorhaben „Ermittlung des Langzeitverhaltens und der Versagensgrenzen von Druckgefäßen aus Verbundwerkstoffen für die Beförderung gefährlicher Güter". In: BMVBS UI 33/361.40/2-26 (BAM-Vh 3226). Berlin, S 21

22. National research project of Germany „Ermittlung des Langzeitverhaltens und der Versagensgrenzen von Druckgefäßen aus Verbundwerkstoffen für die Beförderung gefährlicher Güter" (Long term behaviour of composite cylinders): BMVBS UI 33/361.40/2-26

23. Mair GW, Scherer F, Scholz I, Schönfelder T (2014) The residual strength of breathing air composite cylinders towards the end of their service life – a first assessment of a real-life sample. In: Proceeding of ASME Pressure Vessels & Piping Conference 2014

24. Bronshteïn IN, Semendiï̈ aï̈ ev KA, Musiol G, Mühlig H (2015) Handbook of mathematics, 6. Aufl. Springer-Verlag, Berlin

25. Mair GW, Pöschko P, Schoppa A (2011) Verfahrensalternative zur wiederkehrenden Prüfung von Composite-Druckgefäßen. Technische Sicherheit (TS) 1(7/8 Juli/August), S 38–43

26. Weibull W (1956) Scatter of fatigue life and fatigue strength in aircraft structural materials and parts. Fatigue in aircraft structures. Akademic Press Inc, New York, S 126–145

27. Lecoutre B (2011) The significance test controversy and the Bayesian alternative. http://stat-prob.com/encyclopedia/SignificanceTestControversyAndTheBayesianAlternative.html. (vers. 12)

28. Dorey FJ (2010) Statistics in brief: confidence intervals: what is the real result in the target population? Clin Orthop Relat Res 468(11):3137–3138

29. Bleymüller J, Weißbach R (2015) Statistik für Wirtschaftswissenschaftler, 17. Aufl. Vahlen, München

30. Bleymüller J, Weißbach R (2015) Statistische Formeln und Tabellen – Kompakt für Wirtschaftswissenschaftler, 13. Aufl. Vahlen, München

31. Technical Annex SAS of the Concept Additional Tests (CAT) (2014) Procedure „Statistical assessment of sample test results". Berlin. http://www.bam.de/de/service/amtl_mitteilungen/gefahrgutrecht/druckgefaesse.htm

32. Mair GW, Scherer F, Saul H, Spode M, Becker B (2014) CAT (Concept Additional Tests): concept for assessment of safe life time of composite pressure receptacle by additional tests. http://www.bam.de/en/service/amtl_mitteilungen/gefahrgutrecht/gefahrgutrecht_medien/druckgefr_regulation_on_retest_periods_technical_appendix_cat_en.pdf.
33. Mair GW (2007) Ansatz zur modularen Prüfung des Verhaltens von Composite-Flaschen und thermisch aktivierten Druckentlastungseinrichtungen („T"PRD) im Brandfall: Teil I. Technische Überwachung (TÜ) 48(3 März):38–43
34. Hydrogen Storage Systems for Automotive Application (STORHY) Project No.: 502667; Integrated Project Thematic Priority 6: sustainable development, global change and ecosystems
35. GIDAS database (German In-Depth Accident Study): From mid-1999, the GIDAS project collects about 2000 per year accidents in the areas of Hanover and Dresden
36. Mair GW (2011) Regulations, codes and standards for hydrogen storage relevant to transport and vehicle issues. In: No. 11: Hydrogen technologies and infrastructure. Ulster
37. López E, Rengel R, Mair GW, Isorna F (2015) Analysis of high-pressure hydrogen and natural gas cylinders explosions through TNT equivalent method. In: Association E.E.H. (Hrsg) Proceeding Hyceltec 2015. Iberian Symposium on hydrogen, fuel cells and advanced batteries. (July 5–8 2015)
38. Mair GW (2005) Highlights of SP SAR within StorHy related to RC&S
39. GTR (2012) Revised draft global technical regulation on hydrogen and fuel cell vehicles. In: ECE/TRANS/WP.29/GRSP/2012/23. Geneva
40. EN ISO 10497 (2010) Testing of valves – fire type testing requirements. Geneva
41. IAEA Safety Standards (2012) Regulations for the safe transport of radioactive material. In., Bd. Specific Safety Guide No. SSG-26; 728.1-728.40. IAEA, Vienna
42. IAEA Safety Standards Series (2012) Advisory material for the IAEA regulations for the safe transport of radioactive material. In., Bd. Specific safety requirements No. SSR-6; Para 728. IAEA, Vienna
43. Droste D, Wieser G, Probst U (1992) Thermal test requirements and their verification by different test methods. PATRAM 1992 Proceed. Bd 3, S 1263–1272, Yokoma City, Japan
44. Umweltbundesamt (2000) Ermittlung und Berechnung von Störfallablaufszenarien nach Maßgabe der 3. Störfallverwaltungsvorschrift. Band 1: Methodischer Teil zum Erarbeiten von Störfallablaufszenarien. Umweltbundesamt, Dessau
45. Umweltbundesamt (2000) Ermittlung und Berechnung von Störfallablaufszenarien nach Maßgabe der 3. Störfallverwaltungsvorschrift. Band 2: Berechnungsmethoden, aktuelle Modelle und Modellgleichungen. Umweltbundesamt, Dessau

Degradation und Bewertung der sicheren Betriebsdauer

4

Ist die Beurteilung einer einzelnen Stichprobe bezüglich ihrer aktuellen Zuverlässigkeit erfolgt und auch die Abschätzung der Ausfall- bzw. Überlebenswahrscheinlichkeit einer Population auf Basis einer repräsentativen Stichprobe nachvollziehbar, ist es möglich, das Alterungsverhalten dieser Population durch den Vergleich mehrerer Stichproben zu beschreiben. Aus dieser Beschreibung kann dann versucht werden, über die Beurteilung der qualitätssichernden Maßnahmen das Verhalten aller auf dem Baumuster basierenden CC statistisch zu beschreiben.

Basierend auf Abb. 3.16 und 3.23 kann die Darstellung der Degradation eines Festigkeits- oder Steifigkeitsmerkmals auch in der in Abb. 4.1 verwendeten Form entwickelt werden.

Die Veränderung der Verteilungsfunktion in Lage (Mittelwert) und Breite (Streuung) ist deutlich. Eine Änderung des Charakters der Verteilung, wie z. B. in Abb. 3.25 dargestellt, ist im Einzelfall nicht ausgeschlossen, wird hier aber im Zuge der Betrachtung der grundsätzlichen Zusammenhänge nicht näher dargestellt. Hierzu sei auf [1, 2] verwiesen.

Eine statistische Beschreibung der Degradation kann in diesem Rahmen immer nur mit Bezug auf die Betriebsbelastung erfolgen, womit gleichzeitig angenommen wird, dass Maßnahmen zur Erkennung von Über- und Unfalllasten konsequent ergriffen werden. Dies bezieht die mechanische Beschädigung (drop, impact, scratch/Kratzen etc.), die außergewöhnliche umweltbedingte Schädigung (Überhitzung, extreme Feuchte, chemische Einflüsse etc.) wie auch unfallbedingte Schädigungen (crash, fire engulfment, crush/Quetschen etc.) mit ein.

Ein Versagen und der Ablauf des Versagens resultiert aus einer Vielzahl von Anfang an zeitgleich ablaufenden Degradationsmechanismen. Die verschiedenen Mechanismen werden als schwächste Stelle im Labor mithilfe zeitraffender Prüfverfahren möglichst realitätsnah adressiert und zum Nachweis der Betriebsfestigkeit angefahren. Diese Mechanismen schreiten jedoch in der niemals umfassend ausgerichteten Zeitrafferprüfung

© Springer-Verlag Berlin Heidelberg 2016
G. W. Mair, *Sicherheitsbewertung von Composite-Druckgasbehältern*,
DOI 10.1007/978-3-662-48132-5_4

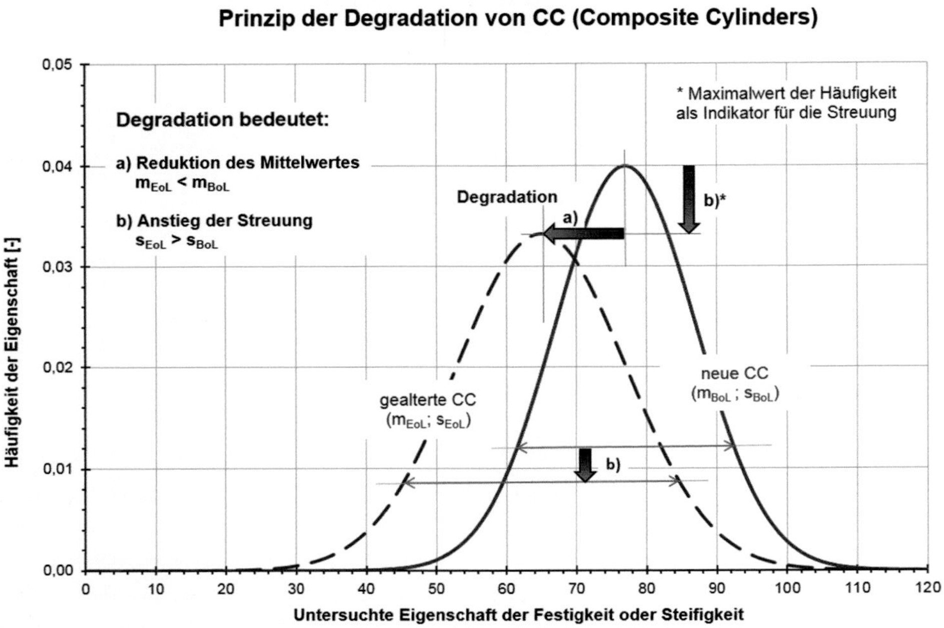

Abb. 4.1 Schematische Darstellung zweier Aspekte der Degradation

unter Laborbedingungen mehr oder weniger anders fort als unter Betriebsbedingungen. Aus diesem Grund birgt jede der hier bereits dargestellten Prüfungen die Unsicherheit nur einen (zu) kleinen Ausschnitt der Beurteilung der Betriebssicherheit anzubieten.

Daraus wiederum wird gefolgert, dass das Werkzeug für eine effektive Beurteilung grundsätzliche Unterschiede zwischen den Bauweisen (Typen I bis V nach EN ISO 11439 [3]) wie auch baumusterspezifisches Verhalten berücksichtigen muss. Auch wird davon ausgegangen, dass man zwar die Sicherheitsbeurteilung mit den bisher gezeigten Instrumenten als „black box" einsetzen kann, man aber auch, um Überraschungen zu vermeiden, bestimmte Eigenschaften betriebsbegleitend gezielt verfolgen muss. Das Wesentliche bei all dem ist aber das stetige Bemühen um ein tieferes Verständnis der Abläufe und der Gründe für die betriebsbegleitend festgestellten Eigenschaftsveränderungen.

Um dies zu verdeutlichen, werden im Unterkapitel 4.1 zunächst die Grundzüge der Degradation und dann die Lastwechselempfindlichkeit wie auch das Leck-vor-Bruch-Verhalten als eine baumusterspezifische Eigenschaft diskutiert. Darauf aufbauend wird gezeigt, wie sich die hinter diesen Kriterien liegenden Eigenschaften verändern und wie diese Veränderung beurteilt werden können.

Im Abschn. 4.2 wird über die Betrachtung künstlicher Alterung zur gezielten Simulation von betrieblicher Alterung berichtet. Besondere Effekte im Prozess der Baumusterprüfung werden anhand der drei bisher verwendeten Prüfmethoden (burst test, slow burst test, load cycle test) dargestellt.

Im Unterkapitel 4.3 werden dann die bisher im Umfang noch begrenzten Erfahrungen mit betrieblicher Degradation (Alterung) anhand der drei vorgenannten Prüfmethoden vorgestellt.

Der Abschn. 4.4 beschreibt die aus den Abschn. 4.2 und 4.3 zu ziehenden Schlüsse für die Inter- und Extrapolation der Degradation anhand von Vergleichen unterschiedlich gealterter Stichproben.

Aus der Kombination dieser Werkzeuge lässt sich der im Unterkapitel 4.5 dargestellte Ansatz zur Abschätzung der Lebensdauer ableiten.

Am Ende des Kapitels, im Abschn. 4.6, wird dann auf Aspekte der Qualitätssicherung eingegangen. Eine hohe Reproduzierbarkeit in der Fertigung und deren Analyse ist erforderlich, um die an einer „Generation" von neuen CCn erarbeiteten Ergebnisse und die daraus abgeleiteten Sicherheitseigenschaften auch auf die nachfolgende Produktion übertragen zu können.

4.1 Aspekte der baumusterspezifischen Degradation

Betrachtet man die Betriebsfestigkeit von metallischen Werkstoffen unter normalen Umgebungsbedingungen, dann erfolgt die Bewertung der Ermüdungsfestigkeit ausschließlich nach dem Kriterium der sogenannten Schwingfestigkeit des Werkstoffes, die üblicherweise in WÖHLER-Diagrammen dargestellt wird. Dies ist links in Abb. 4.2 symbolisch dargestellt. Zur Berücksichtigung der Mittelspannungsempfindlichkeit muss zusätzlich das anders parametrisierte Haigh-Schaubild hinzugezogen werden. Mit dem Hinweis darauf, dass die lineare Schadensakkumulationshypothese nicht der Weisheit letzter Schluss ist und damit auch die Reihenfolge der Belastung eine Rolle spielt, sind die Werkzeuge zur Ermittlung der Lebensdauer eines Bauteils mit vernachlässigbaren Störungen des elementaren Spannungszustandes bis zu einem Anriss hinreichend beschrieben.

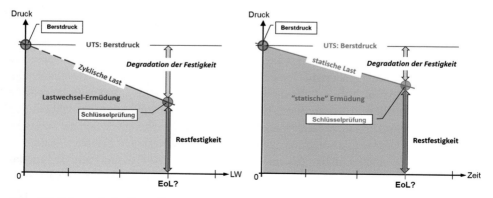

Abb. 4.2 Schematische Darstellung beider Aspekte der Degradation der Ermüdungsfestigkeit

Wie bereits erläutert, ist dies jedoch für einen Composite und damit auch für einen CC, ob mit oder ohne metallischem Liner, nicht hinreichend. Für die Diskussion dieses Unterschiedes muss auch der zweite Aspekt der betrieblichen Alterung von Compositen berücksichtigt werden: Zur zyklische Belastung (load cycles; Last über logarithmierter Lastwechselzahl) kommt die Zeit unter statischer Last (sustained load; Last über logarithmierter Zeit) hinzu. Dies ist in Abb. 4.2 (rechts) schematisch dargestellt.

Der (langsam ermittelte) ursprüngliche Berstdruck nimmt durch zyklische Belastung des Prüfmusters ab (blau, links), so wie er auch durch konstante Belastung abnimmt (rot, rechts). In gleicher Weise kann man aber auch den Verlust an Lastwechselfestigkeit oder an verbliebender Zeitstandsfestigkeit als Kriterium für die Restfestigkeit anwenden. Entsprechend ist hier der Gedanke festzuhalten, dass aus der gewählten Methode der Alterung keine bestimmte Methode der Restfestigkeitsermittlung zwingend abgeleitet werden kann. Vielmehr wird die bevorzugte Prüfmethode, hier als Schlüsselprüfung („key-test") bezeichnet, vom Degradationsverhaltens des CCs abhängig gemacht.

Notwendige Voraussetzung für die Interpretation und damit für die Wahl des abzuprüfenden Festigkeitsparameters und der entsprechend anzuwendenden Schlüsselprüfung ist, dass der Neuzustand und der gealterte Zustand in gleicher Weise abgeprüft werden. Weitere Forderung für die Wahl des Prüfverfahrens ist, dass die Ergebnisse im Vergleich den Alterungsprozess in möglichst deutlicher Weise aufzeigen. Dies meint, dass das Verfahren gefunden werden muss, das mit Blick auf die Belastungsform den dominierenden Alterungsprozess abbildet und den daraus resultierenden Schädigungsprozess in der Restfestigkeitsprüfung ungebremst weiterführt. Im Fall der Initiierung eines neuen, anderen Schädigungsprozesses im Rahmen einer suboptimal gewählten Restfestigkeitsprüfung ist zu vermuten, dass nicht der kritischste Fall untersucht werden würde und somit höhere Restfestigkeiten festgestellt werden würden als tatsächlich aus betrieblicher Sicht vorhanden sind. Ein offensichtliches Beispiel dafür ist, dass die Restlebensdauer eines metallischen Liners nicht durch eine Berstprüfung dargestellt werden kann, da sich der primäre Schädigungsprozess im Liner bis zur Rissbildung nicht erkennbar auf die Bruchfestigkeit auswirkt.

Die Degradation in der Steifigkeit schränkt die Funktionalität des CC nur mittelbar über die Festigkeit ein. Damit ist es hinreichend, die Betrachtung der Alterung auf den Prozess der Degradation von Festigkeit zu beschränken. Ferner ist davon auszugehen, dass sich alle Aspekte des Betriebes (das Lastniveau, deren zeitliche Einwirkungsdauer, die Häufigkeit einer Lastveränderung, Temperatur, Feuchte, etc.) auf den Verlust an Festigkeit auswirken. Dies ist in Abb. 4.3 für die beiden Hauptaspekte für Composite-Werkstoffe aus Abb. 4.2 skizziert: Alterung durch Lastwechselzahl und Zeit. Letzteres schließt den Bogen zur eingangs erläuterten Zeitstandsfestigkeit. Die Unbekannte ist nun die Wechselwirkung beider Degradationsmechanismen, die man zwar einzeln mit den oben genannten Verfahren abprüfen kann, deren Zusammenwirken im Betrieb bis zum Ende des Lebens (EoL) so jedoch nicht erfassbar ist. Außerdem ist, wie noch gezeigt werden wird, auch die Reihenfolge der Belastung von großer Bedeutung.

Daraus leitet sich der Grund dafür ab, dass ein Teil der Experten das Zeitstandsverhalten auch als „statische Ermüdung" bezeichnet, wenn doch nur das Zusammenwirken

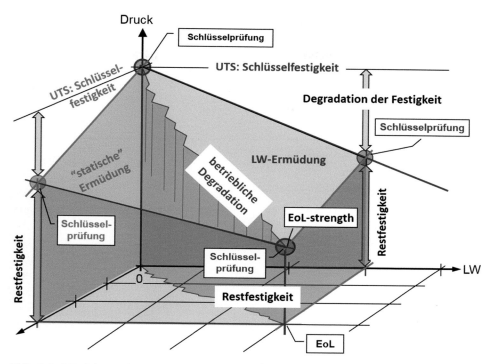

Abb. 4.3 3-D-Schema der parallelen Degradation beider Aspekte der Ermüdungsfestigkeit während des Betriebes eines CCs

des zyklischen Lastanteils und des statischen Lastanteils die Ermüdung des Composites beschreibt.

Dieses Zusammenwirken ist auch in Abb. 4.4 dargestellt. Jeder Versuch, die betriebliche Degradation eines Bauteils bis zum Lebensende durch künstliche Alterung zu simulieren, unterliegt im Wesentlichen zwei großen Problemen: Zum einen ist es nicht trivial, die Parameter für eine Lastwechselprüfung oder eine Zeitstandsprüfung so zu definieren, dass die resultierende Degradation aus der jeweiligen Prüfung mit der betrieblichen Degradation des entsprechenden Aspektes vergleichbar ist. Zum anderen besteht eine Wechselwirkung beider Komponenten der Degradation, was technisch nur sehr aufwendig zeitraffend simuliert werden kann.

Das Wichtigste für eine erfolgreiche künstliche Alterung ist das Kriterium, ob die Restfestigkeit nach der gewählten künstlichen Alterung am Punkt „EoL" der Restfestigkeit auch wirklich der betrieblichen Alterung am Ende des Lebens entspricht. Dies wird in Abb. 4.4 durch Wert des Tortendiagramms am Punkt EoL symbolisiert. Daraus muss abgeleitet werden, dass CC ohne definierter Lebensdauer und Verwendung nicht auf ihre Degradation hin bewertet werden können. Dies führt erneut zu dem Axiom, dass die zulässige Lebensdauer eines CCs bekannt sein muss. Damit wären Zulassungen ohne Begrenzung des Lebens grundsätzlich nicht akzeptabel. Die Ausnahme dieses Grundsatzes bildet

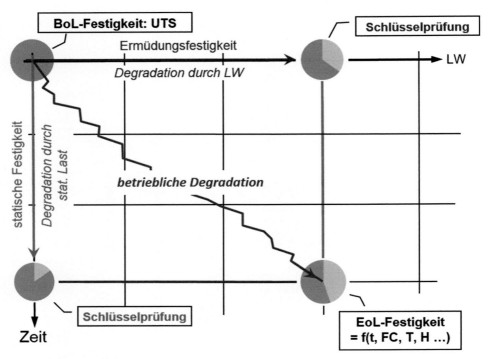

Abb. 4.4 2-D-Projektion der parallel voranschreitenden Degradation beider Aspekte der Ermüdungsfestigkeit von Composite

die betriebsbegleitende Überwachung der Degradation, sofern es der Überwachungsan-
satz erlaubt, auch während des Betriebes, die Lebensdauer zu begrenzen oder bestehende
Begrenzungen zu verändern (vergl. „UN service life test" nach 6.2.2.1.1 Notes 1 and 2 in
[4–6]).

Bis zum Ende des Lebens (EoL) sind immer beide in Abb. 4.3 und 4.4 dargestellten
Aspekte der Festigkeitsdegradation zu berücksichtigen.

Die Alterung des Composites als Werkstoff hat, wie bereits erwähnt, neben dem Fes-
tigkeitsaspekt auch einen Steifigkeitsanteil. Letzterer und der Aspekt der *Relaxation*/des
Kriechens des Composites haben Einfluss auf die Lastaufteilung zwischen den metallischen Teilen (Boss bzw. Liner) und Composite. Diese grundsätzlich zeitlich veränderliche
Lastaufteilung ist wiederum bestimmend für die Spannungen in den Schichten und hat
damit wiederum Einfluss auf das Maß der Degradation der Festigkeit.

Die Daten aus den nachfolgend dargestellten Ergebnissen aus künstlichen Alterungen
belegen, was in Abb. 4.4 angedeutet ist: Es ist nicht möglich, den Degradationsanteil aus
der Degradation durch wechselnde Lasten mit dem Degradationsanteil aus konstanter Belastung zu summieren, um die aus einer kombinierten künstlichen Alterung resultierende
Degradation zu beschreiben. Auch eine belastbare Aussage darüber, ob die Summe aus
beiden künstlichen Alterungen größer oder kleiner als das Ergebnis einer kombinierten

künstlichen Alterung wäre, ist nicht universell möglich. So bleibt zunächst anzunehmen, dass dies abhängig von den Komponenten des Composites ist und ggf. sogar ein Baumuster- und Herstellerspezifikum darstellt.

4.1.1 Grundsätzliche Betrachtungen zum primären Versagen von Composite-Cylindern

Für die nachfolgend dargestellten Ergebnisse der Restfestigkeitsuntersuchungen wurde immer eine Prüfmethode angewendet, von der erwartet werden darf, dass sie die *Degradation* eines *Baumuster*s am deutlichsten aufzeigt und auf den ersten zu erwartenden Schaden fokussiert. Dies ist nach der im Kap. 2 beschriebenen Erfahrung für metallische Bauteile die *Lastwechselprüfung* und für den Composite die Zeitstands- bzw. *langsame Berstprüfung*.

Ein Aspekt dieser Aussage ist in Abb. 4.5 schematisch dargestellt. Aufgrund der höheren *Ermüdungsempfindlichkeit* des metallischen Liners ist davon auszugehen, dass die Restfestigkeit in der Lastwechselprüfung des metallischen Liners (grüne Linien) schneller abfällt als die des Composites; insbesondere bei CFK (blaue Linien).

Man kann in einer zerstörenden Prüfung in der Regel nur bis zum ersten Versagen prüfen. Entsprechend ist man nach einer Lastwechselprüfung von CCn mit metallischem

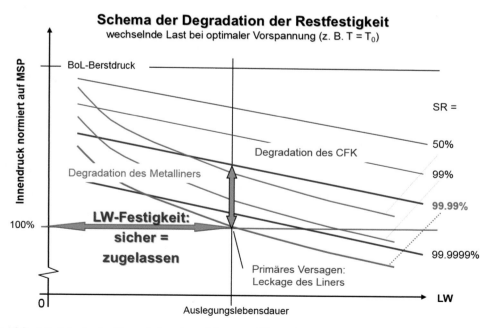

Abb. 4.5 Prinzip der Degradation: Isoasfalen von CFK und metallischem Liner im CC unter normalen Bedingungen

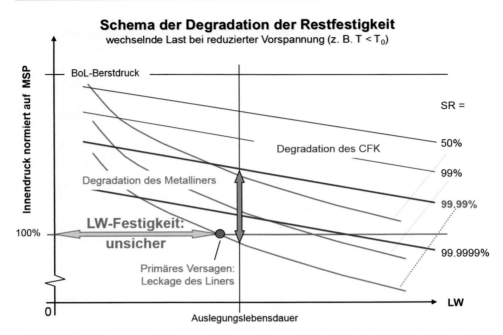

Abb. 4.6 Prinzip der Degradation: Isoasfalen von CFK und Metallliner im CC bei niedrigen Temperatur oder nach Relaxation der Faserarmierung

Liner nicht in der Lage, die Ermüdungsfestigkeit des CFK (blaue Linien) am gleichen Prüfmuster abzuprüfen. Damit wird auch deutlich, warum dieses und die nachfolgenden Diagramme nur holzschnittartig durch Prüfergebnisse zu untermauern sind. Reduziert man die Temperatur unter Last oder unterstellt man, dass die Faservorspannung reduziert wurde, verschieben sich die aus Abb. 4.5 bekannten Isoasfalen im Prinzip wie in Abb. 4.6 dargestellt.

Ursache für den Verlust der Vorspannung kann z. B. ein radiales Setzungsverhalten des Composites sein. Dies meint einen visko-elastischen Prozess der Matrix, die aufgrund der hohen radialen Last und der Tendenz der inneren Faserlagen relaxieren zu wollen, bildlich beschrieben durch das Fasernetz nach außen kriechen möchte. Mit zunehmender Relaxation nehmen die treibenden Kräfte ab. Außerdem kommen die Fasern, um im Bild zu bleiben, zunehmend in unmittelbar radialen Kontakt, was den Prozess des radialen Kriechens in gewisser Weise limitiert. Aspekte dieses Geschehens sind mit Blick auf Druckbehälter in [7] erläutert. Damit ist dieses Verhalten primär als „Anfangseffekt" zu bewerten. Weitere Details zum strukturmechanischen Verhalten, auf die in [7] aufgebaut wird, sind [8] und [9] zu entnehmen.

Es gibt aber auch den umgekehrten Effekt, der in Abb. 4.7 dargestellt ist: Erhöht sich die Vorspannung der Composite-Armierung, durch z. B. einen Temperaturanstieg, die mit einer Ausdehnung des metallischen Liners einhergeht, wird der Liner entlastet. Dies zeigt sich erneut an der veränderten Lage der Schar von Isoasfalen der Armierung gegenüber den Isoasfalen des metallischen Liners.

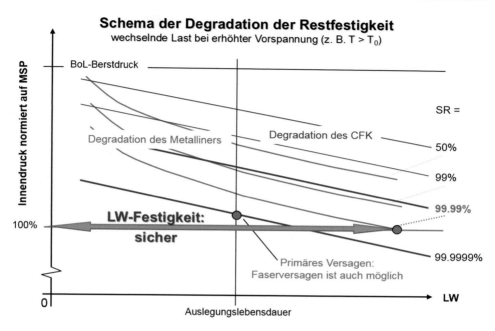

Abb. 4.7 Prinzip der Degradation: Isoasfalen von CFK und Metallliner im CC bei hoher Temperatur (bei erhöhter Vorspannung) oder bei starkem Verlust an Faserresttragfähigkeit (z. B. GFK)

Eine der in Abb. 4.7 dargestellten Veränderung ähnlichen Situation kann auch von einer zeitlich, d. h. durch statische Ermüdung bedingte Festigkeitsabnahme herrühren. In diesem Fall wäre zwar anfangs, der Abb. 4.5 folgend, die Lastwechselfestigkeit des Liners das Kriterium mit der geringsten Überlebenswahrscheinlichkeit; parallel käme aber die in Abb. 4.7 dargestellte Konstellation zum Tragen. In diesem Zustand wäre die Resttragfähigkeit der Fasern das kritische Moment. Daraus lässt sich aber auch ableiten, dass ein im Neuzustand als verlässlich angenommenes Leck-vor-Bruch-Verhalten im Laufe des Betriebs soweit reduziert werden kann, dass es auch bei CCn mit metallischem Liner im Moment der Leckage zum Bersten aufgrund nicht ausreichender Resttragfähigkeit der Armierung kommen könnte. In diesem Fall würde die in [10] als Fail-Safe-Eigenschaft bezeichnete Resttragfähigkeit nicht hinreichend ausgeprägt sein.

4.1.2   Klassifizierung der Baumuster nach dem Kriterium der Lastwechselempfindlichkeit

Abbildung 4.8 zeigt qualitativ die Spannungs-Dehnungskurve eines typischen Hybrids aus metallischem Linerwerkstoff und Wickel-Composites. Für sich genommen hat das Metall eine höher Bruchdehnung als der Composite, während in den meisten Fällen jeder

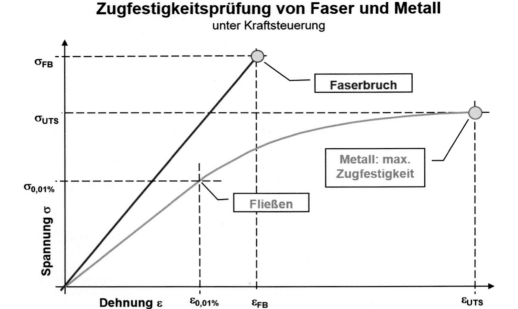

Abb. 4.8 Schematische Darstellung der Spannungs-Dehnungs-Beziehung von Metall und Fasern in Lastrichtung bis zum Versagen

unidirektionalen Lage im Composite eine höhere Bruchspannung unterstellt werden darf. Für den Metall-Faser-Hybrid darf angenommen werden, dass die Armierung lastunabhängig mittels Klebung, in der Regel aber zumindest durch hinreichende Vorspannung fest mit dem Metall verbunden ist (geometrische Kompatibilität).

Dieses Verhalten beschreibt auch die Innendruck-Dehnungskurven beider Elemente eines CCs mit metallischem Liner (insbesondere Typ III). Mit steigendem Innendruck dehnen sich beide Komponenten nach Maßgabe der Gesamtsteifigkeit des Hybridverbundes im gleichen Maße (Kompatibilitätsbedingung). Erreicht die Vergleichsdehnung im Metall die Fließgrenze (z. B. $\sigma_{0,01\%}$) setzt das Fließen des Liners mit einer vom Tangentenmodul abhängigen Verschiebung der Lastaufteilung zu Lasten des Composites ein. Bei weiter zunehmender Last und damit ansteigender Dehnung kommt es zum Versagen des Partners im Hybrid mit der geringeren Bruchdehnung, also der Faser. Abhängig von der Lastaufteilung kommt es mit dem Faserversagen entweder zu einem Totalversagen (Bersten) oder nur zu einem Teilversagen. Üblicherweise trägt der Composite in einem Typ-III-CC zu diesem Zeitpunkt bereits mehr als nur ein Drittel an der gesamten Umfangslast. Dies führt zum Totalversagen, da der Liner trotz seiner zwar höheren Bruchdehnung die ihm nun plötzlich übertragende Gesamtlast nicht übernehmen kann. Darüber hinaus hat die Lastaufteilung zum Zeitpunkt des Berstens einen wesentlichen Einfluss auf die Gesamtfestigkeit. Je mehr der schwächere Partner (Metall) in diesem Hybridverbund auch nach Beginn des Fließens mitträgt, umso höher ist die Last, die der Hybrid zum Zeitpunkt des Berstens (Bruchdehnung des Faserwerkstoffes) noch tragen kann.

Daraus leitet sich auch die Begründung dafür ab, dass man mit Ergebnissen aus der Berstprüfung nicht in der Lage ist, die Restfestigkeit eines metallischen Liners zu erfassen. Der hohe Fließanteil des Liners bis zur Bruchdehnung der Fasern erlaubt es nicht, auf den Spannungszustand des Liners bei Betriebsdruck zu schließen. Dies wäre aber die einzige Möglichkeit, über eine Berstfestigkeit des Faser-Metall-Hybrids indirekt auf die Lastwechselfestigkeit der metallischen Komponenten zu schließen. Genauso wenig lässt sich aus der Lastwechselfestigkeit des Hybrids (d. h. des Liners) auf den von der Faserbruchdehnung dominierten Berstdruck schließen.

Mit dem Wissen um diese grundsätzlichen Zusammenhänge kann man nun den Effizienzanspruch an die Prüfaufgabe wieder aufgreifen und die gezielte Ausrichtung der Prüfung auf das als primär angenommene Versagensverhalten diskutieren.

Bisher wird in den einschlägigen Normen (EN 12245 [11], EN ISO 11119-2 bzw. -3 [12, 13] oder EN ISO 11439 [3]) zwischen CCn mit mittragendem Liner und ohne mittragendem Liner unterschieden. Wobei der Ausdruck „mittragender Liner" de facto einem „metallischen Liner" gleichzusetzen ist. Die Konsequenz aus dieser Unterscheidung in den Normen zeigt, dass bei metallischem Liner in der Lastwechselprüfung mit einem primären Linerversagen gerechnet wird. Dennoch werden nach diesen Normen Restfestigkeiten, auch von CCn mit metallischen Linern, nahezu durchgehend durch Bersten abgeprüft. Während die Differenzierung zwischen mittragendem oder nicht mittragendem Liner einen Effizienzgedanken in der Prüfung zum Ausdruck bringt, werden mit dem hohen Anteil von obligatorischen Berstprüfungen wesentliche Aspekte der in den Abb. 4.5 bis 4.7 dargestellten Effekte nicht berücksichtigt.

Wie eingangs dargelegt, ist und bleibt die Lastwechselprüfung die primäre Prüfung für die Ermittlung der Betriebsfestigkeit im Allgemeinen.

Berücksichtigt man aber im Zuge probabilistischer Betrachtungen, dass der Prüfaufwand auch für statistische Reihenuntersuchungen machbar bleiben muss, verbietet es sich, Lastwechselprüfungen bis zum Versagen obligatorisch zu fordern. Mit Blick auf die Anforderungen für die Zulassung von CCn als Speicher im Automobil scheinen 45.000 Lastzyklen (LW) bis zum maximalen Betriebsdruck (MSP) durchweg akzeptabel zu sein. Im Gefahrguttransport sind auch 80.000 LW bis zum MSP des jeweils spezifizierten Gases in den Normen zu finden. Dies kommt aber aus Kostengründen kaum zur Anwendung. Stattdessen greift man auf 12.000 LW bis zum maximalen MSP (Prüfdruck PH) zurück. Daraus wurde im Jahr 2010 in Deutschland im Zuge der Entwicklung national anzuerkennender technischer Regeln (ATRs [14–16]) gefolgert, dass auch für statistische Untersuchungen 50.000 Lastwechsel durchaus noch akzeptabel sind.

Darauf aufbauend wurde 2014 in [17], dem Effizienzgedanken folgend, erfahrungsbasiert festgelegt, dass ein Baumuster dann als „lastwechselempfindlich" gilt, wenn aus einer Stichprobe von mindestens 5 Prüfmustern ein oder mehr Prüfmuster vor dem Erreichen von 50.000 LW bis Prüfdruck versagen. Im anderen Fall wird das Baumuster als „lastwechsel-un-empfindlich" definiert. Bei genauerem Hinsehen, ist letzteres Verhalten – den Abb. 4.5 bis 4.7 folgend – eine Eigenschaft, die sich im Zuge der betrieblichen Alterung ändern kann und somit auch während des Alterungsprozesses zu überwachen ist.

Dennoch erlaubt diese Klassifizierung, den Fokus auf die als maßgeblich angesehene Schlüsselprüfung zu setzen und so den Aufwand für die Einschätzung der Überlebenswahrscheinlichkeit zu minimieren. Entsprechend wird für lastwechselempfindliche Baumuster die Lastwechselprüfung bei Raumtemperatur (vergl. Abschn. 2.1.1) und für lastwechsel-unempfindliche Baumuster die langsame Berstprüfung (vergl. Abschn. 2.3) herangezogen.

▶   Es ist essentiell zu beachten, dass der Begriff der Schlüsselprüfung im Gegensatz zu den o. g. Normen bedeutet, auch die Restefestigkeitsuntersuchungen konsequent mit dieser Prüfmethode anstelle der obligatorischen Berstprüfung durchgeführt werden.

4.1.3   Beurteilung des Leck-vor-Bruch-Verhalten

Ein wesentliches Kriterium für die Beschreibung der Sicherheit von Composite-Cylindern für die Speicherung ist das Versagensverhalten. Dieses kann insbesondere bei Verwendung inerter Gase nach dem Kriterium des Leck-vor-Bruchverhaltens (leak-before-break LBB) beurteilt werden. LBB bedeutet, dass es zu einer stabilen Leckbildung mit Gasaustritt ohne Bersten kommt. Im anderen Fall würde ein erstes Teilversagen zum Totalversagen in Form des Berstens führen. Abhängig vom Gas und vom Versagensablauf im Sinne des Leck-vor-Bruchverhaltens würde ist Konsequenz anders zu bewerten. Somit könnten andere Zuverlässigkeiten gegen dieses Versagen gefordert werden (vergl. Abschn. 5.1). Leider lässt sich dieses Leck-vor-Bruchverhalten unter betrieblichen Bedingungen kaum testen. Deshalb greift man im Bereich der gefahrgutrechtlichen Druckgefäße ersatzweise auf die Anwendung dieses Kriteriums auf die Resultate aus der hydraulischen Lastwechselprüfung zurück. Dies ist jedoch kein verlässliches Kriterium, da weder ausreichende Stückzahlen abgeprüft werden, noch die Dynamik des Medienaustritts im Fall der Leckage (Prüfmedium Wasser gegenüber dem Betriebsmittel Gas) vergleichbar wäre.

Greift man das Wissen um grundsätzlich andere Alterungsprozesse für einen metallischen Liner und den Wickel-Composite auf, kommt ein weiteres Problem hinzu: Es ist keineswegs auszuschließen, dass die im Zeitraffer erfolgende Alterung eines z. B. metallischen Liners nicht auch eine vergleichbare, eher zeitbestimmte Alterung der Faserarmierung bewirkt. Entsprechend kann ein im Neuzustand sicheres Leck-vor-Bruch-Verhalten im Laufe der Alterung schwinden.

▶   Diese Unsicherheit erfordert in Analogie zur Eigenschaft der Lastwechselempfindlichkeit, dass die Eigenschaft des Leck-vor-Bruch-Verhaltens im Alterungsprozess überwacht wird, sofern diese essentieller Bestandteil des Sicherheitskonzeptes ist.

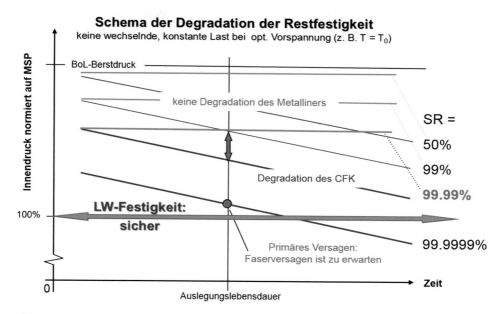

Abb. 4.9 Schematische Darstellung des Einflusses ausschließlich konstanter Last auf die Isoasfalen von CFK und metallischem Liner

Um den dahinter stehenden Einfluss der zeitlich bedingten Alterung unter konstanter Last, dem primär nur das Composite unterliegt, darlegen zu können, sei auf Abb. 4.9 verwiesen. Um das Wirken beider betrieblichen Lastaspekte, der Ermüdung unter konstanter Last und unter wechselnder Last am CC mit metallischem Liner verstehen zu können, muss Abb. 4.9 mit 4.5 verglichen werden.

Um die Unsicherheit aus der Bewertung des hydraulischen Leckageverhaltens zu reduzieren, wurde in [17–20] ein zusätzliches Kriterium eingeführt. Es vergleicht die Ausfallwahrscheinlichkeit gegen langsames Bersten (static fatigue) mit der gegen Lastwechselversagen (cycle fatigue). Um von einem sicheren Leck-vor-Bruchverhalten auszugehen, wird damit angenommen, dass gilt:

$$SR_{SBT} \geq 100 \cdot SR_{LCT} \tag{4.1}$$

Liegt erstens ein in den hydraulischen Lastwechselprüfungen bestätigtes Leck-vor-Bruchverhalten vor, ist zweitens die Bedingung nach Gl. 4.1 erfüllt und verkleinert sich drittens dieses für BoL ermittelte Verhältnis nicht während des Betriebes, darf von einer nachhaltigen Leck-vor-Bruch-Eigenschaft ausgegangen werden.

4.1.4   Festigkeit am Ende der Produktion „Begin des Lebens"

Die Festigkeit zum Zeitpunkt des Inverkehrbringens („Begin of Life" BoL) entspricht dem unmittelbaren Ergebnis der Produktion (neu) einschließlich des Einflusses aus der obligatorischen erstmaligen Prüfung jedes CCs. Letztere meint das einmalige hydraulische Abdrücken mit Wasser bis zum Prüfdruck. Zur Orientierung sind ein paar bereits erläuterte BoL-Ergebnisse aus (langsamen) Berstprüfungen in Abb. 4.10 (vergl. Abb. 3.4) und aus Lastwechselprüfungen in Abb. 4.11 (vergl. Abb. 3.6) dargestellt.

Beide Bilder zeigen die Ergebnisse im jeweiligen Sample Performance Chart (SPC), wie diese im Kap. 3 erarbeitet wurden. Um eine Orientierung zur relativen Lage bzgl. Überlebenswahrscheinlichkeit geben zu können, sind wieder die Isoasfalen, d. h. Linien konstanten Abweichungsmaßes, wie in Abb. 3.15 bzw. 3.21 aufgegriffen und um weitere Stichprobenergebnisse ergänzt. Diese folgen den Definitionen für die Normalverteilung bzw. Log-Normalverteilung nach Kap. 3.

Die Auswertung mit Angabe der geschätzten Überlebenswahrscheinlichkeit nach Kap. 3 wird an dieser Stelle nicht angewendet, da im Kontext der Unterkapitel 4.1 und 4.2 weder die absoluten Werte diskutiert werden, noch die Stichprobengröße der jeweils in einer Abb. gezeigten Stichproben vergleichbar wären.

Für das Abweichungsmaß der Normalverteilung wird basierend auf Gl. 3.33 berechnet:

$$x_{ND} = \frac{MSP - m_p}{s_p} = \frac{1 - \Omega_{50\%}}{\Omega_s} \quad \text{mit MSP} = \text{PH} \tag{4.2}$$

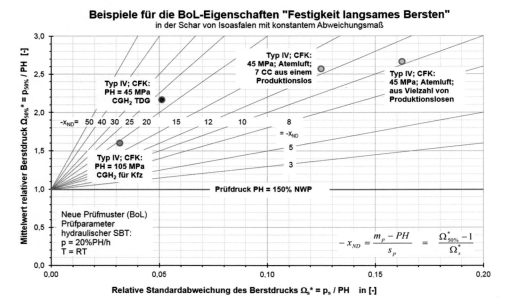

Abb. 4.10 Ergebnisse der langsamen Berstprüfung neuer Prüfmuster (BoL), dargestellt im SBT-SPC gemäß [17–20]

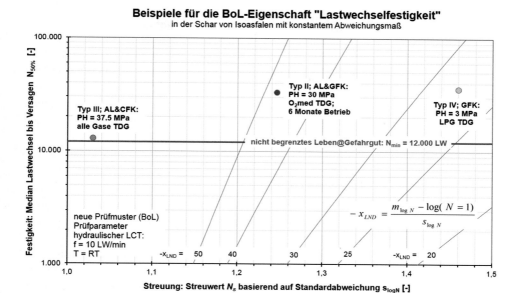

Abb. 4.11 Ergebnisse der Lastwechselprüfung neuer Prüfmuster (BoL), dargestellt im LCT-SPC gemäß [17–20]

Der Einfachheit halber wird der MSP seinem allgemein höchsten Wert, dem Prüfdruck PH, gleich gesetzt. Da die Festigkeiten korrekt dargestellt sind und keine unmittelbare Bewertung der Überlebenswahrscheinlichkeiten erarbeitet werden soll, ist die daraus entstehende Indifferenz der Werte für Abweichungsmaß für die unmittelbar folgenden Betrachtungen ohne Bedeutung. Sie erleichtert aber die Darstellung des Wesentlichen.

In analoger Weise wird das Abweichungsmaß der Log-Normalverteilung in Abb. 4.11 basierend auf Abschn. 3.1.3, insbesondere Gl. 3.35, wie folgt dargestellt:

$$x_{LND} = \frac{\log(N=1) - m_{\log N}}{s_{\log N}} \qquad N(x_{LND}) = 10^{m_{\log N} + x \cdot s_{\log N}} \qquad (4.3)$$

mit

$$N_{50\%} = 10^{m_{\log N}} \qquad N_s = 10^{s_{\log N}} \qquad (4.4)$$

Der mittlere Punkt in Abb. 4.11 (Type II, PH 30 MPa, O_2-med) ist im Unterkapitel 4.3 zur betrieblichen Alterung wieder aufgegriffen. So wie auch der linke von den beiden rechten Punkten in Abb. 4.10 (Typ IV, PH = 45 MPa, Atemluft) im anschließenden Abschn. 4.2.1 zur künstlichen Alterung weiter diskutiert ist.

4.2 Erfahrungen mit der künstlichen Alterung

Wie oben dargelegt kann die künstliche Alterung verschiedenste Methoden der Simulation von Betriebsbedingungen meinen. Von der Belastung durch Strahlen zur Nachahmung der Sonneneinwirkung über „Sauren Regen" oder Wärme bis hin zum statischen oder zyklischen Innendruck. Dabei versucht man grundsätzlich die Folgen natürliche Alterung künstlich beschleunigt zu erzeugen. Dies erfolgt meistens durch höhere Lastamplituden oder durch die Kombination von verschiedenen Belastungsformen. Die hydraulische Lastzyklierung ist wohl eines der bekannteren Beispiele für zeitraffende Belastung. Ein Leben mit 2000 Füllzyklen mithilfe von 10 Zyklen pro Minute zu simulieren, erfordert nur einen verschwindenden Bruchteil der Zeit.

Das größte Problem hierbei ist – wie oben dargelegt – sicher zu sein, dass die erzielte Degradation auch wirklich in Art und Umfang der Alterung des zu simulierenden Lebens entspricht. Aus diesem Grund ist die betriebliche Alterung grundsätzlich der künstlichen Vorzuziehen. Dennoch ist die künstliche Alterung unabdingbar für die Zulassungsprüfungen. Die logistisch viel aufwendiger zu erhaltenden Ergebnisse aus der betrieblichen Alterung dienen tendenziell eher der Überprüfung der Ansätze für die künstliche Alterung und der konkreten Überwachung der Bauteilsicherheit im Betrieb.

Die Restfestigkeitsuntersuchung nach (künstlicher) Alterung wurde im Rahmen von [21] besonders intensiv an einem Baumuster für Atemschutzgeräte untersucht [22, 23]. Diese CC haben einen PE-Liner, CFK und sind mit ihren 6,8 L Wasserkapazität auf NWP = 30 MPa und PH = 45 MPa ausgelegt. Die Einzelergebnisse sind in Abb. 4.12 dar-

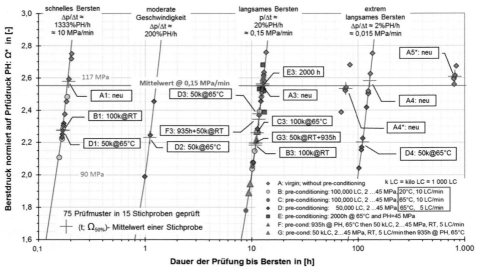

Abb. 4.12 Einzelprüfergebnisse einer umfangreichen Prüfkampagne. (Typ IV mit CFK; Atemschutzgerät; vergl. [24])

gestellt. Diese Ergebnisse werden im Folgenden nach verschiedenen Aspekten im Detail analysiert.

4.2.1   Prüfung auf Restfestigkeit am Ende der künstlichen Degradation

Die Prüfung künstlich gealterter bzw. degradierter Prüfmuster auf ihre Restfestigkeit gibt – wie die Prüfung neuer Prüfmuster – eine schlaglichtartige Einschätzung der jeweils aktuellen Situation. Eine vergleichende Betrachtung der Restfestigkeiten verschiedener Stichproben setzt voraus, dass sowohl die Kriterien für die Stichprobe wie auch das Prüf- verfahren und möglichst auch die Prüflabor/Prüfanlage identisch sind. Für die absolute Bewertung von Überlebenswahrscheinlichkeiten muss gefordert werden, dass die Ergeb- nisse nicht mehr abhängig vom Prüflabor sind und somit gänzlich unabhängig von Ort, Gerät oder Personal sind. Dafür muss vorausgesetzt werden, dass alle Prüfparameter nicht nur gleich oder vergleichbar sind, sondern quasi im Detail fest geschrieben sind. Dies macht hohe Kalibrierstandards, Anlagen mit exakter Regelung und auch Ringversuche zur gegenseitigen Begutachtung von Prüfanlagen, zugehöriger Messketten und der Regelung erforderlich.

Fasst man die in Abb. 5.12 dargestellten Einzelwerte stichprobenweise in der Form des bereits wiederholt verwendeten SPCs zusammen, erhält man Abb. 4.13. Es basiert auf Fig. 4 aus [25, 26].

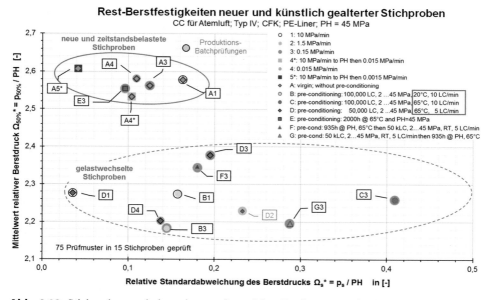

Abb. 4.13 Stichprobenergebnisse einer umfangreichen Prüfkampagne im SBT-SPC. (Typ IV mit CFK; Atemschutzgerät; vergl. [24, 27])

Vergleicht man nun die dort dargestellte Gruppe der Stichproben neuer Prüfmuster (oben) mit der Gruppe der Stichproben gealterter Prüfmuster (unten) wird der Unterschied deutlich: Beide Bereiche überlappen nicht. Einzige Ausnahme hierbei ist die Stichprobe E3, die zwar künstlich gealtert wurde aber als einzige ausschließlich einer zeitlich konstanten Belastung unterworfen wurde.

4.2.2 Künstliche Alterung durch hydraulisches Lastwechseln

Reduziert man Abb. 4.13 auf die Darstellung der Ergebnisse aus der Stichprobenprüfung derjenigen Stichproben, die mittels Lastwechsel bis Prüfdruck künstlich gealtert wurden und setzt diese in ein Netz von Isoasfalen, erhält man Abb. 4.14.

Es wird deutlich, dass die beiden Stichproben gleicher Alterung mit 50.000 LW bei 65 °C (rote Rauten; D1 und D3) abhängig von der Berstprozedur erheblich abweichende Restfestigkeiten aufweisen: Die Stichprobe aus der langsamen Berstprüfung (Bildmitte im grünen Kreis) hat nach 50.000 LW bei 65 °C nur etwas an Mittelwert verloren, dafür aber erheblich an Streuung zugenommen. Dagegen hat die Stichprobe aus der konventionellen Berstprüfung (links unten, im weißen Kreis) nach identischer Vorbelastung erheblich an mittlerer Festigkeit verloren. Sie zeigt aber eine deutlich geringere Streuung. Im Ergebnis ist der Betrag des Abweichungsmaßes der Normverteilung x_{ND} 3-mal so groß (-10 auf -30; gelber Pfeil) wie das der neuen Stichprobe (BoL). Dagegen ist der Betrag des

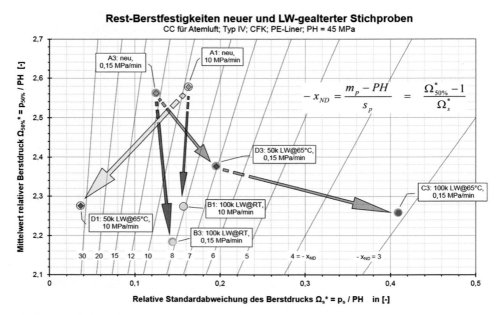

Abb. 4.14 Restberstfestigkeiten von durch Lastwechsel gealterter Stichproben im Netz der x-Isoasfalen. (Typ IV mit CFK; Atemschutzgerät)

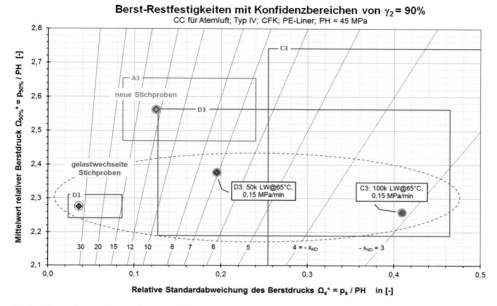

Abb. 4.15 Darstellung der Konfidenzbereiche zu den auffälligsten Stichprobeneigenschaften [24, 26]

Abweichungsmaßes der langsam geborstenen Stichprobe in etwas auf die Hälfte (-10 zu $-5,5$; roter Pfeil) gesunken. Die mittels Lastwechsel bei Umgebungstemperatur gealterten Stichproben (B1, B3; blaue Pfeile) zeigen keine auffällige Abhängigkeit von der Berstprozedur. Die Veränderung von x_{ND} ist bei der langsamen Prozedur deutlicher (ca. -12 zu -8) als bei der schnellen Prüfung (ca. -10 auf -8). Damit entsteht der Eindruck, dass die Alterung durch LW bei erhöhter Temperatur Mechanismen in Gang setzt, die – entgegen der Alterung bei RT – deutlich unterschiedlich auf die Dehngeschwindigkeit ansprechen.

Um einen Einblick in die Signifikanz dieser Beobachtungen zu geben, sind in Abb. 4.15 zu vier Stichproben aus Abb. 4.13 die Konfidenzbereiche mit jeweils beidseitigen Konfidenzgrenzen von $\gamma_2 = 90\%$ angegeben. Das Ergebnis der neuen Stichprobe liegt (knapp) außerhalb aller anderen Konfidenzbereiche. Auch die Ergebnisse der gleich gealterten Stichproben D1 und D3, die sich nur in der Durchführung der Berstprüfung unterscheiden, sind deutlich anders. Damit ist die indirekt die Signifikanz des Einflusses der Prüfgeschwindigkeit bei der langsamen Berstprüfung auf das Ergebnis belegt.

Aus diesen exemplarischen Ergebnissen können keine allgemeingültigen Schlüsse gezogen werden. Sie zeigen aber, dass die Prüfprozedur zu unterschiedlichen Restfestigkeit und Bewertungen identisch gealterter Stichproben führen können. Somit ist der Entscheidung zwischen der langsamen und der konventionellen Berstprüfung zur abschließenden Sicherheitsbeurteilung besondere Beachtung zu schenken.

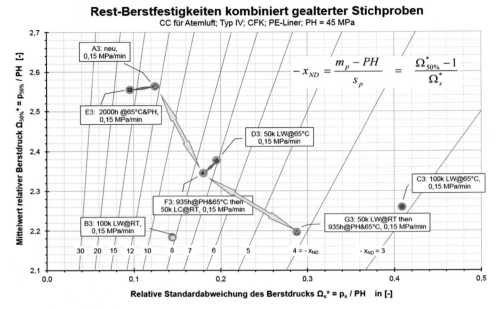

Abb. 4.16 Einfluss von LW-Konditionierung und zusätzlich statischer Lastanteile auf die SBT-Restfestigkeiten Stichproben im Netz der x-Isoasfalen

Um dies noch weiter zu differenzieren sind in Abb. 4.16 alle Stichproben dargestellt, die im Anschluss an eine Lastwechselprüfung abschließend mit 20 %PH/h (0.15 MPa/min; im grünen Kreis) geprüft wurden.

Obwohl die rein statisch vorbelastete Stichprobe E3 besser zu bewerten ist als die neue Stichprobe A3, schneidet die Stichprobe F3 mit 50.000 LWn bei RT nach statischer Konditionierung annähernd gleich mit der bei 65 °C ohne Vorkonditionierung zyklisch belastete Stichprobe D3 ab. Der Vergleich der drei Stichproben (B3, G3, C3) am unteren Bildrand zeigt, dass die Restfestigkeit der 50.000 mal gelastwechselten und dann statisch belastete Stichprobe (G3) zwischen den beiden Stichproben liegt, die mit 100.000 LWn belastet wurden (B3 bei RT, C3 bei 65 °C).

Obwohl diese Versuchsreihe mit insgesamt 75 Prüfmustern und einer Vielzahl hier nicht dargestellter Vorversuchen sehr umfangreich ist, konnten keine Hinweise für eine eindeutige Korrelation der Degradation durch statische Belastung (Zeitstand) und der Degradation durch Lastwechsel im Sinne von Abb. 4.3 ermittelt werden. Die über 2000 h bei maximaler Betriebstemperatur statisch aufgebrachte Belastung in Höhe des Prüfdruckes (E3) lässt keine Degradation erkennen. Es entsteht eher der Eindruck einer positiven Wirkung der statischen Belastung. Es wird aber deutlich, dass sich die Degradation durch Lastwechsel und die durch Zeitstand gegenseitig beeinflussen. Die Reihenfolge der Lastanteile hat einen erkennbaren Einfluss auf die resultierende Degradation.

4.2.3 Künstliche Alterung durch konstanten Innendruck bei erhöhter Temperatur

Im Folgenden konzentriert sich die Betrachtung der Abb. 4.16 auf die Ergebnisse derjenigen Stichproben, deren Alterung statische Lastanteile enthalten und die mit einer Druckanstiegsrate von 20 % PH/h abschließend geprüft wurden.

Es fällt auf, dass die Stichprobe nach 2000 h ausschließlich statischer Belastung (E3; rotes Quadrat) gegenüber der nicht vorbelasteten Referenzstichprobe (A3) eine reduzierte Streuung und damit höhere Zuverlässigkeit aufweist (oberer, kurzer Pfeil). Die beiden anderen Stichproben (F3, G3), die beide 50.000 hydraulische Lastwechsel bis Prüfdruck und ebenfalls eine Zeitstandsbelastung von knapp 1000 h erfahren haben, weichen von der Referenzstichprobe deutlicher ab.

Zusätzlich hat die unterschiedliche Reihenfolge der sonst identischen Vorbelastung dieser beiden Stichproben (F3, G3) einen deutlichen Einfluss. Die Zeitstandskonditionierung vor einer Lastwechselprüfung scheint die statische Restfestigkeit bzgl. der Streuung der Stichprobe tendenziell zu verbessern. Dies wird im Vergleich von F3 mit der Stichprobe mit ausschließlicher, identischer Lastwechselkonditionierung deutlich (D3; kurzer Peil; Bildmitte). Gleichzeitig verschlechtert die Zeitstandskonditionierung nach dem hydraulischen Zyklieren (G3) die Restfestigkeit sowohl bzgl. Mittelwert wie auch Streuung gegenüber der Restfestigkeit der Stichprobe mit ausschließlicher Lastwechselkonditionierung (D3) erheblich. Die Vorschädigung der Stichprobe G3 resultiert sogar in einem Punkt zwischen den beiden in Abb. 4.16 dargestellten Stichproben (B3, C3) mit einer Vorschädigung von 100.000 LW bei RT und 65 °C.

Damit ist gezeigt, dass zum einen die Reihenfolge der beiden Lastanteile einen deutlichen Unterschied macht. Zum anderen ist mit Verweis auf Abb. 4.3 und 4.4 wenigstens am Beispiel gezeigt, dass die Zeitstandsanteile und Lastwechselanteile in der Alterung nicht beliebig kombinierbar sind, um einen bestimmten Alterungszustand zu erzielen. Damit ist aber im Umkehrschluss auch belegt, dass es in der Simulation betrieblicher Alterung kaum möglich sein wird, den EoL-Zustand vollständig künstlich zu simulieren. Es dürfte bereits ein Erfolg sein, wenn es gelingt, eine Prozedur für die künstlichen Alterung zu beschreiben, die sicherstellt, dass die zu erwartende betriebliche Alterung nachweisbar abgedeckt und gleichzeitig der Unsicherheitszuschlag nicht so hoch ausfällt, dass de facto eine erhebliche Überdimensionierung der Baumuster die Folge ist.

Bei der Betrachtung der verschiedenen, in Abb. 4.17 dargestellten, neuen Stichproben (BoL) fällt auf, dass diese eng zusammen liegen und so keine signifikanten Unterschiede entstehen. Einzig die Berstprüfung über etwa 1000 h Prüfdauer, die einer Zeitstandsprüfung bereits sehr nahe kommt, weist deutlichere Unterschiede auf. Was diesen Unterschied verursacht hat, kann zunächst nicht erklärt werden. Betrachtet man aber alle diese Punkte, ergibt sich die eindeutige Tendenz, dass die Streuung der BoL-Stichproben mit zunehmender Prüfdauer abnimmt. Dies wird auch durch den Vergleich zwischen den BoL-Eigenschaften bei 0,15 MPa/min und der Stichprobe gestützt (rotes Quadrat), die über 2000 h bei PH und 65 °C statisch gealtert wurde.

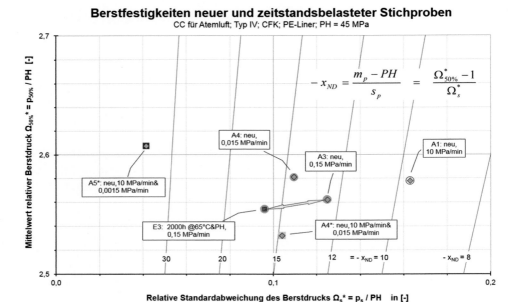

Abb. 4.17 Vergleich der SBT-Festigkeiten neuer Stichproben mit der einzigen, ausschließlich statisch gealterten Stichprobe im Netz der x-Isoasfalen

Der hiermit als positiv beschreibbare Effekt der moderaten Zeitstandskonditionierung könnte aus der Überlagerung einer Homogenisierung der Spannung in unterschiedlich belasteten Wickellagen oder auch unterschiedlich belasteten Fasern in einzelnen Lagen mit der im Sinne der Abb. 2.12 ablaufenden Degradation entstehen. Dieser positive Effekt dürfte aber zeitlich begrenzt sein, wie dies schematisch auf Basis von Erfahrung in Abb. 4.18 dargestellt ist.

Demnach hat die Zeit, die das Prüfverfahren dem Prüfmuster bis zum Versagen gibt, einen Einfluss auf die Erkennbarkeit der Degradation und damit auf den wahrgenommen Verlauf der mittleren Kurve bzw. roten Fläche in Abb. 4.18. Diese Hypothese scheint insbesondere für die Phase der Degradation relevant zu sein, in der bereits Mikrorisse elastisch-plastische Veränderungen verursachen, aber die Zerrüttung und Micro-Cluster-bildung nach [28–33] noch nicht so weit fortgeschritten ist, dass sich diese bereits bei kurzzeitiger Überlastung unmittelbar bemerkbar machen.

Diese, in Abb. 4.18 schematisch dargestellte Hypothese ist derzeit weder bestätigt noch ihre Plausibilität widerlegt. Deshalb sollte das jeweils gewählte Prüfverfahren mit seiner spezifischen Linie der Erkennbarkeit möglichst nahe an der p-t-Kurve liegen, die der Betriebsbelastung entspricht: Als Arbeitshypothese wäre im Zweifel die Ähnlichkeit mit der realen Zeitstandsbelastung/ Zeitstandsprüfung höher zu bewerten als der Vorteil einer schnellen Prüfung.

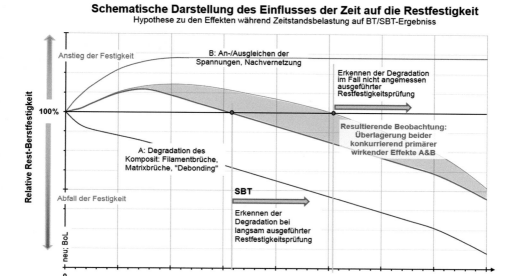

Abb. 4.18 Prinzipdarstellung der Hypothese zum Einfluss konstanter Lasten auf die Tragfähigkeit einer Composite-Armierung

Diese Arbeitshypothese kann der geneigte Leser auch an den nachfolgend dargestellten Prüfergebnissen selbst auf seine Relevanz hin bewerten.

4.2.4   Künstliche Alterung durch Druckzyklieren mit Gas

Es gibt einige Unterschiede zwischen der Belastung während des Gaszyklierens und des bereits erläuterten Zyklierens mit hydraulischen Medien. Dies sind z. B. die Temperatur und die übliche Zykliergeschwindigkeit (Druckanstiegsrate, Ruhephase, Entleervorgang). Diese Unterschiede werden im Folgenden am Beispiel Wasserstoffzyklus genauer beleuchtet. Als Konsequenz dieser nominellen Unterschiede ist zu erwarten, dass das Zyklieren mit Gas und das mit Wasser qualitativ und quantitativ unterschiedliche Degradationsintensitäten zur Folge haben. Für den Vergleich der Degradation aus beiden Former der künstlichen Alterung wird primär der Lastparameter „Lastwechselzahl N" gleich gesetzt.

Setzt man die Lastwechselzahl und den angesteuerten Druckbereich gleich, wäre zunächst nach den Unterschieden im Druck-Zeit-Verlauf jedes Einzelzyklus zu fragen. Hierzu ist in Abb. 4.19 der Druckverlauf aus einen Wasserstoffzyklus dargestellt. Die Gesamtdauer des dargestellten Zyklus beträgt in etwa 64 min. Zur Erinnerung: Der Druck-Zeitverlauf eines üblichen hydraulischen Druckverlaufes mit 10 LW/min ist in Abb. 2.1

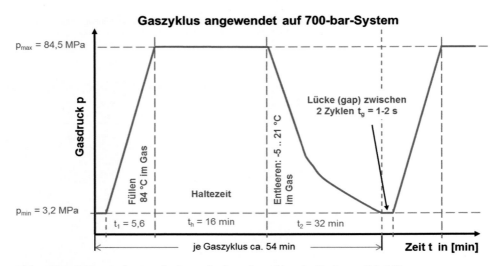

Abb. 4.19 Sollkurve für Druck über Zeit eines Gaszyklus. (s. HyComp [34, 35])

dargestellt. Beispiele für Temperaturverläufe zugehöriger Zyklen sind in Abb. 2.7 oder in Abb. 2.8 dargestellt.

Damit ist der Unterschied in der Dauer jedes Lastwechsels (64 min gegenüber 1/10 min) offensichtlich. Der in Abb. 4.19 dargestellte Gaszyklus kann auch anders gestaltet werden. Er kann aber nicht umfassend beschleunigt werden, da sonst die Temperaturentwicklung deutlich zunehmen würde und dann außerhalb des zulässigen Bereichs liegen würde. Im Fall eines Kfz-Treibgasspeichers würde damit die Vergleichbarkeit mit üblichen Befüllvorgängen an Tankstellen verloren gehen. Im Fall von Gefahrguttrailern wäre eine Befüllung innerhalb von 6 min unmöglich. Damit ist das Prüfmuster während eines Gaszyklus in etwa 600-mal länger unter Last als während eines sonst nominell gleichen hydraulischen Prüfzyklus. Die Füllung von entsprechend großen Einheiten (100 Großflaschen mit je 200 L) benötigt ein Vielfaches an Zeit (ggf. Stunden).

Der andere wichtige Unterschied besteht im Temperaturverlauf. Wie bereits im Zusammenhang mit der maximalen Zykliergeschwindigkeit mit Gas angedeutet, bringt ein Gaszyklus bei konstanter Umgebungstemperatur auch einen Temperaturzyklus im CC mit sich. Dies ist in Abb. 4.20 dargestellt.

Es zeigt anhand einer bestimmten Prüfanordnung, wie diese von MORETTO und seinem Team beim JRC in Petten im Rahmen von HyComp [34] angewendet wurde, den Temperaturverlauf während zweier Gaszyklen. Für die Aufzeichnung der in Abb. 4.20 dargestellten Temperaturzyklen sind mehrere Temperaturfühler notwendig. In jeden CC wurden hier 8 Temperatursensoren innen und außen ein- und angebracht. Die relevanten Positionen der Sensoren sind in [35] dargestellt. Es ist deutlich sichtbar, dass die Temperaturspitze während jeden Druckzyklus die 85 °C-Grenze erreicht, obwohl die Ausgangstemperatur Raumtemperatur war. Die minimale Temperatur während der Füllzyklen liegt

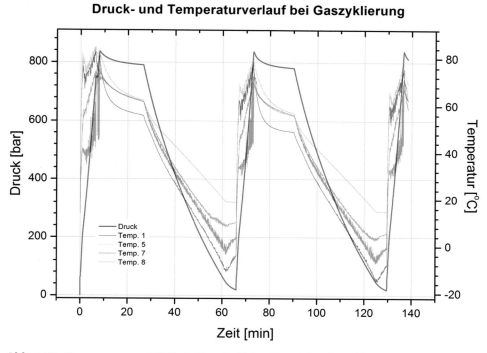

Abb. 4.20 Gemessene p- und T-Werte über der Zeit während des Gaszyklierens. (s. [34, 35])

in einer Spanne von $-5\,°C$ und $15\,°C$. Mehr Informationen zur Temperaturentwicklung können [35] entnommen werden.

Damit basiert der Vergleich zwischen dem hydraulischen Zyklieren und dem Zyklieren mit Wasserstoff (o. ä.) selbst bei gleicher Ausgangstemperatur T_0 auf zwei unterschiedlich resultierenden Temperaturzyklen. Auf der einen Seite beginnt das Gaszyklieren bei Raumtemperatur und erlaubt eine Temperaturentwicklung, wie die in Abb. 4.20 gezeigte. Wesentlicher Einfluss ist neben dem Gasfluss während des Füll- und Entleervorgangs die Kühlung des Gases, das heißt die Temperatur mit der es in den CC strömt. Auf der anderen Seite wird das hydraulische Zyklieren bei Raumtemperatur oder bei erhöhter Temperatur ($85\,°C$; Gefahrgut $65\,°C$) gestartet und so durchgeführt, dass sich die Temperatur des Druckmediums davon kaum unterscheidet und auch kaum Schwankungen (vergl. Abb. 2.8) unterworfen ist. Um eine gleichmäßige Temperatur im Prüfmuster und in Teilen des erforderlichen Druckmediums zu erreichen, wird das Prüfmuster vor dem Beginn der Belastung für 48 h bei z. B. $85\,°C$ drucklos konditioniert. Die Temperaturregelung des hydraulischen Druckmediums wird mithilfe eines passiven aber gut funktionierenden Zusatzelementes in der Druckleitung gemäß dem Patent [36] erreicht. Es besteht aus einem Rohrleitungsbündel, das die für die Druckaufbringung zusätzlich notwendige Menge an Prüfmedium vorhält. Diese Menge wird in der Konditionierungsphase mit dem Prüfmuster auf die Solltemperatur aufgeheizt (oder abgekühlt). Während des Zyklierens, verhindert es weitegehend die Durchmischung des vorkonditionierten Mediums mit dem Medium, das aus der Druckanlage nachströmt. Außerdem sorgt es über seine große Oberfläche für einen permanenten Temperaturausgleich zwischen dem Druckmedium und der Umgebung. Prüfungen, die mithilfe dieser Sonderausrüstung gemacht wurden sind im Abschn. 4.2.2 dargestellt.

Beide Faktoren „Zeit t" und „Temperatur T" beeinflussen das viskoelastische Verhalten von Verbundwerkstoffen. Geht man von den bereits erläuterten Prüfergebnissen aus, ist zu erwarten, dass beide Einflussfaktoren zu Unterschieden in den Prüfergebnissen führen. Basierend auf der im Abschn. 2.1.1 dargestellten Erfahrung mit der Lastwechselprüfung gibt es keinen hinreichenden Grund anzunehmen, dass die Degradation durch die zyklische Prüfung mit Gas zu einer Degradation führt, die mit der einer hydraulischen Lastwechselprüfung – sei es bei RT oder bei erhöhter Temperatur – vergleichbar wäre.

Vor diesem Hintergrund werden nachfolgend Prüfergebnisse zum Vergleich vorgestellt. Allen Prüfungen sind die gleiche Lastwechselzahl von 1000 Zyklen und der gleiche Druckbereich zugrunde gelegt. Der Unterschied der drei Stichprobenprüfungen besteht in der Druckaufbringung: Hydraulische Lastwechselprüfung a) bei Raumtemperatur und b) bei 85 °C, sowie c) Gaszyklieren bei Umgebungstemperatur.

Abbildung 4.21 zeigt in Analogie zu Abb. 4.11 zunächst die verbleibenden Lastwechselfestigkeiten von drei Stichproben im Nachgang zur Vorschädigung durch Lastwechsel. Der Unterschied dieser drei Stichproben aus je 5 CCn mit Carbonfaser-Laminat (CFK) auf

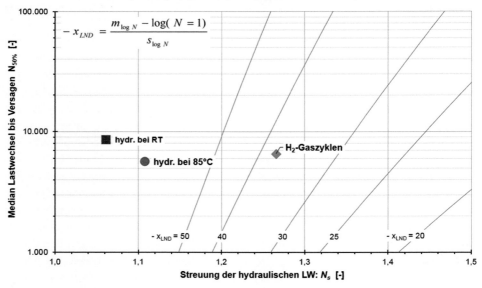

Abb. 4.21 Rest-Lastwechselfestigkeit von drei Stichproben (Typ III mit CFK) nach 1000 Lastwechseln: Gaszyklieren, hydraulisch bei 85 °C und bei RT

Stahlliner besteht in der Art und Weise der künstlichen Alterung: 1000 Lastwechsel a) bei RT oder b) bei 85 °C (beides hydraulische Zyklen) oder c) durch Gaszyklieren. Ergänzt im Diagramm sind Linien konstanten Abweichungsmaßes (LND).

Die bei hoher Temperatur hydraulisch gelastwechselte Stichprobe zeigt eine geringere Restfestigkeit, gemessen im Abweichungsmaß, als die bei Raumtemperatur belastete. Auf den ersten Blick ist dies unerwartet: Aufgrund der unterschiedlichen Temperaturkoeffizienten von Stahl und CFK ist der Anteil an der Last und damit auch die maximale Spannung bei hohen Temperatur im Liner geringer als bei niedriger Temperatur. Da ein metallischer Liner das Element ist, das bei diesem Design wie auch grundsätzlich bei derartigen Bauweisen primär versagt (first failure), wäre davon auszugehen, dass die hohe Temperatur zu einer höheren LW-Festigkeit führt als die bei RT. Dieses zunächst erwartete Verhalten wird aber durch die Ergebnisse in Abb. 4.21 nicht bestätigt. Als Erklärung können zwei andere, mögliche Effekte dienen. Entweder ist die hier gemachte Beobachtung nur ein statistischer Effekt. Da die Stichproben mit 5 Prüfmustern relative klein sind, könnte es durchaus sein, dass im einen Fall eher schlechtere Prüfmuster und im anderen Fall eher bessere Prüfmuster aus der Grundgesamtheit gezogen wurden. Dies würde bedeutet, dass die Wahrheit anders – nämlich so wie erwartet – aussehen würde. Viel plausibler scheint jedoch eine Begründung, die bereits in einigen anderen der bereits diskutierten Prüfergebnisse bemüht wurde: Bei erhöhten Temperaturen, nach z. B. [37] ab bereits 40 °C unter der Glasübergangstemperatur T_g, kommt es zu Steifigkeitsverlusten wie auch zu beschleunigten Kriech- und Relaxationseffekten. Dies bedeutet auch einen dauerhaften Verlust an Vorspannung zwischen Metallliner und Armierung (Composite). Mit einer Reduktion des Eigenspannungszustandes, der in der Fertigung meist mittels Autofrettageprozess gezielt eingestellt wird, steigen der Lastanteil im metallischen Liner und damit die Lastwechselfestigkeit des CCs insgesamt. Damit sind der Temperatureinfluss auf die Lastaufteilung und ein temperaturbedingtes Relaxieren gegenläufige Effekte. Übersteigt der zuletzt genannte Einfluss den erstgenannten Effekt, wäre die Beobachtung in Abb. 4.21 plausibel erklärt. Dies würde ebenfalls erklären, warum die Stichprobe mit der Vorkonditionierung durch Gaszyklen ein nochmals geringeres Abweichungsmaß aufweist. Immerhin bringen die Gaszyklen eine gut 600-fache Zeit unter Last gegenüber hydraulischen Zyklen und ebenso hohen Temperaturen an den Druckspitzen mit sich.

Abbildung 4.22 zeigt die Degradation durch 1000 Lastwechsel, gemessen mittels langsamer Berstprüfung. Die Prüfergebnisse sind der Abb. 2.26 entnommen. Sie zeigen ein Baumuster des Typs IV mit einer vergleichbaren künstlichen Alterung wie in Abb. 4.21. Es muss allerdings angemerkt werden, dass die Belastungsamplituden in Relation zum Prüfdruck deutlich niedriger gehalten werden mussten.

Auf der einen Seite zeigt die Stichprobe mit künstlicher Alterung bei Raumtemperatur („RT") erneut die höchste Restfestigkeit, gemessen im Abweichungsmaß angewendet auf die SBT-Ergebnisse der Stichprobe. Damit weist die so gealterte Stichprobe, wie bereits bei Typ III (Abb. 4.21), die geringste Degradation auf. Im Gegensatz zur Abb. 4.21 zeigt Abb. 4.22 jedoch für die hydraulisch bei 85 °C zyklierte Stichprobe des Typ IV die höchste Degradation. Hierbei ist daran zu erinnern, dass nach Abb. 4.19 die Zeit unter Last im Fall

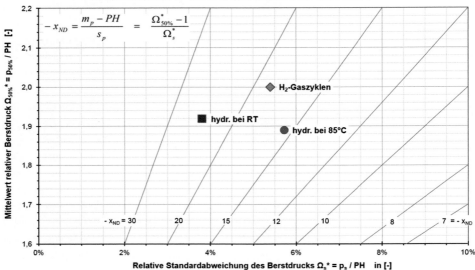

Abb. 4.22 Verbleibende Berstfestigkeit (SBT) eines CCs (Typ IV aus CFK) nach 1000 Lastwechseln: Gaszyklieren, hydraulisch bei 85 °C und bei RT

von 1000 Gaszyklen mit rund 850 h deutlich größer ist beim hydraulischen Lastwechseln (1,7 h). Im Fall eines metallischen Liners hat diese größere Dehnungszunahme den Abbau der Vorspannung zur Folge, während im Fall eines CCs mit Kunststoffliner in der Berstprüfung der Temperatureinfluss nur einen positiven, die Festigkeit steigernden Effekt zeigt.

▸   Damit steht die plausible Annahme unbewiesen im Raum, nach der das Gaszyklieren mit einem höheren Maß an viskoelastischen Effekten einhergeht als dies die nominell auf gleicher Temperaturstufe aber zeitlich deutlich kürzere hydraulische Belastung bei 85 °C verursacht.

Wie bereits im Zusammenhang mit Abb. 4.18 erläutert ist davon auszugehen, dass mit dem Anstieg der Festigkeit ein gewisses Maß an Degradation der Filamente einhergeht. Ein vollständiger Nachweis dieser teilweise gegenläufigen und überlagerten Effekte kann an dieser Stelle nicht vorgestellt werden. Dennoch ist dieser Effekt das einzige umfassend plausible Erklärungsmodell für die erkannten Trends.

Unabhängig von den Festigkeitseigenschaften im Neuzustand, die hier für beide Baumuster nicht dargestellt sind, zeigen beide Baumuster in Abb. 4.21 und 4.22 unkritische Restfestigkeiten nach der künstlichen Alterung durch 1000 Lastzyklen. Dies bedeutet, dass die künstliche Alterung weit weg von am Lebensende kritischen Schädigungen bleibt. Entsprechend müsste das Maß der künstlichen Alterung erheblich erweitert werden, um

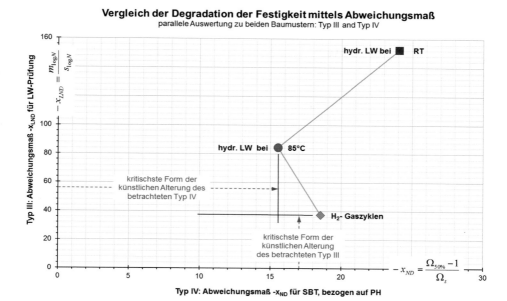

Abb. 4.23 Kombinierte Untersuchung der Lastwechsel- und Berstkriterien in einem Diagramm

die Degradation bis zu kritischen Restfestigkeiten simulieren zu können. Aufgrund der bereits diskutierten langen Prüfdauer für das Gaszyklieren, sind dieser Form der künstlichen Alterung, insbesondere im Rahmen von statistischen Verfahren, deutliche Grenzen gesetzt.

Zum Schluss der Betrachtung der Ergebnisse aus Abb. 4.21 und 4.22 können beide in einem Diagramm zusammengefasst werden. Abbildung 4.23 zeigt den Einfluss der verschiedenen Alterungsprozeduren eines Designs – oder wie in diesem Fall – von zwei verschiedenen Baumustern in einer noch deutlicheren Weise. Beide Achsen zeigen nun die in Abb. 4.21 und 4.22 für die jeweiligen Stichproben ermittelten Beträge[1] der Werte für das Abweichungsmaß: Die Ergebnisse der Lastwechselprüfung sind über denen der Berstprüfung aufgetragen.

Wieder gilt: Die kritischste Form der künstlichen Alterung für die CC mit metallischem Liner ist das Zyklieren mit Gas, während das Baumuster mit Kunststoffliner deutlich negativer auf die hydraulische Konditionierung bei 85 °C zu reagieren scheint. Beides sind keine allgemeingültigen Stellungnahmen und beziehen sich nur auf die geprüften Stichproben bzw. Baumuster.

---

[1] Die Vorzeichenumkehr bzw. Berücksichtigung der Beträge erfolgt aus Rücksicht auf die graphische Darstellbarkeit.

4.3   Erfahrungen mit der betrieblichen Degradation

Auch wenn deutlich mehr Restfestigkeitsdaten zu betrieblich gealterten Stichproben verfügbar sind, als von künstlich gealterten Stichproben, ist die Datenlage zur betrieblichen
Degradation sehr gering. Daten nach den hier erläuterten Vorgaben der Restfestigkeitsprüfung liegen nicht vor. Die Erfassung der Degradation im Betrieb setzt zudem den Vergleich von neuen Stichproben (Begin o Life) mit erkennbar (Mid of Life), grenzwertigen
(End of Life) oder gar kritisch gealterten Stichproben voraus. Die Zeiträume, in denen
Baumuster von CCn modifiziert oder ersetzt werden, sind relativ kurz. Deshalb sind unter
der Bedingung der unveränderten Fertigung eines Baumusters entweder nur neue Prüfmuster oder nur deutlich gealterte Prüfmuster in den Flaschenparks.

2010 konnten im Rahmen eines Forschungsvorhabens [38, 39] nur zu einem einzigen
Baumuster hinreichende Prüfmuster ausfindig gemacht werden. Der eine Teil sollte erkennbar betrieblich gealtert sein, der andere Teil sollte (nahezu) neu sein. Das ermittelte
Baumuster war von mehreren Betreibern in Europa eingesetzt worden. Es besteht aus
einem Aluminiumliner mit einer rein zylindrischen Glasfaserarmierung (Typ II). Detaillierte Analysen, die nachfolgend konzentriert dargestellt sind, können in [37, 40] nach-
gelesen werden. Die Betreiber gingen für die Verwendung als medizinische Sauerstoff-
flasche von einer mittleren Füllhäufigkeit von 4 Füllungen pro Jahr aus.

Folgt man dem grundsätzlichen Anspruch, im Rahmen der künstlichen Alterung prog-
nostische Aussagen zur Lebensdauer machen zu können, dann hängt dies von zwei Bedingungen ab. Zum einen muss sichergestellt sein, dass das Versagensbild und damit auch die
Bruchlage mit der eines Versagens im Betrieb identisch sind. Dies ohne Versagensfälle im
Betrieb zu beurteilen, ist kaum möglich. Da die Ursache für Veränderungen in der Bruchlage auf eine veränderte Spannungsverteilung zurückzuführen ist, könnte man ersatzweise
die Betrachtung veränderlicher Eigenspannung aufgrund von Temperaturschwankungen
und Kriecheinflüssen heranziehen. Die zweite Bedingung ist die im Folgenden noch öfter
erwähnte Korrelation zwischen den realen Füllzyklen und den verbleibenden Restfestigkeiten. Im Fall des vorgenannten Baumusters des Typs II ist dies die Rest-Lastwechselfestigkeit. Wie nachfolgend gezeigt wird, sind Effekte festzustellen, die einen deutlichen
Unterschied zwischen beiden zeigen. Im nachfolgenden Fall ist ein Faktor von mehr als
250 LW/Füllzyklus dokumentiert. In einem weiteren, hier nicht dokumentierbaren Fall
sind auch schon Faktoren von 10.000 LW/Füllzyklus festgestellt worden. Auch wenn beide Zahlenwerte als Ausnahmefälle anzusehen sind, wird die Bedeutung der betriebsbegleitenden Erfassung von Restfestigkeiten deutlich. Sofern man von einer unveränderten
Bruchlage ausgehen kann, gibt die Restfestigkeitsuntersuchung an Stichproben aus dem
Betrieb einen Anhaltspunkt dafür, in wie weit die originäre künstliche Alterung für den
realen Betrieb repräsentativ ist.

4.3.1   Ergebnisse der Restfestigkeitsprüfung mittels hydraulischer Lastwechsel

Zunächst wurden die Prüfmuster, die im Rahmen einer routinemäßigen visuellen Innen- und Außeninspektion nicht offensichtlich ausgesondert wurden, zu Stichproben etwa gleicher Betriebsdauer zusammengestellt. Manche der Prüfmuster waren seit geraumer Zeit aus dem aktiven Flaschenpark heraus genommen worden, weshalb die Betriebsdauer anstelle des Alters für die Statistik Verwendung fand.

Die Ergebnisse der Prüfungen auf Restlastwechsel bis Leckage sind in Abb. 4.24 über der Betriebsdauer aufgetragen. Die Druckzyklen wurden gemäß Abschn. 2.1.1 zwischen max. 2 MPa und mindestens Prüfdruck ausgeführt.

Die Stichprobenmittelwerte werden zunächst nach deren Veränderung über der Betriebsdauer ausgewertet. So erhält man einen mittleren Verlust an Lastwechselfestigkeit. Der so ermittelte Wert ist ein Vielfaches der realen Füllzyklenzahl entspricht. Dieses zunächst überraschende Verhalten ist im Detail nochmal in Abb. 4.25 dargestellt. Dort wird deutlich, dass das Verhältnis von Verlust an Restfestigkeit (Degradation) zur (im Mittel anzusetzenden) realen Füllzyklenzahl (4 FC/a) in der ersten Betriebsperiode größer ist als in der zweiten betrachteten Periode. Dieses nicht-lineare Verhalten lässt sich aber gut über die bereits wiederholt angesprochenen Relaxationsprozesse einer vorgespannten Armierung auf metallischem Liner erklären. Dies wird auch durch die abnehmende Degradationsgeschwindigkeit gestützt, was auf ein „Setzungsverhalten" hinweist.

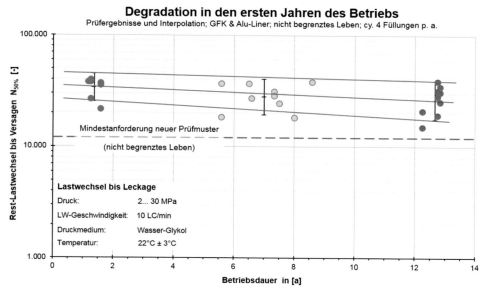

Abb. 4.24 Lastwechselrestfestigkeiten und ihre Degradation im Betrieb. (med. O_2-Flaschen; vergl. [40, 41])

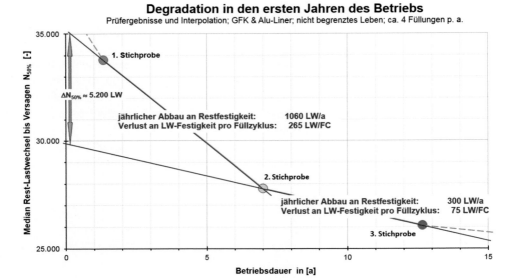

Abb. 4.25 Unterschiede der auf die Füllzyklen bezogenen Degradation während der ersten und der zweiten 6 Jahre Betrieb (med. O_2-Flaschen)

Unabhängig von der Betrachtung der Ursache zeigt dieses Verhalten aber bereits einen deutlichen Unterschied zu rein metallischen Gasflaschen. CC unterliegen einer Alterungskomponente, die nicht durch die Füllzyklenzahl, also durch Lastwechsel bedingte Ermüdung, alleine dargestellt werden kann. Während man bei rein metallischen Behältern eine zeitunabhängige Korrelation von Füll- und Lastzyklen annimmt, scheint dies nicht oder nicht immer für CC zu gelten. Damit liegt die Vermutung nahe, dass die Degradation pro Füllzyklus von den Betriebsbedingungen und ggf. sogar vom Baumuster abhängt. Im Ergebnis scheint einer der wesentlichen Aspekte der Sicherheitsnachweise nach heutigen Normen in Frage gestellt: Die hydraulische Prüfung der Mindestlastwechselzahl lässt keine allgemeine Aussage über die Lebensdauer mehr zu.

Für die weitere Auswertung der Prüfergebnisse sei ein Rückblick auf Abschn. 3.3.2 gestattet. Trägt man die Einzelergebnisse aus Abb. 4.24 in das aus Abb. 3.25 bekannte GAUSSsche Wahrscheinlichkeitsnetz erhält man Abb. 4.26.

Die in Abb. 3.25 angedeutete Alterungstendenz (blauer Pfeil) ist deutlich erkennbar. Dennoch wäre die geschätzte Lastwechselfestigkeit der ältesten Stichprobe selbst bei $SR = 99{,}9999\,\%$ noch im Bereich von 1000 LW. Die grün dargestellte jüngste Stichprobe weist deutliche Abweichungen von der zugehörigen Ausgleichskurve auf, deren Detailanalyse als inhomogene Stichprobe nachfolgend erläutert wird. Da die beiden älteren Stichproben derartige, als Frühausfälle interpretierbaren Einzelergebnisse nicht wiedergeben, sind diese in diesem Fall nicht für die Betrachtung der Überlebenswahrscheinlichkeit am Lebensende (SR_{EoL}) von besonderer Bedeutung.

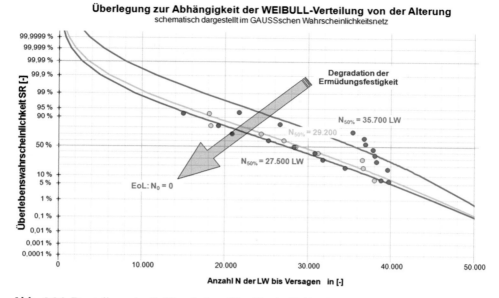

Abb. 4.26 Darstellung der Prüfergebnisse (Typ II mit AL/CFK) verschiedener Alterungsstufen; Ausgleichskurven auf Basis der WD mit $t_0 = 0$

In Analogie zu Abb. 4.14 ff. sind in Abb. 4.27 die Ergebnisse der Lastwechselprüfung für die hier betrachteten Stichproben im SPC dargestellt. Um die Stichproben unterschiedlicher Betriebsdauern bzgl. ihrer Degradationseigenschaften bewerten zu können, sind auch hier wie Abb. 4.14 ff. die Linien konstanten Abweichungsmaßes (standard-score; x-score) ergänzt.

Außerdem sind in Abb. 4.27 zu jedem der drei Stichprobenwerte unterschiedlicher Betriebsdauer der jeweilige Konfidenzbereich nach Abschn. 3.4.1 für ein Konfidenzniveau $\gamma_2 = 90\,\%$ ergänzt. Es wird deutlich, dass sich die Bereiche trotz der Stichprobengrößen (zwischen 8 und 10 Prüfmuster) überlappen und sich so die beiden älteren Stichproben nicht signifikant unterscheiden.

Beide vorangegangenen Analysen zur Restlastwechselzahl, sowohl zur künstlichen Alterung, wie zur betrieblichen Alterung bestätigen das in Abb. 4.1 dargestellte Prinzip: Mit zunehmendem Alter bzw. zunehmender künstlicher Alterung verändern sich die Stichprobeneigenschaften zu niedrigeren Mittelwerten und größerer Streuung.

Möchte man die Eigenschaften einer Population zum Zeitpunkt des Aussonderns genauer betrachten, muss auf Baumuster mit begrenzt zugelassener Lebensdauer zurückgegriffen werden. Diese sind in Europa in größerem Umfang insbesondere in Form von Atemluftflaschen verfügbar. Die Auswertung einer Stichprobe aus 40 CCn des Baumusters „G" (Atemluftflasche PH = 45 MPa; CFK auf AL-Liner; 6,8 L) im log-normalen Netz (vergl. 3.2.2) ist in Abb. 4.28 dargestellt. Die schwarze, gerade Linie stellt die ideale Log-Normalverteilung dar. Die Abweichung von der unterstellten Basisverteilung ist bei den drei mit ihrer Seriennummer gekennzeichneten Prüfmustern (links oben) besonders

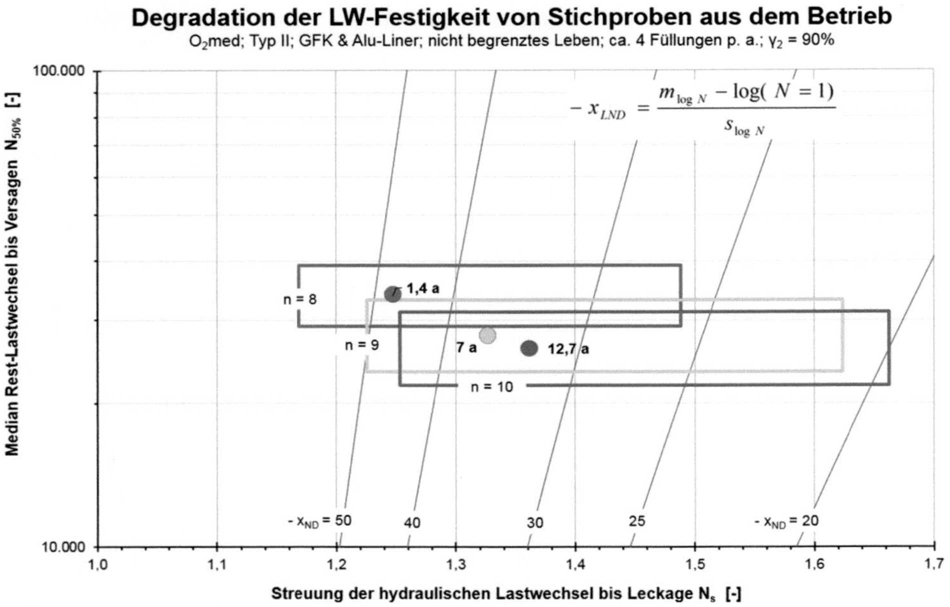

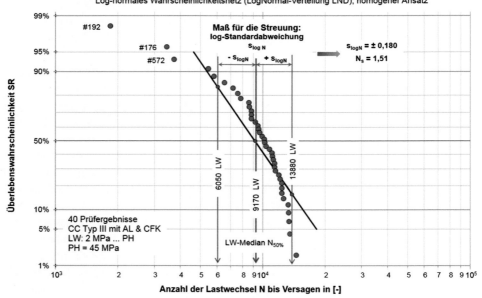

Degradation der LW-Festigkeit von Stichproben aus dem Betrieb

O_2med; Typ II; GFK & Alu-Liner; nicht begrenztes Leben; ca. 4 Füllungen p. a.; γ_2 = 90%

$$- x_{LND} = \frac{m_{\log N} - \log(N = 1)}{s_{\log N}}$$

Median Rest-Lastwechsel bis Versagen $N_{50\%}$ [-]

Streuung der hydraulischen Lastwechsel bis Leckage N_s [-]

Abb. 4.27 Darstellung der Degradation im SPC für die Lastwechselfestigkeit mit Isolinien konstanten Abweichungsmaßes. (med. O_2-Flaschen)

EoL-Untersuchung nach 15 Jahren im Feuerwehrgebrauch 1998 - 2013

Log-normales Wahrscheinlichkeitsnetz (LogNormal-Verteilung LND); homogener Ansatz

Überlebenswahrscheinlichkeit SR

Maß für die Streuung:
log-Standardabweichung
$s_{\log N}$

$s_{\log N}$ = ± 0,180
N_s = 1,51

40 Prüfergebnisse
CC Typ III mit AL & CFK
LW: 2 MPa ... PH
PH = 45 MPa

LW-Median $N_{50\%}$

Anzahl der Lastwechsel N bis Versagen in [-]

Abb. 4.28 Rest-Lastwechselfestigkeit von 40 CCn einer Stichprobe von CCn am EoL. (Typ III-Atemschutzgerät)

auffällig. Weitere Beispiele für derartiges Verhalten und deren Betrachtung sind in [42] dargestellt.

Diese drei Werte müssen im Kontext der Restfestigkeit nach graphischer Betrachtung als besonders schwache Prüfmuster verstanden werden. Sie werden als Frühausfälle bzw. Ausreißer angesehen und können nicht durch die (logarithmierte) Normalverteilung beschrieben werden. Der Begriff „Ausreißer" legt nahe, diese Ergebnisse zu verwerfen und nicht mit zu bewerten. Da jedoch weder Unzulänglichkeiten in der Zusammenstellung der Stichprobe noch in der Prüfung auf Restfestigkeit zu erkennen sind, ist ein Verwerfen der Frühausfälle nicht zulässig: Auch diese CC waren bis zum Ende ihres zugelassenen Lebens im Betrieb und hatten in vollem Umfang Einfluss auf die Sicherheit der Population.

Unternimmt man den in [42] dargelegten Versuch, die Stichprobe durch zwei unterschiedliche LND-Verteilung zu beschreiben, erhält man Abb. 4.29. Die beiden blau dargestellten Linien sind für die 3 bzw. 37 Prüfmuster abgeleiteten LN-Verteilungen. Auch wenn eine Stichprobengröße von nur drei Prüfmustern sehr fragwürdig ist, muss festgehalten werden, dass die Datenbasis eigentlich aus 40 Prüfmuster besteht und drei davon herausragende Eigenschaften aufweisen.

Stellt man sich einen Kreuzungspunkt der Linien beider Basisverteilungen (blau) vor, muss dieser weit unterhalb des Mittelwertes liegen. Auch ohne exakte Berechnung der Schnittpunkte ist offensichtlich, dass die Frühausfälle im interessanten Spektrum kleinere Überlebenswahrscheinlichkeiten repräsentieren. Das heißt, dass die kleine Gruppe

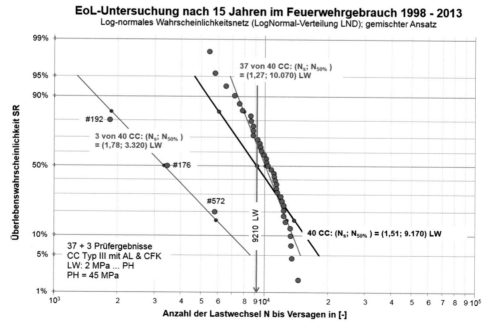

Abb. 4.29 Beschreibung der 40 Einzelergebnisse einer Stichprobe mithilfe zweier LND-Verteilungen

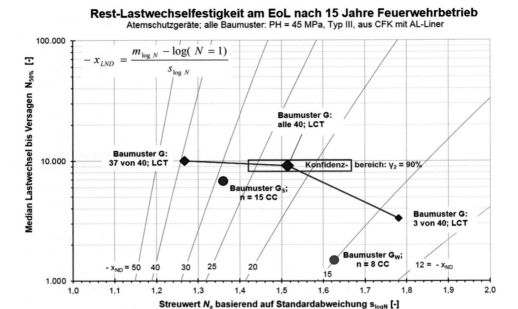

Abb. 4.30 Darstellung der Rest-Lastwechselfestigkeiten verschiedener Stichproben am EoL im SPC mit x-Isoasfalen

der Frühausfälle die dominierende Rolle in der Sicherheitsbeurteilung übernimmt. Dieser Aspekt und auch die Möglichkeiten der kombinierten Betrachtung der beiden Teile „3 von 40" und „37 von 40" sind in [42] detailliert ausgeführt.

Im Rahmen der Analyse nach Abschn. 3.2.2 folgt auf den Schritt der Darstellung im Wahrscheinlichkeitsnetz die Darstellung der Stichprobeneigenschaften im SPC. In diesem Sinn zeigt Abb. 4.30 die oben erarbeiteten drei Stichproben (design G; „40 CC", „3 von 40" und „37 von 40"). Ergänzt sind noch zwei kleinere Stichproben („G_W" und „G_S") ähnlicher Baumuster aber unterschiedlicher Hersteller (Atemluftflaschen der Berliner Feuerwehr; reguläres Aussondern nach 15 Jahren).

Die Darstellung der Stichproben „design G" für alle 40 Prüfmuster ist in Abb. 4.30 durch den Konfidenzbereich nach Abschn. 3.4.1 (vergl. Abb. 4.30 und 3.37) und Abb. 4.15 ergänzt. Durch den Vergleich der Lage des rechteckigen Konfidenzbereichs mit den Isoasfalen (konstantes Abweichungsmaß x_{ND}) kann ein Konfidenzintervall des Abweichungsmaßes der Stichprobe abgeleitet werden. Die Ecke rechts unten weist das kleinste Abweichungsmaß und die Ecke links oben das höchste Abweichungsmaß auf. Der Punkt der Frühausfälle, der nur auf drei von 40 Einzelwerten aus der Stichproben basiert, zeigt deutlich schlechtere Werte. Er ist bzgl. eines Konfidenzbereiches nicht eindeutig zu beurteilen. Zwar ist mit der Aussagekraft der 40 Prüfmuster abgesichert, dass kein schlechterer Wert vorliegt. Dennoch ist die Unsicherheit bei der Bestimmung von Mittelwert und Abweichung der Frühausfälle hoch, da diese auf nur drei Einzelwerten beruhen.

▶ Die Wahl der statistischen Verteilung hat einen wesentlichen Einfluss auf das absolute Niveau der ermittelten Sicherheit. Der Charakter der Verteilung kann aber kaum auf Basis kleiner Stichproben untersucht werden. So wird empfohlen, kleine Stichproben auf Basis der Annahme einer ND bzw. LND auf Ausreißer mithilfe von GRUBBS [43] zu prüfen. Die so beschriebene Stichprobe muss im nächsten Schritt, wie in Abb. 4.26 dargestellt, im Sinne einer WD mit $t_0 = 0$ auf höhere Überlebenswahrscheinlichkeiten SR extrapoliert und bewertet werden. Sind umfangreiche Daten verfügbar, sollte dies als Gelegenheit verstanden werden, um Stichproben auf Frühausfälle/zusammengesetzte Verteilungen und auf den Charakter der resultierenden Gruppen fundiert prüfen zu können. Hierzu sei neben den in Abschn. 4.3.1 und 4.3.2 dargestellten graphischen Ansätzen auf die weiterführende Literatur zur Statistik verwiesen, deren Inhalte mit Blick auf den Fokus auf die sicherheitstechnische Interpretation der Ergebnisse hier nicht weiter ausgeführt wird. Neben GRUBBS [43] für die Prüfung auf normalverteilte Streuungen und zugehöriger Ausreißer, sei an dieser Stelle auf den ANDERSON-DARLING-Test (s. [44, 45]) und den KOLMOGOROW-SMIRNOW-Test (s. [46] oder [47] verwiesen. Während der erste geeignet ist, eine WEIBULL-Verteilung zu prüfen, bietet sich letzterer für die Prüfung von Ergebnissen auf die Homogenität ihrer Verteilung (zusammengesetzte Verteilung) an.

4.3.2 Ergebnisse der Restfestigkeitsprüfung mittels langsamen Berstens

Bedauerlicherweise liegen keine systematisch erarbeitet Daten über betriebliche Degradation auf Basis der langsamen Berstprüfungen auf dem Niveau vor, wie es im Abschn. 4.3.1 für die Rest-Lastwechselfestigkeit über 12 Jahre und im Unterkapitel 4.2 für die künstliche Alterung dargestellt ist. So können hier nur schlaglichtartig Ergebnisse von Einzel- oder Stichprobenprüfungen dargelegt werden, die jedoch nicht geeignet sind, betriebliche Degradationsprozesse zu beschreiben. So konnten aber analog zum Abschn. 4.3.1 die Restfestigkeiten von Atemluftflaschen nach 15 Jahren Einsatz bei der Berliner Feuerwehr auch mit dem Verfahren der langsamen Berstprüfung quantifiziert werden. Die Ergebnisse von 50 Prüfmustern aus dem Herstellungsjahr 1998 sind in Analogie zum Abschn. 4.3.1 über der normierten Festigkeit (bezogen auf den Prüfdruck PH) in Abb. 4.31 dargestellt.

In Abb. 4.31 wird offensichtlich, dass die Annahme einer Normalverteilung, die für neue Prüfmuster bestätigt ist [2], die vorliegende Stichprobe nicht ideal beschreibt. Vielmehr muss, wie in [42] erläutert und für einen Teil der Daten erarbeitet ist, davon ausgegangen werden, dass die Gruppe der Frühausfälle (links in Abb. 4.32) und die Gruppe der restlichen Prüfmuster (rechts im gleichen Bild) jeweils getrennt normalverteil besser beschrieben werden können. Der in Abb. 4.32 angegebene Kreuzungspunkte beider ND-Linien (SR = $1 - 1{,}5 \ 10^{-28}$; x = $-11{,}0$) bringt zum Ausdruck, dass die Frühausfälle in dem

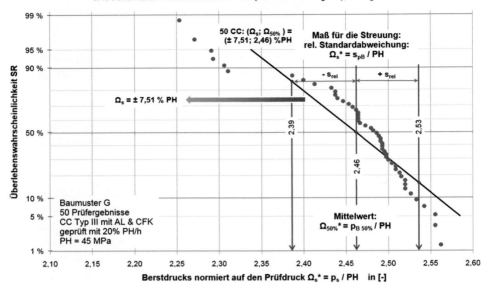

Abb. 4.31 Rest-Berstfestigkeiten (SBT) von 50 Prüfmustern einer Stichprobe von CCn am EoL. (Typ III-Atemschutzgerät)

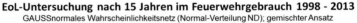

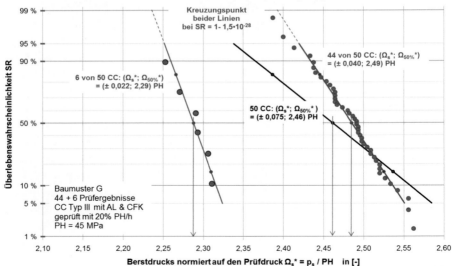

Abb. 4.32 Beschreibung der 50 Einzelergebnisse (SBT) einer Stichprobe als zwei getrennte, ND-verteilte Stichproben

gesamten eigentlich interessierenden Bereich (bis SR = $1 - 10^{-8}$) die geringere Festigkeit und damit für die Population maßgeblich Überlebenswahrscheinlichkeit darstellt [42].

Die Analyse nach Abschn. 3.2.1 arbeitet im nächsten Schritt mit der Darstellung der Stichprobeneigenschaften im SPC. In diesem Sinn zeigt Abb. 4.33 die oben erarbeiteten drei Stichproben (design G; „50 CCs", „6 von 50" und „44 von 50"). Ergänzt sind noch andere Stichproben von Atemluftflaschen der Berliner Feuerwehr ähnlicher Baumuster anderer Hersteller („G_D" und „G_S").

Dies macht deutlich, dass die Stichproben stark streuende Eigenschaften aufweisen. Diese können sicherheitstechnisch, unter Berücksichtigung der Stichprobenumfänge im Einzelfall auch kritisch bewertet werden. Die Ergebnisse der schnellen Berstprüfung des Baumusters G zeigen aufgrund zweier extremer Frühausfälle eine deutlich höhere Streuung und schneiden damit trotz höherer Mittelwerte auf Basis des Abweichungsmaßes erkennbar schlechter ab.

Die Darstellung der Stichproben „design G-SBT" für alle 50 Prüfmuster ist in Abb. 4.33 – wie in Abb. 4.30- durch den Konfidenzbereich nach Abschn. 3.4.1 ergänzt. Durch den Vergleich der Lage der Ecken des Konfidenzbereichs mit den Isoasfalen kann wieder das Konfidenzintervall für das Abweichungsmaß x_{ND} abgeleitet werden. Die Ecke rechts unten weist das kleinste Abweichungsmaß und die Ecke links oben das höchste Abweichungsmaß auf.

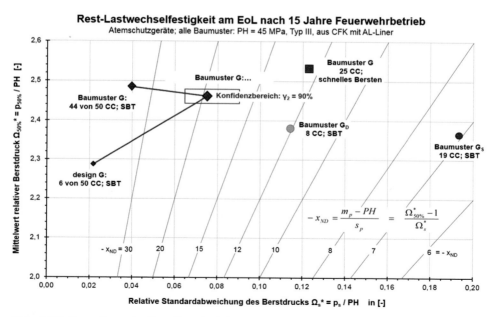

Abb. 4.33 Darstellung der Rest-Berstfestigkeiten (LCT) verschiedener Stichproben am EoL im SPC mit x-Isoasfalen

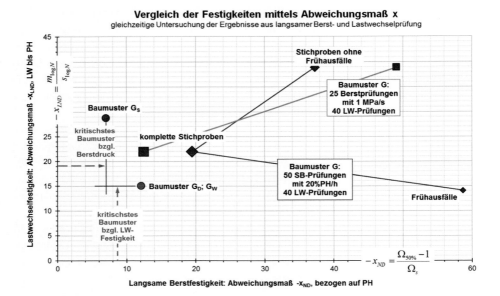

Abb. 4.34 Kombinierte Betrachtung der Abweichungsmaße für die Lastwechsel- und Berstkriterien verschiedener Baumuster am EoL in einem Diagramm

Kombiniert man die ermittelten Werte für das Abweichungsmaß nach dem Muster der Abb. 4.23 erhält man Abb. 4.34. Hier sind beide Wertungen der SPC Abb. 4.30 (LCT) und Abb. 4.33 (SBT) für vergleichbare Stichproben des Designs G und der ähnlichen Baumusters G_D, G_S und G_W dargestellt.

Auffallend ist, dass der Teil der Frühausfälle „6 von 50" aus Stichprobe „design G-SBT" in Abb. 4.33 besser bewertet ist, als dies nach Abb. 4.32 zu erwarten ist. Da der relevante Teil der Stichprobe in Abb. 4.33 gegenüber der Belastung bei Prüfdruck mit einem Abweichungsmaß von unter -30 bewertete ist, kommt der Effekt des Kreuzungspunktes zum Tragen: Wie zu Abb. 4.32 erläutert, ist oberhalb des Kreuzungspunktes (bei $x = -11$) der für beide Teilmengen angenommener Normalverteilungen die Stichprobe 44 aus 50 schlechter.

Dabei wird deutlich, dass die großen Stichproben zu Design G nach allen Kriterien, d. h. Bersten (konventionelles Bersten und langsames Bersten) und Lastwechselfestigkeit, erwartungsgemäß besser sind, wenn die Frühausfälle ausgesondert werden. Die Frühausfälle, für sich genommen, bieten ein uneinheitliches Bild. Wie an dem Punkt rechts unten in Abb. 4.34 erkennbar, ist die Lastwechselfestigkeit relativ niedrig und die Berstfestigkeit höher, wie bereits in Abb. 4.32 und 4.33 diskutiert.

Dem Grundprinzip der Abb. 4.34 folgend, sind in Abb. 4.35 die Ergebnisse der großen Stichproben einschließlich ihrer Konfidenzbereiche neu zusammengestellt. Dies sind die

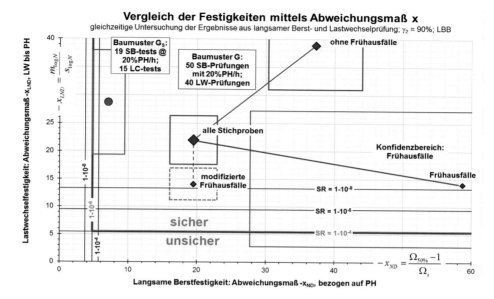

Abb. 4.35 Konfidenzbereiche und Mindestanforderungen für die kombinierte Untersuchung der Lastwechsel- und Berstkriterien in einem Diagramm zum EoL

jeweiligen Wertepaare aus langsamer Berstprüfung und Lastwechselprüfung für die Stichproben des Baumusters G und G_S.

Für das Baumuster G sind die jeweils bereits erläuterten Untergruppen „Frühausfälle" und „ohne Frühausfälle" dargestellt.

Die Ergebnisse zum Baumuster G_S basieren auf nicht ganz so umfangreichen Stichproben (19 bzw. 15). Die hier nicht dargestellten Auswertungen von G_S auf Frühausfälle, ergab keine mit G vergleichbaren Auffälligkeiten. Auffällige Frühausfälle müssen aber nicht im Baumuster liegen. Dieser Effekt kann auch an systematisch bedingten, besonderen Einsatzbedingungen begründet liegen. Dies ist leider nicht mehr nachvollziehbar. Das Baumuster G_S zeigt aber eine insgesamt im Vergleich zum Baumuster G schlechtere Performance.

Die Bewertung der Stichproben in diesem Diagramm erfolgt anhand der Linien konstanten Abweichungsmaßes. Auf Basis von Tab. 3.4 lassen sich sowohl für die Normalverteilung (ND; Bersten) wie auch für die Weibullverteilung (WD; Lastwechselprüfung) relevante Isoasfalen konkreter Überlebenswahrscheinlichkeiten graphisch darstellen. Alle dargestellten Stichproben gehören zu Baumustern des Typs III. Auch konnten alle LW-Prüfungen ohne Bersten beendet werden, weshalb den Baumustern zunächst ein Leck-vor-Bruch-Verhalten (LBB) unterstellt wird. Damit werden Überlebenswahrscheinlichkeiten von 99,99 % für die Lastwechselfestigkeit und 99,9999 % für die (langsame) Berstfestigkeit als hinreichend angesehen. Die zugehörigen Linien sind im Diagramm hervorgehoben (rot).

Der Einfluss des Stichprobenumfangs wird über die in Abb. 4.33 und in Abb. 4.30 dargestellten Konfidenzbereiche bewertet. Die jeweils für Bersten und Lastwechseln berechneten Konfidenzbereich lassen sich durch die Spanne des Abweichungsmaßes beschreiben, das der jeweilige Konfidenzbereich einnimmt. Die Kombination der daraus abgeleiteten Extremwerte der Abweichungsmaße für Bersten und für die Lastwechselprüfung ergeben den Konfidenzbereich des Abweichungsmaßes nach Abb. 4.35.

Im Fall des Baumusters G (blau) wird deutlich, dass die gesamte Stichprobe erwartungsgemäß schlechter ist als die Stichproben, die um die Frühausfälle reduziert wurden. Die Frühausfälle sind für die zyklische und die Berstbelastung unterschiedlich diskutiert (vergl. Abb. 4.33 und in Abb. 4.30). Nun kann das außerordentliche Verhalten der Stichproben bzgl. der langsamen Berstprüfung nach Abb. 4.32 und 4.33 nicht dazu führen, dass ein Kriterium durch die Frühausreißer punktuell besser bewertet wird, als die gesamte Stichprobe. Entsprechend ist in Abb. 4.35 ein Punkt „Frühausfälle" ergänzt. Dieser kombiniert die Eigenschaften der Frühausfälle aus der LW-Prüfung mit den Bersteigenschaften der gesamten Stichprobe und dem Konfidenzbereich beider vollumfänglich geprüften Stichprobe (50 SBT und 40 LCT).

Um eine Aussage für die Gesamtheit der in diesem Jahr ausgesonderten Atemluftflaschen dieses Baumusters abschätzen zu können, erfolgt die Übertragung der Eigenschaften unter Angabe der Unsicherheit in Form des Konfidenzbereiches (für beide Prüfungen beidseitige Intervalle mit je 90 %). Keiner der zugehörigen Konfidenzbereich oder gar Punkte kommt in Konflikt mit der rot dargestellten Mindestanforderung.

Das Design G_S (purple) zeigt für die gesamte Stichprobe (19 + 15) bereits grenzwertige, aber noch hinreichende Eigenschaften. Durch die Übertragung auf die Population fällt die Grenze des Konfidenzbereiches auf die Grenze des zulässigen Diagrammbereiches (rote Linie). Die Auswertung der wenigen Daten zeigt jedoch keine Frühausfälle in der eher kritischen Berstfestigkeit (SBT). Selbst die Auswertung der Lastwechselfestigkeit weist keine mit Abb. 4.29 vergleichbaren Frühausfälle auf. Dies zeigt, dass 15 Jahre Lebensdauer für dieses Baumuster bei der stattgefundenen Verwendung als grenzwertig aber nicht kritisch zu bewerten sind. Damit ist festzustellen, dass es anhand der Stichproben gerade noch möglich war, eine ausreichende Sicherheit für diejenige EoL-Population nachzuweisen, für die die Prüfmuster als repräsentativ gelten. Damit ist nicht gesagt, dass es nicht zu Zwischenfällen kommen kann. Es kann durchaus Verwender/Betreiber der Flaschen geben, die diese intensiver genutzt haben als es die Stichprobe von der Berliner Feuerwehr repräsentiert. Es besteht somit bei der Übertagung von Erfahrung eines Betreibers auf andere Betreiber immer die Gefahr, die Sicherheit einer Population zu überschätzen und sie damit fehlerhaft als unkritisch zu beurteilen.

Das Baumuster G_S weist eine schlechtere Sicherheit gegen Bersten als gegen Leckage auf, was auffallend ist und das Leck-vor-Bruch-Verhalten in Frage stellt. Damit wird für dieses Baumuster bzgl. der verbliebenen Lastwechselfestigkeit eine Überlebenswahrscheinlichkeit von mindestens $1 - 10^{-6}$ gefordert. Dies ist gemäß Abb. 4.35 für das Konfidenzintervall erfüllt.

Eine solche retrospektive Sicherheitsbetrachtung liefert interessante Ergebnisse und mag zu Veränderungen im Umgang oder in der Auslegung neuer Baumuster führen. Grundsätzlich von größerer Bedeutung ist jedoch die perspektivische Abschätzung der Alterung. So muss möglichst früh im Betrieb oder sogar am Ende der Baumusterprüfung sichergestellt werden kann, dass die Degradation im Betrieb bis zum Lebensende zu keiner kritischen Beurteilung führt.

4.4 Abschätzung der Degradation bis zum Ende der sicheren Betriebslebensdauer

Degradation meint die Abnahme der Überlebenswahrscheinlichkeit bzw. Zuverlässigkeit in einem meist kontinuierlichen Prozess. Im Kap. 4.3 wurden einzelne Momentaufnahmen aus diesem Prozess beschrieben und bewertet. Um die Momentaufnahmen im Sinne eines kontinuierlichen Prozess zu verstehen, werden im Folgenden einige schematische Diagramme diskutiert und die oben vorgestellten Prüfergebnisse detailliert in erweitertem Kontext perspektivisch analysiert.

4.4.1 Degradation der Überlebenswahrscheinlichkeit

Um den kontinuierlicher Prozess zu veranschaulichen, sei an dieser Stelle ein Wöhlerdiagramm mit mehreren Isoasfalen verwendet. Üblicherweise wird die Zeitfestigkeit im Wöhlerdiagramm mit den Linien 10 %, 50 % und 90 % Überlebenswahrscheinlichkeit dargestellt. Diese Linien sind in Abb. 4.36 um weitere Linien höherer Überlebenswahrscheinlichkeiten ergänzt.

Folgt man nun der für einen CC angenommenen Belastungskurve, die dem oberen Druckniveau MSP entspricht, kreuzt man mit steigender Lastwechselzahl von links nach rechts Linien mit immer niedrigeren Überlebenswahrscheinlichkeiten. Jedem Schnittpunkt und somit jeder Überlebenswahrscheinlichkeit lässt sich hierbei eine konkrete Lastwechselzahl zuordnen.

Nimmt man diese Schnittpunkte und zeichnet diese in ein Diagramm ein, das wie Abb. 4.37 die Überlebenswahrscheinlichkeit SR über der Lastwechselzahl darstellt, erhält man eine lineare Korrelation der Logarithmen von Lastwechselzahl und Überlebenswahrscheinlichkeit. In einer einstufigen Lastschwellprüfung dürfte man somit annehmen, dass die Überlebenswahrscheinlichkeit mit zunehmender Anzahl der Belastungszyklen, d. h. abnehmender Restlastwechselzahl abnimmt; Bleibt SR ohne einen weiteren Lastwechsel gleich, hängt die Degradation ausschließlich an der Ermüdung durch Lastwechsel.

Diese ideale Annahme trifft, wie in Abb. 4.21 und 4.25 gezeigt werden konnte, für Composite Druckgefäße nicht zu. Deshalb werden in den nachfolgenden Analysen die Degradation über der Zeit und die Degradation über der Lastwechselzahl vergleichend

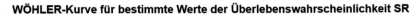

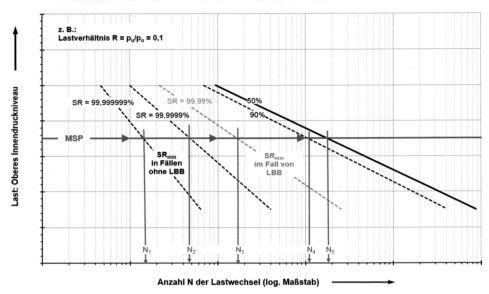

Abb. 4.36 Darstellung verschiedener Isoasfalen zu einer Zeitfestigkeitslinie im Wöhlerdiagramm (S-N-Kurve)

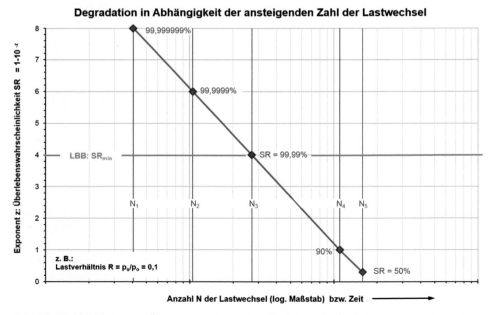

Abb. 4.37 Degradation der Überlebenswahrscheinlichkeit in Abhängigkeit der Lastwechselzahl

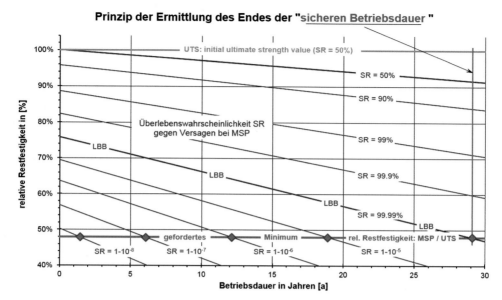

Abb. 4.38 Prinzipdarstellung der mit dem Alter fortschreitenden Degradation mithilfe der Linien konstanter Überlebenswahrscheinlichkeit. (Isoasfalen; vergl. [41, 48])

betrachtet. Bei einer betriebsbegleitenden Überwachung einer Population von CCn durch zerstörende Lastwechsel- wie auch Berstprüfungen kann in der Regel nicht analysiert werden, aus welcher Lastform welche Schädigung im Sinne von Abb. 4.4 folgt. Es wird über einen solchen Ansatz aber möglich, Ergebnisse – wie die in Abb. 4.27 – auszuwerten und Rückschlüsse auf die Sicherheit und auch Restlebensdauer zu ziehen.

Dies führt zu einer Betrachtung der Überlebenswahrscheinlichkeit in Abhängigkeit der Betriebsdauer, wie dies in Abb. 4.38 dargestellt ist. Betrachtet man den Aspekt der Degradation über der Zeit, wie in Abb. 4.38 und 4.39 schematisch dargestellt, dann kann die abnehmende Festigkeit eines beliebigen Kriteriums (z. B. Lastwechsel, Berstdruck, Standzeit) durch eine Kurvenschar dargestellt werden. Hierbei wird in Abb. 4.38 beispielhaft angenommen, dass jede Linie konstanter Überlebenswahrscheinlichkeit einen linearen Zusammenhang zwischen Festigkeit und Zeit darstellt. Insgesamt zeigt die Kurvenschar zusätzlich den erfahrungsbasierten Effekt, dass die Streuung mit zunehmender Betriebsdauer zunimmt.

Dies drückt sich durch die mit steigender Überlebenswahrscheinlichkeit SR zunehmende Steilheit der Linien aus. Der konkrete Verlauf solcher Kurve wird im Folgenden noch zu diskutieren sein. Dennoch wird deutlich, dass es möglich sein muss, die Degradation von CCn graphisch darzustellen und ggf. auch graphisch zu bewerten. Für die Bewertung der Degradation ist noch die Frage interessant, wie sich die zeitliche Abnahme der Überlebenswahrscheinlichkeit über die gesamte Lebensdauer auswirkt. Hierzu ist die Degradation in Abb. 4.39 aus den Beispielwerten in Abb. 4.38 abgeleitet.

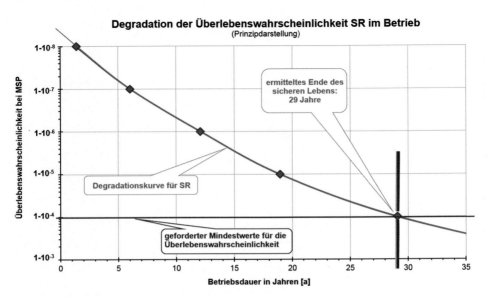

Abb. 4.39 Analyseschema der fortschreitenden Degradation nach Maßgabe der Schnittpunkte aus Abb. 4.38

Zur Ermittlung der roten Kurve in Abb. 4.39 wurde die Linie maximaler Betriebslast aus Abb. 4.38 (MSP: rot, horizontal bei 48 % UTS) beispielhaft betrachtet. Aus den Schnittpunkten der Belastung mit den Linien konstanter Überlebenswahrscheinlichkeit des Festigkeitskriteriums folgen die relevanten Zuverlässigkeitswerte in Abhängigkeit der Zeit. Die abnehmende Linie ist deshalb als kumulative Überlebenswahrscheinlichkeit bis zum jeweiligen Zeitpunkt zu verstehen. Damit lässt sich eine Aussage über die Versagenswahrscheinlichkeit bis zu einem bestimmter Alter ableiten. Die kontinuierlich abnehmende Zuverlässigkeit bildet die allgemeine Erfahrung wieder.

Versucht man die Kurve durch Jahresstufen anzunähern, wie dies in Abb. 4.40 dargestellt ist, erhält man durch Multiplikation mit der Anzahl der CC eine Aussage darüber, wieviele aus der Population statistisch bis zu welchem Betriebsjahr versagen. Bis zum Ende des 29. Betriebsjahres wären es 1 pro 10.000 CC. Die Differenzen der Jahresstufen wären dann die altersabhängig jährlichen Ausfallraten für die quantifizierte Population.

Die Ausfallraten pro Jahr stellen kein von den Ereignissen der Vorjahre unabhängiges Ereignis dar; schließlich können die zuvor versagten nicht mehr in der Statistik der Nachfolgejahre auftauchen. Dennoch sei hier kurz auf den Gedanken der Funktionskette (vergl. [49, 50]) eingegangen: Wenn die mittlere Eigenschaft eines Jahres mit einem Glied in einer Kette beschrieben wird, versagt der CC, wenn ein Kettenglied mit seinen Eigenschaften SR und Jahr (a = Annum) versagt. Hierbei ist davon auszugehen, dass die SR(t[a]) bis auf ein paar Anfangseffekte kontinuierlich abnimmt.

In Analogie zu Gl. 3.52 berechnet sich die Gesamtzuverlässigkeit (Z bzw. hier Überlebenswahrscheinlichkeit SR) einer Funktionskette nach (Teil 2: 7.1.1.3 in [49]) gemäß

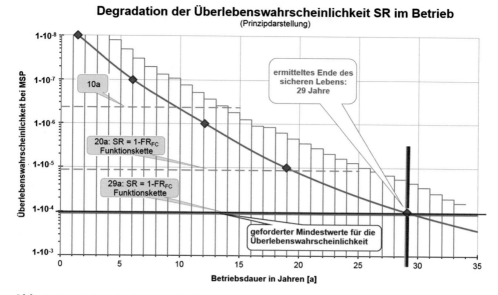

Abb. 4.40 Analyse der fortschreitenden Degradation in Jahresschritten

Gl. 4.5 als Produkt der Ausfallwahrscheinlichkeiten FR bzw. der Überlebenswahrscheinlichkeiten SR:

$$SR_{Function\ Chain} = 1 - FR_{FC} = \prod_{i=1}^{n} SR_i = \prod_{i=1}^{n}(1 - FR_i) \qquad (4.5)$$

Bei kleinen Ausfallwahrscheinlichkeiten können nach [49] näherungsweise die Ausfallwahrscheinlichkeiten summiert werden:

$$FR_{FC} \approx \sum_{i=1}^{n} FR_i \qquad FR_i = 1 - SR_i \qquad (4.6)$$

Daraus ergibt sich der Erfahrung entsprechend, dass immer die jeweils größte bis zum Lebensende (t_{EoL} [a]) auftretende Ausfallwahrscheinlichkeit bzw. kleinste Überlebenswahrscheinlichkeit den größten Einfluss auf die gesamte Überlebenswahrscheinlichkeit hat.
Entsprechend unterscheidet sich die Ausfallwahrscheinlichkeit einer Population von CCn
über das gesamte Leben kaum von der im letzten Betriebsjahr (Lebensende; EoL). Damit
wird deutlich, dass die sicherheitstechnische Bedeutung der Überlebenswahrscheinlichkeit SR am Lebensanfang (BoL) für die Einschätzung der SR der gesamten Betriebsdauer
bisher überschätzt wird. Nur wenn die Degradation bekannt wäre, könnte man vom SR
(BoL) auf die SR (EoL) schließen; und umgekehrt. Da die Degradation aber nicht bekannt
ist, muss für den Sicherheitsnachweis eines CCs die Überlebenswahrscheinlichkeit kon-

tinuierlich in Abhängigkeit von der Zeit (t [a]) oder ersatzweise am Lebensende erbracht werden.

An dieser Stelle muss auf den Unterschied zwischen der Betrachtung der Degradation der Überlebenswahrscheinlichkeit eines einzelnen CCs und der Statistik über (möglichst nicht eintretende) Versagensereignisse einer Population von CCn eingegangen werden.

Die Unfallstatistik gibt Auskunft über die Anzahl von unerwünschten Ereignissen und ggf. noch über den Umfang einer Gesamtpopulation. Damit lässt sich bestenfalls berechnen, wieviel CC einer Population in einem Zeitraum (z. B. Jahr) versagten: Ein CC-Ausfall auf eine Population von 10^7 ergibt eine erfasste Zuverlässigkeit von $1 - 10^{-7}$ für diesen Zeitraum. Kann diese Statistik für ein benanntes Baumuster differenziert werden, oder ist sogar bekannt wie groß die Population an dem Baumuster für das vom Versagen betroffenen Herstellungsjahres ist, könnte eine Statistik für ein bestimmtes Alter bzw. jedes Alter jahresweise erstellt werden, wie dies in Abb. 4.41 im Prinzip dargestellt ist.

Summiert man alle Ausfälle eines Produktionsjahres von einem Baumuster bis zum Ende des Lebens auf, kommt man näherungsweise zu Gl. 4.6. Hierbei ist „n" die Anzahl der Jahre bis Lebensende der Population (zugelassene Lebensdauer) und „i" würde das jeweilige Jahr bezeichnen. In diesem Fall ergibt die Auswertung dieser Gleichung für die 29 sicheren Betriebsjahre den in Abb. 4.40 dargestellten Verlauf von SR(t). Umgekehrt heißt dies, dass die Überlebenswahrscheinlichkeit eines einzelnen CCs den grau dargestellten beispielhaften Jahresbalken folgen muss, damit die Gesamtzuverlässigkeit (dunkelblaue Linie) bis zum Lebensende erfüllt ist. Damit ergibt die Gl. 4.6 bis zu dem jeweils betrach-

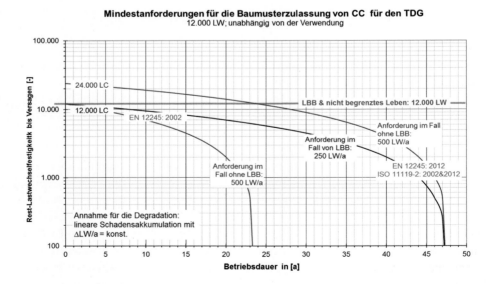

Abb. 4.41 Darstellung der Mindestlastwechselzahlen in Abhängigkeit der Auslegungslebensdauer nach Gefahrgutnormen wie z. B. EN 12245

teten Betriebsalters (z. B. hellblaue Linien bei 10 und 20 Jahren) den zugehörigen Punkt auf der roten Linie der kumulierten Gesamtüberlebenswahrscheinlichkeit bis zu diesem Alter. Geht es um die in manchen Zusammenhängen diskutierte jährliche Ausfallrate, ist ein einfacher und meist konservativer Ansatz, den Wert am Ende der Betrachtung durch die Betriebsjahre bis zum Ende der Betrachtung zu dividieren.

▶ Die Ausfallrate oder Versagenswahrscheinlichkeit eines CCs nimmt grund-sätzlich mit der Betriebsdauer zu. Hierbei ist die Ausfallrate bis zum Ende des Betriebes immer höher als die Ausfallrate jeder beliebigen Unterteilung der Betriebsdauer. Für alle weiteren Betrachtungen ist der Verlauf der Ausfallrate bzw. Überlebenswahrscheinlichkeit bis zu dem jeweiligen Ende des Betriebes eines CCs von Interesse. Dividiert man die durch eine Degradationskurve ange-gebene Ausfallrate am Betriebsende durch die zugehörigen Jahre des Betriebs, erhält man eine Näherung für später diskutierte jährliche Ausfallrate.

4.4.2 Extrapolation der Prüfergebnisse aus der betrieblichen Alterung

Zur Veranschaulichung des Degradationsverhaltens sei zunächst auf einen einfacher An-satz aus der Normung (z. B. [11–13]) hingewiesen. Dort wird für die Lastwechselprüfung bis Prüfdruck eine Mindest-Lastwechselfestigkeit von 250 LW pro Jahr angenommen. Diese 250 LW pro Jahr gelten für ein nachgewiesenes Leck-vor-Bruch-Verhalten. Kann dieses L-v-B Verhalten nicht nachgewiesen werden, dann muss mit 500 LW pro Jahr gerechnet werden. Gleichzeitig spricht man bei Nachweis einer Mindestfestigkeit von 12.000 Lastwechseln an zwei neuen Prüfmustern von einem Baumuster, das für eine nicht begrenzte Lebensdauer zugelassen werden darf. Stellt man diesen Zusammenhang von 12.000 Lastwechseln und 250 bzw. 500 LW pro Jahr graphisch dar, erhält man Abb. 4.41. Die gekrümmten Kurven konstanter LW-Zahl kommen aus der logarithmischen Achsen-skalierung.

Gelingt es nicht, Leck-vor-Bruch-Eigenschaften nachzuweisen, werden bis zu 24.000 Lastwechsel im Gefahrgutrecht [12] gefordert und im Fahrzeugbereich bis 45.000 Lastwechsel. Um die Über-sichtlichkeit zu erhalten wird dies ist in den folgenden Graphiken, deren Fokus auf der Alterung liegt, nicht wiederholt dargestellt. Damit werden im Gefahrgutrecht einem nominell nicht begrenz-ten Leben rechnerisch etwas mehr als 45 Jahre gleich gesetzt, während das Leben im Fahrzeug je nach Vorschrift immer auf max. 15 bzw. 20 Jahre begrenzt ist.

Greift man die in Abb. 4.25 und 4.27 dargestellten Werte für die zuvor betrieblich gealter-ten drei Stichproben nochmals auf und überträgt diese in Abb. 4.41, erhält man Abb. 4.42.
Die hier angewendete Extrapolation verwendet den in Abb. 4.25 für die letzte Periode (2. bis 3. Prüfung) ermittelten Betrag der Degradation von 300 LW/a und schreibt ihn

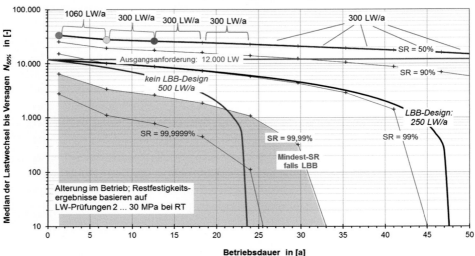

Abb. 4.42 Extrapolation der Degradation bis zum Lebensende; linearer Ansatz basierend auf Werten aus Abb. 4.25 (vergl. [51])

linear weiter. Da über die Streuung für jede Überlebenswahrscheinlichkeit eine andere Degradation errechnet werden kann, ergeben sich aus deren Weiterführung auch je eine anders verlaufende Linie.

Hierbei fällt die SR = 99,9999 % Linie gegen das Lebensende der nach Norm geforderten 500 LW pro Jahr (24 bzw. 25 Jahre). Auffällig ist auch die Nähe der Linie für 250 LW pro Jahre nach Norm mit der Linie für SR = 99 %. An dieser Stelle muss der grundsätzlich andere Charakter eine Forderung nachgewiesener Mindestfestigkeit (kein Prüfmuster darf vorher versagen) und der einer nachzuweisenden Überlebenswahrscheinlichkeit erlaubt sein. Für den Nachweis einer Mindestfestigkeit bei der relativ geringen Anzahl von Prüfmustern (2 bis drei zzgl. den Losprüfungen aus der Produktion) ist eine Annahme praxisnah, nach der mit rund 95 … 99 % Wahrscheinlichkeit die Nachweisprüfungen nach Norm ohne Versagen beendet werden. Der wahre Wert der Lastwechselfestigkeit wird aber im Zuge nachweisorientierter Zulassungsanforderungen nicht ermittelt.

Eine gegenüber dem empirischen Ansatz in Abb. 4.42 deutlich bessere Transparenz in der Interpolation oder auch Extrapolation von betrieblicher Alterung erhält man, wenn man die Achsen der Abb. 4.27 aufgreift, und die beiden Parameter der Diagramme getrennt betrachtet, wie in Abb. 3.34 dargestellt.

In Abb. 4.43 sind verschiedene Extrapolationsansätze dargestellt. Für die Betrachtung der Mittelwerte werden in diesem Beispiel ausschließlich lineare Ansätze verwendet, die sich nur in der Kombination der erforderlichen zwei Prüfergebnisse unterscheiden: 1. und 2. Altersstufe, 1. und 3. Altersstufe oder 2. und 3. Altersstufe. Auch wenn die letzte Kom-

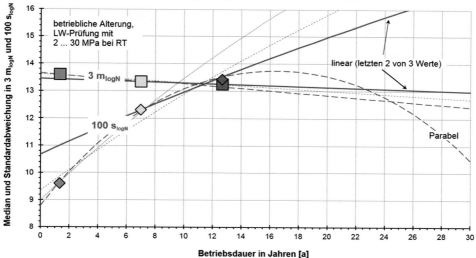

Abb. 4.43 Getrennte Extrapolation von Mittelwert und Streuung der Rest-Lastwechselfestigkeit; basierend auf Abb. 4.27

bination nicht die konservativste ist, wird diese aufgrund der Detailanalyse nach Abb. 4.25 als die plausibelste angesehen.

Gleiches wird mit den Werten für die Streuung durchgeführt. Hier gelingt es jedoch mit einem parabolischen Ansatz eine Ausgleichskurve (best-fit-line) durch alle drei Punkte zu legen. Diese weist jedoch einen Wendepunkt auf und wird deshalb verworfen. Ansonsten gilt auch hier: Selbst wenn die lineare Verbindung der letzten beiden Ergebnisse nicht die konservativste ist, wird diese aufgrund der Detailanalyse nach Abb. 4.25 als die plausibelste angesehen. Spiegelt man die so über die Streuung und den Mittelwert erhaltene Erwartung für die Degradation wieder zurück in die Abb. 4.27, erhält man den in Abb. 4.44 dargestellten Degradationspfad.

Hierbei ist sowohl für den interpolierten Bereich ($t < 13$ Jahre), wie auch für den extrapolierten Bereich ($t \geq 13$ Jahre) jeder Jahresschritt auf der Degradationsspur (retrospektiv) bzw. dem Degradationspfad (retro- und perspektiv) markiert. Ganze Dekaden sind auf dem Degradationspfad mit blauen Rauten hervorgehoben. An diesen Schritten wird deutlich, dass solange sich grundsätzlich nichts an den Versagensmechanismen ändert, der Degradationspfad einen immer spitzer werdenden Winkel zu den Isoasfalen des konstanten Abweichungsmaßes bildet.

Um die Frage der Überlebenswahrscheinlichkeit bzw. des Endes des sicheren Betriebes bewerten zu können, müssen die Linien konstanten Abweichungsmaßes durch Linien konstanter Überlebenswahrscheinlichkeit für ein Versagen beim nächsten Lastwechsel ersetzt werden. Entsprechend wird im Folgenden auf die Ergebnisse des Kap. 3 zurückgegriffen:

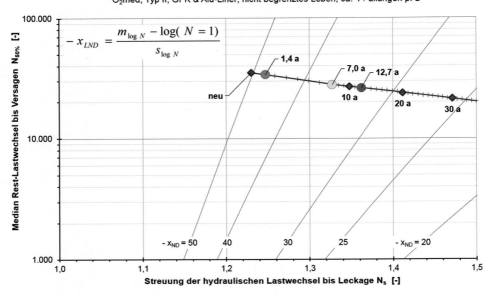

Abb. 4.44 LC-SPC mit dem Degradationspfad basierend auf den Werten aus Abb. 4.43 im Netz von Isoasfalen für das Abweichungsmaß x

Zunächst ist die Verteilungsform zu definieren. Nach Kap. 3 ist bei Aspekten der Last-wechselprüfung von einer WEIBULL-Verteilung (WD; $t_0 = 0$) auszugehen. Vollzieht man diesen Schritt, kommt man auf die rot dargestellten Linien im SPC-Arbeitsdiagramm (Abb. 4.45). Diese stellen nun die Zuverlässigkeitsaussage für die geprüften Stichproben dar, erlauben aber noch keine Aussage über den weitaus größeren Teil der Population, der nicht zerstörend geprüft wurde. Der Bereich des betrieblichen Lebens (der Bereich zwischen den 3 farbig dargestellten Stichproben) aber auch der auf Basis der Extrapolation dargestellte Bereich bis 50 Jahre Betrieb liegt deutlich oberhalb der Linie des primären Linerversagens. Da keine andere Versagensform bisher unter Betriebslast (bis PH) fest-gestellt werden konnte, wird zunächst angenommen, dass damit die Gesamtzuverlässig-keit beschrieben werden kann. Dies rechtfertigt mit einer später noch zu diskutierenden Restunsicherheit bzgl. der Versagensform die Aussage, dass keines der Prüfmuster aus der Stichprobe in einem Betrieb bis 50 Jahre mit einer Wahrscheinlichkeit von mehr als 1 zu 100 Mio. versagt hätte.

Die eigentliche Frage ist jedoch die nach dem Verhalten der im Betrieb verbliebenen Population von Gasflaschen aus unveränderter Fertigung. Hierzu werden auf Basis des Kap. 3 das Konfidenzniveau und die Stichprobengröße in Abb. 4.46 mit berücksichtigt

Die für das unilaterale Konfidenzniveau von $\gamma_1 = 95\,\%$ ($\alpha = 5\,\%$ Wahrscheinlichkeit, dass die Festigkeit überschätzt wird) bei der Stichprobengröße von 7 Prüfmustern (kleins-te der drei Stichproben) resultierenden Isoasfalen sind blau dargestellt. Diese liegen näher

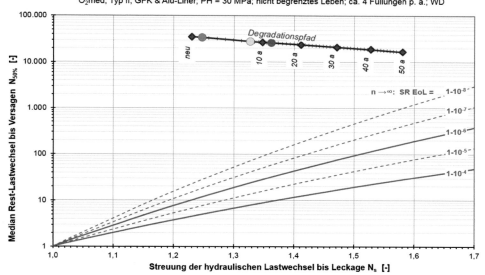

Abb. 4.45 LC-SPC mit dem Degradationspfad im Netz von Isoasfalen für die Überlebenswahrscheinlichkeit SR

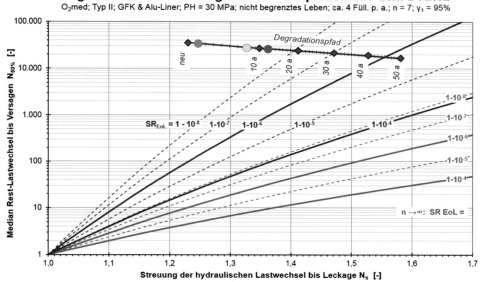

Abb. 4.46 LC-SPC mit dem Degradationspfad in zwei Netzen von SR-Isoasfalen; eines für die Stichprobe und ein anderes für die Einschätzung der Population

an den Stichprobenergebnissen, so dass die Ausfallwahrscheinlichkeit bis zu 50 Jahre Betrieb über 10^{-6} steigt. Wäre es aufgrund des erwarteten Leck-vor-Bruch-Verhaltens zulässig, die geforderte Überlebenswahrscheinlichkeit auf 99,99 % zu reduzieren, würde der gesamte betrachtete Bereich von 50 Jahren oberhalb relevanter Anforderungslinien (LvB bzw. LBB: $SR \geq 1 - 10^{-4}$) bleiben. Dies ist in Abb. 4.47 nochmals detaillierter dargestellt.

In dieser Auflösung erkennt man den Knick im Degradationspfad an der zweiten Stichprobe. Zur Erinnerung (vergl. Abb. 4.25): Für die Perioden zwischen der ersten und der zweiten Stichprobe einerseits und der 2. und der 3. Stichprobe andererseits wurden unterschiedliche Degradationsraten ermittelt. Für die Extrapolation des Degradationspfades wurde die aus der zweiten Periode angewendet.

Mit Abb. 4.47 wäre somit bestätigt, dass die Baumuster bei unveränderten Halbzeugen und identischer Fertigung für eine Betriebsdauer von 50 Jahren oder mehr geeignet ist. Es gibt jedoch immer noch die bereits erwähnte Unsicherheit, ob das Versagensverhalten unverändert bleibt und ob das Werkstoffverhalten linear extrapolierbar ist. Nur dann wäre eine Fokussierung auf die Ermüdungsfestigkeit mit Leck-vor-Bruch-Verhalten zulässig. So ist z. B. nicht grundsätzlich auszuschließen, dass die hier verwendete Glasfaser aufgrund der statisch-zyklisch kombinierten Belastung im weiteren Betrieb an ihre Ermüdungsfestigkeitsgrenze kommt, während der Aluminiumliner nur aufgrund des zyklischen Lastanteils degradiert. Dann könnte das Gesamtverhalten, wie in Abb. 4.7 skizziert, progressiv von der Armierung dominiert werden.

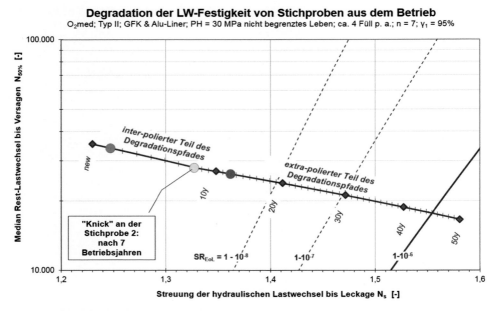

Abb. 4.47 Details des Degradationspfades im Netz von SR-Isoasfalen für die Population

4.4.3 Interpolation der Prüfergebnisse aus der künstlichen Alterung

Um das Verhalten in der Nähe des Lebensendes besser abschätzen zu können, muss auch die Degradation bis zum Versagen betrachtet werden. Damit kommt aber der in Abschn. 4.4.2 dargestellte Ansatz der Betrachtung betrieblicher Alterung an seine Grenzen. Es kann nicht ernsthaft in Erwägung gezogen werden, Unfälle in Kauf zu nehmen, um die Sicherheit eines Baumusters zu bewerten.

Das Verhalten bis zum Lebensende kann somit nur mittels künstlicher Alterung simuliert werden. In Fällen, in den Daten vorliegen, die die Degradation bis über das im Betrieb akzeptables Maß hinaus darstellen, kann man den Degradationspfad für diese Form der Degradation eines Baumusters mittels Interpolation und damit ohne die genannten Unsicherheiten der Extrapolation darstellen. Mit den Prüfergebnissen zu den drei Punkten entlang der beiden roten Pfeile in Abb. 4.14 liegen Daten für ein Baumuster aus CFK des Typs IV vor. Bedauerlicherweise sind dies keine Daten für das bereits auf Basis betrieblicher Alterung im Unterabschnitt 4.3 diskutierte Baumuster. Stellt man die Ergebnisse in der aus Abb. 4.24 bekannten Form dar, kommt man zu Abb. 4.48. Bei der künstlichen Alterung durch Lastwechsel tritt an die Stelle der Betriebsdauer die Zahl der Lastwechsel. Die Korrelation von Lastwechsel und Füllzyklen ist – wie im Abschn. 4.3.1 beschrieben – nicht möglich. Entsprechend kann auch die aufgebrachte Lastwechselzahl keiner Jahreszahl zugeordnet werden.

Die Auswertung der Daten bzgl. ihrer Mittelwerte und Streuung entsprechend Abb. 4.43 ist in Abb. 4.49 dargestellt. Wieder tritt die Lastwechselzahl an die Stelle der Betriebsdauer.

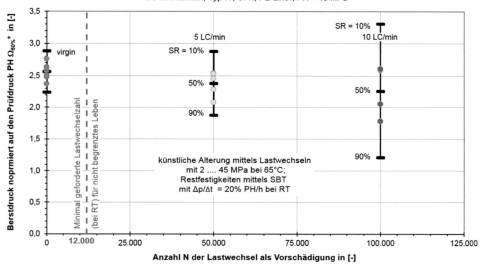

Abb. 4.48 Rest-Berstfestigkeiten dreier Stichproben eines Typ-IV-Baumusters nach Abb. 4.12

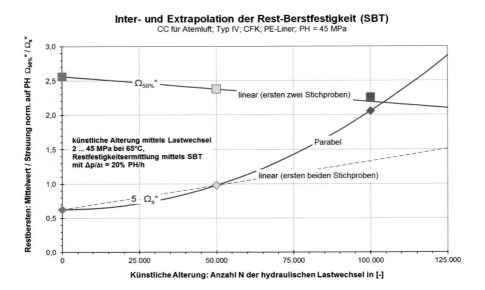

Abb. 4.49 Getrennte Extrapolation von Mittelwert und Streuung der Rest-Berstfestigkeit; basierend auf Abb. 4.14

Der Mittelwert ist erneut linear interpoliert, so dass die blaue Linie das Ende der Alterung (rot) mit konservativer Tendenz darstellt. Die Streuung (untere Linie) ist in Abb. 4.49 mit einer Parabel interpoliert. Auf dieser Basis können nun für beliebige Lastwechselzahlen die Restberstfestigkeiten beliebiger Überlebenswahrscheinlichkeiten berechnet und wie in Abb. 4.50 dargestellt werden.

Abbildung 4.50 basiert auf einem Bewertungsansatz CAT (s. [17–20] und vergl. [27, 41, 51, 52]), der als vereinfachter Vorgänger gegenüber dem hier angewendeten anzusehen ist. Dort wurde anstelle der in [1, 2] für die Rest-Berstfestigkeit empfohlenen und hier verwendeten ND mit der deutlich konservativeren 2-parametrigen WD gearbeitet. Dafür wurde jedoch der Stichprobeneinfluss nach Abschn. 3.4 nicht betrachtet.

Die in Abb. 4.50 dargestellte Verteilung basiert auf der WEIBULLverteilung und trifft in dieser Form nur für die geprüften Stichproben zu. Eine Übertragung auf die gesamte Population ist nicht adressiert. Unterstellt man, dass der Prüfdruck auch noch am Lebensende sicher ertragen werden können soll, kommt man für die hohen Überlebenswahrscheinlichkeit $(1-10^{-6})$ auf etwa 15.000 LW bei 65 °C als Äquivalent für die zulässige Degradation in Betrieb.

Berechnet man den Degradationspfad im Arbeitsdiagramm wie in Abb. 4.47 kommt man auf die in Abb. 4.51 dargestellte violette Line.

Hier sind in Analogie zu Abb. 4.46 die zur Bewertung erforderlichen Isoasfalen dargestellt. Berücksichtigt man im Gegensatz zu Abb. 4.50 die Aussage aus Kap. 3, dass die Normalverteilung hinreichend ist, kommt man zur Schar der rot dargestellten Linien. Diese ermöglichen die Bewertung der zerstörend geprüften 3 Stichproben. Will man eine

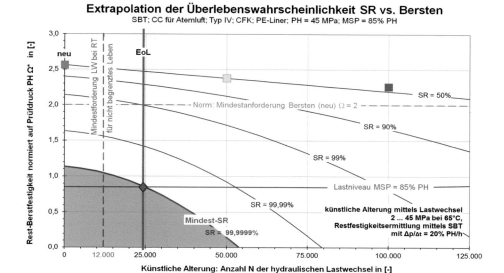

Abb. 4.50 Resultierende Berechnung der Isoasfalen für die Rest-Berstfestigkeit als Funktion der künstlichen Alterung durch hydraulische Lastwechsel

Aussage für die gesamte Population identisch hergestellter CC treffen, kommt man in Analogie zu Abb. 4.46 bei einem Konfidenzniveau von $\gamma_1 = 95\,\%$ und einer Stichprobengröße von $n = 7$ Prüfmustern auf die blauen Linien in Abb. 4.51.

Auch hier lohnt ein genauer Blick auf die Details, wie in Abb. 4.52 dargestellt. Da bei der künstlichen Alterung in Ermangelung realer Zeitkorrelation das Maß der Degradation die Lastwechselzahl ist, sind äquidistante Stufen von 5000 hydraulischen Lastwechseln bei 65 °C angegeben.

Man erkennt, dass bei dieser Stichprobengröße nach knapp 30.000 LWn die Mindestzuverlässigkeit von $1 - 10^{-6}$ gegen Bersten unter einer Last in Höhe des Prüfdrucks erreicht wird und ein weiterer Betrieb nicht sicher zu sein scheint. Ergänzt ist die Linienschar, die sich ergibt, wenn als Betriebslast der MSP für Druckluft bei 65 °C, in etwa 85 % PH, zugrunde gelegt wird. In diesem Fall steigt die akzeptierbare Degradation auf 35.000 hydraulische Lastwechsel.

▶ Damit ist bedauerlicherweise gezeigt, dass weder die Betrachtung der betrieblichen Alterung noch die künstliche Alterung für sich hinreichend sind, das Ende des sicheren Betriebes zuverlässig zu prognostizieren. Eine statistisch hinreichende Anzahl von Versagensfällen kann im Rahmen der betrieblichen Alterung nicht angestrebt werden. Der künstlichen Alterung fehlt das Maß dafür, einem Umfang der Degradation eine adäquate Betriebsdauer zuzuordnen.
So kann nur ein Ansatz, der sowohl auf Elemente der künstlichen Alterung wie auch der betrieblichen Alterung aufbaut, zur Beurteilung der Degradation empfohlen werden.

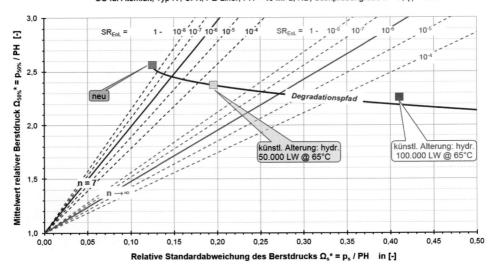

Abb. 4.51 Interpolierter Degradationspfad im SBT- SPC

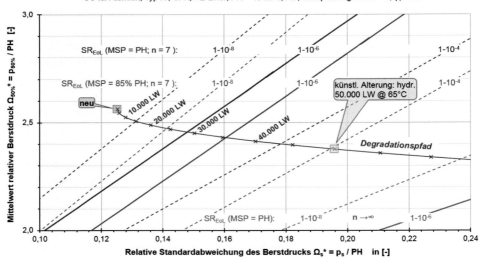

Abb. 4.52 Interpolierter Degradationpfad im sicherheitsrelevanten Bereich

Im Abschn. 4.4.2 wurden die Stichprobenergebnisse unmittelbar zur Interpolation der Degradation herangezogen. Mit Verweis auf die in Abb. 4.27 dargestellten Konfidenzbereiche bleibt damit eine mathematische Unsicherheit nur unscharf berücksichtigt. Es müsste zumindest das Streuband berücksichtigt werden, dass sich aus der Interpolation von Konfidenzbereichen ergibt. Dies gilt auch, ist aber umso schwieriger für die Extrapolation von Eigenschaften über das abgeprüfte Lebensalter hinaus. Damit bleibt die Extrapolation mathematisch eher spekulativ.

Betrachtete man jedoch diesen Aspekt mathematisch korrekt, entstünde eine Beschreibung, die der Erfahrung in der Realität nicht mehr entspricht. Insofern besteht hier der Bedarf, in der Zukunft die Extrapolation unter Berücksichtigung des Konfidenzniveaus weiter zu entwickeln. Zu diesem Zweck müsste die Empirie hinter der subjektiven Verknüpfung verschiedener positiver Erfahrungen (Erwartung entspricht Ergebnis) durch den Menschen auch mathematisch abgebildet werden. Hierzu gibt es mathematische Werkzeuge, wie z. B. den Ansatz von BAYES [53] dessen Anwendung mit Verweis auf die umfangreiche Nachfolgeliteratur auf Basis ansteigender Prüfergebnisse an anderer Stelle zu diskutieren sein wird. Das so angesprochene Defizit besteht in der Nachweisführung, ob der Ansatz der „ungünstigsten Ecke" nach Abschn. 3.4.1 auch in der Anwendung auf die Interpolation und sogar auf Extrapolation der ermittelten Stichprobenwerte konservativ ist.

Mit Verweis auf die Darstellung dieser Bewertungsunsicherheit werden auch im Folgenden die Stichprobenprüfergebnisse ohne individuelle Betrachtung des Konfidenzbereiches interpoliert und extrapoliert. Eine ansteigende Datenlage zu Prüfmustern aus dem Betrieb und die angestrebte statistische Bewertung von Prozessen der künstlichen Alterung im Vergleich mit der im Betrieb müssen in der Zukunft zeigen, wie der vorgestellte Ansatz verbessert und der Prüfumfang minimiert werden kann.

4.5 Abschätzung des Betriebsendes auf Basis der künstlichen Alterung in Kombination mit betriebsbegleitenden Prüfungen

Es wurde bereits festgestellt, dass eine Kombination aus künstlicher Alterung während der Baumusterprüfung und betriebsbegleitender Prüfungen die verlässlichste Aussage für die Ermittlung des Endes des sicheren Betriebes ermöglicht.

Diese Kombination verspricht dann am erfolgreichsten zu sein, wenn zum einen die künstliche Alterung möglichst realitätsnah aufgebracht wird und über die maximale Schädigung im Betrieb hinaus geht. Zum anderen muss mittels betriebsbegleitender Prüfungen der originär abgeschätzte Degradationspfad überwacht werden. Hierbei scheint es wesentlich zu sein, dass die Restfestigkeit zumindest mit der Schlüsselprüfung, der jeweils besten Prüfmethode (key test), ermittelt wird. Um einen „blinden Fleck" bei der Degradationsbetrachtung zu vermeiden, ist es dennoch ratsam, die Eingangsbeurteilung der Lastwechselempfindlichkeit während des Betriebes immer wieder zu überprüfen. Dies bedeutet, dass sowohl die Lastwechselprüfung bis zum Versagen wie auch die langsame Berstprüfung in angemessenen Abständen wiederholt werden sollten.

Bedauerlicherweise liegen derzeit keine Daten vor, die eine derartig umfangreiche Beurteilung eines Baumusters wiedergeben: Ausgangsfestigkeit, Festigkeit nach verschiedenen Stufen künstlicher Alterung und wiederholte Kontrolle des Degradationspfades der künstlichen Alterung – alles auf Basis eines identisch durchgeführten Prüfverfahrens, dem „key-test" und einer Überprüfung, ob die Ermüdungsempfindlichkeit und evtl. das Leck-vor-Bruch-Verhalten noch richtig beurteilt wird. Das klingt aufwendig und kompliziert.

Um zu zeigen, dass dies aber überschaubar ist, wird im Folgenden anhand schematischer „Sample Performance Charts" SPC dargestellt, wie dies für die langsame Berstprüfung funktionieren kann. Dies erfolgt in Anlehnung an die in 4.2.1 erarbeiteten und in 4.4.3 interpolierten Ergebnisse.

4.5.1 Untersuchungen am Baumuster im Neuzustand

Als zu beurteilendes Baumuster nehmen wir die in Tab. 4.1 beschriebene Daten an.

Aus diesen Daten lässt sich zunächst ableiten, dass es sich um ein lastwechselempfindliches Baumuster handelt. Die Ergebnisse aus der langsamen Berstprüfung sind in Abb. 4.53 dargestellt. Dort ist sowohl der BoL-Punkt (Begin of Life) der neuen Prüfmuster zu sehen, wie auch die aus Abb. 4.47 bekannten Linien für die relevante Stichprobengröße.

Tab. 4.1 Angenommene Stichprobeneigenschaften zu einem fiktiven Baumuster

Baumuster-	Typ IV, Carbonfaser mit PE-Liner
Lastwechselempfindlichkeit	Kein Versagen bis 50.000 LW
Leck-vor-Bruch	Kann in Ermangelung von LW-Prüfungen bis Leckage nicht beurteilt werden
SBT-Ergebnisse im Neuzustand	$(\Omega_s; \Omega_{50\%}) = (0,125\ \mathrm{MSP};\ 2,56\ \mathrm{MSP})_{\mathrm{BoL}}$
Stichprobengröße Neuzustand	$n_0 = 7$ zzgl. Losdaten aus laufender Fertigung

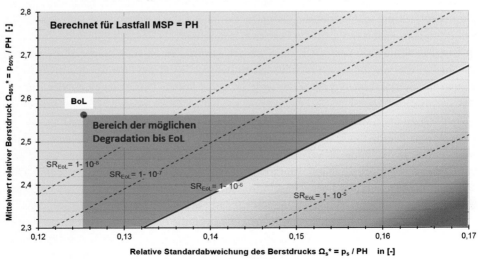

Abb. 4.53 Darstellung der möglichen Veränderung von Stichprobeneigenschaften durch Degradation (*blau*)

Der zulässige Bereich ist grün (bzw. blau), der nicht zulässige ist in Gelb bis Rot dargestellt. Damit soll zum Ausdruck gebracht werden, dass die Grenz-Isoasfale durch Prüfung einer größeren Stichprobe in den gelben Bereich verschoben werden kann. Für den Prozess der Degradation ist davon auszugehen, dass die Streuung zunimmt (Horizontale) und der Mittelwert abnimmt (Vertikale). Der dadurch aufgespannte Degradationsbereich der möglichen und zulässigen Kombinationen beider Merkmale ist blau markiert. Dieser Bereich zeigt die Lage der Punkte auf dem Degradationspfad, die bis zum Ende des sicheren Betriebes erwartet werden darf.

Außerdem wurden zwei Stichproben einer künstlichen Alterung durch Hochtemperaturlastwechsel bei 65 °C unterworfen. Eine mit 50.000 LW, die andere sogar mit 100.000 LW. Daraus können folgende Daten abgeleitet werden:

Stichprobengröße künstliche Alterung: $n_{1,2} = 5$

SBT-Ergebnisse nach 50.000 LW @65 °C: $(\Omega_s; \Omega_{50\%}) = (0,196 \text{ MSP}; 2,38 \text{ MSP})_{HT50k}$

SBT-Ergebnisse nach 100.000 LW @65 °C: $(\Omega_s; \Omega_{50\%}) = (0,411 \text{ MSP}; 2,26 \text{ MSP})_{HT100k}$

In Abb. 4.54 sind die Ergebnisse dieser Prüfungen in Analogie zu Abb. 4.47 wieder als Degradationspfad der künstlichen Alterung dargestellt. Auch sind die aus der Interpolation in 4.4.3 für alle 5000 LW analysierten Werte markiert. Demnach wäre nach 25.000 bis 30.000 LW mit einer Überlebenswahrscheinlichkeit von SR = 99,9999 % ein Versagen auszuschließen. Aufgrund des Verhaltens bei Lastwechselprüfungen bis zum Versagen (jenseits der 50.000 LW) ist von Bersten auszugehen. Damit wird das Leck-vor-Bruch-Kriterium nicht weiter betrachtet.

Schritt 1: Künstliche Alterung zur Ermittlung der Degradation
CC für Atemluft; Typ IV; CFK; PE-Liner; PH = 45 MPa; ND; Stichprobengröße n = 7; γ_1 = 95%

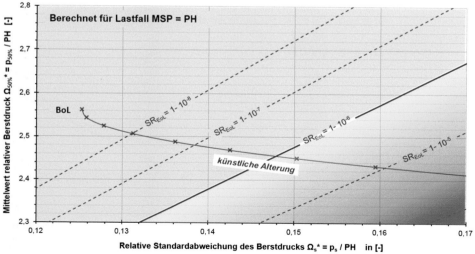

Abb. 4.54 Darstellung der Veränderung von Stichprobeneigenschaften eines Baumusters durch künstliche Degradation

4.5.2   Betriebsbegleitende Untersuchungen

Es ist zwar unbewiesen aber als wahrscheinlich anzunehmen, dass die Degradation eine baumusterspezifische, und nicht nur eine materialspezifische Eigenschaft ist. Entsprechend ist die Alterung eine unbekannte Größe – selbst wenn die Alterung der Faser bekannt wäre. Außerdem gibt es keine Belege dafür, dass die künstliche Alterung nominell, z. B. nach dem Kriterium der Lastwechselzahl, der Alterung im Betrieb entspricht. Damit ist vom ungünstigeren Fall auszugehen, wonach die künstliche Alterung und der Pfad der betrieblichen Degradation unterschiedlich sind.

Auf dieser Basis können beispielhaft zwei frei gewählte, mögliche Szenarien diskutiert werden. Das eine Szenario beschreibt eine betriebliche Degradation, die überwiegend über die Zunahme von Streuung zu beschreiben ist. Das andere Szenario beinhaltet eine Form der Degradation, die einen deutlich höheren Verlust der mittleren Festigkeit wiedergibt als mit der künstlichen Alterung gemäß Abschn. 4.4.3 und Abb. 4.54 ermittelt.

Beiden Szenarien wird als gemeinsam unterstellt, dass die dargestellten Ergebnisse der künstlichen Alterung und der Pfad der betrieblichen Degradation unterschiedlich sind, und dass die Alterung der Population alle 10 Jahre überprüft wird. Dies erfolgt mithilfe von Stichproben aus je 7 CCs und in Übereinstimmung mit der Prüfvorschrift „SBT".

Szenario A

Das oben genannte Szenario mit überwiegender Zunahme der Streuung ist in Abb. 4.55 dargestellt. Der mittels zweimaliger betriebsbegleitender Prüfung ermittelte betriebliche Degradationspfad bleibt aufgrund des gegenüber dem Degradationspfad der künstlichen

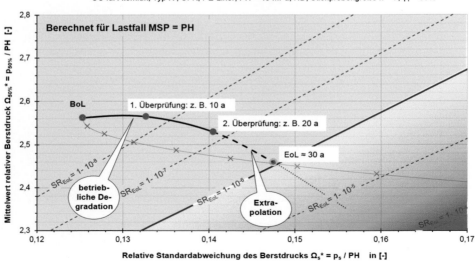

Abb. 4.55 Schematische Darstellung des Degradationspfades bei künstlicher Alterung im Fall einer Streuungs-dominierten Degradation. (im SBT-SPC)

Alterung kleineren Verlusts an mittlerer Festigkeit oberhalb der Annahme für den originären Pfad aus der Baumusterprüfung.

Während bei quasi unveränderlichem Mittelwert in den ersten 10 Jahren ein Degradationszustand – gemessen an verbleibender Überlebenswahrscheinlichkeit – erreich wird,
der in der Mitte zwischen 10.000 und 15.000 LW liegt, liegt der 2-te Check gleichauf mit
20.000 Lastwechseln. Die Extrapolation aller drei zu diesem Zeitpunkt vorliegenden Ergebnisse lässt erwarten, dass nach 30 Jahren, die kritische Isoasfale mit $1 - 10^{-6}$ erreicht
wird. Damit müsste spätestens nach 20 Jahren Betrieb die zulässige Betriebsdauer unabhängig von einer ggf. protokollierten Füllzyklenzahl oder originären Auslegungslebensdauer auf höchstens 30 Jahre begrenzt werden.

Szenario B

Das andere Szenario mit einem deutlich höheren Verlust der mittleren Festigkeit ist in
Abb. 4.56 dargestellt. Der, so die Annahme, über zweimalige betriebsbegleitende Prüfungen ermittelte betriebliche Degradationspad bleibt unterhalb des originären Pfades aus
der Baumusterprüfung. Daraus ist ein gegenüber dem Degradationspfad der künstlichen
Alterung deutlich größerer Verlust an mittlerer Festigkeit zu erkennen. Dieser geht in diesem Szenario mit einer gegenüber der künstlichen Alterung geringerer Streuungszunahme
einher.

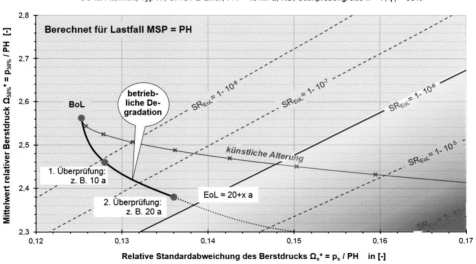

Abb. 4.56 Schematische Darstellung des Degradationspfades bei künstlicher Alterung im Fall
einer Mittelwert-dominierten Degradation. (SBT im SPC)

Während hier in den ersten 10 Jahren ein Degradationszustand – gemessen an verbleibender Überlebenswahrscheinlichkeit – erreich wird, der etwas über dem von 15.000 LW
liegt, zeigt der hier dargestellte 2-te Check nach 20 Jahren einen nahe am Grenzwert liegenden Zustand. In diesem Fall könnte der Weiterbetrieb für nur mehr ein oder zwei Jahre
gestattet werden. Alternativ könnte noch über entsprechend größere Stichproben die Unsicherheit aus der geringen Stichprobengröße reduziert werden. In diesem Fall würden in
dieser Darstellung die Isoasfalen und damit auch der Grenzwert nach rechts unten wandern, was bei unveränderten Werten für die Stichproben und damit gleich bleibender Lage
der roten Punkte einen längeren Betrieb erlauben könnte.

Wie im Unterkapitel 4.3 dargestellt, sind die Stichprobenergebnisse bei Bewertung von
Zuständen gegen EoL gezielt auf Frühausfälle zu untersuchen. Es ist sicher zu stellen, dass
die angenommene Verteilungsfunktion nicht aufgrund von Frühausfällen die tatsächliche
Überlebenswahrscheinlichkeit der Population überschätzt.

Grundsätzlich ist eine sehr zurückhaltende Behandlung der zugelassenen Lebensdauer
immer dann angeraten, wenn bereits bei der ersten betriebsbegleitenden Prüfung nach 5 oder
10 Jahren deutlich wird, dass entweder die Lastwechselzahl nicht annähernd mit der realen
Füllzyklenzahl korreliert oder der Charakter der Degradation im Sinne von $\Delta(\Omega_s; \Omega_{50\%})$
bzw. $\Delta(N_s; N_{50\%})$ nicht mit der ursprünglich ermittelten Alterung beschrieben werden kann.

▶ Wie in Abb. 4.27 dargestellt ist, sind einzelne Stichprobenergebnisse von großen Konfidenzbereichen umgeben. Diese sind in jedem Fall zu groß, um eine
   genaue Interpolation bis zum Lebensende zu gewährleisten. Daraus lassen sich
   zwei grundsätzlich unterschiedliche Prämissen ableiten:
   A) Entweder man kombiniert eine fundierte künstliche Alterung, die eine Inter-
      polation über das gesamte Betriebsleben zulässt, mit einer punktuellen
      Überprüfung der betrieblichen Degradation. Mit dem daraus resultierenden
      Anspruch an eine wirkungsgleiche Degradation erhält die Treffsicherheit der
      künstlichen Alterung und die Interpolation entsprechender Prüfergebnissen
      zu den relevanten Restfestigkeiten eine große Bedeutung.
   B) Oder man geht im anderen Fall davon aus, dass die künstliche Alterung
      kaum in der Lage sein wird, eine wirkungsgleiche Degradation abzubilden.
      Dann ist es im Wissen um die Unsicherheiten aus den Konfidenzbereichen
      geboten, nicht mehr als etwa eine Dekade voraus zu extrapolieren. Dies
      erfordert einen deutlich höheren Anteil an betriebsbegleitenden Stichpro-
      benprüfungen, um die betriebliche Degradation angemessen zu verfolgen.

4.6 Produktionsqualität und ihr Einfluss auf die Lebensdauer

Die Untersuchung und Steuerung der Produktionsqualität mithilfe eines hochwertigen
Qualitätsmanagements (QM) hat eine große Bedeutung für das hier dargestellte Verfahren. Das QM ist üblicherweise auf Untersuchungen am Ende des Herstellungsprozesses

und damit auf den Anfang des Betriebes (Neuzustand) beschränkt. Wenn man von einer klassischen Schadensanalyse absieht, gibt es während des Betriebes keine Prüfungen, die im Normalfall Rückschlüsse auf die Produktionsqualität zulassen würden. In der Regel gibt es aber im Bereich des Gefahrguttransportes sogenannte wiederkehrende Prüfungen, die auf Schädigungen aus dem Betrieb fokussieren. Dies sind Innen- und Außenkorrosion, mechanische Schäden, Widerstand gegen hydraulischen Druck bis zum Prüfdruck, ggf. Volumenexpansion. Hinzu kommen beim alternativen Einsatz von Ultraschall an metallischen Druckgefäßen die Mindestwanddicke und Fehlstellen (Risswachstum, Umformfalten etc.) im Metall.

Davon unabhängig ist es für eine effiziente Sicherheitsbeurteilung von Populationen auch wichtig, den Zustand und die zugehörige verbliebene Überlebenswahrscheinlichkeit am Ende des Lebens (EoL) zu kennen. Da man mit Recht unterstellen darf, dass sich nicht jede Imperfektion am Ende der Herstellung gleich gravierend auf die Betriebsfestigkeit oder die Degradation während des Lebens auswirkt, kann die reine Suche nach Abweichungen im Neuzustand eingeschränkt effizient sein.

So liegt es nahe, die möglichen Fertigungsfehler auf ihren Einfluss auf die Degradation bzw. Überlebenswahrscheinlichkeit am EoL zu untersuchen und statistisch zu bewerten. Diese Imperfektionen beeinflussen die Streuung und ggf. auch den Mittelwert der Festigkeitseigenschaften am Lebensanfang. Sie haben aber sicherlich auch Einfluss auf das Fehlstellenwachstum im Betrieb und damit auf die Zeitspanne bis zum Erreichen kritischer Zustände im deterministischen Sinne. Aus der Perspektive der Probabilistik ist zu fragen, wie viele CC einer Population gegenüber einer „perfekten" Fertigung früher versagen und wie die relevanten Restfestigkeiten der CC streuen.

Das bedeutet, dass eine Fertigungsabweichung für sich genommen, noch keinen Fehler darstellt. Es ist vielmehr für jede Abweichung danach zu fragen, ob diese Fertigungsabweichung die zentralen Festigkeitseigenschaften am neuen Bauteil beeinflusst. Daraus würde dann die Verpflichtung erwachsen, systematisch nach den Fertigungsabweichungen zu suchen, die die initialen statistischen Eigenschaften verschlechtern.

Von noch größerer Bedeutung ist jedoch die Frage, ob diese am neuen Prüfmuster gefundene Fertigungsabweichung bis zum EoL zu einer erkennbar vergrößerten Degradation oder sogar zu einem vorzeitigen Versagen führt. Damit ist auch die Suche nach den Imperfektionen, die zu beschleunigter Alterung führen, von herausragender Wichtigkeit. Nach den bisherigen Darlegungen sind dies insbesondere die Imperfektionen, die im Alterungsprozesse zu erhöhter Streuung und reduziertem Mittelwert der Festigkeitseigenschaften einer Population gegenüber den „perfekten" Prüfmustern führen. Diese sollten in jedem Fall als „Fertigungsfehler" (Manufacturing Failure MF) angesehen werden. Erfolgt dies nicht, kann die Aussagen zur probabilistischen Sicherheit einer „perfekten" Stichprobe nicht auf die Population aus der gesamten Fertigung übertragen werden. Grundsätzlich wären aber Imperfektion solange als Fertigungsfehler anzusehen, bis deren geringer (Negativ-) Einfluss auf die Überlebenswahrscheinlichkeit bis EoL nachgewiesen ist. In diesem Sinne sind die nachfolgenden Untersuchungen zu verstehen.

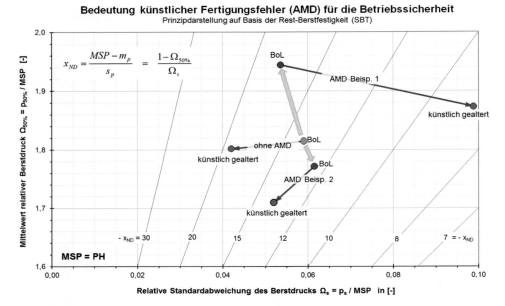

Abb. 4.57 Schematische Darstellung von Stichproben mit MF/AMD und deren Degradation im SPC

Vor diesem Hintergrund sind die Methoden der Qualitätssicherung einschließlich der relevanten ZfP-Verfahren neu und ggf. anders zu bewerten als bisher. Es geht vor allem darum die Methoden einzusetzen, die diejenigen Abweichungen detektieren können, die insbesondere Einfluss auf die Streuung (EoL und/oder EoL) haben.

Für die weitere Diskussion des Einflusses von MFn auf die EoL-Eigenschaften werden die bereits eingeführten Stichproben-Arbeitsdiagramme verwendet. So ist das Prinzip der statistischen Betrachtung von MFn in Abb. 4.57 dargestellt. Da – wie bereits ausgeführt – das Maß für eine angemessene künstliche Alterung nicht bekannt ist und auch nicht universell gelten kann, ist die Verwendung von EoL ggf. nicht ganz zutreffend. Dennoch werden die relevanten Punkte im Diagramm mit „EoL" bezeichnet, um die Darstellung zu vereinfachen und die Intention der Betrachtung besser zu verdeutlichen.

4.6.1   Interpretation der Degradation

Herstellungsfehler, die in diesem Rahmen als künstliche Imperfektionen der Herstellung untersucht werden (artificial manufacturing defects AMD), können einen kritischen Einfluss auf das Verhalten der CC haben. Aus diesem Grund wird üblicherweise jeder CC ausgesondert, an dem ein Fertigungsfehler (MF) – im Sinne einer Abweichung vom Baumuster – detektiert wird. In den meisten Fällen werden solche MF oder ihre künstlichen Entsprechungen (AMD) auf ihren Einfluss auf die Eigenschaften am Beginn des Lebens

(BoL) hin untersucht. Aber mit Blick auf die Betriebsfestigkeit ist es von größeren Interesse zu ermitteln, wie diese Imperfektion die Sicherheit am Lebensende beeinflusst. Dies gilt insbesondere dann, wenn diese als MF mithilfe der heute gängigen Maßnahmen zur Qualitätssicherung nicht erkannt werden können. Heute wird bestenfalls ein einzelnes Prüfmuster im Ansatz gealtert und seine Restberstfestigkeit ermittelt. Hier gilt aber der bereits ausführlich erläuterte Grundsatz: Einzelwerte erlauben keine fundierte Beurteilung; nur statistische Betrachtung lassen Tendenzen eindeutig erkennen.

Es wurde bereits erläutert, dass es Unterschiede in der Restfestigkeit zwischen künstlich gealterten und betrieblich gealterten CCn gibt. Diese Unterschiede sind mit gutem Grund auch den EoL-Restfestigkeiten von CCn mit Imperfektionen zu unterstellen. Die Tatsache, dass sich auch künstliche Fertigungsabweichungen (AMD) nicht perfekt identisch reproduzieren lassen, ist ein weiter Grund diese Untersuchungen zu AMD an Stichproben und nicht an einzelnen CCn vorzunehmen. Dieser Ansatz ist in den Vorhaben StorHy [54], INGAS [55] und HyComp [34] mit zunehmender Systematik verfolgt worden.

Die Alterung zwischen BoL und EoL kann mittels konstanter Last oder wechselnden Lasten – oder einer Mischung daraus – erfolgen. Es wird erwartet, dass die Ergebnisse den Einfluss auf den Composite unmittelbar zeigen oder ggf. indirekt aus den Anzeichen für eine Veränderung der internen Eigenspannungen zwischen Liner und Composite abgeleitet werden können. Das Prinzip der möglichen Alterung ist schematisch in Abb. 4.57 dargestellt. Es zeigt wieder den Mittelwert über der Streuung der relevanten Eigenschaft. Die Punkte, die EoL-Eigenschaften darstellen sind dort und in den nachfolgenden Abbildungen rot dargestellt. Diejenigen, die eine neue, fehlerfreie Stichprobe darstellen sind grün und die die eine neue aber fehlerbehaftete Stichprobe darstellen sind blau gekennzeichnet. Der Degradationsprozess ist als Verbindungslinie (blau) zwischen BoL und EoL dargestellt. An dieser Stelle sei angemerkt, dass die hier dargestellten Stichproben nicht aus der Serienfertigung, sondern aus einer Vorserie im Rahmen des Vorhabens HyComp [34] kamen. Der Einfluss des AMD am BoL ist gelb dargestellt.

Für die oben dargestellte Untersuchung der Überlebenswahrscheinlichkeiten mit Übertragung der Ergebnisse auf die repräsentierte Population muss das Konfidenzniveau betrachtet werden. Möchte man wie hier unterschiedliche Effekte im direkten Vergleich bewerten, kann darauf verzichtet werden, wenn die Stichproben gleich groß sind. Um dem Problem der Bewertung von Stichproben unterschiedlicher Stichprobengröße aus dem Weg zu gehen, wird in Abb. 4.57 wieder das Abweichungsmaß zum Maßstab des Vergleichs der verschiedenen AMDs genommen. Das Netz der x-Isoasfalen (rot), d. h. Linien mit konstanten Werten für das Abweichungsmaß, ist im Unterkapitel 4.2 eingeführt. Sie erlauben eine eindeutige Bewertung der Veränderung – sowohl bzgl. Richtung der Tendenz wie auch bzgl. der Intensität der Veränderung.

Blickt man in Abb. 4.57 zunächst auf die BoL-Eigenschaften sind die als Beispiele gewählten Ergebnisse deutlich: Die BoL-Eigenschaften des als Szenario ausgedachten Beispiels AMD 1 verhält sich mit Blick auf Mittelwert und Streuung besser als die „perfekte" Referenzstichprobe. Das Beispiel AMD 2 verhält sich mehr oder weniger genauso wie die Referenzstichprobe, mit genauem Blick auf beide Achsen sogar ein kleines bisschen schlechter. Vergleicht man die Differenzen zur Referenz der BoL-Eigenschaften nach dem Kriterium des Abweichungsmaßes ist wieder das Beispiel AMD 1 besser, während das Beispiel AMD 2 am schlechtesten ist. Dies vermittelt zunächst den Eindruck, dass der AMD hinter dem Beispiel 1 kein Problem darstellt. Daraus könnte die Folgerung gezogen werden, dass es sich nicht lohnt, die CC auf den zugehörigen Produktionsfehler (MF) hin zu untersuchen. Aber dies ist ein falscher Schluss wie im Folgenden an diesen Beispielen gezeigt wird.

Studiert man den Einfluss der künstlichen Alterung, zeigt die fehlerfreie Stichprobe in diesem Beispiel eine Veränderung der Festigkeit auf einem nahezu konstanten Niveau der mittleren Festigkeit nach links. Dies bedeutet eine Reduktion der Streuung und damit eine Verbesserung der Festigkeit. Dies ist zwar kein grundsätzlich zu erwartender Effekt. Es ist aber ein Verhalten, das in der Praxis insbesondere an CC aus Carbonfasern beobachtet werden kann. Dies gilt insbesondere dann, wenn der Betrieb von wenigen Füllzyklen und langen (Halte-) Phasen unter hohem Innendruck dominiert wird (vergl. Abb. 4.16).

Auch das Beispiel AMD 2 sieht interessant aus. Es beginnt mit den schlechtesten BoL-Stichprobeneigenschaften, aber dann zeigt es einen nur geringen Verlust an mittlerer Festigkeit in Verbindung mit einer Reduktion der Streuung. Am Ende der Alterung sind die Eigenschaften dennoch etwas schlechter als die EoL-Eigenschaften der fehlerfreien Referenzstichprobe.

Dem gegenüber sind die EoL-Eigenschaften des Beispiels AMD 1 im Prinzipdiagramm Abb. 4.57 im Vergleich zur fehlerfreien Referenzstichprobe als kritisch zu beurteilen: Am Ende der Alterung hat diese anfangs beste Stichprobe eine erheblich geringere Überlebenswahrscheinlichkeit (Abweichungsmaß) als die Referenz. Dies zeigt den Verlust an Zuverlässigkeit, wie er grundsätzlich zu erwarten ist. Da jedoch die Referenzstichprobe aus Prüfmustern ohne künstliche Fehler eine tendenzielle Verbesserung der Eigenschaften aufweist, sticht der – sonst zu erwartende – Verlust an Festigkeit des Beispiels AMD-1 besonders hervor. Damit muss der Fehler AMD 1 in diesem Beispieldiagramm als kritisch beurteilt werden, da die im Zulassungsverfahren ermittelte Degradation und sonstigen Eigenschaften das Verhalten des Beispiels AMD 1 nicht mit abdecken.

Diese bis hierher nur grundsätzlich diskutierte Bewertung von Fertigungsfehlern zeigt, dass es notwendig ist, mögliche Fertigungsfehler insbesondere nach dem Maßstab der Restzuverlässigkeit einer Stichprobe nach erheblicher Alterung zu bewerten. Eine offensichtliche Schwächung der Festigkeit im Neuzustand ist zwar ein guter Grund sicherheitshalber relevante CC auszusondern. Es ist aber noch kein hinreichendes Kriterium für eine notwendige Vermeidung kritischer Reduktionen der Zuverlässigkeit im Betrieb.

4.6.2   Composite-Cylinders ohne mittragendem Liner

Von den grundsätzlichen Erläuterungen am Beispiel nun zur Diskussion des Einflusses von künstlich eingebrachten Fertigungsabweichungen (AMD) anhand von im Rahmen von [34] in Prüfungen ermittelten Eigenschaftsänderungen.

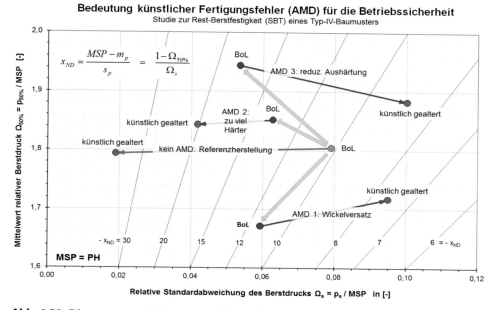

Abb. 4.58 Diagramm zum Einfluss von AMDs auf den Berstdruck eines Typ-IV-Baumusters

Die Alterung eines Typ-IV-CCs, d. h. die Degradation von Stichproben zwischen BoL und EoL ist in Abb. 4.58 dargestellt. Es zeigt einen deutlichen Einfluss der AMD auf den Composite. Die Alterung dieser Stichproben aus CCn ohne metallischem Liner bestand aus einer Belastung bei Prüfdruck PH (45 MPa) und bei 85 °C über 100 h, gefolgt von 20.000 LWn bis PH bei RT. Folgt man den Erläuterungen zu lastwechselunempfindlichen Baumustern in Abschn. 4.2, ist die langsame Berstprüfung die beste Prüfmethode, um mittels zerstörenden Prüfungen die Restfestigkeit zu erfassen. In diesem besonderen Fall wurden aufgrund spezieller Rahmenbedingungen nur konventionelle, nicht langsame Berstprüfungen durchgeführt. Dies schränkt zwar mit Verweis auf Unterkapitel 2.3 das Vertrauen in die Prüfergebnisse in Abb. 4.58 ein, dennoch sind es die Ergebnisse wert diskutiert zu werden.

Wie bereits in Abb. 4.57 dargestellt und im Zusammenhang mit Abb. 4.18 erläutert, zeigen auch hier die Prüfmuster, dass die Berstfestigkeit an moderat gealterten CCn besser sein kann als an neuen Prüfmustern.

In Übereinstimmung mit den oben erläuterten Kriterien muss folgendes festgestellt werden: Der grüne Punkt bei $\Omega_s = 8\%$ stellt den neuen Zustand (BoL) der fehlerfreien Referenzstichprobe aus CCn des Typ IV aus Carbonfasern dar. Die drei anderen BoL-Punkte gehören zu 3 verschiedenen AMDs. Die Veränderungen in den Eigenschaften neuer Prüfmuster durch die AMDs sind durch die breiten Pfeile (gelb) dargestellt. Von diesen vier Anfangspunkten zeigen vier Pfeile (ohne AMD: grün; mit AMD: blau) den Einfluss der Alterung. Das Verhalten der vier AMD am Ende der Alterung (rote Punkte) kann wie folgt beschrieben werden: AMD 2 (20 % Überschuss an Härter) verhält sich mehr oder weniger wie die Stichprobe aus der normalen Produktion. AMD 3 (unvollständige Aushärtung; unvollständige Vernetzung) wird als schwerwiegender Fehler eingeschätzt. AMD 1 (Versatz in der Wickelposition) ist ebenfalls ein kritischer Fehler. Das Verhalten des AMD 4 (vergleichbarer Fasertyp mit schlechteren Festigkeitseigenschaften) weist eine mittlere Festigkeit unterhalb von 110 % MPS auf. Die zugehörigen Stichprobeneigenschaften, die ebenfalls als kritisch angesehen werden, sind außerhalb des mit Blick auf die anderen Stichproben gewählten Darstellungsbereiches und deshalb nicht in der Abb. 4.58 zu sehen.

4.6.3   Composite-Cylinders mit metallischem Liner

Die nachfolgend dargestellte Untersuchung zu Fertigungsfehlern in Typ-III-CCn wurde parallel zu den Untersuchungen an Typ-IV-CCn im Abschn. 4.6.2 durchgeführt. Aus diesem Grund sind die diskutierten künstlichen Abweichungen (AMD) die gleich, wie bereits oben erläutert: AMD 1 (Versatz in der Wickelposition), AMD 2 (20 % Überschuss an Härter), AMD 3 (unvollständige Aushärtung; unvollständige Vernetzung) und AMD 4 (vergleichbarer Fasertyp mit schlechteren Festigkeitseigenschaften).

Da die Typ-III-CC auf einem metallischen Liner basieren, wird als erstes Versagen vom lastwechselbedingten Ermüdungsversagen des Liners ausgegangen. Aus diesem Grund wurde die Restfestigkeit mittels der Lastwechselprüfung bei RT bestimmt. Die Druckzyklen wechselten zwischen 2 MPa und PH. Die Fasern und die Matrix war nominell die selben wie diejenige, die im Abschn. 4.6.2 für das Typ-IV-Design zum Einsatz kamen. Die Ergebnisse der Restfestigkeitsuntersuchungen sind in Abb. 4.59, wieder im Netz der Isoasfalen zum Abweichungsmaß dargestellt. Da die Zahl der Prüfmuster sehr begrenzt war, wurden in diesem Zusammenhang keine neuen Prüfmuster (BoL) mit AMD geprüft. Stattdessen wurden zwei unterschiedliche Degradationsstufen analysiert.

Dies bedeutet, dass alle Punkte, von denen in Abb. 4.59 die Pfeile ausgehen, die den Alterungsprozess andeuten, für Stichproben stehen, die bereits über 100 h einer konstanten Belastung bei RT und PH und weitere 100 h bei 85 °C und PH ausgesetzt waren. Die höher belasteten Stichproben wurden zunächst über 1000 h bei RT dem Prüfdruck ausgesetzt, bevor auch diese über 100 h dem Prüfdruck bei 85 °C ausgesetzt waren. Damit zeigen die durchgezogenen Linien den Einfluss der Differenz von 900 h bei PH und RT. Aufgrund dessen, dass beide Stichproben bereits 100 h bei 85 °C belastet waren, ist mit Verweis auf Abschn. 4.2 davon auszugehen, dass der größte Teil der Kriechprozesse bereits vorweggenommen ist. Die Vermutung liegt (unbewiesen) nahe, dass die Punkte ohne Alterungseinfluss im Bereich der Verlängerung der Geraden über ihren jeweiligen Ursprung („100 h & 100 h") hinaus liegen dürften.

Die Alterung und ihr erkennbarer Einfluss auf den Composite führen, wie bereits oben diskutiert, zu Folgeveränderungen in der Eigenspannung zwischen Composite und metallischem Liner. Dies erklärt die aus den AMDn resultierenden Unterschiede gegenüber

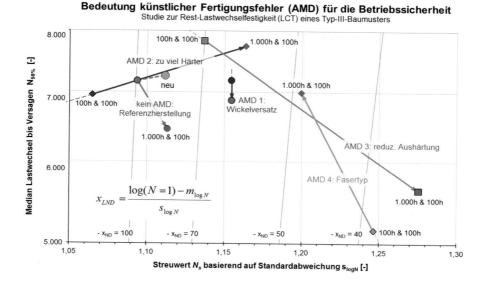

Abb. 4.59 Diagramm zum Einfluss von AMDs auf die LW eines Typ-III-Baumusters

Abschn. 4.6.2. Da der Composite in 4.6.2 dem hier verwendeten nahezu vergleichbar ist, sind die erkennbaren Unterschiede weniger einem anderen Materialverhalten als vielmehr diesen Veränderungen in der Eigenspannung zuzuschreiben.

Hält man sich dies vor Augen, können zunächst die Punkte mit der geringeren Belastung anhand der Isoasfalen verglichen und bewertet werden. Die Stichprobe AMD-2 (20 % Überschuss an Härter) verhält sich neu besser als die unbelastete Referenzstichprobe und auch besser als die gealterte Referenzstichprobe (grüner Punkt). Im Vergleich dazu zeigen die moderat, d. h. „100 & 100" gealterten Stichproben AMD-3 (unvollständige Aushärtung; unvollständige Vernetzung) und AMD 1 (Versatz in der Wickelposition) einen erkennbaren aber begrenzten Verlust an Zuverlässigkeit. Der AMD 4 (vergleichbarer Fasertyp mit schlechteren Festigkeitseigenschaften) zeigt gegenüber dem grünen Ausgangspunkt (neu ohne Schädigung) einen erheblichen Verlust an Lastwechselfestigkeit.

Was hier beobachtet werden kann ist der Einfluss dieser AMDs auf den Eigenspannungszustand nach *Autofrettage* bzw. die Auswirkungen aus dessen Abbau mittels Kriech- und *Relaxation*sprozessen aufgrund von Zeitstandsbelastung.

Vergleicht man dagegen die Zustände nach der intensiveren künstlichen Alterung („1000 h & 100 h"), zeigt jede Stichprobe mit AMD eine höhere Streuung der Lastwechselfestigkeit als die „perfekte" Referenzstichprobe. Der AMD 1 (Versatz in der Wickelposition) zeigt keine bemerkenswerte Beeinflussung durch die längere Belastung. Aber die anderen drei AMD beeinflussen die Steifigkeit des Composites direkt. Dies erklärt den großen Einfluss der um 900 h längeren Belastung bei Umgebungstemperatur, die den

Unterschied zwischen dem Anfangspunkt und dem Endpunkt jeder der drei Linien darstellt. Nicht unerwartet bemerkenswert ist, dass jeder der AMD zu einer höheren Streuung
führt als die der Referenzstichprobe. Dennoch zeigt lediglich der AMD 3 (unvollständige
Aushärtung; unvollständige Vernetzung) am Ende der Alterung einen geringeren Mittelwert als die Referenzstichprobe.

Daraus kann gefolgert werden, dass für Typ-III-CC von besonderer Bedeutung ist, dass
die Eigenspannung durch Fertigungsfehler nicht zu sehr beeinflusst wird. Aus diesem
Grund kann die Lastwechselfestigkeit von CCn auch nicht in dem für den Berstdruck festgestellten Maß positiv durch einen AMD beeinflusst werden.

►   Zusammenfassend ist festzustellen, dass die Untersuchung von Fertigungsfehlern oder deren künstlich eingebrachter Ersatz an nicht oder nur gering belasteten Stichproben eine andere Einschätzung der Relevanz eines Fehlers zeigt,
als deren Untersuchung nach umfangreicher Alterung.

4.6.4   Erkennen von Herstellungsfehlern mittels zerstörungsfreier Prüfung

Für die Erkennung von Fertigungsfehlern oder auch zur allgemeinen Reduktion der Fertigungsstreuung mittels Optimierung der Produktion kann Schallemission (accoustic emission testing AT) eingesetzt werden. Dieses Verfahren hat insbesondere im direkten Vergleich von CCn in einer gleichbleibenden Umgebung und mithilfe der immer gleichen
Anlage und kaum wechselndem Personal das umfangreichste Potential zur Erkennung von
Abweichungen. Das hier angesprochene Werkzeug [56], die zugehörige Entwicklungs-
arbeit sowie die Beschreibung erster Erfahrungen sind in [57–60] veröffentlicht.

Es basiert auf der Analyse der Energiesummenkurve, wie diese in Abb. 4.60 dargestellt
ist. Der Verlauf der während der erstmaligen Prüfung emittierten Energie wird anhand bestimmter, auf das Grundmuster dieses Verlaufs passender Merkmale charakterisiert. Auf
Basis dieser erstmaligen Prüfung quantifiziert man danach jeden dieser charakterisierten
Merkmale auf statistischer Basis durch Wiederholung an einer möglichst umfangreichen
„perfekten" Stichprobe. Auf dieser Basis kann jeder einzelne CC mittels Vergleich seiner
Merkmalswerte mit der Verteilung des jeweiligen Merkmals der Referenzstichprobe verglichen werden. Um eine perfekt Erkennbarkeit von fehlerhaften CCn und eine minimale
Aussonderung „fehlerfreier" CC zu erreichen, sollten die Grenzwerte für jedes Merkmal
getrennt und ggf. auch mit unterschiedlichen Häufigkeitswerten festgelegt werden. Ein
Merkmal, dessen Aussage mit einem höheren Grad an Eindeutigkeit einem Fertigungsfehlers (MD) zugeordnet werden kann, wäre evtl. in engere Grenzen zu setzen als ein
eher diffus wirkendes Merkmal. Liegt nun ein Merkmalswert außerhalb des zugehörigen
Toleranzbereiches wäre der CC auszusondern oder ggf. mit weiteren Methoden intensiv
auf Fehler zu untersuchen.

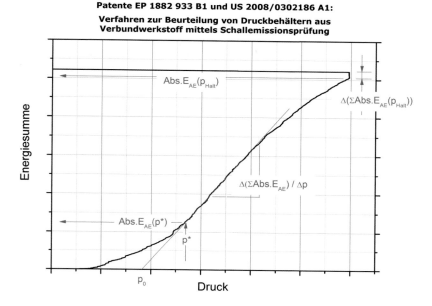

Abb. 4.60   Prinzipdarstellung der Kriterien zur Beurteilung der Energiesummenkurve nach [56]

Um eine möglichst gute Anpassung der Referenzverteilung zu erreichen, können permanent Parameterwerte von als gut bestätigter CCn der Statistik hinzugefügt werden. Auch die Ergebnisse von Nachprüfungen der als fehlerhaft vermuteten CCn können im Sinne einer Lernkurve weiter implementiert werden.

Für dieses Verfahren ist es nicht notwendig, die emittierten Signale zu trennen und einzeln zu bewerten. Deshalb kann dieses Verfahren auch während der erstmaligen Prüfung oder dem Autofrettageprozess ohne Reduktion der Druckanstiegsgeschwindigkeit angewendet werden. Im Gegensatz dazu sind diejenige Verfahren, die mit der Analyse von separaten Signalen arbeiten, aufgrund der Ereignisdichte bei der erstmaligen Prüfung de facto blind.

In Ergänzung zu der oben dargestellten Untersuchung der Folgen von AMDn wurde auch die Erkennbarkeit dieser AMD mithilfe des AT-Werkzeuges untersucht. Von besonderem Interesse war dabei, wie zuverlässig das Werkzeug bei der Erkennung von Fehlern in CCn arbeitet.

Die Prüfung aller CC des vorgestellten Typ-III-Baumusters mithilfe der vorgeschlagenen QM-Methode zeigte folgendes: AMD 3 (unvollständige Aushärtung; unvollständige Vernetzung) ist der bzgl. EoL kritischste Fehler und wurde zuverlässig mit 10 von 10 CCn erkannt. Auch der AMD 4 (vergleichbarer Fasertyp mit schlechteren Festigkeitseigenschaften) als zweitkritischer EoL-Fehler wurde mit 7 von 10 CCn mehr oder weniger zuverlässig erkannt. AMD 1 (Versatz in der Wickelposition) und AMD 2 (20 % Überschuss an Härter) sind beide in etwa gleich kritisch bzgl. EoL und wurden mit 5 von 10 CCn (AMD 1) und 10 von 10 CCn (AMD 2) erkannt.

Die Anwendung der vorgeschlagenen Prüfung auf das verwendete Typ-IV-Baumuster zeigte ein etwas anderes Bild: AMD 4 (vergleichbarer Fasertyp mit schlechteren Festigkeitseigenschaften) ist hier der das kritischste der Fehler und wurde zuverlässig erkannt (3 von 3 CCn). AMD 1 (Versatz in der Wickelposition) und AMD 3 (unvollständige Aushärtung; unvollständige Vernetzung) weisen eine ungefähr vergleichbare Kritikalität für das EoL-Verhalten auf und wurden mit 1 von 3 CCn (AMD 1) und 3 von 3 CCn (AMD 3) detektiert. AMD 2 (20 % Überschuss an Härter) scheint nicht so kritisch wie die anderen zu sein, weil die Zuverlässigkeit durch den Fehler im Vergleich mit der „perfekten" Referenzstichprobe kaum beeinflusst wird. Nur die EoL-Eigenschaften sind etwas schlechter. Die Anzahl der mit AT geprüften Prüfmuster pro Stichprobe war in einigen Fällen nur drei, was zu wenig für eine statistisch belastbare Aussage ist. Auch wenn die Ergebnisse nicht wirklich zufriedenstellend sind, konnte gezeigt werden, dass der Ansatz im Prinzip funktioniert.

Die künstliche Alterung ist die einzige Möglichkeit Degradationseffekte im Zeitraffer zu erzeugen. Damit ist die „performance based" (anwendungsbasierte) Simulation der Betriebslast essentiell für die Sicherheitsbeurteilung eines Baumusters. Dessen Sicherheit kann nur unter Berücksichtigung der Degradation beurteilt werden. Zusätzlich ist die künstliche Alterung auch von Bedeutung für die Beurteilung von Fertigungsimperfektionen. Nur unter Berücksichtigung des Einflusses der Degradation können Imperfektionen danach beurteilt werden, ob sie einen gravierenden Einfluss auf die Sicherheit haben und damit als Fertigungsfehler zu beurteilen sind.

Mit Verweis auf diese Zusammenhänge sei der folgende Hinweis gegeben: Höchste Bedeutung hat die Reproduzierbarkeit der Degradation, wie sie aus dem Betrieb resultiert. Dieses Ziel ist derzeit nur unbefriedigend gelöst. Zeit, Temperatur, Feuchte und andere Faktoren haben einen starken Einfluss auf die Degradation im unmittelbaren Betrieb. Aus diesem Grund unterscheidet sich auch die Degradation von CCn mit AMDn durch künstliche Alterung im Labor von der betrieblichen Degradation, auch wenn die nominellen Werte wie die Lastwechselzahl etc. identisch sind.

Es konnte dargestellt werden, dass AMD (künstliche Fertigungsabweichungen), die Herstellungsfehler simulieren sollen, die Degradation in verschiedener Weise beeinflussen. Der Hauptaspekt der Sicherheit von CCn ist nicht die Sicherheit von neuen CCn, die gerade aus der Produktion kommen; maßgeblich ist die Sicherheit von CCn am Lebensende. Daraus muss gefolgert werden, dass Degradationsaspekte bei der Bewertung von möglicherweise kritischen Herstellungsfehlern berücksichtigt werden müssen.

Da die hier untersuchten CCn aus experimentellen Vorserien stammen, gibt es Effekte, die mit hoher Wahrscheinlichkeit als Artefakte der Fertigung von kleinen Produktionslosen anzusehen und kaum in der Großserien zu erwarten sind. Zumindest lassen die große Streuung der Eigenschaften der Referenzstichprobe (ohne AMD) deutlich bessere Ergebnisse im Fall der Anwendung auf Großserien in der Massenproduktion erwarten. Dies wird unterstützt von anderen Erfahrungen mit dem AT-Werkzeug [56] bei Anwendung auf

AMDn [57]. Für die dort dargestellten Untersuchungen wurden CC verwendet, die zwar nicht aus der Massenproduktion, aber wenigstens aus der regulären Produktion kamen.

Fazit zur Betrachtung der Degradation

Mit Einführung des Sample Performance Charts SPC können Stichproben verschiedenen Alters unmittelbar graphisch miteinander verglichen werden. Voraussetzung für eine gemeinsame Bewertung ist, dass die Verteilung der Eigenschaften ihren Charakter nicht ändert. Die parallele Betrachtung der Degradation von Liner und Composite hat gezeigt, dass die Überlebenswahrscheinlichkeiten beider Elemente über das Leben getrennt zu betrachten und zu bewerten sind. Hierbei wurde deutlich, dass weniger die Abnahme der mittleren Festigkeit als vielmehr die Zunahme der Streuung die Eigenschaft ist, die die Betriebssicherheit am deutlichsten beeinträchtigt.

Verfolgt man die zentralen Festigkeitseigenschaften über das Leben kann man im SPC einen Degradationspfad abbilden und interpretieren. Dies erlaubt es, zum einen sowohl die ursprünglich gemachten Annahmen zur betrieblichen Alterung zu überprüfen, wie zum anderen auch das Ende des sicheren Betriebszustandes vergleichsweise exakt vorherzusagen.

Ferner wurde deutlich gemacht, wie wichtig die Degradation ist, um die Bedeutung eines möglichen Fertigungsfehlers und damit den erforderlichen Aufwand für die Qualitätssicherung punktuell zu optimieren. Hierzu und zur Begrenzung der fertigungsbedingten Streuung wird insbesondere die Schallemissionsanalyse empfohlen.

Literatur

1. Mair GW, Becker B, Scholz I. (2015) Assessment of the type of statistical distribution concerning strength properties of composite cylinders. In: Proceeding of 20th International Conference on Composite Materials, Copenhagen
2. Mair GW, Becker B, Scherer F (2014) Burst strength of composite cylinders – assessment of the type of statistical distribution. Mater Test 56(9):642–648
3. ISO 11439 (2013) Gas cylinders – high pressure cylinders for the on-board storage of natural gas as a fuel for automotive vehicles. Geneva (CH)
4. UN Model Regulations (2015) UN recommendations on the transport of dangerous goods. United Nations Publications, Geneva
5. ADR/RID 2015 (2014) Techncial annexes to the European agreements concerning the international carriage of dangerous goods
6. IMDG Code (inc Amdt 37-14). (2014)
7. Schulz M (2014) Ein Beitrag zur Modellierung des Zeitstandverhaltens von Faserverbundwerkstoffen im Hinblick auf die Anwendung an Hochdruckspeichern: a contribution to the modelling of the creep rupture behaviour of carbon fiber reinforced plastics using the example of high pressure accumulators: Diss. Technische Universität Berlin
8. Novak P (2006) Ein Beitrag zur Strukturoptimierung dickwandiger Hybrid-Hochdruckspeicher, Bd 306. Fortschritt-Berichte VDI Reihe 18. VDI-Verlag, Düsseldorf
9. Anders S (2008) Sensitivitätsanalyse des Eigenspannungszustandes eines Composite-Hybridhochdruckbehälters BAM-Dissertationsreihe BAM, Berlin

10. Mair GW (1996) Zuverlässigkeitsrestringierte Optimierung faserteilarmierter Hybridbehälter unter Betriebslast am Beispiel eines CrMo4-Stahlbehälters mit Carbonfaserarmierung als Erdgasspeichers im Nahverkehrsbus, Band Fortschrittsbericht Reihe 18. VDI-Verlag, Düsseldorf
11. CEN: EN 12245 (2012) Transportable gas cylinders – fully wrapped composite cylinders, Band DIN EN 12245. European Standard, Brussels
12. ISO 11119-2 (2012) Gas cylinders – refillable composite gas cylinders and tubes – design, construction and testing – part 2: fully wrapped fibre reinforced composite gas cylinders and tubes up to 450 l with load-sharing metal liners. In: Part 2: fully wrapped fibre reinforced composite gas cylinders and tubes up to 450 l with load-sharing metal liners, Band ISO 11119-2, S. 30. ISO, Geneva (CH)
13. ISO: ISO 11119-3 (2013) Gas cylinders – refillable composite gas cylinders and tubes part 3: fully wrapped fibre reinforced composite gas cylinders and tubes up to 450 L with non-load-sharing metallic or non-metallic liners, Band ISO 11119-3. Geneva (CH)
14. Technical code (2010) ATR D 2/10 for the construction, equipment, test, approval and marking as transportable pressure equipment of composite tubes with a seamless, with a hoop-wrapped and load sharing liner made of metallic materials, of a working pressure not exceeding 50 MPa (500 bar) and a water capacity not exceeding 450 L. Berlin
15. Technical code (2010) ATR D 3/10 for the construction, equipment, test, approval and marking as transportable pressure equipment of composite tubes with a seamless, with a seamless, load sharing liner made and a working pressure not exceeding 500 bar and a water capacity not exceeding 450 L. Berlin
16. Technical code (2010) ATR D 4/10 for the construction, equipment, test, approval and marking as transportable pressure equipment of composite tubes with non-load sharing plastic liner with a working pressure not exceeding 500 bar and a water capacity not exceeding 450 L. Berlin
17. Mair GW, Scherer F, Saul H, Spode M, Becker B (2014) CAT (Concept Additional Tests): concept for assessment of safe life time of composite pressure receptacle by additional tests. http://www.bam.de/en/service/amtl_mitteilungen/gefahrgutrecht/gefahrgutrecht_medien/druckgefr_regulation_on_retest_periods_technical_appendix_cat_en.pdf
18. Technical Annex SBT of the Concept Additional Tests (CAT) (2014) Test procedure „Slow burst test". Berlin. http://www.bam.de/de/service/amtl_mitteilungen/gefahrgutrecht/druckgefaesse.htm
19. Technical Annex LCT of the Concept Additional Tests (CAT) (2014) Test procedure „Hydraulic load cycle test". Berlin. http://www.bam.de/de/service/amtl_mitteilungen/gefahrgutrecht/druckgefaesse.htm
20. Technical Annex SAS of the Concept Additional Tests (CAT) (2014) Procedure „Statistical assessment of sample test results". Berlin. http://www.bam.de/de/service/amtl_mitteilungen/gefahrgutrecht/druckgefaesse.htm
21. European research project HyCube: hybrid hydride hydrogen pressure storage: EU: KIC InnoEnergy Innovation Project KICCCAV e 02_2011_LH02_HY3…
22. Mair GW, Hoffmann M (2014) Regulations and research on RC & S for hydrogen storage relevant to transport and vehicle issues with special focus on composite containments. Int J Hydrogen Energy 39(11):6132–6145. doi:10.1016/j.ijhydene.2013.08.141
23. Mair GW, Scherer F (2013) Statistic evaluation of sample test results to determine residual strength of composite gas cylinders. Mater Test 55(10):728–736
24. Mair GW, Duffner E, Lenz S, Schoppa A, Szczepaniak M (2013) Das Phänomen der extrem langsamen Berstprüfung von Composite-Druckgefäßen. Tech Sicherheit 3(10):54–56
25. Mair GW, Hoffmann M, Scherer F, Schoppa A, Szczepaniak M (2014) Slow burst testing of samples as a method for quantification of composite cylinder degradation. Int J Hydrogen Energy 39(35):20522–20530

26. Mair GW, Hoffmann M, Schönfelder T (2013) The slow burst test as a method for probabilistic quantification of cylinder degradation. Proceeding ICHS 2013. S. ID 102. http://www.ichs2013.com/

27. Mair GW, Duffner E, Schoppa A, Szczepaniak M (2012) Betrachtung von Grenzwerten der Restfestigkeit von Composite-Druckgefäßen: Teil 3: Phänomene der Berstprüfung. Tech Sicherheit 2(11/12):43–50

28. Scott AE, Sinclair I, Spearing SM, Thionet A, Bunsell A (2012) Damage accumulation in a carbon/epoxy composite: comparison between a multiscale model and computed tomography experimental results. Composites(Part A) 43:1514–1522

29. Camara S, Bunsell AR, Thionnet A, Allen DH (2011) Determination of lifetime probabilities of carbon fibre composite plates and pressure vessels for hydrogen storage. Int J Hydrogen Energy 36:6031–6038

30. Bunsell AR (2006) Composite pressure vessels supply an answer to transport problems. Reinf Plast 50:38–41. 0034-3617/06(February)

31. Blassiau S, Thionnet A, Bunsell AR (2006a) Micromechanisms of load transfer in a unidirectional carbon fibre epoxy composite due to fibre failures: part 1: micromechanisms and 3D analysis of load transfer: the elastic case. Compos Struct 74:303–318

32. Blassiau S, Thionnet A, Bunsell AR (2006b) Micromechanisms of load transfer in a unidirectional carbon fibre epoxy composite due to fibre failures: part 2: influence of viscoelastic and plastic matrices on the mechanisms of load transfer. Compos Struct 74:319–331

33. Blassiau S, Thionnet A, Bunsell AR (2008) Micromechanisms of load transfer in a unidirectional carbon fibre epoxy composite due to fibre failures: part 3: multiscale reconstruction of composite behaviour. Compos Struct 83:312–323

34. European research project „HyComp": enhanced design requirements and testing procedures for composite cylinders intended for the safe storage of hydrogen: Fuel Cell Hydrogen Joint Undertaking (FCH JU), Grant agreement N 256671, FCH-JU-2009-1

35. Acosta B, Moretto P, de Miguel N, Ortiz R, Harskamp F, Bonato C (2013) Jrc reference data from experiments of onboard hydrogen tanks fast filling: ID 106. In Proceeding ICHS. http://www.ichs2013.com/

36. Mair GW Prüfvorrichtung zur Durchführung zyklischer hydraulischer Belastungsversuche in einem Extremtemperaturintervall an Druckbehältern aus Verbundwerkstoff

37. Almeida JH Jr, Souza S, Botelho EC, Amico SC (2015) Mechanical behavior of carbon fiber/epoxy filament wound laminates exposed to hygrothermal conditioning. Proceedings 20th international conference on composite materials, Copenhagen, 19–24th July 2015

38. Mair GW et al (2013) Abschlussbericht zum Vorhaben „Ermittlung des Langzeitverhaltens und der Versagensgrenzen von Druckgefäßen aus Verbundwerkstoffen für die Beförderung gefährlicher Güter". BMVBS UI 33/361.40/2-26 (BAM-Vh 3226). S 21. Berlin

39. National research project of Germany „Ermittlung des Langzeitverhaltens und der Versagensgrenzen von Druckgefäßen aus Verbundwerkstoffen für die Beförderung gefährlicher Güter" (Long term behaviour of composite cylinders): BMVBS UI 33/361.40/2-26

40. Mair GW, Duffner E, Schoppa A, Szczepaniak M (2011) Aspekte der Restfestigkeitsermittlung von Composite-Druckgefäßen mittels hydraulischer Prüfung. Tech Sicherheit 1(9):50–55

41. Mair GW, Pöschko P, Hoffmann M, Schoppa A, Spode M (2012) Betrachtung von Grenzwerten der Restfestigkeit von Composite-Druckgefäßen: Teil 1: Kriterien der hydraulischen Lastwechselprüfung. Tech Sicherheit 2(7/8):30–38

42. Mair GW, Scherer F, Scholz I, Schönfelder T (2014) The residual strength of breathing air composite cylinders towards the end of their service life – a first assessment of a real-life sample. In: Proceeding of ASME Pressure Vessels & Piping Conference 2014

43. Grubbs FE (1969) Procedures for detecting outlying observations in samples. Technometrics 11(1):1–21. doi:10.1080/00401706.1969.10490657

44. Stephens MA (1974) EDF statistics for goodness of fit and some comparisons. J Am Stat Assoc 69:730–737. doi:10.2307/2286009
45. Stephens MA (1986) Tests based on EDF statistics. In: D'Agostino RB, Stephens MA (Hrsg) Goodness-of-fit techniques. Marcel Dekker, New York
46. Sachs LH, Hedderich J (2006) Statistik: Angewandte Statistik, 12. Aufl. Springer, Berlin
47. Pearson ES, Hartley HO (1972) Biometrika tables for statisticians, Vol II (v. 2). Cambridge University Press, Dunfermline
48. Mair GW, Pöschko P, Schoppa A (2011) Verfahrensalternative zur wiederkehrenden Prüfung von Composite-Druckgefäßen. Tech Sicherheit 1(7/8):38–43
49. Wiedemann J (1989, 1996, 2006) Leichtbau: Elemente und Konstruktion: (Klassiker der Technik), 3. Aufl. Springer-Verlag, Berlin
50. Mair GW (2005) Die probabilistische Bauteilbetrachtung am Beispiel des Treibgasspeichers im Kfz – Teil 1: Ein Werkzeug für die Risikosteuerung. Tech Überwachung 46(11/12):42–46
51. Mair GW, Hoffmann M, Saul H, Spode M (2012) Betrachtung von Grenzwerten der Restfestigkeit von Composite-Druckgefäßen: Teil 2: Extrapoation der Lastwechsel-Degraation. Tech Sicherheit 2(10):38–43
52. Mair GW, Schulz M (2011) Fundamental examination of a new concept of safety surveillance and interactive determination of safe service life for composite pressure vessels by destructive tests parallel to operation. In: Proceeding 16th international conference on composite structures ICCS university of Porto, June 2011
53. Bayes T (1763) An essay towards solving a problem in the doctrine of chances. http://www.stat.ucla.edu/history/essay.pdf
54. European research project „StorHy" Hydrogen storage systems for automotive application: FP 6; Integrated Project; Sustainable development, global change and ecosystems Project No.: 502667
55. European research project „INGAS" Integrating GAS Powertrain. Low emissions, CO_2 optimised and efficient CNG engines for passenger cars (PC) and light duty vehicles (LDV): FP 7 – Collaborative Projects – large scale integrating projects
56. Bohse JM, Mair GW (2013) Verfahren zur Beurteilung von Druckbehältern aus Verbundwerkstoff mittel Schallemissionsprüfung. EP 1 882 933 B1. München
57. Duffner E, Gregor C, Bohse J, Mair GW (2013) Schallemissionsprüfung für die fertigungsbegleitende Qualitätssicherung. Lightweight Des 6(1):39–43
58. Bohse J, Mair GW, Novak P (2006) Acoustic emission testing of high pressure composite cylinders. In: Proceeding 27th European Conference on acoustic emission (EWGAE 2006). 13–14 (2006), S 267–272. Trans Tech Publications, Switzerland
59. Anders S, Bohse J, Mair GW (2006) Manufacturing quality control of high pressure composite cylinders by acoustic emission. In: Prooceding on 9th ECNDT
60. Pötsch M, Mair GW, Bohse J, Novak P (2003) Abschlussbericht des Forschungsvorhabens „Fortentwicklung von fahrzeugbezogenen CNG-Spezialtechnologien": BAM-Teilprojekt 1.3, Förderung UFO-Plan des BMU FKZ 20045146. Berlin

Der Probabilistische Zulassungsansatz (PAA)

Der Grundgedanke des „Probabilistischen Ansatzes" (probabilistic approach; PA) und des darauf aufbauenden „Probabilistischen Zulassungsansatzes" (probabilistic approval approach; PAA) besteht darin, die für die Sicherheit (Safety) maßgeblichen Eigenschaften, die alle einer Streuung unterliegen, statistisch zu erfassen, zu beschreiben und zu bewerten. Dies ist in der Regel aufwendiger als die Prüfung zur Demonstration fest vorgegebener Mindestwerte. Letzteres wird im Allgemeinen als Deterministik bzw. deterministischer Ansatz bezeichnet.

Die deterministischen Mindestanforderungen basieren in der Regel auf langjährigen Erfahrungswerten mit Sicherheitsbeiwerten und anderen Faktoren oder Zuschlägen. Diese haben alle die Funktion, Überlasten, Werkstoffschwankungen oder auch einfach nur Unsicherheiten in den Annahmen abzudecken. Damit liegt der Deterministik eine Verallgemeinerung zugrunde, die nur mit relativ pauschalen und damit für das Baumuster unspezifischen Sicherheitsmargen arbeiten kann. In Bereichen, in denen relativ große Unterschiede aus dem Design, der Herstellung oder dem Gebrauch vorliegen, reduziert der Anspruch der Allgemeingültigkeit das Potential einer spezifischen Optimierung erheblich. Im Ergebnis wird ein Baumuster deshalb in der Praxis eher auf die vielen parallel bestehenden deterministischen Anforderungen hin optimiert als auf spezielle, betriebliche Anforderungen. Wie nachfolgend gezeigt wird, bedeutet das nicht, dass Sicherheit im statistischen Sinne erzeugt oder nachgewiesen wird. In der Deterministik wird von einem wiederholten Nachweis von Mindestfestigkeiten eine Vermutung zur Sicherheit abgeleitet: Wenn etwas deterministisch als sicher beurteilt wurde, geht man implizit davon aus, dass dieses Bauteil auch nach statistischen Gesichtspunkten (Häufigkeit eines Schadensfalls) bis zum Lebensende sicher sein wird. Ein echter Nachweis erfolgt nicht, da der Grad der Sicherheit im Sinne einer eigentlich gemeinten Zuverlässigkeit gegen Versagen im Rahmen dieser Form der Nachweisführung weder erfasst noch diskutiert werden kann. Die Erwartung an eine solche Vermutungswirkung ist nicht von der Hand zu weisen. Die Bedingung

© Springer-Verlag Berlin Heidelberg 2016
G. W. Mair, *Sicherheitsbewertung von Composite-Druckgasbehältern*,
DOI 10.1007/978-3-662-48132-5_5

dafür ist aber, dass entsprechend umfangreiche Erfahrung mit dem Baumuster oder mit dem Werkstoff vorliegt. Wie in Abschn. 1.1 und 2.2.1 dargelegt, kann dies nicht in einer mit den metallischen Werkstoffen vergleichbaren Form für Verbundwerkstoffe oder CC gelten. Der Composite entsteht erst im Fertigungsprozess, z. B. dem Wickeln und den anschließenden Aushärte- und Temperprozessen. Die Design- und Fertigungsparameter sind erheblich zahlreicher. Die Versagensmechanismen sind vielfältiger und schlechter in ihrer zeitlichen Wirkung zu beurteilen.

An dieser Stelle sei es erlaubt, dies an einer einfachen Analogiebetrachtung zu erläutern:

> Ein Kinobetreiber muss sicherstellen, dass Kinder und Jugendliche ohne Begleitung Erwachsener ausschließlich altersgerechte Filme ansehen können. Da diese Kinder/Jugendliche oft keinen Ausweis vorzeigen können und der Kinobetreiber wegen eines fehlenden Ausweises keine Kunden verlieren möchte, legt er ein Ersatzkriterium fest: Die Körperlänge. Also lässt er an der Kasse eine Messlatte installieren.

Dieses Herangehen soll den deterministischen Ansatz darstellen, bei dem man auf Basis langjähriger Erfahrung z. B. aus dem Berstdruck auf eine hinreichende Betriebsfestigkeit einer Gasflasche schließt.

> Nun stellt der Betreiber nach geraumer Zeit fest, dass die Proteste Jugendlicher wegen fehlerhafter Abweisung kritisch werden.

In diesem Punkt entspricht nun die Erfahrung mit einer statistisch verteilten Eigenschaft (Körperlänge) aufgrund neuer Randbedingungen (zunehmende Durchschnittsgröße; vermehrt internationale Touristen) nicht mehr dem wirklichen Zusammenhang zwischen der deterministisch festgelegten Mindestvorgabe und dem wirklichem Alter; meint Berstdruck vs. Betriebslebensdauer.

> Nun hat er die Wahl: Passt er seine Mindestwerte an und macht das Ersatzsystem komplexer, oder versucht er doch, mit viel Anfangsaufwand ein System zur unmittelbaren Feststellung des eigentlichen Kriteriums, der Alter, einzuführen.

Um das Bild mit Blick auf die Composite-Cylinder zu interpretieren, gibt es natürlich auch hier die Möglichkeit, den deterministischen Ansatz über probabilistische Kriterien zu verbessern, anzupassen und ein Stück weit zu optimieren. Damit würde ein komplexes Regime von semi-probabilistischen Anforderungen erzeugt. Es würde aber aufgrund der Eigenheit von Ersatzkriterien immer wieder Ungenauigkeiten geben, die entweder sicherheitstechnisch bedenklich, wirtschaftlich kritisch oder beides gleichzeitig werden können. So steht die Frage im Raum, wann es sinnvoll ist, die tatsächliche Zuverlässigkeit zu ermitteln, anstelle auf Ersatzkriterien auszuweichen.

Aus diesem Grund zielt der Probabilistische Zulassungsansatz (PAA) darauf ab, Methoden der probabilistischen Sicherheitsbewertung, d. h. die unmittelbare Bewertung statistischer Kenngrößen, als Alternative zu bestehenden Ansätzen, die auch immer wieder verbessert werden, im Regelwerk zu ermöglichen und zu etablieren. Ein solcher Ansatz ist derzeit in den jeweiligen Prüfvorschriften nicht akzeptiert.

▶ Ziel der Ausführungen ist es, den PAA als Zulassungsalternative zu etablieren. Im Ergebnis sollte der Hersteller mit seinen Kunden die Wahl zwischen zwei Zulassungsverfahren unterschiedlichen Optimierungspotentials aber auch unterschiedlichen Aufwandes für den Sicherheitsnachweis haben.
Es geht nicht darum, einen deterministischen Ansatz obligatorisch durch einen probabilistischen Ansatz zu ersetzen.

Entsprechend werden im Folgenden zunächst die Themen Risiko und Chance sowie Konsequenz als Kriterien der Grenzwertfestlegung diskutiert (Unterkapitel 5.1). Im Unterkapitel 5.2 folgen anhand weniger Merkmale unmittelbare Vergleiche zwischen heutigen Vorschriften und einem probabilistischen Ansatz bevor im Unterkapitel 5.3 gleichzeitig Zusammenfassung und Ausblick anhand verdichteter Darlegung verschiedener praktischer Aspekte gewagt werden.

5.1 Das akzeptierte Risiko – basierend auf Konsequenz und Versagenswahrscheinlichkeit

Maßgeblich für die Sicherheit einer Technik ist die Wahrscheinlichkeit, dass Fehler (Versagen) auftreten. Genauso wesentlich ist aber die Frage, was das Ergebnis eines Versagens, d. h. die Konsequenz wäre. Kombiniert man beides, erhält man nach [1] den Risikowert einer quantitativen Risikoanalyse, der das eigentliche Kriterium für die Sicherheit als Zustand der Abwesenheit von Gefahr darstellt. Die Beschreibung der Einflussgrößen, die das Risiko ausmachen, ist Aufgabe der Ingenieurswissenschaften. Die Festlegung von Grenzwerten und Einbeziehung volkswirtschaftlicher und auch sozialer Aspekte, einschließlich der die Akzeptanz beeinflussenden Faktoren, ist vornehme Aufgabe der Politik. Dass es zur praktischen Anwendung der quantitativen Risikoanalyse nach [2, 3] nur in wenigen Ländern Vorgaben gibt, erschwert die praktische Anwendung des probabilistischen Ansatzes. Hinzu kommt, dass es auf Basis der (erfreulicherweise) sehr geringen Schadensfälle im Gastransport und der Verwendung von Gas als Treibstoff keine aussagekräftige Statistik gibt, aus der sich Risikogrenzwerte ableiten lassen würden. So kann im Folgenden nur versucht werden, Zusammenhänge dazustellen, soweit diese heute bekannt sind, und so eine Basis für weitergehende Festlegungen zu bieten. Ziel einer Risikodiskussion mit Festlegung relevanter Grenzwerte muss die Abwägung von gesellschaftlichem Vorteil (Chance) und den gesellschaftlichen „Kosten" (Risiko) einer Technik sein.

5.1.1   Die Abwägung von Risiko und Chance

Als „worst case failure" muss im Kontext des CC-Versagens das spontane Totalversagen (Bersten) verstanden werden. Im Fall von giftigen und ggf. auch von brennbaren Gasen ist auch die Undichtigkeit eines CCs als besonders kritische Versagensform zu betrachten. Hier hängt die Konsequenz vom Volumenfluss durch das Leck (Leckage) und von der Toxizität (LC_{50}-Wert) des Gases ab. Im Fall brennbarer, aber insbesondere giftiger Gase kann die Konsequenz eines Gasaustritts die des Berstens eines mit Inertgas gefüllten CCs übersteigen. Aber auch im Fall giftiger Gase wäre das Bersten der schlimmste anzunehmende Unfall.

Als einer der ersten, gut dokumentierten Unfälle mit Gas bei einem Verwender muss der Unfall auf dem Tempelhofer Feld vom 25. Mai 1894 angesehen werden. Hier wurde Wasserstoff im großen Stil in Flaschenbatterien gespeichert und, damals vor den Toren Berlins, für die Füllung von militärisch genutzten Ballons und „Prallluftschiffen" verwendet. Die Konsequenz war erheblich (s. [4]).

Es war damals nicht und wird auch in Zukunft nicht auszuschließen sein, dass etwas aus Sicht der Beteiligten (Hersteller, Betreiber, Zulassungs- oder Überwachungsbehörde) Unvorhergesehenes geschieht. Hierzu gehört auch, dass ggf. ein wesentlicher Einflussfaktor übersehen wird oder mangels Erfahrung noch nicht als solcher bekannt ist. Solche unabwendbaren Ereignisse werden im Sinne einer Unschärfe der Beurteilung unter dem Begriff „Restrisiko" subsummiert. Der Begriff „Restrisiko" wird aber bedauerlicherweise auch für solche Ereignisse verwendet, die probabilistisch vorhergesehen im Bereiche des akzeptierten Risikos als hinnehmbar gelten und somit nicht abgewendet werden müssen. Würde man die Risikoakzeptanz auf ein Niveau reduzieren, das sich auf das technisch mögliche beschränkt, käme dies dem Verbot der entsprechenden Technik gleich. Die Ablehnung einer Technik bedeutet aber auch den Verzicht auf die Vorteile, die sich aus dieser Technik ergeben. Diese volkswirtschaftlichen oder individuellen Vorteile werden auch als „Chance" bezeichnet. Daran kann der Interessenkonflikt zwischen volkswirtschaftlichen oder persönlichen Vor- und Nachteilen einer Technik erkannt werden. Der individuelle Blick auf die Vorteile hat Einfluss auf das persönlich akzeptierte Grenzrisiko. Dies gilt für die Unterschiede in den nationalen Perspektiven genauso wie für die Unterschiede bis runter auf die Ebene der Gemeinde. Das Werkzeug zum Ausgleich der Interessen ist die Festlegung des Grenzrisikos.

Mit der Definition und Festlegung von Risiken und insbesondere der Festlegung von Grenzrisiken im internationalen Vergleich hat sich GANZ intensiv beschäftigt und die Ergebnisse in 2011 und 2012 veröffentlich [3, 5–7]. Da der Autor diese Arbeiten mitbetreut hat, sei es ihm erlaubt, im Folgenden Textpassagen und Literaturhinweise umfassend zu zitieren bzw. zusammenzufassen.

Die Erkenntnis, dass keine Technologie absolut sicher ist, gilt inzwischen als allgemeine Erkenntnis. Dies bedeutet, dass immer eine Resteintrittswahrscheinlichkeit und die zugehörige Konsequenz bleiben, deren Kombination ein nicht verschwindendes Risiko darstellen. So schreibt GANZ auf Seite 2 in [5], dass es damit notwendig geworden sei, auch unwahrscheinliche Ereignisse und Naturkatastrophen (Erdbeben, Flut, etc.) in der Risikoanalyse zu berücksichtigen. Er verweist hierzu auf den RASMUSSEN-Bericht [8] als erste Risikoanalyse. Im Kontext schreibt er auf Seite 2 in [5] weiter:

…… Je nach Art der entstehenden Konsequenzen und dem Ausmaß der Auswirkungen können bereits geringste Eintrittswahrscheinlichkeiten ausreichen, die Fürsorgepflicht des Staates konkret auszulösen [9, 10]. Dies bedeutet für die Sicherheit der Bevölkerung gegenüber menschlich geschaffenen Risiken, Sorge zu tragen. Der Begriff Sicherheit stellt somit im juristischen Sinne die Abwesenheit von Gefahr dar. Der entscheidende Punkt ist jedoch, dass absolute Sicherheit im Sinne eines Null-Risikos nicht zu erreichen ist [9–11]. Vielmehr wird versucht, durch Analyse und Regulierung der Risiken diese dem Ideal der Risikofreiheit anzunähern. Welchen Grad an Sicherheit eine Technologie aufweisen muss, um als ausreichend sicher zu gelten, kann nicht allgemein festgelegt werden. (Zitatende)

Die Rechtsprechung untersagt die Verwendung risikobehafteter Technologien nicht, sondern lässt diese unter Einhaltung bestimmter Sicherheitsstandards zu. Sie definiert über diese Sicherheitsstandards das als rechtlich akzeptabel anzusehende Risiko einer Technologie. So fasst GANZ mit Verweis auf [9] zusammen, dass das rechtlich erlaubte Risiko Restrisiko genannt werden würde. Es werde dadurch definiert, dass ein aus ihm entstehender Schaden nach dem derzeitigen Stand der Erkenntnisse als ausgeschlossen gelten könne.

Bei genauer Betrachtung ist dies ein Widerspruch in sich, da ein technisch quantifizierbares Risiko aus Sicht des Technikers nicht als ausgeschlossen bewertet werden kann. „Ein ausgeschlossener Schaden" muss vielmehr interpretiert werden als ein so geringes Risiko, das die Beeinträchtigung durch dieses Restrisiko weit unterhalb des Niveaus liegt, das durch die allgemeinen Lebensrisiken beschrieben wird. Die Fürsorgepflicht des Staates läge somit darin, die den jeweiligen Technologien innewohnenden Restrisiken zu ermitteln und die Anwendung von Maßnahmen zu deren Regulierung durchzusetzen. GANZ schreibt hierzu, dass diese Verpflichtung wiederum einer Regulierung unterläge, die als Maßstab der praktischen Vernunft bezeichnet werden würde. Dieser fordere, nicht alle Risiken in ihrem Grundsatz zu unterbinden, sondern nur solche, die eine Schwelle des gesellschaftlich akzeptablen Risikos überschreiten würden. So kann das KALKAR-Urteil des Bundesverfassungsgerichtes [10] zitiert werden:

Ungewissheiten jenseits dieser Schwelle praktischer Vernunft sind unentrinnbar und insofern als sozialadäquate Lasten von allen Bürgern zu tragen.

Nach [9] wird das jenseits dieser Schwelle verbleibende Risiko als durch die Gesellschaft rechtlich hinnehmbares Restrisiko bezeichnet, das mit den Vorteilen der Nutzung einer Technologie einhergeht. Ziel der rechtlichen Risikoregulierung ist es demnach, Grenzwerte des gesellschaftlich hinnehmbaren Restrisikos zu definieren und dafür Sorge zu tragen, dass die Einhaltung dieser Vorgaben erfolgt. GANZ folgert sicherlich unstrittig daraus, dass die Grenzwerte quantitativer Risikoanalysen Risikokriterien unterlägen, nach denen unterschiedliche Risiken quantitativ vergleichbar gemacht werden können. Als ein Kriterium hätten sich im europäischen Raum, insbesondere in den Niederlanden und in Großbritannien, die Begriffe des „Individuellen" und des „Sozialen Risikos" etabliert. Die Literatur unterscheidet zwischen dem Sozialen Risiko (SocR), das auch als Gruppenrisiko bezeichnet wird, und dem Individuelle Risiko (IR). Nach [13] beschreibt das SocR die Wahrscheinlichkeit der Betroffenheit einer signifikanten Anzahl an Personen mit einer definierten Konsequenz durch ein einzelnes Ereignis. Damit basiert das SocR auf der Kombination der Kriterien „Höhe der Eintrittswahrscheinlichkeit eines einzelnen Ereignisses" und „Zahl betroffener Personen". Nach [14] verschwände das SocR, wenn keine Personen betroffen wären. Weiter ist in [14] ausgeführt, dass sich das IR im Vergleich als ortsgebunden darstellen würde, sofern sich keine Personen, die durch das Ereignis betroffen werden könnten, im Bereich der Gefährdung befinden würde. In diesem Fall wäre kein SocR vorhanden, obwohl gleichzeitig das IR, das von der Technologie ausgeht hoch sein könne. In diesem Kontext ist das Risiko der Technologie „Composite-Cylinder zur Gasspeicherung/Gastransport" zu diskutieren ist. Kernpunkt ist die Bestimmung der Konsequenz. In allen Fällen wird ein Ereignis unterstellt, das geeignet ist, zu mindestens einem Todesfall zu führen.

Im Ergebnis ist das Gruppenrisiko bzw. das soziale Risiko die Verknüpfung des Individuellen Risikos mit der Anzahl der betroffenen Personen. Damit lässt sich die Grenze der akzeptierten Eintrittswahrscheinlichkeit als Funktion der Menge betroffener Personen anhand von F-N-Kurven beschreiben. Die Berechnung des Individuellen Risikos wird im Vergleich mit der natürlichen Sterberate (Mortalitätsrate) durchgeführt. Die Sterberate wird als Bezugsgröße verwendet, da diese in den Industrieländern nahezu identisch und somit vergleichbar ist. Sie verändert sich nach [15] über die Zeit nur langsam. Nach [16] ist davon auszugehen, dass die Sterberate die geringste Wahrscheinlichkeit ausdrückt innerhalb eines festgelegten Zeitraums (i. d. R. ein Jahr) eines natürlichen Todes zu sterben. In diesen Wert fließen üblicherweise Todesfälle durch Unfälle und angeborene Krankheiten nicht mit ein. Hierzu fasst GANZ auf S. 32 in [3] zusammen:

> Je nach Quelle variiert der Wert der natürlichen Sterberate. So wird für die Niederlande die geringste natürliche Sterberate für die Altersgruppe der 10 bis 14 Jährigen mit 1×10^{-4} angegeben [17]. Der geringste Wert der natürlichen Sterberate wird für Großbritannien für die Altersgruppe der 5 bis 14 Jährigen mit 2×10^{-4} [18], bzw. mit 1; 45×10^{-4} für Jungen und 1; 15×10^{-4} für Mädchen ([19–21]) angegeben. Eine Graphik aus [17] weist auf die geringste natürliche Sterberate für die Altersgruppe der 10–15 Jährigen von etwa 5×10^{-4} hin. Die natürliche Sterberate in Deutschland wird in [16] mit 2×10^{-4} festgelegt.

Nach [17] liegt der Festlegung des individuellen Risikos ein Postulat zugrunde, nach dem das Individuelle Risiko, durch ein einzelnes Ereignis getötet zu werden, höchstens 1% der natürlichen Sterbewahrscheinlichkeit (Todesfall; fatale Konsequenz; engl. „fatalities") betragen darf. Auf Basis der natürlichen Sterberate von etwa 10^{-4} ergibt sich für das Individuelle Risiko ein Wert von $IR = 10^{-6}$. Diese Eintrittswahrscheinlichkeit von 10^{-6} pro Jahr wird in den meisten derjenigen Ländern, die einen Risikogrenzwert festgelegt haben ([14, 17, 18]; vergl. [22]) als Grenzwert angesehen, unterhalb dessen ein einzelnes Ereignis, dessen Auswirkungen eine tödliche Konsequenz für etwaige Personen hätte, als allgemein akzeptiert gilt.

Das Bindeglied zwischen individuellem und sozialem Risiko ist die durch ein Ereignis betroffene Anzahl an Personen. Der oben erläuterte Grenzwert von 10^{-6} stellt somit den Ankerpunkt des Sozialen Risikos für eine Person dar. Zur Quantifizierung des Risikos mit Hilfe von zwei Einflussgrößen, der Eintrittswahrscheinlichkeit und der Konsequenz sind die F-N-Kurven (F – Frequency of occurance, N – Number of persons) hilfreich. Hierbei wird die Konsequenz primär durch die Anzahl (fatal) betroffener Personen ausgedrückt. Diese graphisch doppellogarithmisch-linear darstellbaren Zusammenhänge werden z. B. in den Niederlanden und in der Schweiz intensiv angewendet. Eine häufig als Beispiel angeführte F-N-Kurve ist das in Abb. 5.1 wiedergegebene Diagramm des Schweizer Bundesamtes für Umwelt, Wald und Landschaft BUWAL, das im Kontext der Störfallverord-

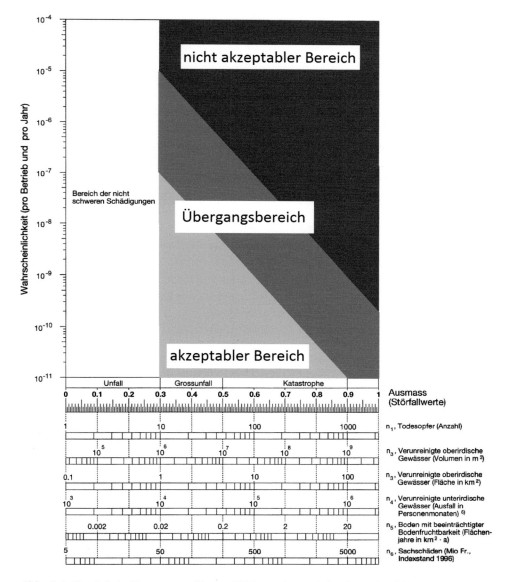

Abb. 5.1 Häufigkeits-Konsequenz-Kurve (F-N-curve) zur Schweitzer Störfallverordnung StFV (s. [23])

nung StFV in der Schweiz Verwendung findet [23]. Aufgrund des Kontextes der Störfall-verordnung beginnt die Betrachtung erst bei 10 Toten.

Linien der dargestellten Art können mithilfe des sog. „Ankerpunktes" und dem „Aversionsfaktor" beschrieben werden. Somit kommt man zu einer Funktion der Eintrittswahrscheinlichkeit eines Ereignisses als Funktion der Anzahl von Todesfällen durch das jeweils betrachtete Ereignis:[1]

$$\log_{10} F = F_{An\ker} + f_{Aversion} \log_{10} N \quad \text{in } [-] \tag{5.1}$$

bzw.

$$F = 10^{(F_{An\ker} + f_{Aversion} \log_{10} N)} \quad \text{in } [1/a] \tag{5.2}$$

Die Abb. 5.2 zeigt eine F-N-Kurve mit zwei Risiko-Isolinien, die die Anforderungen der Niederlande und der Schweiz (vergl. Abb. 5.1) in Kombination darstellen.

Beide Abbildungen geben zwei Grenzwerte wieder. Die im Diagramm obere Linie beschreibt das Risiko an der Grenze zu gesellschaftlich nicht mehr akzeptablen Werten, während die untere Linie mit ihren niedrigeren Eintrittswahrscheinlichkeiten die Grenze zur allgemeinen Akzeptanz des Risikos durch die Gesellschaft darstellt. Nach [14] und [19] wird der Bereich zwischen diesen beiden Grenzwerten im internationalen Umfeld mit „ALARP" (As Low As Reasonable Practicable) bezeichnet. Damit wird zum Ausdruck gebracht, dass in diesem Bereich eine Reduzierung des Risikos erwartet wird, soweit dies technisch und wirtschaftlich machbar und sinnvoll ist. Damit wird der unsinnigen Forderung „so wenig wie möglich" aus der Umgangssprache (entspricht Technikverbot) ein wirtschaftlich geprägter Kompromiss „angemessen machbar" gegenüber gestellt, der technisch kaum als eindeutiges Kriterium gelten kann.

Zu einer F-N-Kurve, die der Abb. 5.2 sehr ähnlich ist, führt GANZ in [2] (S. 21) aus:

> Die hier dargestellte Kurve weist einen Aversionsfaktor von −2 auf, d. h. bei Zunahme der Anzahl an Todesfällen um den Faktor X muss/kann die maximale Eintrittswahrscheinlichkeit um den Faktor X^2 sinken. Dieser Aversionsfaktor berücksichtigt die menschliche Furchtassoziation gegenüber Risiken mit hoher Konsequenz.

Um einen kleinen Eindruck der nationalen Unterschiede in der Betrachtung von Grenzwerten zu geben, werden im Folgenden zwei Zitate verwendet: Sie verdeutlichen, wie dieses Thema aktiv angegangen wird.

---

[1] Der in den F-N-Kurven mit Eintrittshäufigkeit F (Frequency of occurance) bezeichnete Wert ist im Prinzip retrospektiv aus Statistiken abgeleitet. Für den perspektivischen Ansatz der Probabilistik ist bereit die Ausfallwahrscheinlichkeit FR eingeführt. Beide stellen aber im Grundsatz den gleichen Sachverhalt dar. Aus diesem Grund wird F im Folgenden immer dann verwendet, wenn es um einen aus einer F-N-Kurve ausgelesenen Wert handelt, während FR bzw. das Komplement SR ausdrücken soll, dass die probabilistische Eigenschaft eines Bauteils oder Systems diskutiert wird.

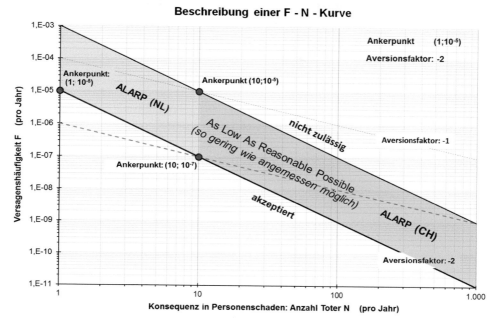

Abb. 5.2 Häufigkeits-Konsequenz-Kurve (F-N-curve) für verschiedene Ankerpunkte und Aversionsfaktoren

Niederlande (Auszug aus [3])

In den Niederlanden wurden Risikogrenzwerte vom Kabinett festgelegt, die dann vom Parlament gebilligt wurden [24]. Diese orientieren sich am Individuellen Risiko, das von Technologien auf die Öffentlichkeit ausgeht. Dieses Individuelle Risiko basiert .... auf der natürlichen Sterberate, die für die Niederlande bei 10^{-4} liegt [17]. Unter der Voraussetzung, dass das Individuelle Risiko nicht mehr als 1 % dieser natürlichen Sterberate betragen darf, ergibt sich ein Grenzwert von 10^{-6} [17], unterhalb dessen ein Risiko als allgemein akzeptabel angenommen wird. Nach [20, 25, 26] wird dieser Wert für bestehende Anlagen auf 10^{-5} abgeschwächt, wobei ab 2010 generell ein maximaler Wert für das Individuelle Risiko von 10^{-6} gilt. Diese Werte des Individuellen Risikos geben allerdings nur die maximal akzeptierte Eintrittswahrscheinlichkeit eines einzelnen Ereignisses einer Technologie mit potentiellen Todesfällen wieder. Ein Bezug zum Sozialen Risiko und somit zur Frage ob der Risikogrenzwert eingehalten wurde, kann hierbei nicht hergestellt werden. Diesen Grenzwerten wurde nach [26] ein Verbot für „gefährdete Infrastrukturen" zugeordnet. Nach diesem durften sich gefährdete Infrastrukturen, wie Wohnhäuser, Büros, Geschäfte, nicht im Bereich des Individuellen Risikos mit Grenzwert 10^{-5}, wohl aber temporär in dem Bereich mit 10^{-6} befinden. „Sensible Infrastrukturen", wie Krankenhäuser, Schulen, Kindergärten, durften sich darüber hinaus auch nicht im Bereich des Individuellen Risikos mit 10^{-6} befinden. Seit dem 1. Januar 2010 gilt die Obergrenze von 10^{-6} für alle Bereiche. Es ist davon auszugehen, dass dieses Verbot sich in beide Richtungen bezieht, dass also keine Anlagen mit einem Individuellen Risiko größer 10^{-6} im Wirkungsbereich gefährdeter Infrastruktur gebaut werden darf und umgekehrt, dass gefährdete Infrastruktur nicht im Wirkungsbereich solcher Anlagen entstehen darf.

Aus den dargelegten Werten des Individuellen Risikos wird in [13] ein Ankerpunkt des Sozialen Risikos von 10^{-5} für ein einzelnes Ereignis mit 10 Todesfällen generiert. Dem Ankerpunkt wird ein Aversionsfaktor mit der Steigung „-2" zugeordnet. Es ergibt sich somit eine Linie, nach der ein fatales, einzelnes Ereignis durch eine Technologie mit einer Wahrscheinlichkeit von 10^{-3} als tolerabel gilt; der Tod von 100 Personen bei 10^{-7}.

In [19, 25] wird der Grenzwert des Sozialen Risikos in den Niederlanden ebenfalls mit 10^{-3} angegeben, wobei [25] keinen Aversionsfaktor und [19] einen mit „-2" angibt, was sich mit [13] deckt. Ab einem Wert des Sozialen Risikos, der um zwei Dekaden (10^{-2}) tiefer liegt, soll dieses Risiko nach [13] und [27] als allgemein akzeptiert gelten.

Zusammengefasst dargestellt, hat die niederländische Regierung festgelegt, dass ein Ereignis mit einem Toten mit einer Eintrittswahrscheinlichkeit von 10^{-3} gerade noch akzeptabel wäre. 10 Toten wäre mit 10^{-5} und ein Ereignis mit 100 betroffenen Personen wäre mit 10^{-7} eben noch hinnehmbar. Die allgemeine Akzeptanz würde für einen Toten erst bei einer Eintrittswahrscheinlichkeit von 10^{-5} erreicht werden. 10 Toten lägen bei 10^{-7} und ein Ereignis mit 100 betroffenen Personen wäre erst bei 10^{-9} ohne der Anforderung zur weiteren Reduzierung im ALARP-Bereich akzeptabel. Die Anwendung dieser Risiko-Grenzwerte, einschließlich es ALARP-Bereiches scheint in den Niederlanden seit 2010 umfangreich und konsequent Anwendung zu finden.

Schweiz (Auszug aus [2])

In der Schweiz führte die gesellschaftliche Diskussion um die Kernenergie zur flächendeckenden Einführung quantitativer Methoden der Risikoanalyse. Mit dieser Vorgehensweise wurde gleichermaßen versucht, unterschiedliche Konsequenzen eines Ereignisses vergleichend darzustellen. Gegenüber den Methoden aus den Niederlanden und Großbritannien wurden hier weitere Konsequenzen in die Beurteilung des Risikos mit aufgenommen. Betrachtet werden bei diesem Vorgehen die Risiken, die sich aus einer Technologie auf den Menschen, auf die Umwelt und auf Sachgüter ergeben [23]. Bezogen auf die Konsequenz Todesfälle zeigt sich, dass die Schweiz Maßstäbe ansetzt, die mit denen der Niederlande identisch sind, wobei bei Ereignissen mit weniger als 10 Todesfällen von keiner schweren Schädigung ausgegangen wird und somit keine zusätzlichen Maßnahmen ergriffen werden müssen.

Damit lässt sich das Risiko, sowohl das IR wie das SocR, über die Verknüpfung von Eintrittswahrscheinlichkeit (Gegenteil von Überlebenswahrscheinlichkeit/Zuverlässigkeit) und Konsequenz (Art und Umfang des Schadens bei Eintritt eines Ereignisses) steuern. Eine oft genutzte Basis für die Diskussion dieser Zusammenhänge im Rahmen einer nationalen Festlegungen (Schweiz) ist in Abb. 5.1 (s. „Figur 3" in [23]) zu finden.

Diese Auszüge und weitere Daten lassen sich in einer Übersicht weiter verdeutlichen. So zeigt Tab. 5.1 die Ankerpunkte für die den ALARP-Bereich begrenzenden Risiken verschiedener Nationen, sowie deren Aversionsfaktoren gegenüber schwerwiegenden Konsequenzen.

Tab. 5.1 International Basiswerte für das akzeptable Risiko (in Anlehnung an [5])

Land	Oberer Ankerpunkt $F_{Anker-o}$	Unterer Ankerpunkt $F_{Anker-u}$	Aversionsfaktor (Todesopfer) $f_{Aversion}$
Niederlande	10^{-3}	10^{-5}	-2
Vereinigtes Königreich	10^{-3}	–	-1
Schweiz	10^{-3}	10^{-5}	-2
Dänemark	10^{-2}	10^{-4}	-2
Hong Kong	10^{-3}	10^{-5}	-1

Deutschland

In Deutschland gibt bzw. gab es zwei Gremien, die sich gesetzlich verankert auf höchster politischen Beratungsebene diesem Themenkomplex angenommen haben, die Störfall-Kommission beim Bundesministerium für Umwelt, Naturschutz, Bau und Reaktorsicherheit (heute KAS [28] mit [24]) und die Schutzkommission des BMI [29] mit [30]. Letztere ist in 2015 aufgelöst worden. Hinzu kommt noch der Wissenschaftliche Beirat der Bundesregierung für Globale Umweltveränderung [31] mit [32], der in diesem Kontext mittelbar wirkt. Es sind hier aber keine Vorschriften aus Deutschland bekannt, die in einer mit den Vorschriften der Niederlanden oder der Schweiz vergleichbaren Weise Risikogrenzwerte vorgeben, erfassen und bewerten. Nach [5] (s. S. 22, 26, 39) ist Deutschland derzeit ein System zuzuschreiben, das auf einem Katalog von deterministisch orientierten Maßnahmen der Wartung, Kontrolle etc. basiert. Mit Verweis auf [33–41] bietet aber ein undifferenzierter Verzicht auf risikobasierte Bewertungsmaßstäbe ein nur reduziertes Maß an Effizienz, neue Technologien umfassend zu bewerten und deren Risiko zu steuern.

Es gibt jedoch punktuelle Bemühungen, Konsequenz und Eintrittswahrscheinlichkeit in einen Kontext zu setzen. Hierzu sei z. B. der Ansatz „CAT" (concept additional tests) in [42] erwähnt, der zur groben Beschreibung der Konsequenz eines Druckbehälterversagens das Druck-Volumen-Produkt des gespeicherten Gases ansetzt. Diese Abschätzung eines Konsequenzpotentials geht auf das ADR/RID zurück, das diese Form der Klassifizierung bis Juli 2001 [43] auf Druckgefäße anwandte. Das Konzept CAT [42, 44] ordnet, bestätigt durch das zuständige Beratungsgremiums des Bundesministerium für Verkehr und digitale Infrastruktur BMVI [45], diesen „Konsequenzen" akzeptierte probabilistische Erwartungshorizonte zu. Dies scheint ein vernünftiges und handhabbares Kriterium für die akzeptierte Eintrittswahrscheinlichkeit im Rahmen eines probabilistischen Ansatzes zu sein, der im Folgenden als Grundlage für Beispielbetrachtungen dient. Eine mittelfristig angedachte Verbesserung dieses Ansatzes muss insbesondere die Unschärfe in der prognostischen Quantifizierung der möglichen Konsequenzen reduzieren und dürfte von der durch den Ansatz angestoßenen Risikodiskussion profitieren.

5.1.2   Diskussion von Konsequenz und Versagenswahrscheinlichkeit an Beispielen

Um das Risiko einer Technikanwendung auch bei steigender Verbreitung unter dem von der Konsequenz abhängig akzeptierten Grenzrisiko zu halten, muss das Risiko zu dieser Technikanwendung gesteuert werden. Diese Steuerung kann über die Eintrittswahrscheinlichkeit eines Ereignisses wie auch über die Konsequenz erfolgen.

Die zuverlässige Steuerung des Risikos über die Konsequenz eines Behälterversagens erfolgt oft über die Begrenzung des Maximaldruckes oder der Gasmenge (Wasserkapazität bzw. Druck-Volumenprodukt). Es kann aber auch der Versagensablauf beeinflusst werden. Dies bedeutet, in die Wahrscheinlichkeit der verschiedenen Versagensszenarien einzugreifen.

Damit wird deutlich, dass es zur ausführlichen Diskussion notwendig ist, verschiedene Versagensszenarien zu entwickeln, die daraus resultierenden Schadensformen am CC zu beschreiben und daraus die Konsequenz für die Umgebung abzuleiten. Da dies hier nicht geleistet werden kann, beschränken sich die nachfolgenden Ausführungen auf die Betrachtung der Eintrittswahrscheinlichkeit. Dies erfolgt auf Basis von Annahmen zur Konsequenz, wie diese direkt in einem probabilistischen Ansatz gesteuert werden könnten.

Szenario: Transport von Wasserstoff (CGH$_2$)
Die Aufgabe des Gefahrguttransportes ist, wie es der Name sagt, der Transport von Gefahrgütern, d. h. die Versorgung mit gefährlichen Gütern als klassische Infrastrukturaufgabe. Im Kontext nachfolgender Betrachtungen meint dies die Versorgung mit Gasen wie Sauerstoff, Helium, Erdgas, Spezialgase und natürlich auch Wasserstoff (LH$_2$ oder CGH$_2$). Es gibt kaum industrielle Bereiche, die ohne Gase arbeiten könnten. Dies gilt auch für viele Bereiche des privaten Verbrauchs. Allerdings liegt der Schwerpunkt der Versorgung des häuslichen Bereiches mit Gas in Deutschland auf der Leitungsversorgung (Erdgas) während die Freizeitnutzung von Gasen (LPG) und der häusliche Bereich in Regionen ohne Gasnetz sowie in anderen europäischen Regionen auf den Gefahrguttransport auf der Straße angewiesen ist.

Die geleistete Arbeit in der Versorgung ist durch die transportierte Menge an Gas (z. B. in [g], [kg] oder üblicherweise in [t]) und die dafür zurückgelegte Strecke (in [m] bzw. üblicherweise in [km]) zu beschreiben. Damit wäre das Produkt von Weg und Masse ein simples Maß für die Transportleistung und damit für den volkswirtschaftlichen oder individuellen Vorteil aus der Verwendung einer Technik zur Gasversorgung. Dieser Vorteil wird in der Literatur [1, 30] auch als „Chance" bezeichnet und als das Gegenstück zum „Risiko" in der Bewertung einer Technik verstanden. In den Unfallstatistiken zur Risikobewertung werden meistens Ereignisse/Verletzte/Sachschaden pro Jahr erfasst. Entsprechend wird heute die Überlebenswahrscheinlichkeit in der Regel ebenfalls auf das Kalenderjahr bezogen. In manchen Fällen, wie z. B. in den Unterkapiteln 4.4 und 4.5 kann diese auch auf die Lebensdauer o. ä. bezogen sein.

In [30] wird formuliert:

Das Risiko wird das Produkt aus der Eintrittswahrscheinlichkeit eines Ereignisses und dessen Konsequenz, bezogen auf die Abweichung von gesteckten Zielen, angesehen und ist in der Einheit der Zielgröße zu bewerten. (Ende Zitat S. 32)

Interpretiert man die Einheit der Zielgröße („Tonnenkilometer") als „aufgabengerechte Bewertung" der Ausfallwahrscheinlichkeit bzw. Eintrittswahrscheinlichkeit, müsste diese behälterspezifische Betrachtung mit der globalen Betrachtung der Chance zusammengeführt werden. Im Ergebnis wäre die geforderte und damit gesteuerte Überlebenswahrscheinlichkeit bzw. Zuverlässigkeit ebenfalls auf die Transportarbeit (Gasmenge mal Weg) zu transferieren. Dies bedeutet die Festlegung eines Grenzwertes im Sinne von Ereignissen (z. B. Bersten) mit einer definierten Konsequenz pro Gasmengenweg in $[g \cdot m]$ („Tonnenkilometer": $10^6 \, g \cdot 10^3 \, m$).

Die Bedeutung dieser Bewertung für ein Trailer- oder Batteriefahrzeug wird im Folgenden beispielhaft an drei unterschiedlichen Ausführungen (T_A), (T_B) und (T_C) gezeigt. Den beiden Beispielen (T_A) und (T_B) gemeinsam ist die Kapazität pro Trailer von 1000 kg CGH_2 (Masse $m = 10^6 \, g$) bei NWP = 500 bar. Das Beispiel (T_C) hat eine Kapazität von 400 kg CGH_2 ($m = 4 \cdot 10^5 \, g$) bei NWP = 200 bar. Allen drei Trailern wird eine Kilometerleistung von d = 50.000 km pro Jahr ($5 \cdot 10^8 \, m/a$) zugrunde gelegt.

In Abb. 5.3 geben vier gestrichelt (grün) dargestellte Linienpaare je einen Grenzwert für die Eintrittswahrscheinlichkeit wieder. Ausgangswert für jedes Linienpaar ist ein Wert für die maximal anzunehmende Konsequenz. Die zugehörigen Werte sind auf Basis des

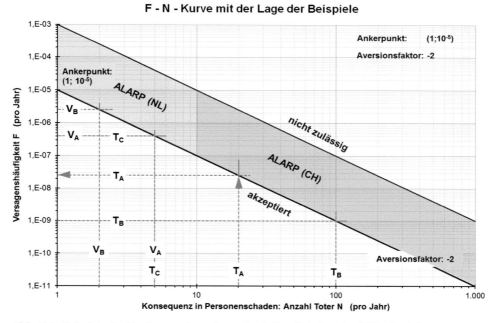

Abb. 5.3 Beispiele der Festlegung akzeptierter Ausfallhäufigkeiten für CGH_2-Speicher

Druck-Volumen-Produktes der CC sortiert, aber sonst als „worst-case-Beispiel" fiktiv ge-wählt. Der zum Beispiel (T_A) gehörende Risikopunkt auf der unteren Linie in Abb. 5.3 stellt den Zusammenhang von einem Schadensausmaß eines Großunfalls mit bis zu 20 Toten und der grenzwertigen Eintrittswahrscheinlichkeit von $2 \cdot 10^{-8}$ pro Jahr dar.

Dass die Beispielannahmen zur Konsequenz im Detail zutreffend sind, wird nicht be-hauptet. Die zugehörigen Randbedingungen sollen hier auch nicht weiter untersucht wer-den. Die Realitätsnähe der Konsequenzannahmen hat keinen Einfluss auf die Intention dieser Betrachtungen. Im Fokus der Darstellung steht hier das Prinzip, nach dem eine solche chancenbasierte Risikodiskussion gestaltet werden könnte.

Das Batteriefahrzeug (T_A) hat als Speicherelemente „Großflaschen" (engl. „tubes") mit je 300 L Wasservolumen (water capacity). Die Anzahl der Elemente i ist $n=100$. Im Design (T_B) werden jenseits aktueller europäischer Vorschriften als Elemente „Größtfla-schen" mit je 7500 L Wasserkapazität verwendet. Die Anzahl dieser Elemente pro Fahr-zeug ist $n=4$. Das althergebrachte Design (T_C) besteht aus $n=200$ Großflaschen mit je 165 L Wasserkapazität.

Dem Batteriefahrzeug (T_A) wird zudem unterstellt, dass im Fall eines primären To-talversagens eines der Elemente nur wenige weitere Elemente kritisch belastet werden und in der Folge versagen können. Damit wäre von zeitlich knapp aufeinander folgenden Ereignissen gleicher Energie auszugehen Die resultierende Konsequenz wird in diesem Beispiel als Großunfall mit bis 20 Toten und/oder 100 Mio. € angenommen. Damit wäre die oben nach Abb. 5.3 dargestellte Referenzausfallwahrscheinlichkeit von $2 \cdot 10^{-8}$ Ereig-nissen pro Jahr anzuwenden.

Aus der Kapazität (m für Masse) und Fahrleistung (d für Distanz) lässt sich für den Trailer eine fahrzeugspezifische Jahresleistung von $5 \cdot 10^{13}$ g m/a ableiten.

$$F_{Trailer\,A} = \frac{events}{t} \leq 2,25 \cdot 10^{-8} \; ^1\!/_a \qquad (5.3)$$

$$Chance_{Trailer\,A} = \frac{d \cdot m}{t} = 10^6 \, g \cdot 5 \cdot 10^7 \; ^m\!/_a = 5 \cdot 10^{13} \; ^{g \cdot m}\!/_a \qquad (5.4)$$

Aus der Kombination beider Gleichungen folgt ein zulässiger Referenzgrenzwert von $2,2 \cdot 10^{-22}$ Ereignissen pro kg-km-Produkt:

$$\frac{Chance_{Trailer\,A}}{event} = \frac{m \cdot d}{F_{Trailer\,A}} \geq \frac{5 \cdot 10^{13} \, g \cdot m}{2,25 \cdot 10^{-8}} = 2,22 \cdot 10^{15} \, kg \cdot km \qquad (5.5)$$

Sofern eines der Speicherelemente („tubes") auf einem Fahrzeug versagt, tritt der worst case ein. Damit gilt für die Überlebenswahrscheinlichkeit SR jedes der 100 Elemente im Sinne einer Funktionskette gemäß Gl. 4.5 bzw. 4.6. Daraus lässt sich der Zusammenhang zwischen der maximal akzeptierten Eintrittshäufigkeit F und des nachzuweisenden Maxi-malwertes für die Ausfallwahrscheinlichkeit jedes Elementes pro Jahr formulieren:

$$f_{Trailer\,A} \overset{!}{\leq} \sum_{i=1}^{100} FR_{A-i}\;{1}\!/\!{a} \tag{5.6}$$

Im Fall (T_A) gilt für die Ausfallwahrscheinlichkeit FR_i jedes einzelnen der 100 Elemente i des Trailers:

$$FR_{A-i} \leq \frac{F_{Trailer\,A}}{n \cdot t}^{n=100} = 2,25 \cdot 10^{-10}\;{1}\!/\!{a} \tag{5.7}$$

Die in obigen Gleichungen dargestellten Werte sind in Tab. 5.2 in der Spalte (T_A) wiedergegeben. Es zeigt in den anderen Spalten die analogen Ergebnisse zu den nachfolgend weiter beschriebenen Fallstudien (T_B) und (T_C).

An dieser Stelle kann das Ergebnis aus Gl. 5.7 mit den Ergebnissen in z. B. Abbildung 4.46 und 4.47 verglichen werden. Das dort dargestellte Beispiel hat zwar keineswegs das für das Beispiel gewählte Volumen einer Großflasche, wird hier aber dennoch für die Darstellung des Prinzips verwendet, da keine andere hinreichende Dokumentation eines Baumusters nach dem Kriterium der betrieblichen Alterung verfügbar ist. Für dieses Baumuster beträgt die in Abb. 4.47 bis $SR = 1 - 10^{-6}$ als „sicher" durch den PA abgeschätzten Lebensdauer 45 Jahre. Davon unabhängig werden 50 Jahre Systemlebensdauer erwartet: Daraus leitet sich für jedes einzelne der 100 Elemente folgender Höchstwert für die Ausfallwahrscheinlichkeit ab:

$$FR_{A-i} \leq \frac{FR_{cyl}}{t_{limit}} \frac{10^{-6}}{50\,a} = \frac{2 \cdot 10^{-8}}{1a} \Rightarrow SR_{A-i} \geq \frac{1 - 2 \cdot 10^{-8}}{a} \tag{5.8}$$

Der in Gl. 5.8 ermittelte Wert ist offensichtlich um den Faktor 100 zu gering, um die ermittelte Zuverlässigkeitsanforderung pro Druckgefäße zu erfüllen. Ein erneuter Blick in Abb. 4.46 zeigt zwei Möglichkeiten, dieses Defizit ohne einer Veränderung des Baumusters zu lösen: Entweder man reduziert mit Blick auf Abb. 4.47 die Lebensdauer auf etwa 15 Jahre, oder man versucht das nachgewiesene Sicherheitsniveau über die Stichprobengröße zu steuern. Wie in Abb. 4.46 durch Vergleich der blauen und der roten Linienschar erkennbar ist, ergeben sich aus der Mindestanforderung für die Grundgesamtheit kein Problem im Rahmen o. g. 45 Jahre. Entsprechend ließe sich wahrscheinlich durch Vergrößerung der Stichprobe an Prüfmustern, die die Anforderungen an die Stichprobe erfüllen, eine Verbesserung der nachzuweisenden Überlebenswahrscheinlichkeit bzw. eine Lebensdauerverlängerung erreichen. Dieser Gedanke folgt der Annahme, dass der wahre Wert der relevanten Eigenschaften der Grundgesamtheit bereits durch die kleine Stichprobe grob zutreffend bis konservativ beschrieben ist. In dem Fall, dass die Prüfergebnisse aus einer erweiterten Stichprobe deutlich geänderte Werte wiedergeben, gilt dies nicht. Zwar ergibt der Prüfmehraufwand in jedem Fall eine bessere Datengrundlage aber nur in Einzelfällen dürfte eine Veränderung der Beurteilung im angestrebten Sinne zu erwarten sein. Dies hängt davon ab, wie im Einzelfall die schlechtere Streuung mit dem höheren Grenzwert vorgegebener Konfidenz konkurrieren.

Wie in Abb. 3.44 und 3.35 dargestellt, gibt es einen Zusammenhang zwischen der nachgewiesenen Sicherheit bis Lebensende und der Stichprobengröße. In diesem kritischen Fall ist zu erwarten, dass die zulässige Lebensdauer direkt von der Stichprobengröße abhängt und folglich über die Stichprobengröße steigerbar ist.

Die analoge Betrachtung des Trailers (T_B) basiert auf vier Größtflaschen. Aufgrund der absoluten Wanddicke wird angenommen, dass nur eines der Elemente versagt und kein Totalversagen der anderen Elemente des Trailers in der Folge eintritt. Dennoch wird aufgrund der enormen Energiemenge, die in einem Element gespeichert ist, angenommen, dass bis zu 100 Tote und/oder bis zu 500 Mio. € Schaden auftreten können. Auf Basis der Konsequenz lässt sich aus Abb. 5.3 wieder die akzeptierte Eintrittshäufigkeit F (Schadenshäufigkeit) ablesen. Gemäß Gl. 5.5 erhält man bei gleicher Jahrestransportleistung den zulässigen Grenzwert des kg-km-Produktes pro Ereignis:

$$\frac{Chance_{Trailer\ B}}{event} = \frac{m \cdot d}{F_{Trailer\ B}} \geq \frac{5 \cdot 10^{13}\, g \cdot m}{1 \cdot 10^{-9}} = 5,0 \cdot 10^{16}\, kg \cdot km \tag{5.9}$$

Die im Sinne einer Funktionskette mit $n=4$ Elemente ermittelte Mindestanforderung für jedes Element ist damit geringer als die aus dem Beispiel T_A. Dies liegt darin begründet, dass unter den gemachten Annahmen (!) für die Konsequenzen des schlimmsten anzunehmenden Unfalls die geringere zulässige Ausfallrate im Trailer (T_B) durch die funktionale Kette der vielen Elemente im Trailer (T_A) überkompensiert wird. Diese Ergebnisse und die Ergebnisse der analogen Auswertung des Trailers (T_C) sind in Tab. 5.2 dargestellt. Sofern eines der n Elemente (tubes) versagt, tritt der „worst case" ein. Damit gilt für die Überlebenswahrscheinlichkeit SR jedes der 4, 100 oder 200 Elemente im Sinne einer Funktionskette gemäß Tab. 5.2.

Für die weitergehende Bewertung der verschiedenen Transportmöglichkeiten wird das Verhältnis von Nutzen (Chance) und Schaden (Risiko) betrachtet. Da das Versagen eines einzelnen Elements im Trailer per Definition dem Trailer-Versagen gleich gesetzt ist, sind auch die Konsequenzen (Cons) in der Betrachtung eines eingebauten Elements und des Trailers gleich. Es gilt:

$$F_{Trailer} = n \cdot FR_{cyl.} \quad Cons_{Trailer} = Cons_{cyl.} \tag{5.10}$$

$$\Rightarrow Risk_{Trailer} = n \cdot Risk_{cyl.} \quad [\text{€/a}] \tag{5.11}$$

Der Nutzen (Chance) hängt von der Transportleistung ab. Es gilt:

$$Chance_{Trailer} = n \cdot Chance_{cyl.} \quad [\text{kg km}] \tag{5.12}$$

Tab. 5.2 Werte einer beispielhaften Häufigkeitsanalyse und zugehöriger Risiko-Chance-Effizienz

Beispiel CGH$_2$-Speicher	Einheit	Trailer (T$_A$)	Trailer (T$_B$)	Trailer (T$_C$)	Fahrzeug (V$_A$)	Fahrzeug (V$_B$)
Anzahl der CC(Elemente): n	[-]	100	4	200	1	3
NWP	[MPa]	50	50	50	70	70
Wasserkap. pro Element	[L]	300	7500	165	125	42
Erw. Nutzungsdauer t	[a]	(50)	(50)	(50)	(20)	(20)
Nennwert der Aufgabe	[kg]	1000	1000	400	(5kg)	(5kg)
	[P]	-	-	-	2	5
mittlere Aufgabe	s. oben	900	900	360	1,1	2,5
jährliche Fahrleistung	[km/a]	50.000	50.000	50.000	25.000	25.000
Chance: Nominelle Aufgabe	[kg km/a]	5 10^7	5 10^7	2 10^7		
	[P km/a]				5 10^4	1,3 10^5
angenom. Versagens-konsequenz	[Tote]	20	100	5	5	2
	[Mio. €]	100	500	25	25	10
akzeptierter F-Wert$_{System}$	[Ereignis/a]	2,3 10^{-8}	1 10^{-9}	4 10^{-7}	4 10^{-7}	2,.5 10^{-6}
akzeptierte FR$_{Element}$	[Ereignis/a]	2,3 10^{-10}	2,5 10^{-10}	2 10^{-9}	4 10^{-7}	8,3 10^{-7}
Chance pro Ereignis	[kg km] / [P km]	2,2 10^{15}	5 10^{16}	5 10^{13}	1,25 10^{11}	5,10^{10}
Effizienz: akzeptiertes Risiko pro Chance (Tote oder €)	**Toter per**	**1,1 10^{14}** kg km	**5 10^{14}** kg km	**1 10^{13}** kg km	**2,5 10^{10}** P km	**2,5 10^{10}** P km
	1 Mio. € per	2,2 10^{13} kg km	1 10^{14} kg km	2 10^{12} kg km	5 10^9 P km	5 10^9 P km
Effizienzfaktor	[-]	4,50	1,0	50	1,0	1,0
hocheffizientes F$_{System}$	**[Ereignis/a]**	**5 10^{-9}**	**1 10^{-9}**	**8 10^{-9}**	**4 10^{-7}**	**2,5 10^{-6}**

Für den Nutzen (Chance) pro Schadensereignis gilt:

$$\frac{Chance}{Event} = \frac{Chance_{Trailer}}{F_{Trailer}} = \frac{n \cdot Chance_{cyl.}}{n \cdot FR_{cyl.}} \quad \left[\text{kg km}\right] \tag{5.13}$$

Für das zu analysierende Verhältnis von Schaden (Risiko) und Nutzen (Chance) gilt somit:

$$\frac{Risk}{Chance} = \frac{F_{Trailer}(Cons) \cdot Cons}{Chance_{Trailer}} = \frac{F_{cyl}(Cons) \cdot Cons}{Chance_{cyl.}} \quad \left[\text{€/kg km}\right] \tag{5.14}$$

Damit ergeben sich die in Tab. 5.2 dargestellten Werte für die drei Trailer-Varianten. In diesem Vergleich wird deutlich, dass unter den getroffenen Annahmen der Trailer (T_B) die beste Lösung der Transportaufgabe bietet. Er fordert das geringste Risiko pro Chance, bzw. die geringste Konsequenz pro Produkt aus Gasmasse und Transportweg. Das bedeutet, dass parallel zur absoluten Konsequenz und der davon abgeleiteten akzeptierten Versagenshäufigkeit eines Systems ein weiteres Kriterium entwickelt worden ist. Dieses ist gemäß Tab. 5.2 in Abb. 5.4 für die drei gewählten Beispiele dargestellt.

Primär ist sichergestellt, dass jedes System ein Risiko darstellt, das als allgemein akzeptabel gilt. Mit Blick auf Abb. 5.3 liegen damit alle drei Trailer-Beispiele auf der blauen Linie an der unteren Grenze des ALARP-Bereichs. Die Nutzen/Nachteil- (Chance/Risiko-) Verhältnisse der drei Beispiele, oder auch die Effizienz in der Lösung der drei Transportaufgaben variiert unbefriedigend. Damit ist nicht gesagt, dass schlechtere Lösungen im o. g. Sinne damit auch unter rein sicherheitstechnischen Aspekten (Schaden pro Jahr) nicht akzeptabel oder zulassungsfähig wären. In Abb. 5.4 ist dargestellt, wie die Ausfallwahrscheinlichkeiten des Trailers verändert werden müssten, um eine im Sinne der volkswirtschaftlichen Chance und damit des Nutzen/Nachteil- (Chance/Risiko-) Verhältnis gleichwertige Lösung, d. h. Effizienz, zu erreichen. Die hier betrachteten Konsequenzen beruhen auf plausiblen, aber frei gegriffenen Annahmen (!)[2]. Deshalb sind die in Abb. 5.4 mit Pfeilen dargestellte Effekt nicht final quantifizierbar. Würden sich die Konsequenzen der drei Beispiele deutlicher unterscheiden, würden sich die Chance/Risiko-Verhältnisse annähern – und umgekehrt.

Es ist damit deutlich gemacht, dass es bei der Frage der Akzeptanz von Zwischenfällen mit Todesfolge nicht nur um die Frage der absoluten Konsequenz gehen sollte. Es wird vorgeschlagen auch zunehmend – insbesondere im ALARP-Bereich – der Frage nachzugehen, ob ein bestimmter Lösungsweg der Transportaufgabe angemessen ist. Ist es die mit dem Lösungsweg angebotene Technik wert, der Volkswirtschaft und dem Einzelnen das damit verbundene Risiko zuzumuten? Oder gibt es doch eine (deutlich) bessere und damit im Kontext von Chance und Risiko erheblich effizientere Lösung?

---

[2] Damit kann das Ergebnis des hier hypothetisch dargestellten Vergleichsprinzips dreier Systeme nicht als belastbare Aussage weiter verwendet werden. Im Vordergrund steht hier die exemplarische Darlegung der Zusammenhänge. Für eine belastbare Bewertung der Systeme müssten die Zahlenwerte auf aufwendigen Experimenten zur Konsequenz beruhen.

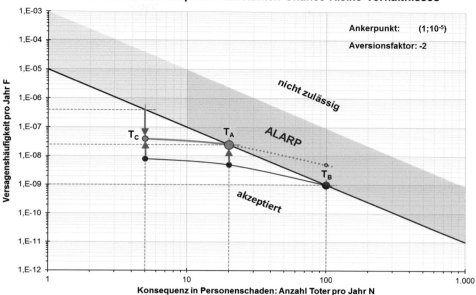

Abb. 5.4 Effizienzorientierte Korrektur der akzeptierten Ausfallrate

Eine bzgl. Effizienz suboptimale Lösung sollte nicht als gleichwertig akzeptiert werden, nur weil das absolute Risiko akzeptabel ist. So scheint es sinnvoll zu sein, anstelle oder ergänzend zur zeitabhängigen Risikogröße eine Mindesttransportleistung pro Schadenseinheit zu definieren. Dies gilt für den ganzen Bereich der denkbaren Druck-Volumen-Produkte bis hinunter zu resultierenden Konsequenzen, die aufgrund ihres geringen Ausmaßes unterhalb des Beachtungswertes liegen. So kann eine effiziente Lösung, die ggf. absolut im ALARP-Bereich anzusiedeln ist, eine insgesamt risikoärmere Lösung darstellen als eine, die unterhalb des ALARP-Bereichs liegt aber bzgl. des Chancen/Risiko-Verhältnisses deutlich ineffizienter ist.

Umgekehrt kann ein solcher systembedingter Effizienzmangel wiederum ausgeglichen werden, indem das System über die Forderungen der Risikobetrachtung hinaus in der Ausfallhäufigkeit nochmals optimiert und angepasst wird. Dies ist für die beiden Beispiele (T_A) und (T_C) in Abb. 5.4 durch die roten Pfeile angedeutet.

Betrachtet man den Anspruch, ein gutes Chance/Risiko-Verhältnis nachzuweisen und die dargestellten Nachweise zu führen, stößt man mit dem Trailer (T_B) an praktische Grenzen. Ein statistischer Nachweis mit dem hier dargestellten Verfahren ist nur im Rahmen von Großserien möglich. Die Produktion muss hinreichend und die Kosten für die Prüfmuster müssen tragbar sein, um den Umfang der zerstörenden Prüfungen, ggf. in Verbindung mit ZfP-Verfahren, zu gestatten. In diesem Punkt dürfte der Trailer (T_A) die gegenwärtige Grenze des Realisierbaren und damit die beste Lösung (hellblaue Pukte) darstellen.

▶   Die Frage der zulässigen Ereignishäufigkeit (Ausfallwahrscheinlichkeit) hängt
    damit entweder an einer F-N-Kurve oder von einer aufgabenbezogenen Chan-
    cen/Risiko-Vorgabe ab. Während die Betriebsdauer oder der Stichprobenum-
    fang Größen sind, mit denen die nachgewiesene Überlebenswahrscheinlichkeit
    (Ausfallwahrscheinlichkeit) am Lebensende gesteuert werden kann. Im Vorder-
    grund einer F-N-Kurve steht die jährliche Ausfallrate. Mit Verweis auf Abb. 4.40
    wäre hierzu eine reine Fokussierung auf die Überlebenswahrscheinlichkeit am
    Lebensende konservativ; ggf. übermäßig konservativ.

Szenario: Wasserstoffspeicher (CGH_2) im Fahrzeug

Die Bewertung von CCn, die im Fahrzeug für die Speicherung von Gas als Treibstoff
verwendet werden, kann analog analysiert werden. Lediglich die Kriterien müssen an die
Verwendung angepassten werden.

Die Aufgabe des Fahrzeuges mit seinem Treibstoff und den entsprechenden Speichern
ist der Transport von Insassen. Von Bedeutung als „propellant gases, compressed" sind
sicherlich Erdgas (CNG) und Wasserstoff (CGH_2 bzw. Cryo-CGH_2). Von diesen Druck-
gasen wird im Weiteren die 700 bar-Technik für CGH_2 beispielhaft betrachtet.

Die geleistete Arbeit des antreibenden Gases in seinem Speicher ist durch die transportierte Menge an Personen und die zurückgelegte Strecke zu beschreiben. Damit wäre
das Produkt von Personen und Fahrstrecke ein simples Maß für die volkswirtschaftliche
oder individuelle Chance einer Technik zum Personentransport. Die Ausgangslebensdauer
von z. B. 20 Jahren hat die gleiche Bedeutung wie oben in den Szenarien zu Wasserstoff-
trailern dargestellt.

Um eine aufgabengerechte Bewertung der Ausfallwahrscheinlichkeit zu erhalten,
müsste diese behälterspezifische Betrachtung wieder mit der globalen Betrachtung der
Chance zusammengeführt werden. Im Ergebnis wäre die geforderte und damit gesteuerte Überlebenswahrscheinlichkeit bzw. Zuverlässigkeit ebenfalls auf die Transportarbeit
(Weg × Personen) zu transferieren. Dies bedeutet die Festlegung eines Grenzwertes im
Sinne von Ereignissen (z. B. Bersten) mit einer definierten Konsequenz pro Personenweg
in [$P \cdot m$].

Um dies praktisch umzusetzen, werden Fahrzeuge diskutiert, die 5 kg CGH_2-Speicher
und eine jährliche Fahrleistung von 25.000 km haben. Es werden hier zwei Konstellatio-
nen gegenüber gestellt. Die eine (V_A) ist ein Zweisitzer (P=2) mit einem zentralen 5 kg
Speicher (125 L), während die andere Konstellation (V_B) ein Fünfsitzer (P=5) mit drei
Speichern a 42 L ($n=3$) ist. Mit Blick auf Abb. 5.3 ist für (V_B) die beispielhaft angenommene Konsequenz von 2 möglichen Toten mit der minimal akzeptablen Ausfallwahrscheinlichkeit von 10^{-6} pro Jahr anzusetzen. Für (V_A) wird mehr angesetzt. Diese stellen
eine angenommene Konsequenz von bis zu 5 Toten und eine davon abgeleitete akzeptierte
Ausfallwahrscheinlichkeit von $3 \cdot 10^{-7}$ pro Jahr dar.

Aus der jährlichen Fahrleistung lässt sich für das Fahrzeug (V_A) eine fahrzeugspezifische Transportleistung Leistung ableiten.

$$F_{Vehicle\,A} = \frac{events}{t} \leq 4 \cdot 10^{-7}\; \frac{1}{a} \qquad (5.15)$$

$$Chance_{Vehicle\,A} = \frac{Pers \cdot d}{t} = 2\,Pers \cdot 2,5 \cdot 10^{7}\; \frac{m}{a} = 5 \cdot 10^{4}\; Pers \cdot km\big/a \qquad (5.16)$$

Für die kombinierte Bewertung des Fahrzeugs (V_A) bedeutet dies:

$$\frac{Chance_{Vehicle\,A}}{event} = \frac{Pers \cdot d}{F_{Vehicle\,A}} \geq \frac{5 \cdot 10^{4}\; Pers \cdot km}{4 \cdot 10^{-7}} = 1,25 \cdot 10^{11}\; Pers \cdot km \qquad (5.17)$$

Damit wäre unter den o. g. Annahmen ein Ausfall pro $1,25 \cdot 10^{11}$ Personenkilometer bzw. ein Toter pro $2,5 \cdot 10^{10}$ Personenkilometern für den Speicherung und das Fahrzeug (V_A) als akzeptabel ermittelt. Für den monetären Schaden sind im Mittel 1 € pro $5 \cdot 10^{3}$ km anzusetzen.

Die Betrachtung des Fahrzeuges (V_B) ist weitgehend analog. Rechnet man die Beförderungsleistung des Fahrzeugs (V_B) auf jedes der 3 Elemente um, wird unter den o. g. Annahmen ein Ausfall pro $1,5 \cdot 10^{11}$ Personenkilometer bzw. ein Toter und/oder 5 Mio. € Schaden pro $7,5 \cdot 10^{10}$ Personenkilometern für den Speicherung und das Fahrzeug (V_A) als akzeptabel ermittelt.

Auch die Ergebnisse dieser Analysen sind in Tab. 5.2 (Spalten V_A und V_B) für die beiden gewählten Beispiele dargestellt.

Damit ist die Personenbeförderung im Individualverkehr tendenziell weniger effizient mit Blick auf das Kosten-Nutzen-Verhältnis als der Transport von Gas in Trailerfahrzeugen. Gleichzeitig ist zu betonen, dass hier der persönliche Nutzen des Individualverkehrs dem volkswirtschaftlichen Nutzen des Distributionsverkehrs gleich gesetzt ist. Würde man nun noch die mittlere Insassendichte pro Fahrzeug anstelle der Sitzplätze zugrunde legen, ergäbe sich ein nochmals schlechteres Nutzen/Nachteil- (Chance/Risiko-) Verhältnis für beide Fahrzeuge.

Damit wird mit Verweis auf die oben gemachten Ausführungen zur Aufgabeneffizienz deutlich, dass in dieser Betrachtung große Fahrzeuge mit großen Speichern und ggf. geringer Personenauslastung eine höhere Zuverlässigkeit der Speicher aufweisen müssten als kleinere Fahrzeuge. Zumal wenn diesen kleineren Fahrzeugen statistisch eine intensivere Nutzung der verfügbaren Sitzplätze unterstellt werden darf. Nur mit einer höheren Zuverlässigkeit der Speicher in Fahrzeugen mit einem großen personenbezogenen Energieverbrauch kann ein gleiches Chance/Risiko-Verhältnis, also gleiche Effizienz, erreicht werden. Auch für diese Transportaufgaben wäre die Option zu bedenken, Risikogrenzwerte in Form von max. zulässiger mittlerer Schäden pro Personenkilometer festzulegen.

5.2   Vergleich des probabilistischen Ansatzes mit deterministischen Anforderungen

Mit der in Abschn. 5.1 dargestellten konsequenzabhängigen Vorgabe für die Mindestzuverlässigkeit liegt das Sicherheitsniveau fest. Mit den bereits dargelegten Arbeitsdiagrammen mit Isoasfalen, der Berücksichtigung der Stichprobengröße, der künstlichen und zur Absicherung betrieblichen Alterung kann ein Baumuster bzw. die daraus resultierende Population (Gesamtproduktion) an CCs sicherheitstechnisch beurteilt werden. Die sich hierauf direkt anschließende Frage ist die nach dem Vergleich beider Zulassungsansätze. Hierzu müsste man im Idealfall alle Anforderungen, die ggf. anders ausgeführt werden würden, kombinieren und die Kombinationen bewerten. Da es aber noch keinen ausformulierten probabilistischen Ansatz gibt, der alle Festigkeits- und Sicherheitsaspekte statistisch betrachten würde, beschränkt sich der nachfolgende Vergleich auf die geforderte Berstfestigkeit und die Mindestlastwechselzahl.

Hierzu werden zunächst im Abschn. 5.2.1 die Anforderungen nach Norm beispielhaft in die beiden relevanten Arbeitsdiagramm (s. Kap. 3) übersetzt, bevor im Abschn. 5.2.2 die Grundzüge des Vergleichs des beider Ansätze erläutert werden. In 5.2.3 werden anhand konkreter Szenarien die bereits bekannten Isoasfalen für die Mindestüberlebenswahrscheinlichkeit von $SR = 1 - 10^{-6}$ ($= 99,9999\%$) ergänzt und die Unterschiede diskutiert. Im letzten Abschn. 5.2.4 wird noch abschließend der Einfluss der Stichprobengrößen analysiert.

5.2.1   Statistische Interpretation deterministischer Anforderungen

Es gibt eine Vielzahl von relevanten Regelwerken, Normen, Richtlinien und Verordnungen, die je nach Anwendung (z. B. Gefahrguttransport oder Gasfahrzeug) und Geltungsbereich (national, regional oder weltweit) ähnlich aber mit abweichenden Werten arbeiten. Aus diesem Grund wird im Folgenden mit einem Beispiel gearbeitet. Hierzu wird zum einen die ISO 11119-2 [46] für vollumwickelte CC mit mittragendem Liner herangezogen, zum anderen wird die aktuelle EU-Verordnung für Wasserstofffahrzeuge EC-Regulation 79/2009 [47] mit 406/2010 [48] betrachtet. Da die GTR (global technical regulation) für Wasserstofffahrzeuge [49, 50] (noch) keine unmittelbar verbindliche Wirkung hat und ihre zu erwartenden unterschiedlichen, rechtsverbindlichen Umsetzungen in den Regionen der Welt als Beispiel missverständlich wären, wird trotz Aktualität der GTR auf ihre Verwendung als Beispiel bewusst verzichtet. Auf die Ansätze der EU-Kommission [51], die GTR in Form einer EC-Regulation sei an dieser Stelle dennoch hingewiesen. Auf das Beispiel von Erdgasfahrzeugen nach [52] wird zu Gunsten der Wasserstofffahrzeugvorschriften [47] mit [48] verzichtet, da die CNG-Vorschriften derzeit weniger im Fokus aktueller Entscheidungen stehen.

Für den angestrebten Vergleich relevante Daten sind:

a. Umfang eines Herstellungsloses
b. Definition des Auslegungs- bzw. Designdruckes
c. Maximale spezifische Füllmenge/Nennfülldruck PW/NWP
d. Maximaler Temperaturbereich
e. Mindestberstdruck (burst ratio bzw. stress ratio am Beispiel Carbonfaser)
f. Lebensdauer und Mindestlastwechselzahl
g. Prüfmethoden zur Freigabe eines Herstellungsloses
h. Umfang der Gesamtproduktion eines Baumusters
i. Erwartungswert, kein Herstellungslos zurückweisen zu müssen

Die daraus abzuleitenden Interaktionen sind zunächst nicht offensichtlich, werden aber nachfolgend Stück für Stück dargelegt.

Die nachfolgenden Ausführungen zu je zwei Szenarien zu CCn im Gefahrguttransport („a" und „b") und zu CCn als Fahrzeugspeicher („A" und „B") unterscheiden sich in der angenommenen Stückzahl der Produktion (vergl. Punkt a)). Alle anderen Punkte reflektieren die im Recht verankerten bzw. aus der Praxis abgeleiteten Unterschiede zwischen beiden Anwendungsbereichen.

a) Umfang der Gesamtproduktion eines Baumusters

Die Gesamtproduktion ist nicht begrenzt, auch gibt es kein Mindestproduktionsvolumen. Es sei deshalb für die nachfolgenden Beispielanalysen angenommen, dass für Druckgefäße im Gefahrguttransport a) 1000 CC (tubes) das Produktionsminimum sind, während b) 10.000 CC (tubes) bereits eine beachtliche Stückzahl sind. Die Stückzahl von Treibgasspeichern für eine Fahrzeugserie dürfte A) bei 10.000 CC das Minimum sein, während aktuell B) 100.000 CC angestrebt und ggf. sogar zukünftig 1.000.000 CC erreichbar sein dürften. Es wird angenommen, dass es die Produktion zulässt, immer die maximale Größe eines Produktionsloses auszuschöpfen; d. h. dass nicht aufgrund verkleinerter Lose mehr Losprüfungen („Batch tests") als eine Prüfung pro 200 CC bzw. 1 pro 1000 CC durchgeführt werden müssen.

b) Auslegungsdruck

Bei der Verwendung eines CCs für ein bestimmtes Gas, erreicht der Innendruck bei maximal erlaubter Füllung und maximaler Temperatur (T_{max}) den vom Gas abhängigen, maximalen Betriebsdruck (MSP). Die maximale Temperatur wird insbesondere bei Kraftfahrzeugspeichern und in kleinen Druckgefäßen aufgrund schneller Befüllung erreicht. Im Gefahrgutrecht wird davon ausgegangen, dass der MSP bei Verwendung für verschiedenste Gase im Extremfall den Prüfdruck PH erreicht. Aus diesem Grund ist der Auslegungsdruck dort mindestens der Prüfdruck.

Bei der Zulassung eines CCs für die ausschließliche Verwendung nur eines Gases – wie z. B. Wasserstoff – ist es angemessen, als Designdruck den maximalen Betriebsdruck (MSP) anstelle des Prüfdrucks heranzuziehen (vergl. Abschn. 3.5.1).

Unabhängig von den Definitionen in den Regelwerken ist die für den Sicherheitsnachweis und die reale Alterung physikalisch maßgebliche Größe der tatsächlich auftretende maximale Betriebsdruck. Der MSP reflektiert die gasspezifischen Zulassungsvorschriften für Fahrzeuge, während der MSP in den Gefahrgutvorschriften eine nicht konsequent angelegte Option für bestimmte Prüfungen darstellt.

c) Mindestberstdruck

Basierend auf den Annahmen für die maximale Last fordern die verschiedenen Vorschriften unterschiedliche Lastvielfache gegenüber kurzfristigem Überdruck. Die dahinter stehenden Überdrücke sind nicht von praktischer Bedeutung für die reale Belastung. Sie weisen aber, der aus den Stahl-Dampfkesseln kommenden Tradition folgend, eine Sicherheit gegen spontanes Versagen aus. Von der Ausnahme der europäischen Normen EN 12245 [53] und EN 12257 [54] für CC abgesehen sind die „burst ratios" (siehe ISO 11119-2 [46], ISO 11119-3 [55] und EC-Regulation 406/2010 [48]) und auch die zu berechnenden „stress ratios" werkstoffabhängig (s. 3.6 in EC-Regulation 406/2010). Die im Gefahrgutrecht geforderten Mindestberstdrücke für CC sind in manchen Fällen unabhängig vom Werkstoff der 2-fache Prüfdruck PH, d. h. der dreifache Nennbetriebsdruck PW (NWP). Die Normen ISO 11119-2 (Typ III; [46]) und ISO 11119-3 (Typ IV; [55]) fordern dagegen differenzierte Mindestberstdrücke von 2,0 PH für CFK, von 2,1 PH für AFK und von 2,4 PH für GFK.

Konzentriert man sich auf CFK, sind auch für die EU-Verordnung für Wasserstofffahrzeuge Mindestberstdrücke von 2,25 NWP (= 1,5 PH ≈ 176 % MSP) vorgeschrieben; für AFK sind es 2,9 NWP (= 1,93 PH ≈ 227 % MSP), für GFK 3,4 NWP (= 2,27 PH ≈ 270 % MSP). Im Fall der kombinierten Verwendung verschiedener Fasertypen kommen zusätzlich noch Anforderungen an die Spannungen in den Fasern hinzu, die sogenannten „stress ratios".

Zum Nachweis des Mindestberstdruckes im Rahmen der Baumusterprüfung sind jeweils 3 Baumuster zu prüfen.

d) Lebensdauer und Mindestlastwechselzahl

Im Gefahrgutrecht ist es in Europa üblich, mit Zulassungen für eine zeitlich unbefristete Verwendungsdauer zu arbeiten. De facto limitiert dann bestenfalls die Inspektion vor jeder Befüllung oder die Verpflichtung zur wiederkehrenden Prüfung die Verwendungsdauer. In diesem Fall wird z. B. gemäß ISO 11119-2 der Nachweis von 12.000 LW bis Prüfdruck ohne Leckage anhand von 2 Prüfmustern gefordert. Für den Fall der ausschließlichen Verwendung für nur ein Gas, kann der Druck bei gleicher Lastwechselzahl auf den maximal entwickelten Druck (MSP) reduziert werden.

Der Vollständigkeit halber muss jedoch ergänzt werden, dass auch die EN 12245 [53] für Composite-Gasflaschen in ihrer Neufassung aus 2012, auch vorsieht, dass bei Verwendung für ein bestimmtes Gas der MSP bei der Lastwechselprüfung Anwendung finden darf. In beiden o. g. Normfassungen aus 2012 werden bei Anwendung des MSP für ein unbegrenztes Leben 24.000 Lastwechsel ohne Versagen gefordert. Die vergleichbare Norm für Stahlflaschen (EN 1964-1: 1999 [56]) schreibt dagegen 80.000 Lastwechsel vor. Für den unspezifischen Gasbetrieb sehen alle Normen 12.000 Zyklen als Mindestanforderung bis Leckage vor. Auch wenn dieser Wert den höchsten Wert aller hier verglichenen Anforderungen darstellt, wird dieser in den nachfolgenden Analysen nicht weiter verfolgt. Hierfür gibt es vier Gründe: Die „24.000 LW Klausel" in der EN 12245 wurde selten angewendet. Zudem spielt diese Norm außerhalb Europas keine Rolle. Selbst in Europa nimmt ihre Bedeutung ab.

Zielt man im Gefahrgutrecht nach Norm ISO 11119-2 auf ein begrenztes Leben, sind für 500 LW bis Prüfdruck pro Jahr (per annum; p. a.) der Auslegungslebensdauer ausreichend. Kann man zudem Leck-vor-Bruch nachweisen, reicht bereits der Nachweis von 250 LW/a. Die Betreiber von Flaschenparks im Gefahrgutbereich gehen in den meisten Fällen von nur etwa 4 Füllungen pro Jahr aus. Im Einzelfall können es jedoch auch ein bis zwei Füllungen pro Tag sein. Dies wird durch die Normen jedoch inhaltlich nicht voll abgedeckt. Das üblicherweise erwartete Maximum liegt mit Verweis auf die Sitzungen der Normungsgremien Ende der 1990er Jahre bei etwa 1000 Füllungen in 50 Jahren Betrieb. Hiervon gibt es Ausnahmen. Diese sind insbesondere Flaschen und Großflaschen in Trailern oder Batteriefahrzeugen. Batteriefahrzeuge im Pendelverkehr erfahren durchaus 300 Füllungen oder mehr pro Jahr. Insofern und auch mit Blick auf den Festeinbau dieser Druckgefäße nehmen diese praktisch eine Sonderstellung im Gefahrguttransport ein.

Im Gegensatz dazu geht die Automobilindustrie von bis etwa 6000 Betankungen in 15 Jahren bzw. 400 Füllungen pro Jahr aus (s. Abschn. A.5.1.1.2.b im Entwurf 2011 für die „technical regulation (GTR) on hydrogen and fuel cell vehicles" [50]). Die europäische Zulassungsvorschrift EC-Regulation 406/2010 [48] kalkuliert einen Sockelbetrag von 1000 Füllzyklen zzgl. 200 Füllungen pro Jahr –sofern eine elektronische Überwachung der Betankungszyklen vorhanden ist. Die Lebensdauer ist auf maximal 20 Jahre begrenzt. Wenn kein Überwachungssystem vorhanden ist, muss von der Füllzyklenzahl für 20 Jahre, 5000 Füllungen, ausgegangen werden. Zum Nachweis der Betriebsfestigkeit wird die mindestens 3-fache Lastwechselfestigkeit bei nachgewiesenem Leck-vor –Bruch-Verhalten gefordert. Anderenfalls muss die 9-fache Füllzyklenzahl hydraulisch schadensfrei nachgewiesen werden. Der geforderte Oberdruck für die Lastwechselprüfung ist das 1,25-fache des Nennbetriebsdrucks. Dies entspricht in etwa dem entwickelten Druck von Wasserstoff bei 85 °C (vergl. Tab. 3.6). Ein Abbruch der Prüfung ist nach dem Erreichen der geforderten Mindestwerte zulässig und üblich.

Damit spielt in all diesen Fällen die vom Baumuster hydraulisch tatsächlich erreichbare Lastwechselzahl keine Rolle für die Zulassung und wird somit auch nicht abgeprüft.

e) Prüfung der Herstellungslose (Batch Tests)

Zur Überwachung der Qualitätssicherung sind im Rahmen der laufenden Fertigung verschiedene Arten der Prüfung obligatorisch. Diese Prüfungen werden Losprüfungen oder auch „Batch Tests" genannt. Neben der Prüfung von Werkstoffproben und der obligatorischen Druckprüfung jedes Einzelbehälters gibt es zerstörende Prüfungen, die an jedes Herstellungslos gebunden sind. So wird in der ISO 11119-2 gefordert, pro Herstellungslos einen CC zu bersten und pro 5 Herstellungslose einen CC der Lastwechselprüfung zu unterziehen. Die EC-Regulation 406/2010 [48] fordert ebenfalls das Bersten eines

Prüfmusters pro Herstellungslos, aber auch eine Lastwechselprüfung pro Los. Ab 10 erfolgreich geprüften Herstellungslosen darf der Aufwand auf eine Prüfung pro 5 Lose reduziert werden.

Die Herstellungslosgröße in der ISO 11119-2 und EC-Regulation 406/2010 sind begrenzt auf 200 CC zzgl. der zu zerstörenden Prüfmuster. Erfüllt ein Prüfmuster die Anforderungen nicht, muss die Ursache gesucht werden. Kann man – vereinfacht dargestellt – sicher von einer individuellen Problemursache ausgehen, darf die Prüfung wiederholt werden und das Prüflos bei Bestehen dennoch für den Kunden frei gegeben werden. Stellt man dagegen einen systematischen Fehler im ganzen Herstellungslos (Batch) fest, muss das gesamte Los verworfen, d. h. vernichtet werden.

In dem Vorschlag der EU zur Übernahme der GTR [49] sind keine Angaben zur Losprüfung zu finden.

f) Prüfmethoden zur Freigabe eines Herstellungsloses

In den oben genannten Prüfvorschriften sind als Baumuster- und Losprüfungen sowohl Berstprüfungen und auch Lastwechselprüfungen bei Raumtemperatur gefordert. Im Grundsatz sind die Mindestanforderungen aus der Baumusterprüfung auch auf die „Batch Tests" anzuwenden. In der ISO 11119-2 wird als Druckrate maximal 60 MPa/min (10 bar/s) und in der EC-Regulation 406/2010 bis zu 84 MPa/min (14 bar/s) zugelassen. Beide Druckanstiegsraten sind so hoch angesetzt, dass sie mit Blick auf Abb. 2.10 nicht als Vorgaben eines Prüfparameters gewertet werden können. Somit steht die Ausführung der Berstprüfungen als langsame Berstprüfung mit z. B. 20 % MSP/h oder 20 % PH/h nicht im Widerspruch zu diesen Vorgaben.

g) Erwartungswert, kein Herstellungslos zurückweisen zu müssen

Das erfolgreiche Bestehen der Losprüfungen ist eine Frage der Statistik. Für die nachfolgend vergleichenden Betrachtungen sei deshalb angenommen, dass die Anforderungen an die hier fokussierten Prüfungen bei der Baumusterprüfung a/A mit 90 % Wahrscheinlichkeit und b/B mit 99 % Wahrscheinlichkeit beim ersten Anlauf erfüllt werden. Damit fielen 10 bzw. 1 % der „Batch Tests" und damit der Produktionslose im ersten Anlauf durch.

Ferner wird für die Losprüfung angenommen, dass keine Fertigungsfehler vorliegen und nur die natürliche Streuung zu unzureichenden Losprüfungsergebnissen (Nichterreichen der Mindestwerte) führt. Damit fällt im Szenario „a"/„A" jedes 10-te Los auf (90 % sind beanstandungsfrei), ohne dass es zur Zurückweisung der Stichprobe kommt. Für das Szenario „b"/„B" wird angenommen, dass es nur in jedem 100-te Los eine Beanstandung (99 % werden nicht beanstandet) in der jeweiligen Losprüfung geben darf.[3]

---

[3] Dem geneigten Leser mag es seltsam vorkommen, dass ein negativer „Batch Test" nicht automatisch zu einer Zurückweisung des Herstellungsloses führt. Die statistische Streuung von Eigenschaften steht jedoch nicht im Zusammenhang mit Fertigungsfehlern. Insofern ist es durchaus realistisch anzunehmen, dass im Rahmen der normativen Vorgaben einzelne Prüfungen, die nicht auf erkennbare Fertigungsfehler zurückführbar sind, wiederholt werden und diese Wiederholung bestanden werden. In diesem Fall ist kaum von einer Zurückweisung eines Produktionsloses (Batch) auszugehen.

Damit können die Annahmen für beide Szenarien, wie diese auf die automobile und Gefahrgut-Nutzung angewendet werden in nachfolgender Tab. 5.3 zusammengefasst werden:

Tab. 5.3 Szenarien für die statistische Darstellung der deterministischen Anforderungen

s. Erläuterung	Kriterium CFK; CGH$_2$	TDG: ISO 11119-2: 2012(Typ III)		Onboard: EC-Regulation 406/2010; Para 3.9.1.1; (Typen III und IV)	
	Szenario	a	b	A	B
a)	Gesamtpopulation	1000 CC		10.000 CC	
b)	Baumusterprüfung	3 CC für BT/SBT		3 CC für BT/SBT	
c)	Min burst ratios	2,0 PH (= 3,0 NWP)		2,25 NWP (= 1,5 PH)	
d)	Baumusterprüfung	2 CC für LCT		2 CC für LCT	
d)	N$_{min}$ of LCs	keine Leckage vor 250 LW p. a.; max 12.000 LW kein Bersten vor 500 LW p. a.; max. 24.000 LW		FCs = 1000 FC + 200 FC p. a.; max. 5000 FC keine Leckage vor LW = 3 FC kein Bersten vor LW = 9 FC	
	Max. Lebensdauer	Nicht begrenzt		20 Jahre	
e)	Losgröße (Batch)	200 CC + Prüfmuster		200 CC + Prüfmuster	
e) f)	BT/SBT pro Los	1 CC pro Los (1 of 201)		1 CC pro Los (1 aus 201)	
e) f)	LCT pro Batch	1 CC pro 5 Lose (1 von 1001; bzw. 1006 abzgl. 6 Prüfmuster; für LCT&SBT)		1 CC/Batch (1 aus 201) bis 10 batches; dann 1 CC pro 5/10 batches (1 of 1001/2001)	
	Prüfungen SB/SBT	3 CC + 5 CC	3 CC + 50 CC	3 CC + 50 CC	3 CC + 500 CC
	Prüfungen LCT[a]	2 CC + 1 CC	2 CC + 10 CC	2 CC + 18 CC	2 CC + 118 CC
	BT/SBT bzw. LCT	8 CC bzw. 3 CC	53 CC bzw. 12 CC	53 CC bzw. 20 CC	503 CC bzw. 120 CC
g)	Toleranzquote	10 %	1 %	10 %	1 %
	Rückweisungsquote	Kein Los	Kein Los	Kein Los	Kein Los

[a] Die in Tab 5.3 dargestellten Daten werden exemplarisch auf die Lastwechselprüfung im Rahmen des Szenario A (automotive) wie folgt für die nachfolgenden Analysen der deterministisch beschriebenen Sicherheit angewendet: Die im Rahmen der Baumusterprüfung eines Typ III Speichers für 20 Jahre Lebensdauer durchzuführende Lastwechselprüfung bei Raumtemperatur gilt als bestanden wenn bei der Prüfung von 2 Prüfmustern bis 15.000 LW keines der beiden eine Leckage aufweist aber Leck-Vor-Bruch nachgewiesen werden kann. Für einen Typ IV wäre schwerpunktmäßig eher zu formulieren, dass diese Lastwechselprüfung im Zuge der Baumusterprüfung für 20 Jahre Lebensdauer als bestanden gilt, wenn bei der Prüfung von 2 Prüfmustern bis 45.000 LW keines der beiden birst oder anders versagt. Hinzu kommen die Anforderungen an die 50 Herstellungslose. Diese werden freigegeben unter der vereinfachten Annahme, dass diese 10.000 Speicher mittels 10 Batch Tests durch Lastwechsel geprüft werden und nur einer davon beanstandet wird. Weiterführend wird angenommen, dass eine Beanstandung ohne erkennbare Fehlerursache in einer von 10 Losprüfungen nicht zu einer Loszurückweisung führt.

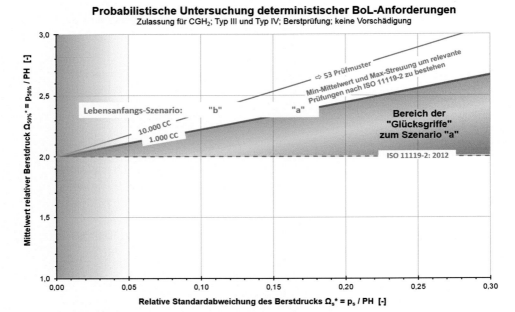

Abb. 5.5 Beschreibung der Mindestberstanforderungen „a" und „b" (Treibgas) auf Basis statistischer Eigenschaften

Damit hängt die Wahrscheinlichkeit, eine Baumusterprüfung oder eine Batch-Prüfung erfolgreich zu bestehen, primär vom Mittelwert und der Streuung der jeweiligen Festigkeitseigenschaft der Grundgesamtheit ab. Hinzu kommt der Zufall des „Glücksgriffes". Dies meint die „glückliche Hand" mit der die zu prüfende Stichprobe aus der „Wolke" der streuenden Population (vergl. Abb. 3.28) entnommen wird.

Abbildung 5.5 stellt nun die graphische Übertragung dieser Vorgaben aus der Kombination von Baumuster- und Losberstprüfungen für den Fall der CC für den Gefahrguttransport in das Arbeitsdiagramm für die Berstprüfung dar. Zur Orientierung ergänzt sind die nominellen, deterministischen Nachweisgrenzen, die als Mindestfestigkeiten nach Norm gefordert sind.

Die abgeleiteten Linien konstanter Eigenschaften sollen sicherstellen, dass im Sinne der Szenarien „a" und „b" alle für die Baumusterprüfmuster erforderlichen Prüfmuster die Prüfungen im o. g. Sinne bestehen und gleichzeitig die Produktion die in Tab. 5.3 beschriebenen Erwartungen an die Losprüfungen erfüllen.

Dies gilt in gleicher Weise für Abb. 5.6, die die Szenarien „A" und „B" darstellt.

Abbildung 5.7 zeigt das Analogon zu Abb. 5.5 und 5.6 für die Lastwechselprüfung auf Basis einer logarithmierten Skalierung. Hierbei sind aber die Betrachtung für „a"/„b" mit „A"/„B" kombiniert dargestellt.

Am linken Ende aller drei Diagramme ist ein Bereich blau angedeutet, der auf unrealistisch kleine Streuungen hinweist. In allen drei Diagrammen entstehen zwischen den

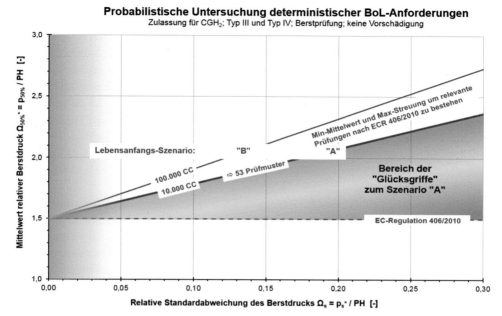

Abb. 5.6 Beschreibung der Mindestberstanforderungen „A" und „B" (Gastransport) auf Basis statistischer Eigenschaften

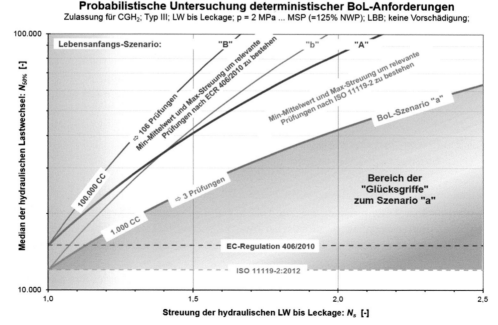

Abb. 5.7 Beschreibung der Mindestanforderungen zur Lastwechselfestigkeit auf Basis statistischer Eigenschaften

Linienpaaren „A" und „B" (EC-Regulation 406/2010; [48]) bzw. „a" und „b" (ISO 11119-2 [46]; jeweils Flächen (nicht markiert), die die realistische Spanne der aus den Anforderungen resultierenden statistischen Mindesteigenschaften darstellt. Diese liegen über den horizontalen Linien der deterministischen Mindestanforderungen. Der Bereich unterhalb der Linien „A" bzw. „a" zu dem jeweiligen Szenario schließt eine erfolgreiche Baumuster- und Losprüfung nicht aus, macht aber den Erfolg über die in Tab. 5.3 dargestellten Annahme hinaus vom Zufall der Stichprobenauswahl ab. Aus diesem Grund werden diese Flächen hinunter bis zu einer Erfolgswahrscheinlichkeit von 50 % für jedes Prüfmuster, also den Grenzwerten der deterministischen Prüfanforderung aus der Norm im Folgenden auch als „Glücksgriff" (oder Glückstreffer „lucky punch") bezeichnet. Diese sind in allen drei Diagrammen farblich markiert.

Im direkten Vergleich der Abb. 5.5, 5.6 und 5.7 fällt die unterschiedliche Dominanz der beiden dargestellten Prüfnormen in Abhängigkeit des Prüfverfahrens auf. Während die Gefahrgutvorschriften deutlich höhere Anforderungen an den Mindestberstdruck von Druckgefäßen des Typs III (und auch IV) aufweisen, sind die Lastwechselanforderungen an die Wasserstoff-Fahrzeugspeicher höher. Dies liegt insbesondere an der deutlich unterschiedlichen Erwartung an die üblichen Füllzyklen. Das sind, zur Erinnerung, bis etwa 1000 Füllungen in 50 Jahren Transport gegenüber bis 5000 Betankungen eines Fahrzeuges in maximal 20 Jahren.

Aufgrund der bekannten Schwachstellen der Bauweisen (Typ III vs. Typ IV) schälen sich auch entsprechende Anwendungsschwerpunkte heraus. Ein CFK-basierter CC hat ohne metallischen Liner kaum ein Problem, die Lastwechselanforderung zu erfüllen, sofern er die Berstanforderungen erfüllt. Auf der anderen Seite hat ein CC mit metallischem/ mittragendem Liner de facto kein Problem, die Berstanforderung zu erfüllen, wenn die Ermüdungsfestigkeit hinreichend ist. Unabhängig vom Aspekt des Gewichtes lässt sich daraus ableiten, warum der Typ II und Typ III im Gefahrgutbereich weiter verbreitet ist als im Fahrzeugbereich, in dem zur Zeit überwiegend auf den Typ IV fokussiert wird.

5.2.2   Prinzipien der statistischen Bewertung von Mindestanforderungen

Nachdem mit den Diagrammen Abb. 5.5 bis 5.7 eine realistische Übertragung der deterministischen Anforderungen aus der ISO 11119-2 [46] und EC-Regulation 406/2010 [48] in die Betrachtungsweise statistischer Ansätze geschaffen ist, lassen sich diese beiden Vorschriften auch probabilistisch bewerten. Dies zielt vor allem auf zwei Fragestellungen:

- Ist die vollständige Unabhängigkeit der Mindestanforderungen von der Streuung relevanter Eigenschaften in den Vorschriften angemessen?
- Ist das aktuell geforderte Sicherheitsniveau nach Maßgabe der Ausfallwahrscheinlichkeit so hoch, dass die Sicherheitsmargen reduziert werden könnten?

Insbesondere Letzteres ist ein Frage, die die Hersteller im Spannungsfeld der anstehenden Massenproduktion von Gasspeichern im Fahrzeug seit über 10 Jahren interessiert (s. Stor-Hy [57]). Um dieser Frage nachzugehen, muss zunächst ein anderes, aber wesentliches Detail geklärt werden: Mit den Ergebnissen aus Kap. 4 ist dargelegt, dass die Mittelwerte der Festigkeitsparameter im Laufe des Betriebes abnehmen und die Streuung nahezu ausnahmslos erheblich zunimmt. Dies bedeutet eine bis zum Lebensende unbekannte Abnahme jeder, einem Festigkeitskriterium zugeordneten Überlebenswahrscheinlichkeit. Bemüht man nun das Modell einer Funktionskette und hängt hierzu für jedes Lebensjahr ein Kettenglied mit der durchschnittlichen Überlebenswahrscheinlichkeit des jeweiligen Lebensjahres aneinander, erhält die in Abb. 4.38 bis 4.40 skizzierten Zusammenhänge. Im Ergebnis wird die Gesamtlebensdauer durch das schwächste Kettenglied dominiert. Dies ist nicht zwingend aber üblicherweise dasjenige, das das letzte Betriebsjahr, also den Zustand am Lebensende (EoL) beschreibt. Die zu einem bestimmten Zeitpunkt betriebsbegleitend ermittelte Restzuverlässigkeit stellt damit eine Kombination von zwei Aspekten dar: Zum einen hat das Prüfmuster die betrieblichen Belastungen bis zum Zeitpunkt der Prüfung bzw. Lebensdauerende erfahren und hat zum zweiten unter dieser Last nicht versagt. Außerdem wird unterstellt, dass kein anderer CC dieses Baumusters versagt hat.

Als Konsequenz muss konstatiert werden, dass sich die im Unterkapitel 5.1 im Sinne einer Mindestzuverlässigkeit diskutierten Überlebenswahrscheinlichkeiten auf das Lebensende beziehen. Damit wird die Bedeutung der im Unterkapitel 4.4 bereits beschriebenen Aspekte der Degradation und ihrer für jedes Baumuster spezifischen Werte auch in diesem Kontext deutlich.

Für die Betrachtung der o. g. Anforderungen nach Norm bedeutet dies, dass die Mindestwerte für neue Prüfmuster mit den Zuverlässigkeitsvorgaben für CC am Ende des Lebens bewertet werden müssten. Dies ist eine Krux, lässt sich aber an dieser Stelle nur bedingt auflösen.

Diesen Gedanken folgend sind in Abb. 5.8 für das Kriterium Bersten die bereits erläuterten Erwartungswerte aus den Normen den Überlebenswahrscheinlichkeiten der Grundgesamtheit, d. h. der gesamten Population eines Baumusters, schematisch gegenübergestellt.

Zum einen zeigt diese Abbildung eine Linie konstanter Überlebenswahrscheinlichkeit eines CCs bei maximalem Betriebsdruck (MSP = 85 % PH) nach Abb. 3.49, die nahezu diagonal hindurch geht. Zum anderen sind die Anforderungen nach Norm aus Abb. 5.5 in Form eines Dreiecks ergänzt, das als „lucky punch area" die Stichprobeneigenschaften eines „Glücksgriffes" zusammenfassen. Durch Vergleich der Anforderungen aus dem probabilistischen Ansatz mit denen aus dem deterministischen Ansatz entstehen verschiedene Bereiche. Der Bereich rechtsunten (rot markiert) in Abb. 5.8 wird von beiden Ansätzen als unsicher und damit als nicht zulassungsfähig angesehen. Der Bereich linksoben (hellgrün) ist aus Sicht beider Ansätze als sicher anzusehen. Baumuster mit Eigenschaften, die durch diesen Bereich dargestellt werden, wären bei isolierter Betrachtung des Kriteriums der Berstfestigkeit zulassungsfähig.

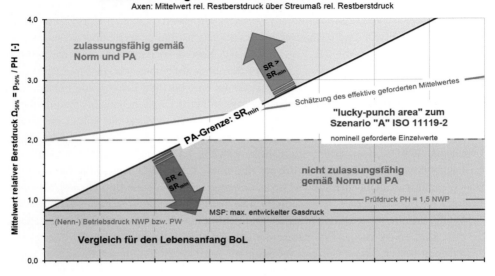

Abb. 5.8 Bereiche gleicher Bewertung durch beide Ansätze (Vorschrift & Probabilistik; vergl. [58] und [59])

Der Fokus der Betrachtung sollte jedoch auf den Bereich gerichtet werden, der in Abb. 5.8 weiß dargestellt ist. Dieser erscheint in Abb. 5.9 wiederum unterschiedlich farbig – von grün nach rot – hinterlegt. Auf der linken Hälfte von Abb. 5.9 liegt der Bereich, der (grün hinterlegt) zum Ausdruck bringt, dass Baumuster mit diesen Eigenschaften nach dem probabilistischen Ansatz als zulassungsfähig gelten. Aufgrund ihrer geringen Streuung sind diese als sicher anzusehen, obwohl ihre mittleren Festigkeiten teilweise unterhalb der geforderten Mindestberstfestigkeit heutiger Vorschriften liegen.

Von etwa der Mitte in Abb. 5.9 bis zum rechten Rand liegt ein Bereich, der von Gelb bis Rot die Eigenschaften von Stichproben beschreibt, die probabilistisch als unsicher anzusehen sind, und dennoch nach aktuellem Recht bei isolierter Betrachtung des Kriteriums zulassungsfähig wären. Praktisch ist eine isolierte Betrachtung der Berstfestigkeit nicht möglich, da immer weitere Anforderungen von anderen Prüfmustern zu erfüllenden sind, um eine Zulassung z. B. nach ISO 11119 zu erhalten.

Der in Abb. 5.9 als kritisch dargestellte Bereich wird durch eine Linie durchschnitten, die diejenigen Eigenschaften einer Population, die die Prüfung nach Norm erwartungsgemäß erfüllen (oben) von denen trennt, die nur mit Glück ein Bestehen der Prüfung erwarten lassen (unten).

Je größer die Streuung ist, umso höher muss der Mittelwert liegen, um mit einer berechtigten Hoffnung von z. B. 95 % einen solchen Glücksgriff zu machen. Die Frage eines Glücksgriffes hängt wesentlich von der Entnahme der wenigen Prüfmuster aus einer verfügbaren Population bzw. Gruppe von Prüfmustern ab. Greift man mit einer „glücklichen

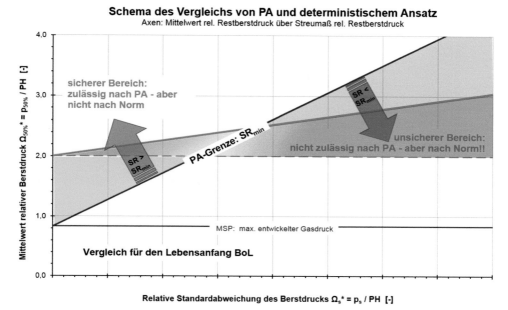

Abb. 5.9 Bereiche widersprüchlicher Bewertung beider Ansätze (Deterministik und Probabilistik; vergl. [58] und [59])

Hand" ein Prüfmuster, das besser als der Durchschnitt ist, würde dieses Prüfmuster auch bei großer Streuung sogar dann bestehen, wenn der Mittelwert der Population gerade mal dem Mindestwert für diese Population entspricht. Damit können in Abhängigkeit vom Zufall Baumuster auch dann grundsätzlich zugelassen und Herstellungslose auch dann freigegeben werden, wenn diese nach probabilistischen Aspekten aufgrund ihrer Eigenschaften als unsicher gelten.

Mindestens genauso wichtig für die Sicherheitsbetrachtung ist jedoch der obere Bereich im rechten Dreieck Abb. 5.9. Hier darf davon ausgegangen werden, dass das Bestehen der Prüfungen de facto nicht mehr vom Zufall abhängt und deshalb alle Prüfungen bestanden werden. Die Sicherheit der Population ist aber probabilistisch ungenügend.

Im Ergebnis dieses Vergleiches scheint jede Form der Sicherheitsbewertung, die auf dem Nachweis von Mindestberstfestigkeiten anhand weniger Prüfmuster beruht, in Frage gestellt werden zu müssen. Dies gilt unabhängig davon, ob der geforderte Sicherheitsbeiwert „burst ratio" oder „stress ratio" genannt wird, solange die reale Streuung nicht mitberücksichtig wird.

Da der jetzige Ansatz der Normen mit seinen Sicherheitsbeiwerten zumindest im Gefahrgutbereich relativ hoch ist, kann diese Aussage relativiert werden: Im Fall einer angestrebten Reduzierung dieser Sicherheitsbeiwerte müssten diese Veränderungen mithilfe eines zu garantierenden Sicherheitsniveaus im probabilistischen Sinne bewertet werden. Dies erfordert indirekt eine Untersuchung der Zuverlässigkeit relevanter CC; aber

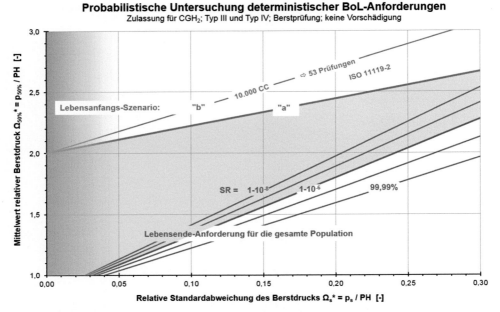

Abb. 5.10 Bereiche widersprüchlicher Bewertung des Berstdrucks im Gefahrguttransport

zumindest eine probabilistische Betrachtung der Auswirkung von Zulassungsanforderungen und -änderungen in Recht und Norm.

Außerdem betrachten und bewerten die relevanten Normen nur die Eigenschaften im direkten Anschluss an die Fertigung. Die betriebliche Veränderung von Festigkeitseigenschaften über die Betriebsdauer wäre aber wichtig für eine fundierte Beurteilung der Sicherheit von CCn.

5.2.3   Bewertung der Mindestanforderungen in den Regelwerken nach dem Kriterium der Zuverlässigkeit

Im Folgenden werden die im Abschn. 5.2.2 dargestellten Vergleiche auf vorliegende Prüfergebnisse angewendet. Dies basiert auf den Linien konstanter Eigenschaften, wie sie im Abschn. 5.2.1 erarbeitet wurden und den bereits in vorhergehenden Kapiteln erläuterten Linien konstanter Zuverlässigkeit.

Das Ergebnis des Vergleiches für die Festigkeiten unter quasi-statischer Last ist für ein Gefahrgut-Druckgefäß („a" bzw. „b") in Abb. 5.10 dargestellt. Dies erfolgt unter Berücksichtigung verschiedener Linien konstanter Zielzuverlässigkeiten (rot).

Der quer verlaufend markierte Bereich („a" vs. $SR \geq 1 - 10^{-6}$; grün) zeigt in Analogie zu Abb. 5.9 das für die Optimierungen auf probabilistischer Basis verfügbare Potenzial.

Abbildung 5.11 zeigt die gleiche Auswertung für das Szenario „A" gegenüber $SR \geq 1 - 10^{-6}$ (dunkelgrüner Bereich). Beide Diagramme zeigen gemeinsam, dass das Op-

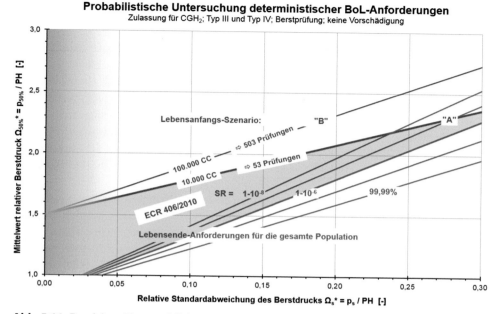

Abb. 5.11 Bereiche widersprüchlicher Bewertung des Berstdrucks von Fahrzeugspeichern

timierungspotential in Abhängigkeit der Zielzuverlässigkeit und des realen Produktionsvolumens variiert. Für die Anforderung Mindestberstdruck wird damit deutlich, dass bei
kleinen Streuungen der Eigenschaften ein erhebliches Potential vorhanden ist, das im Sinne eines Material-, Gewichts- und Kostenleichtbaus genutzt werden könnte.

Dieses Potential ist in den nach Gefahrgutvorschriften gebauten und geprüften Druckgefäßen nach Abb. 5.10 trotz der kleineren, angenommen Stückzahlen erkennbar größer
als bei den Treibgasspeichern nach Abb. 5.11. Der nicht markierte Bereich zwischen „b"
und der Linie $1-10^{-6}$, der nach Abb. 5.10 einer sicherheitstechnisch für die Gefahrgut-
speicher angemessenen Optimierung zur Verfügung steht, ist aufgrund der höheren Zuverlässigkeit tendenziell erkennbar größer als der vergleichbare Bereich zu „B" in Abb. 5.11.

Beide Diagramme zeigen aber, dass bei großer Streuung der Bersteigenschaften (SBT)
auch die heutigen Anforderungen zur Zulassung für sich genommen zu unsicherer CCn
führen könnte. Aufgrund der Kombination verschiedener Prüfanforderungen in Zulassungsvorschriften und relevanter Normen ist dies sicherlich weniger kritisch als es aus der
Betrachtung dieser einzelnen Eigenschaft gefolgert werden kann. Eine Fehleinschätzung
ist aber nicht auszuschließen.

In den Abb. 5.10 und 5.11 ist erneut am linken Rand ein Bereich angedeutet (blau), der
zum Ausdruck bringen soll, dass extrem kleine Streuungen unglaubwürdig und eine ver-
schwindende Streuung technisch unmöglich ist.

Eine vergleichbare Darstellung für die Lastwechselprüfung würde keine Änderung
gegenüber Abb. 5.7 ergeben. Am Lebensende betrifft die Lastwechselanforderung nur mehr
den letzten, sicher zu bestehenden Füllzyklus. Deshalb würde die Linienschar mit den An-

forderungen für den letzten Lastwechsel die aus den Vorschriften abgeleiteten Linien erst weit außerhalb realistischer Streuungswerte schneiden. Entsprechend wäre in einer analogen Darstellung zu Abb. 5.10 der ganze Bereich unter „a", „b", „A" oder „B" bis zur Isoasfalen des letzten Lastwechsels in diesem Bildausschnitt grün zu markieren. Die Betrachtung der Lastwechselfestigkeit beinhaltet per se eine Degradationsbetrachtung. Hierzu sei z. B. auf die Grundprinzipien der Schadensakkumulationshypothesen (s. z. B. [60]) verwiesen.

In der bisher erläuterten Analyse deterministischer Mindestanforderungen sind noch zwei Aspekte offen geblieben, die wesentlich sind, um die Überlebenswahrscheinlichkeit beschreiben zu können: Die Alterung bzw. Degradation und der Einfluss der Stichprobengröße. Beide Aspekte gehen zu Lasten der im Kontext zu Abb. 5.10 und 5.11 erläuterten Optimierungspotentiale.

Wendet man sich zunächst der Degradation zu, stehen die bereits beschriebenen Lastannahmen für CC im Mittelpunkt. In Abb. 5.12 sind diese mittels drei Scharen von Isoasfalen dargestellt: Unten die Schar der verwendungsunabhängigen Linien für den letzte Füllzyklus am Ende des Lebens; darüber die Schar für die erwartete Belastung von 50 Jahren Betrieb mit je 4 Füllungen (Gefahrguttransport; 200 FC); und ganz oben die Linienschar für ein Kraftfahrzeug mit 5000 Betankungen in 20 Jahren (250 FC/a). Im Gegensatz zu allen Diagrammen zuvor sind in Abb. 5.12 nicht Lastwechselzahlen, sondern die entsprechenden Festigkeiten in Füllzyklen aufgetragen. Mit einem Rückblick auf Abb. 4.25 wird deutlich, dass die Degradation in Form Abnahme von Restlastwechselzahl nicht identisch ist mit der Zahl aufgebrachten Füllzyklen. Im Gegensatz zu Stahl wirken

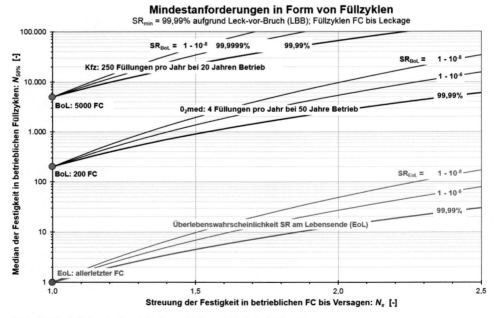

Abb. 5.12 Minimale Festigkeit am BoL und EoL in Füllzyklen

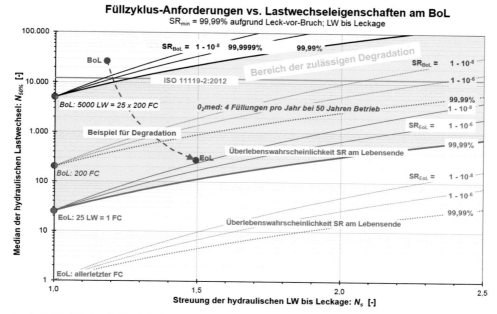

Abb. 5.13 Minimale Festigkeiten am BoL und EoL, gemessen in hydraulischen Lastwechseln

in CCn Effekte, die eine Degradation mit einem Mehrfachen an Füllzyklen bedeuten. Alle Linien gleicher Überlebenswahrscheinlichkeit (SR-Isoasfalen) laufen parallel.

Eine Möglichkeit die betrachteten Füllzyklen (filling cycles FC) in Lastwechsel (LW) zu übertragen besteht darin, das Verhältnis beider Werte abzuschätzen. Dies ist z. B. in Abb. 4.25 dargestellt. Dort wurde für einen Teil des Betriebes eine baumusterspezifische Degradation von 265 hydraulischen Lastwechseln pro Füllzyklus (LW/FC), für einen anderen Teil 75 LW/FC ermittelt. Es kann keine Allgemeingültigkeit der Werte aus Abb. 4.25 angenommen werden. Vielmehr darf davon ausgegangen werden, dass dieses Baumuster aufgrund seiner Glasfaser-Armierung einer gegenüber einer Carbonfaser überdurchschnittlichem Vorspannungsverlust unterliegt. Deshalb und zum Zweck einer besseren Darstellbarkeit wird im Folgenden eine Degradation von 25 LW/FCn beispielhaft angenommen. Die Bedeutung der Füllzyklen-spezifischen Degradation für die Sicherheitsbeurteilung wird in Abb. 5.13 exemplarisch interpretiert.

Abbildung 5.13 zeigt vier Kurvenscharen von jeweils drei Isoasfalen (SR $= 1 - 10^{-8}$, $1 - 10^{-6}$ und $1 - 10^{-4}$). Diese vier Kurvenscharen geben von unten nach oben folgende Eigenschaften wieder: Linienschar des sicheren Zustandes am Lebensende (EoL), d. h. der letzte sicher zu ertragende Füllzyklus FC (gepunktet, rot) dargestellt. Kurz darüber liegt die Schar der zugehörigen hydraulischen Lastwechsel (rot), beginnend mit 25 LW. Dies entspricht der Degradation des letzten zu ertragenden FCs. Dann folgt die erwartete Zahl der im Betrieb zu ertragenden Füllzyklen (gepunktet, schwarz) und darüber in Schwarz (durchgezogenen Linie) das 25-Fache zur Bezifferung der mindestens zu fordernden hydraulischen BoL-Lastwechselfestigkeit (bei RT). Zufällig stellt der Wert von 5000, nur dann in FCn und nicht in LWn, auch die Füllzyklenzahl für 20 Jahre Betrieb im Fahrzeug nach EU-Verordnung 406/2010 dar. Die LW-Zahl, die 5000 FCn zuzuordnen wäre, läge bei 125.000 LW.

Zusätzlich ergänzt sind der Bereich der zulässigen Degradation bis zum Lebensende (gelbe Fläche) und darin eine exemplarische Kurve der Degradation. Da der Endpunkt (EoL) dieser Linie oberhalb der relevanten EoL-Linie (SR = 99,99 %) liegt, wäre ein solches Baumuster bis zum Lebensende sicher. Da zudem der Anfangspunkt (BoL) oberhalb der schwarzen Kurvenschar liegt, wäre für den Neuzustand ein als ausreichend angesehenes Degradationspotential bis EoL und damit eine ausreichende BoL- Sicherheit nachgewiesen.

Der Abstand zwischen der schwarzen BoL-Linie und der jeweiligen roten EoL-Linie gleicher Überlebenswahrscheinlichkeit zeigt in Abb. 5.12 und 5.13 den erwarteten Grad der Degradation an. In der Praxis sind die Lastannahmen oft etwas überhöht und die realen Eigenschaften nochmals höher, weshalb die meist deutlich größere Degradation pro Füllzyklus (vergl. Unterkapitel 4.4) praktisch ohne Probleme ist. Die wiederholte Betonung dieses Sachverhalts scheint an dieser Stelle notwendig, um den punktuell falschen Eindruck einer aktuell unzureichenden Sicherheit zu vermeiden.

Führt man nun die Linien aus den deterministischen Anforderungen nach Abb. 5.7 mit den Linien der probabilistischen Betrachtung nach Abb. 5.12 zusammen, erhält man Abb. 5.14.

Hierbei wird eine gegenüber Abb. 5.13 veränderte Annahme getroffen: In Abb. 5.14 und den nachfolgenden Diagramme wird davon ausgegangen, dass es durch eine entspre-

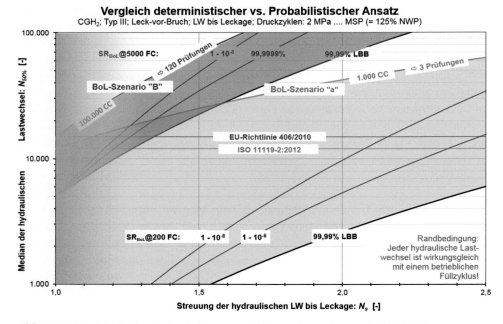

Abb. 5.14 Bereich der für die Optimierung von CCn nutzbaren Lastwechselfestigkeit

chend validierte Veränderung des Lastzyklus gelingt, die Degradation durch einen Füllzyklus durch einen zeitraffenden Lastzyklus wirkungsgleich zu simulieren. Dies ermöglicht
eine weitere Vereinfachung in der Darstellung, sodass die Linien für FCn und LW ideal
gleich gesetzt werden können.

In Analogie zu Abb. 5.10 und 5.11 sind die für probabilistische Optimierungen nutzbaren Bereich in Abb. 5.14 wieder grün dargestellt. Der obere (dunkelgrüne) Bereich, geht
von der sehr hohen Zahl von 5000 Füllzyklen (20 Jahre Nutzung nach EC-Reg. 406/2010),
einem nachgewiesenem Leck-vor-Bruch-Verhalten und einem Produktionsvolumen von
100.000 Stück aus (50.000 Fahrzeuge mit je 2 Speichern) aus. Erneut ist der hellgrün
markierte Bereich mit Optimierungspotential durch den probabilistischen Ansatz für eine
typische Gefahrgutverwendung (zwischen Linie „a" und 200 Füllungen mit LBB) größer,
wenn auch diesmal auf einem insgesamt niedrigeren Lastwechselniveau.

Es gilt: Je kleiner der nutzbare Optimierungsbereich, desto wahrscheinlicher ist eine
sicherheitstechnische Überschätzung auf Basis aktueller Vorschriften von Baumustern mit
hoher Streuung. Ist es nicht möglich, einen LW degradationswirkungsgleich (oder stärker)
zu einem realen Füllzyklus zu gestalten, würde sich dieses Optimierungspotential entsprechend verkleinern.

Damit bleibt – immer noch unter dem Vorbehalt einer substantiellen Abschätzung und
betriebsbegleitenden Überprüfung der Degradation im Betrieb – nur mehr die Frage der
Stichprobengröße offen.

5.2.4 Einfluss der Stichprobe bei der Betrachtung der Festigkeit in der (langsamen) Berstprüfung

Die Eigenschaft der Population oder entsprechender Untergruppen, wie z. B. alle CC eines
Herstellungsjahres, sind nicht bekannt und kann für die Mehrheit der CC auch nicht (zerstörend) ermittelt werden. Damit muss das Verhalten der Population unter Inkaufnahme
einer RUnsicherheit (Irrtumswahrscheinlichkeit α; vergl. Abschn. 3.4.1) aus dem Verhalten einer repräsentativen Stichprobe abgeleitet werden.

Hierzu können die Baumusterprüfungen und die Herstellungslosprüfungen herangezogen werden. Überwachend oder retrospektiv kommen die immer aufschlussreichen Prüfungen an CCn aus dem Betrieb oder gar am Lebensende hinzu. Es bleibt die Unsicherheit,
die unter der Annahme gleich bleibender Produktion durch das Irrtumswahrscheinlichkeit
zum Ausdruck gebracht wird. Je größer die Stichprobe umso größer ist die Vertrauens-
würdigkeit der Ergebnisse. Hinzu kommt noch die Unsicherheit, die insbesondere bei an-
laufender Serienproduktion die Qualität im Sinne konstanter Eigenschaften betrifft.

►
Unabhängig davon, ob Eigenschaftswerte steigen oder abnehmen werden,
verändernde Festigkeitseigenschaften die Streuung vergrößern. Deshalb wird
selbst in dem Fall, dass Eigenschaften tendenziell verbessert werden und damit

der Mittelwert angehoben wird, empfohlen, eine neue Population zu definieren und so die Grundgesamtheit (Population) zu teilen. So kann eine negative Interpretation sicherheitstechnisch positiver Maßnahmen vermieden werden.

Der wesentliche Aspekt der Stichprobengröße ist sein Einfluss auf die Mindestprüfergebnisse, um eine bestimmte Zuverlässigkeit nachzuweisen. Aufbauend auf einer Kombination von den SPC für das (langsame) Bersten Abb. 5.10 und 5.11 zeigt Abb. 5.15 die Schar der Isoasfalen für $SR = 1 - 10^{-6}$ für verschiedene Stichprobengrößen (vergl. Unterkapitel 4.2; Konfidenzniveau $\gamma_1 = 95\%$). Diese sind mindestens zu erfüllen, damit die Population als sicher angesehen werden kann. Diese Mindestforderung ist unabhängig vom Alter und muss – dem probabilistischen Ansatz folgend – von der gesamten Population jederzeit bis zum Lebensende erfüllt werden: Der MSP ist mit einer Überlebenswahrscheinlichkeit von mindestens $1 - 10^{-6}$ zu ertragen (vergl. [44]).

In Abb. 5.15 sind nur die Bereiche mit widersprüchlicher Zulassungsentscheidung beider Ansätze für das Szenario „a" farbig markiert. Hierbei wird für die Analyse der Wirkung des deterministischen Ansatzes eine Produktion von 1000 Druckgefäßen („a") unterstellt und für den probabilistischer Ansatz eine Stichprobengröße von 7 angenommen. Der im Rahmen des probabilistischen Ansatzes unterhalb der normativen Mindestanforderungen grundsätzlich nutzbare Bereich ist grün markiert. Der rot markierte Bereich stellt die

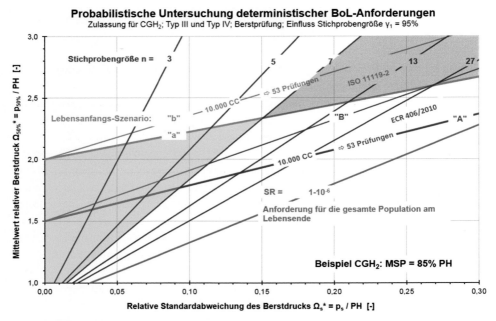

Abb. 5.15 Bereich der für die Optimierung von CCn nutzbaren Berstfestigkeit, abhängig vom Stichprobenumfang

Eigenschaften der Stichproben dar, die zwar nach der ISO 11119-2 bzw. zulassungsfähig sind, aber nach dem probabilistischen Ansatz als unsicher gelten müssen.

Um dies im Kontext der bisher ermittelten Eigenschaften bewerten zu können, ist ein Blick in die Diagramme hilfreich, die SBT-Prüfergebnisse am Anfang des Lebens wiedergeben (Abb. 3.48, 4.17 und 4.22). Damit wird klar, dass die Streuung der BoL-Berstfestigkeiten Ω_s baumusterabhängig ist und im einen Fall bei etwas über 3 % lag (Abb. 3.48), während die Stichprobe eines anderen Prüfmusters in Abb. 4.17 über 16 % aufwies. Letzteres Design liegt rechts des in Abb. 5.15 dargestellten Kreuzungspunktes zwischen dem grünen und dem roten Bereich.

Würde das betreffende Baumuster nur die Berstmindestanforderung nach Norm erfüllen, müsste es nach probabilistischen Kriterien als unsicher gelten. Es ist aber gegenüber der Berstmindestanforderung nach Norm überdimensioniert, da es eine mittlere Festigkeit von 258 % des Prüfdrucks aufweist. Womit eine Schwachstelle der Mindestanforderungen für Mindestberstdrücke, nicht aber des Baumusters gezeigt ist. Nimmt man noch Streuwerte am EoL hinzu (z. B. aus Abb. 4.33) kann eine relative Streuung Ω_s bis 20 % festgestellt werden. Mit Blick auf die künstliche Alterung, die deutlich über BoL hinaus durchgeführt wurde, sind nach Abb. 4.13 bis 4.16 sogar über 40 % festgestellt worden. Dies entspricht einer mehr als Verdreifachung der Streuung des Neuzustandes.

Mit der Stichprobengröße verlängert sich der grüne Bereich nach rechts, während der rote Bereich kleiner wird. Unterstellt man gar bei hohem Produktionsvolumen von 10.000 Druckgefäßen einen initialen Prüfumfang (z. B. $n = 27$) mit der statistischer Auswertung anstelle der initialen drei Prüfmuster im deterministischen Szenario „b") wandert in Abb. 5.16 die Mindest-Stichprobeneigenschaft gegen den EoL-Wert der gesamten Population. Damit wird der hellgrüne, keilförmige Bereich – wie in Abb. 5.16 dargestellt – immer größer, während der rote Bereich nicht mehr im Diagramm zu sehen ist. Wechselt man gedanklich auf die Betrachtung des Szenarios „B", beträgt der Produktionsumfang 100.000 Fahrzeugspeicher mit bis zum Ende der Fertigung 503 Prüfmustern. Wie in Abb. 5.16 dargestellt, liegt die zugehörige die Isoasfale für $n = 503$ schon nahezu auf der roten Linie für die Grundgesamtheit. Daraus ergibt sich trotz des niedrigerem Mindestberstwertes nach Vorschrift (Linie „B") ein schmaler aber in Richtung der x-Achse längerer Bereich (dunkelgrün), der für z. B. für weitere Optimierungen unter Verwendung des probabilistischen Ansatzes verwendet werden könnte.

Es wird deutlich, dass in der Praxis nicht der gesamte theoretische Optimierungsbereich nach Abb. 5.10 oder 5.11 nutzbar ist. Bei einer Population mit relativ großer aber noch hinreichend kleiner Streuung muss die Stichprobe für einen erfolgreichen probabilistischen Sicherheitsnachweis größer sein als bei kleiner Streuung der Eigenschaft. So ergibt sich für die Mindestberstprüfung nach Norm die Folgerung, dass diese zwar de facto auch eine Abhängigkeit von der Anzahl der Prüfmuster (Baumuster- und Losprüfungen) aufweist; dies aber nur mittelbar. Weshalb für den Bereich kleiner Streuung unnötig hohe Mittelwerte resultieren, während bei großer Streuung der deterministische Ansatz auf Basis des Berstkriteriums als unsicher gelten muss. Dies ändert sich teilweise gegen Ende der Produktion. Während der Produktion wird über die Losprüfung eine große Zahl

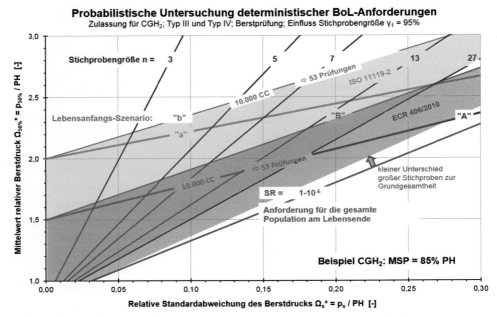

Abb. 5.16 Bereich der für die Optimierung von CCn nutzbaren Berstfestigkeit (Szenarien „b" und „B")

von Herstellungslosen geprüft, von denen keines davon im Sinne der Erläuterungen zur Tab. 5.3 auffällig werden darf.

Wie bereits erläutert, fordern die Normen Mindestberstwerte für neue Prüfmuster, während der probabilistische Ansatz von der Überlebenswahrscheinlichkeit am Ende der sicheren Betriebsdauer ausgeht. Damit umfassen die oben (grün) dargestellten Optimierungsbereiche gleichzeitig das Potential, das im Betrieb durch die Degradation in Anspruch genommen wird. Die Quelle zu Abb. 2.16 [61] adressiert, wie viele ähnliche Untersuchungen, die Frage der Degradation des Werkstoffes. Auch gibt es umgekehrte Überlegungen, die im Mindesten zu erwartende Degradation zu beschreiben. Dies wurde z. B. von den Verfassern von [62–68] dargestellt, um Rahmen von [69] untersucht. Im Ergebnis [70] und [71] muss festgestellt werden, dass die Degradation eines CCs baumusterabhängig ist und im Fall eines nicht begrenzten Lebens (Transport gefährlicher Güter) ohnehin nicht quantifizierbar wäre. Insofern muss auch die probabilistische Betrachtung auf geschätzte und durch künstliche Alterung gestützte Degradation zurückgreifen, um vom EoL ausgehend zusätzliche Anforderungszuschläge für den BoL zu formulieren. Werden diese zu hoch angesetzt, werden unnötig Ressourcen gefordert. Sind diese zu gering eingeschätzt, würde die Sicherheit am EoL zu gering werden.

▶   Damit kommt der große Vorteil des probabilistischen Ansatzes zum Tragen: Aufgrund seiner Betrachtung von Mittelwert und Streuung geprüfter Stichproben kann die Degradation betriebsbegleitend beobachtet und im Zweifel die

Sicherheitsprognose wie auch die davon abhängige Lebensdauerbeurteilung der Population korrigiert werden.

5.2.5 Einfluss der Stichprobe bei der Betrachtung der Festigkeit in der Lastwechselprüfung

In den relevanten Normen werden im Einzelfall nach künstlicher Alterung geringere Berstfestigkeiten akzeptiert. Die Lastwechselprüfung mit ihrer impliziten Degradationsannahme hat einen gänzlich anderen Charakter als die Berstfestigkeit. Auf Basis der Erfahrung mit Metallen und der für diese entwickelten linearen Schadensakkumulationshypothesen SAH [60], wird in den Normen auch für Composite de facto jedem Füllzyklus ein nachzuweisender Lastwechsel linear zugeordnet. Hinzu kommt ein Aufschlag, der insbesondere Unsicherheiten in den Lastannahmen aber auch die Fertigungsstreuung abdecken soll. Entsprechend groß sind die Quotienten von erwarteter Füllzyklenzahl FC und abgeforderter Mindestlastwechselzahl.

Diese oben für die Berstfestigkeit dargestellten Zusammenhänge sind in Abb. 5.17 für eine angemessene BoL-Lastwechselfestigkeit im Bereich der automotive onboard-Speicher vergleichbar dargestellt. Dort ist der Einfluss der Stichprobengröße für das Lastwech-

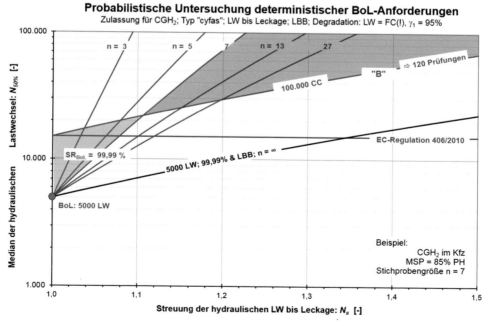

Abb. 5.17 Bereich der für die Optimierung von CCn im Fahrzeug nutzbaren LW-Festigkeit, abhängig vom Stichprobenumfang

selszenario von 5000 Füllzyklen unter der Vorrausetzung eines nachgewiesenen Leck-vor-Bruch-Verhalten in Analogie zu Abb. 5.15 dargestellt.

Mit Verweis auf die Erläuterungen zu Abb. 5.14 erfolgt auch diese Darstellung unter der Voraussetzung, dass die Ausführung jedes Lastwechsels (Zeitraum, Temperatur, Druckniveau etc.) so gestaltet ist, dass die daraus resultierende Degradation wirkungsgleich mit der aus den realen Füllzyklen ist. Diese Wirkungsgleichheit ist mit Verweis auf Abb. 4.23 keineswegs im Fall der künstlichen Alterung mittels hydraulischen Lastwechseln bei RT gegeben. Wäre in Anlehnung an Abb. 4.25 und 5.13 ein reales Verhältnis zwischen FC und LW mit z. B. 75 oder 25 anzusetzen, würde sich der Anspruch von 5000 FC erst oberhalb von 375.000 bzw. 125.000 LW erfüllen lassen. In beiden Fällen würde der gemeinsame Ausgangspunkt der Schar der Isoasfalen (blau) von 5000 nach oben aus dem Diagramm heraus wandern. In diesem Fall wären die Mindestanforderungen der EC-Reg. 406/2010 [48] deutlich zu niedrig angesetzt, um einen sicheren Betrieb bis 5000 voll ausgefahrenen Füllzyklen FC zu gewährleisten.

An dieser Stelle sei aber mit Verweis auf Unterkapitel 4.3 darauf hingewiesen, dass die Beobachtungen über das Verhältnis zwischen Füllzyklen und Reduzierung der verbleibenden hydraulischen Lastwechselzahl vom Design und dem Betrieb abhängen. Es scheint plausibel, dass dieses Verhältnis von der Zeit unter Druck abhängt und sich damit dann besonders deutlich auswirkt, wenn nur wenige Füllzyklen pro Jahr vorliegen. Die Betrachtung von 5000 FC (250 Füllungen pro Jahr) ist bereits im oberen Bereich der Füllhäufigkeit. Eine Ausnahme davon ist z. B. der stationäre Pufferspeicher. Aus diesem Grund ist bei üblichen Bauformen und Werkstoffkombinationen zu erwarten, dass das LW-zu-FC-Verhältnis geringer ausgeprägt ist, als das in Abb. 4.25 dargestellte.

In Abb. 5.18 ist dieser Vergleich der BoL-Anforderungen für das andere Szenario „a" (Transport von Gasen) dargestellt. Es zeigt die üblicherweise angenommenen Bedingungen im Gefahrguttransport: etwa 200 Füllungen in 50 Jahren.

Betrachtet man die Spanne real gemessener neuer Stichproben, kann nach Abb. 4.10 ein Spektrum für die BoL-Streuwerte zwischen $1,03 < N_S < 1,46$ festgestellt werden. In Abb. 4.24 ist $N_S = 1,25$ zu sehen, während in Abb. 4.21 gilt: $N_S > 1,07$. Abbildung 4.24 macht aber auch deutlich, dass die Streuung von den Lastwechselparametern abhängt, was mit Blick auf die Forderung, dass ein Lastwechsel degradationsäquivalent zu einem Füllzyklus sein soll, von Bedeutung ist. Betrieblich gealterte Stichproben weisen dagegen am EoL in Abb. 4.30 ein $N_S > 1,6$ auf. Damit sind wie beim Berstkriterium erneut Baumuster festgestellt, die im Neuzustand rechts vom Kreuzungspunkt des grünen und des roten Bereichs in Abb. 5.18 liegen. Das heißt, dass es auch hier in der Praxis Streuwerte gibt, die die Mindestanforderung nach Norm als nicht hinreichend erscheinen lassen. Diese Aussage gilt für Abb. 5.17 in noch verstärktem Maße.

Da die Degradation der Lastwechselfestigkeit auf Basis linearer SAH auf der Annahme basiert, dass die Restfestigkeit mit jedem Lastwechsel linear abnimmt, enthält die Lastwechselbetrachtung bereits ein integrales Degradationsmodell. Aber auch hier muss die Mindestfestigkeit am Lebensende bzw. die Wahrscheinlichkeit gegen Versagen vor dem letzten Lastwechsel eingehalten sein. D. h. die zunächst unbekannte Degradation von CCn

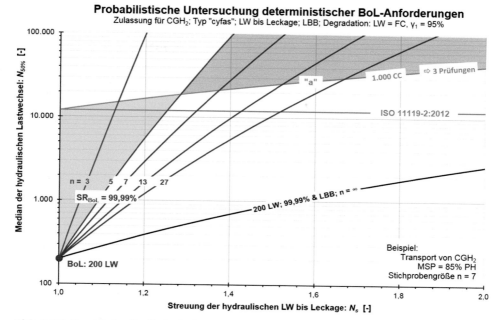

Abb. 5.18 Bereich der für die Optimierung von Gefahrgut-CCn nutzbaren LW-Festigkeit, abhängig vom Stichprobenumfang

muss der Mindestrestfestigkeit am EoL hinzugerechnet werden, um die mindestens notwendige BoL-Festigkeit oder BoL-Überlebenswahrscheinlichkeit zu beziffern. Dies führt zurück zu Abb. 5.13, die den erlaubten Bereich der Degradation im Prinzip darstellt. Dieser ist für den Gefahrguttransport („a") in Abb. 5.19 aufbauend auf Abb. 5.18 dargestellt (gelb).

Die analoge Analyse für den Fahrzeugspeicherung („B") ist in Abb. 5.20 zu finden.

Beiden Diagrammen gemeinsam ist zunächst der, im Gegensatz zu den vorhergehenden Diagrammen, einheitliche dargestellte Ausschnitt im SPC (N_s: 1,0 … 2,0 LW; $N_{50\%}$: 1 …. 100.000 LW). Die Schar der Isoasfalen für verschiedene Stichprobengrößen und SR = 99,99 % stellt in Analogie zur Diskussion der Berstfestigkeit die Mindesteigenschaften am Lebensende dar. Die Fläche zwischen der Linie „a" bzw. „B" und der Linie EoL für den relevanten Stichprobenumfang ist wieder der gemeinsam verfügbare Bereich für eine Design-Optimierung und die Degradation bis zum Lebensende. Dies ist die Summe aus der grünen (Optimierung) und der gelben (Degradation) Fläche. Je geringer die Degradation und/oder die Streuung, umso weiter kann das Design in den Ausgangsfestigkeit reduziert werden. Da sich damit der („rot-grün") Kreuzungspunkt aus den vorangegangenen Abbildungen an die rechte Spitze der gelben Fläche verschiebt, wandert der Bereich der Zulassung nach Norm, der bereits am Lebensanfang probabilistisch unsicher wäre nach rechts oben aus dem Diagramm heraus.

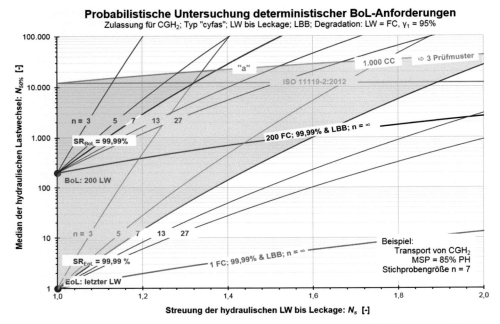

Abb. 5.19 Bereich der für die Optimierung von Gefahrgut-CCn nutzbaren LW-Festigkeit, abhängig vom Stichprobenumfang

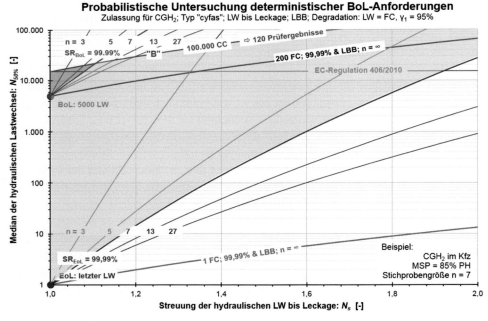

Abb. 5.20 Bereich der für die Optimierung von Fahrzeugspeichern nutzbaren LW-Festigkeit, abhängig vom Stichprobenumfang

Dieser in beiden Diagrammen relativ große Bereich möglicher Optimierung und ertragbarer Degradation bedeutet eine erhebliche Bandbreite der sicherheitstechnischen Korrekturmöglichkeiten im Betrieb, sollte sich die Degradation anders verhalten als vorhergesagt. Wie bereits für das Kriterium „langsame Berstfestigkeit" diskutiert, kann in einem solchen Sicherheitsansatz durch die Anpassung der Betriebslebensdauer regulierend eingegriffen werden; vorausgesetzt, die Degradation wird, wie bereits vorgeschlagen, durch entsprechende Stichprobenprüfungen überwacht.

Die Unterschiede beider Diagramme beschränken sich auf die Größe der jeweiligen Fläche, die (grün) das initiale Optimierungspotential darstellt. Dieses ist im Bereich der automotiven Anwendung sehr klein. Der gelbe Bereich ist dagegen etwas größer, da mit dem Szenario „B" eine höhere Lastwechselzahl in der Baumusterprüfung gefordert wird. Gleichzeitig wird über die höhere Stückzahl und den damit verbundenen Losprüfungen (Batch Tests) die Line „B" etwas deutlicher von der Streuung abhängt als dies im Szenario „a" (Transport gefährlicher Güter TDG) der Fall ist. Dabei ist jedoch nicht zu vergessen, dass die Linie „B" wie die Linien zu den Szenarien „b" und „A" diesen Charakter erst am Ende der Fertigung in der Retrospektive aller Prüfergebnisse erhält. Am Anfang stehen nur die Baumusterprüfergebnisse und das Ergebnis aus dem ersten Batch Test. Das sind somit nur zwei bis drei Prüfergebnisse, so wie im Szenario „a".

▶ Damit wird deutlich, dass der Nachweis der Sicherheit im Betrieb wesentlich von der Anfangsfestigkeit, der Stichprobengröße und der wirklichen Degradation abhängt. Insbesondere bei guter Datenlage ist der sichere Gestaltungsspielraum unterhalb der normativen Anforderungen groß. Bei großen Unsicherheiten in der Degradationsvorhersage muss auf eine gute Abstimmung der Zeitpunkte zur Überwachung der Restfestigkeiten bzw. Degradation geachtet werden. Nur dann lässt sich durch ein vorzeitiges Nutzungsende ggf. rechtzeitig sicherheitstechnisch eingreifen.

5.3 Entwicklungspotential eines probabilistischen Zulassungsansatzes

Die im Regelwerk für die Treibgasspeicher angelegten Sicherheitsmargen für die betriebsbedingte Alterung bzgl. der für Typ IV kritischen Rest- (slow burst) Berstfestigkeit ist deutlich geringer als die im Gefahrguttransport. In letzterem ist dagegen die relativ hohe Füllzyklenzahl von sog. „Trailerflaschen" als kritisch gegenüber dem Regelwerk anzusehen; soweit Erkenntnisse aus dem vorangegangenen Unterkapitel.

In den nächsten Jahren wird ein großer Teil der CCn aus den „frühen" Jahren ihr Lebensende erfahren. Sollte diese Phase keine kritischen Ausfälle zeigen, würde dies das durch die aktuellen Regelwerke dargestellte Sicherheitsniveau bestätigt. Hierzu muss aber erwähnt werden, dass insbesondere die ersten Baumuster von den Herstellern gegenüber den Vorschriften deutlicher überdimensioniert wurden als dies moderne Baumuster sind. Gleichzeitig wurde in den letzten Jahren die Versuchung größer, die Sicherheitsmargen bestehender Normen zu reduzieren. Hierzu sei auf ein Ergebnis des Vorhabens StorHy [57] verwiesen. In diesem wurde festgestellt, dass eine Reduktion der Sicherheitsmargen nur auf Basis entsprechend probabilistischer Absicherung geschehen sollte. Dies würde z. B. auch auf einen Ansatz wie den im multilateralen Übereinkommen M270 [72] zutreffen. In diesem Übereinkommen ist aber eine Befristung vorgesehen, die den Weg für eine zumindest begrenzt statistische Überprüfung offen lässt.

Ein kritisches Urteil über ein Design oder eine Prüfvorschrift resultiert seltenst aus einem erfahrenen oder nachgewiesenen vorzeitigem Versagen. In den meisten Fällen dürfte der Grund für ein kritisches Urteil, ein Mangel im Nachweis der Sicherheit und nicht der Nachweis mangelhafter Sicherheit sein. Ob ein einzelnes Baumuster sicher ist – oder auch nicht – kann in keinem Fall behauptet werden, solange kein entsprechend belastbarer Sicherheitsnachweis mit positivem oder auch negativem Urteil beendet ist. Es sind aber genau diese Unsicherheiten in der Sicherheitsüberprüfung, die zur Entwicklung des probabilistischen Ansatzes PA geführt haben.

Um dies näher zu erläutern sei im auf Basis der bereits erfolgten Diskussion der Vorteile im Abschn. 5.3.1 systematisch auf die Grenzen und Schwachpunkte des probabilistischen Ansatzes eingegangen. Der Abschn. 5.3.2 beleuchtet kurz den Aspekt der Wirtschaftlichkeit bevor im Abschn. 5.3.3 die Grundzüge eines probabilistischen Zulassungsansatzes für die Baumusterzulassung und Lebensdauerüberwachung skizziert werden.

5.3.1 Schwachstellen und Unsicherheiten des PAA

Im Verlauf der vorangegangenen Kapitel, insbesondere Unterkapitel 4.3, wurden bereits Hinweise auf die Schwachstellen und Defizite des probabilistischen Ansatzes gegeben (z. B. betriebliche Degradation, Verfahren der künstlichen Alterung mit unbekannter Wirkung). Diese bestehen über alle Rechtsbereiche hinweg mindestens im gleichen Maße auch im deterministischen Ansatz und stellen deshalb keine neuen Aspekte dar.

Die Wertung dieser im Folgenden zusammengestellten Schwachstellen sind im Wesentlichen davon abhängig, welcher Anspruch seitens Hersteller und Betreiber besteht, die Absicherung über die Maßgaben der Zulassungsanforderungen hinaus zu betreiben.

Es sei erlaubt festzustellen, dass manche dieser Schwachstellen in den Diskussionen zur Weiterentwicklung von Zulassungsvorschriften nur deshalb nicht thematisiert werden, weil die deterministische Betrachtung nicht von sich aus zu den entsprechenden Fragen führt. Dass ein deterministisch aufgebautes System dennoch funktioniert, ist auf die essentielle Bedeutung der Erfahrung zurückzuführen. Die Berücksichtigung von Erfahrung bedeutet aber immer eine retrospektive Betrachtung. Wie bereits in der Einführung dargestellt, wird die Technologieentwicklung immer schneller. Damit schwindet der Schatz an Erfahrung, der einfließen kann. Dieser Sachverhalt ist die primäre Motivation für die Anwendung der Probabilistik. Das wichtigste Beispiel dafür, mögliche Fehler prognostisch statistisch – d. h. probabilistisch – bewerten zu müssen, ist sicherlich die Raumfahrt (z. B. Apollo-Programm; 1961 bis 1972).

Eine Übersicht über die verschiedenen, im Kontext eines probabilistischen Ansatzes zu diskutierenden Schritte ist in Tab. 5.4 dargestellt. Diese werden nachfolgend mit Blick auf die Zulassung von CCn Schritt für Schritt analysiert.

Tab. 5.4 Überblick der kritischen Punkte in der Sicherheitsbewertung von CC-Populationen

	Symbol	Maßnahme	Stichwort	Hauptproblem
a)		Materialeigenschaften	Materialdaten; grundlegend für die Auslegung	Materialdaten des gefertigten CCs nur teilweise bekannt
b)		Prüfung auf Form des ersten Versagens; Klassifizierung der Lastwechsel-empfindlichkeit	Key Test(s); langsame Berstprüfung (SBT); Lastwechselprüfung (LCT); LBB	Künstliche Alterung mag zu Fehleinschätzung von Art und Stelle des primären Versagens führen
c)		Überprüfung von Festigkeit und Stellen ersten Versagens unter verschiedenen Prüfbedingungen	Simulation der Betriebslasten; Unterschiede in Prüfprozeduren und Versagen	Simulation der Betriebsbelastung ist aufgrund der großen Variation im Betrieb kaum möglich
d)		Zusammenstellen von Stichproben	Neu; Betriebsalter; Betriebsbedingungen; Betreiber	Ist die Stichprobe repräsentative für das zu beurteilende Alter?
e)		Festigkeitsuntersuchung an jedem Prüfmuster	Prüfung bis Versagen; künstliche Alterung;	Reproduzierbarkeit der Prüfung; Erfassung der Steuerparameter
f)		Statistische Auswertung der Stichprobenergebnisse	Verteilungsfunktion; Ausgleichsgerade; Mittelwert; Streuung; „Ausreißer"	Erkennbarkeit: Verteilungsfunktion; Frühausfälle

Tab. 5.4 (Fortsetzung)

	Symbol	Maßnahme	Stichwort	Hauptproblem
g)	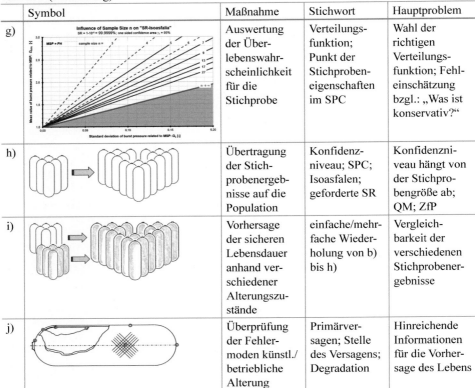	Auswertung der Überlebenswahrscheinlichkeit für die Stichprobe	Verteilungsfunktion; Punkt der Stichprobeneigenschaften im SPC	Wahl der richtigen Verteilungsfunktion; Fehleinschätzung bzgl.: „Was ist konservativ?"
h)		Übertragung der Stichprobenergebnisse auf die Population	Konfidenzniveau; SPC; Isoasfalen; geforderte SR	Konfidenzniveau hängt von der Stichprobengröße ab; QM; ZfP
i)		Vorhersage der sicheren Lebensdauer anhand verschiedener Alterungszustände	einfache/mehrfache Wiederholung von b) bis h)	Vergleichbarkeit der verschiedenen Stichprobenergebnisse
j)		Überprüfung der Fehlermoden künstl./ betriebliche Alterung	Primärversagen; Stelle des Versagens; Degradation	Hinreichende Informationen für die Vorhersage des Lebens

a) Werkstoffeigenschaften (Kap. 1; Abschn. 4.1)

Das Werkstoffverhalten und dessen Übertragbarkeit auf das Bauteil ist eine wesentliche Größe der CC-Auslegung (Design). Es wird immer mehr Aufwand betrieben, die Dimensionierung wie auch den Sicherheitsnachweis (Absicherung gegen vorzeitiges Versagen) mit dem Werkzeug der finiten Element Analyse (FEM) durchzuführen. Die größte Schwachstelle hierbei dürfte die Simulation des 3-dimensionalen Eigenspannungszustandes und kleiner Fehlstellen etc. im Composite sein. Diese grundsätzlich unvermeidbaren Imperfektionen hängen von vielen Fertigungsfaktoren ab und können nach Abschluss der Fertigung nicht umfassend gemessen, sondern bestenfalls über Indizien in Intensität/Größe und Häufigkeit abgeschätzt werden. Außerdem ist der Eigenspannungszustand als über die Zeit veränderlich anzunehmen. Hinzu kommen die Schwankungen in der Fertigung einschließlich der Schwankung unvermeidbarer Imperfektionen (z. B. Filamentbrüche, Lufteinschlüsse etc.), die einen großen Einfluss auf die Festigkeit und deren Degradation haben.

Für den probabilistischen Zulassungsansatzes PAA hat dieser Themenkomplex jedoch keine primäre Bedeutung. Die Prüfungen im Rahmen eines PAA sollten, wie die heute üblichen Zulassungsprüfungen von CCn, als „performance based" Prüfungen die Betriebsfestigkeitsaspekte unmittelbar abprüfen und damit möglichst frei von erfahrungsbasierten Vorwegnahmen sein. Nur so lassen sich Fehlschlüsse aufgrund ggf. nicht zutreffender Erfahrung vermeiden.

▶   **Maßnahme zur Vermeidung von Defiziten in der Sicherheitsbeurteilung:** Die Streuung in der Population eines CCs ist im Wesentlichen von der Fertigung abhängig. Bei Verwendung eines vollständig „performance based test concept" in Verbindung mit einem hohen Reproduktionsgrades der Werkstoff- und Bauteileigenschaften (Qualität der Produktion) stellt dies kein Problem der Sicherheitsbeurteilung dar.

b) Betrachtung des primären Versagens (First Failure; Abschn. 4.1)

Der Einstieg in die Probabilistik der CC beginnt mit der Frage nach dem Versagensablauf, wie z. B. in [73] und [74] dargestellt. Der bisher übliche Ansatz, die Baumuster bauweisenabhängig, z. B. abhängig von der Tragfunktion des Liners, unterschiedlich zu prüfen, könnte in der Probabilistik einen erfahrungsbasierten Fehler in der Sicherheitsbeurteilung nach sich ziehen. Es ist nicht zwingend, dass z. B. die Ermüdung metallischer Liner immer das erste Versagen (first failure) eines Typ-II oder -III-CCs darstellt.

Es gibt durchaus Fasern, die in Abhängigkeit der Vorspannung, Umweltbedingungen, Anteil der Schädigung durch statischen Druck mit Blick auf die relevante Überlebenswahrscheinlichkeit schneller ermüden. Dies geschieht ggf. weniger durch den Schädigungsanteil der Lastwechsel, vielmehr durch den Anteil aus der statischen Last. Dieser Schädigungsanteil ist jedoch nur in CCn derart ausgeprägt (und im vorgespannten Faser-Beton; s. z. B. [75]) zu finden und liegt häufig außerhalb des bisherigen Erfahrungsschatzes. Insofern ist es nach wie vor wichtig, nach der Form des ersten Versagens zu fragen, wie diese in Abb. 5.21 angedeutet ist.

▶   **Maßnahme zur Vermeidung von Defiziten in der Sicherheitsbeurteilung:** Verzicht auf eine erfahrungsbasierte Ausrichtung der Betriebsfestigkeitsprüfung auf einen bestimmten „first failure". Dies könnte sonst zu einem „blinden Fleck" führen.

c) Berücksichtigung verschiedener Betriebslasten (Abschn. 3.5; Abschn. 4.3)

Unabhängig vom Zulassungsansatz unterliegen die CC unterschiedlichsten Betriebsbedingungen. Diese sind aus Sicht des CCs die Einflüsse aus den Umweltrandbedingungen (Feuchte, Temperatur, Luftzusammensetzung, Strahlung etc.), die aus den betreiberspezifischen Verfahren (Gaseart, Fülltemperatur, Transport-/Einbausituation etc.) und die des Endverbrauchers (Lagerzeiten, Entleerungsgeschwindigkeit, Robustheit im Umgang etc.). Die unterschiedlichsten Betriebsbedingungen werden in verschiedenen Prüfungen simuliert, die im deterministischen Ansatz dazu dienen, zu demonstrieren, dass unter bestimmten Bedingungen, kein Versagen auftritt.

Versagensformen des Hybridbehälters

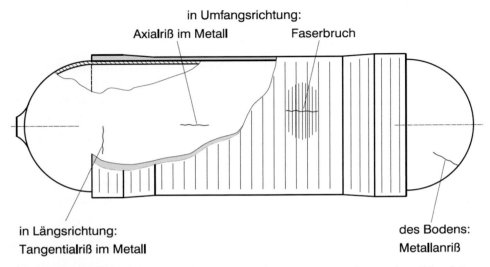

Abb. 5.21 Allgemeine Betrachtung der verschiedenen Grundversagensformen eines CCs mit Last-tragendem Liner (vergl. [73])

Im probabilistischen Ansatz sind alle Belastungen, die weder betrieblich aufgebracht wurden noch der Ermittlung von Restfestigkeiten dienen, ausschließlich als Beitrag zur künstlichen Alterung zu betrachten. Darauf aufbauend ist zu fragen, wie wahrscheinlich ein Versagen unter bestimmten worst-case-Belastungen wäre und wie häufig solche Belastungen auftreten. Die hierzu erforderlichen Restfestigkeitsprüfungen bis Versagen würden u. U. auch verschiedene Positionen im CC als Schwachstellen zu Tage treten.

▶   **Maßnahme zur Vermeidung von Defiziten in der Sicherheitsbeurteilung:** Ein Abbruch von Prüfungen vor Eintreten eines „first-failure" und ohne einem statistisch abgesicherten Abbruchkriterium ist nicht zulässig. Sofern verschiedene Betriebslasten zu unterschiedlichen Stellen des Primärversagens führen, wären diese Unterschiede für das weitere Vorgehen zu bewerten.

d) Aspekte der Stichprobenzusammenstellung (Abschn. 2.4.1)

Die Zusammenstellung jeder Stichprobe ist von wesentlicher Bedeutung für die Beurteilung, auf welchen Teil einer Population die Ergebnisse einer Stichprobenprüfung übertragen werden kann.

Je enger die Kriterien für eine Stichprobe gesetzt werden, umso kleiner ist der Anteil einer Population für den die Ergebnisse verwendet werden können – und umgekehrt. Je weiter die Kriterien gesetzt werden, umso größer werden die Streuung und die Unsicherheit, wie gut die Stichprobe, die größer gewordene Gruppe einer Population tatsächlich beschreibt.

▶ **Maßnahme zur Vermeidung von Defiziten in der Sicherheitsbeurteilung:** Das Verfahren zur Stichprobenzusammenstellung muss eindeutig und detailliert beschrieben und unbedingt eingehalten werden.

e) Prüfen jedes CCs einer Stichprobe (Kap. 2)

Im PAA werden Ergebnisse miteinander verglichen und absolut statistisch bewertet. Deshalb ist bei der Prüfung einer Stichprobe wie auch weiterer Stichproben das gewählte Verfahren immer identisch durchzuführen. Wird in den Prüfverfahren die Schwankung von Parametern, die Einfluss auf das Prüfergebnis haben können, nicht sehr eng gehalten, kommt es zu einem unerwünschten Effekt: Die ermittelte Streuung ist höher als die tatsächlich in der Stichprobe vorhandene, da diese durch die zu minimierenden parameterbedingten und prüfanlagenseitigen Schwankungen überlagert werden.

▶ **Maßnahme zur Vermeidung von Defiziten in der Sicherheitsbeurteilung:** Die Verfahrensvorschrift und ihre Umsetzung zur Prüfung von Stichproben müssen alle Prüfparameter in engen Toleranzen halten und so einen hohen Grad der Reproduzierbarkeit erlauben.

f) Statistische Auswertung der Prüfergebnisse (Abschn. 3.2; Abschn. 4.3)

Die Auswertung der zerstörenden Restfestigkeitsprüfungen dient der Ermittlung der Parameter „Mittelwert" und „Streuung" der geprüften Stichprobe zur späteren Bewertung mittels des Sample Performance Chart (SPC). Für die Ermittlung von Mittelwert und Streuung stehen die graphischen Hilfsmittel des GAUSSschen Netzes und die mathematische Prüfung auf „Frühausfälle" nach GRUBBS [76] für ND und LND (vergl. [42, 44]) zur Verfügung. Auch der KOLMOGOROW-SMIRNOW-Test (KSA-Test [77] und [78]) biete sich z. B. zur Prüfung auf Homogenität der Verteilung, z. B. auf eine gemischte Verteilung an. Ist nicht sichergestellt, dass eine homogene Streuung bewertet wird, kann eine ausreichend differenzierende Auswertung einer unbemerkt aus verschiedenen Verteilungen zusammengesetzte Verteilung zur massiven Überbewertung der Sicherheit führen. Dies gilt auch für den Fall, dass eine kleine Gruppe einer Population unerkannt überlastet wurde (vergl. [79]).

▶ **Maßnahme zur Vermeidung von Defiziten in der Sicherheitsbeurteilung:** Jede Stichprobe muss auf Freiheit von Frühausfällen (Ausreißer) geprüft sein.

g) Schätzung der Überlebenswahrscheinlichkeit (Abschn. 3.2; Abschn. 4.3)

Für die Verteilungsfunktion der Grundgesamtheit muss eine fundierte Annahme vorliegen. Im Fall ausreichender Datenmenge (ab etwa 20 … 50 Werten) ist nach [80] die Überprüfung der Verteilungsfunktion mit z. B. dem ANDERSON-DARLING-Test (s. [81] und

[82]) auf Vorliegen der WEIBULL-Verteilung angeraten. Der KSA-Test [78] ist zur Überprüfung einer beliebig angenommenen Verteilungsfunktion angeraten. Hierzu gehört auch die Frage der ausfallfreien Zeit im Fall der WD-Verteilung.

Sind die Verteilungsfunktion und die geforderte Mindestüberlebenswahrscheinlichkeit bekannt bzw. bestätigt, kann für das Stichprobenergebnis eine Zuverlässigkeit für die zugrundeliegende Population abgeschätzt werden. Dies erfolgt entweder rechnerisch oder graphisch mithilfe der in den vorherigen Kapiteln vorgestellten Sample Performance Charts (SPC).

▶ **Maßnahme zur Vermeidung von Defiziten in der Sicherheitsbeurteilung:** Das Verfahren zur statistischen Auswertung und die Beschreibung der Eigenschaften, muss auf die jeweils bestbegründete Verteilung der Grundgesamtheit aufbauen.

   Ist eine individuelle Überprüfung nicht möglich, wird die Normalverteilung ND für die Berstfestigkeit und die WEIBULL-Verteilung WD für die Lastwechselfestigkeit empfohlen. Grundsätzlich sollte eine Überprüfung dieser Empfehlung an einer Variante einer „Baumuster-Familie" immer durchgeführt werden. Eine solche Überprüfung ist zusätzlich immer dann angeraten, wenn die Anzahl der vorliegenden „Batch Test-" Ergebnisse dies zulassen.

h) Übertragung der Stichprobeneigenschaften auf die Population (Abschn. 4.3)

Der nächste Schritt ist die Schätzung der Eigenschaften der Grundgesamtheit auf Basis der Stichprobeneigenschaften. Es ist nicht zulässig, die Ergebnisse einer Stichprobenprüfung unmittelbar zur Beschreibung der Grundgesamtheit einer Population heranzuziehen. Wenn die Stichprobengröße nicht berücksichtigt wird, ist mit hoher Wahrscheinlichkeit eine Überschätzung der ermittelten Überlebenswahrscheinlichkeit zu erwarten. Dies hätte eine Überschätzung der vorhandenen Sicherheit zur Folge.

Die Übertragung erfolgt durch Berücksichtigung des einseitigen Konfidenzintervalls für den Mittelwert und für die Streuung. Hierzu kann entweder für jedes Stichprobenergebnis ein Konfidenzbereich gebildet werden, um dann die ungünstigste Ecke mit den Anforderungen an die Population zu vergleichen. Oder es kann, wie in den SPC in Unterkapitel 3.4 dargestellt, die SR-Anforderung um den entsprechenden, von der Stichprobengröße abhängenden Wert zum Punkt der Stichprobenergebnisse verschoben werden.

▶ **Maßnahme zur Vermeidung von Defiziten in der Sicherheitsbeurteilung:** Das für die Konfidenzbetrachtung angewandte, mathematische Modell muss zutreffend gewählt sein. Die Randbedingungen des entsprechenden Ansatzes müssen erfüllt sein. Der Umfang der geprüften Stichproben muss berücksichtigt werden.

i) Vorhersage der sicheren Betriebsdauer (Kap. 4)

Über den Vergleich von Prüfergebnissen mehrerer Stichproben unterschiedlichen Betriebsalters kann die Degradation über den Zustand der letzten Prüfung hinaus abgeschätzt werden. Die besten Ergebnisse werden hierbei erzielt, wenn wie im Unterkapitel 4.4 dargestellt, die Werte für Mittelwert und Streuung separat extrapoliert werden. Grundsätzlich kann sich der dominierende Versagensablauf im Laufe der betrieblichen Degradation verändern, was eine Fehleinschätzung der Betriebsfestigkeit und damit des Zeitpunkts kritisch reduzierter Überlebenswahrscheinlichkeit zur Folge hätte.

▶   **Maßnahme zur Vermeidung von Defiziten in der Sicherheitsbeurteilung:** Die Prognose der Alterung basiert auf dem direkten Vergleich von Prüfergebnissen verschiedener Degradationszustände. Dies ist nur zulässig, wenn alle bisher genannten Punkte auch für die entsprechend gealterte Stichprobe erfüllt sind. Von besonderer Bedeutung ist die Anwendung bis ins Detail identischer Prüfverfahren.

Die Schärfe der Prognose kann erheblich gesteigert werden, wenn die Extrapolation bis zum Lebensende durch eine Interpolation mehrerer, künstlich gealterter Stichproben ergänzt wird. Dies gilt insbesondere dann, wenn eine der Stichprobe kritisch bis überkritisch degradiert wurde. Veränderungen im Versagensablauf sind besonders zu beachten.

j) Überprüfung der Grenzen des probabilistischen Ansatzes

Die größte, nicht mit den oben dargestellten Ansätzen lösbare Unsicherheit ist die Prognose der insgesamt höchst belasteten Stelle und damit der Stelle, die im Betrieb primär oder ausschließlich versagt. Zum einen kann diese Stelle nicht zuverlässig vorhersagbar simuliert werden. Zum anderen kann diese Stelle nicht in der Praxis überprüft werden, da ein Versagen im Betrieb nicht in Kauf genommen werden kann. Die Vielfalt möglicher Stellen des ersten Versagens ist in Abb. 5.22 angedeutet.

Stand der Technik ist sowohl die numerische Simulation als auch der prüftechnische Nachweis, dass bei bestimmten Randbedingungen eine bestimmte Position in der Behälterwand die kritische Stelle des ersten Versagens ist. Diese Stelle hängt aber von sehr

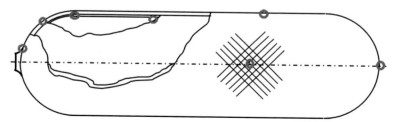

Abb. 5.22 Schematische Betrachtung von Stellen des ersten Versagens („hot spots"); abhängig von den Betriebsrandbedingungen

vielen Faktoren ist. Damit ist es nicht zuverlässig möglich, die veränderlichen betrieblichen Randbedingungen zutreffend zu beschreiben. Im Zuge künstlicher Alterungen ist es auch nicht möglich, die Menge aller Randbedingungen zu simulieren, um das Versagensbild zu provozieren. Hinzu kommt, dass kaum vorhersagbar ist, wie sich die Mischung betrieblicher Randbedingungen auf die Lage des „hot spots" auswirkt. Auch die Beurteilung des „hot spots" auf die Empfindlichkeit seiner Lage von Schwankungen der Randbedingungen ist sehr aufwendig und anspruchsvoll. Entsprechend ist die betriebsbegleitende Prüfung der Restfestigkeiten in angemessenen Jahresabstufungen von Bedeutung.

► **Maßnahme zur Vermeidung von Defiziten in der Sicherheitsbeurteilung:** Alle bisher zur Betriebsfestigkeit eines Baumusters gemachten Auswertungen – einschließlich den Ergebnissen künstlicher Alterung und betriebsbegleitender Prüfungen – und getroffenen Festlegungen (z. B. Auslegungslebensdauer) sind zu überprüfen. Hinweise auf Unstimmigkeiten mit den Erwartungen (Degradation, Versagensbilder/Bruchlagen) sind intensiv zu diskutieren und mögliche Einflüsse auf die Beurteilung zu bewerten. Ggf. sind Korrekturen im Beurteilungsverfahren oder die Neufestlegung der zugelassenen Betriebsdauer erforderlich.

5.3.2   Kostensenkung durch Anwendung des probabilistischen Zulassungsansatzes

Für die Diskussion von Prüfvorschriften und deren Mindestanforderungen gibt es im Wesentlichen drei Motivation: Entweder ist ein inakzeptables Ereignis eingetreten und erfordert Nachbesserungen, das Verfahren liefert nicht (mehr) die benötigten Erkenntnisse oder die Sicherheit kann auch bei Reduktion der Mindestanforderungen und damit der Kosten gewährleistet werden. Kostenersparnis kann bedeuten, dass die Prüfkosten geringer werden oder Materialeinsparung möglich ist. Für den letzten Punkt gilt, dass dies nur durch Veränderungen der minimalen Designanforderungen (z. B. Mindestberstdruck) möglich ist. Eine solche Änderung der Mindestanforderung bedeutet in der Konsequenz entweder eine Reduktion des nominellen Sicherheitsniveaus oder das Mitheranziehen weiterer Sicherheitskritierien. Im letzten Fall werden die Sicherheitskriterien an eine weitere Bedingung geknüpft, z. B. Mindestberstdruck in Abhängigkeit der Streuung.

Wendet man jedoch den beschriebenen probabilistischen Ansatz mit den bisher erläuterten Elementen umfassend an, ersetzt dieser die bisher diskutierten Mindestwerte für Berstdruck und Lastwechselfestigkeit vollständig. Die so geänderten Beurteilungskriterien können aufgrund eines differenzierteren Systems der Sicherheitsbeurteilung unter bestimmten Bedingungen (s. Unterkapitel 5.2) eine Material- und damit Kostenersparnis bedeuten; in bestimmten, als sicherheitskritisch zu sehenden Fällen kann dies auch eine Erhöhung des Materialaufwands nach sich ziehen.

Der probabilistische Ansatz mit der oben erläuterten statistischen Beurteilung von Stichproben bedeutet – wie eingangs erläutert – einen Mehraufwand für die Baumusterprüfung, der Produktionsüberwachung und ggf. in der Überwachung der Lebensdauer (im Sinne der UN Model Regulations 6.2.2.1.1 Notes 1 and 2 in [83]).

Um die Wirtschaftlichkeit eines solchen Ansatzes zu gewährleisten, müssen die Mehrkosten durch Einsparung in der Fertigung und/oder durch einen höheren Marktwert ausgeglichen werden können. Die Reduktion der Fertigungskosten bei gleicher oder angehobener Sicherheit setzt einen größeren Freiraum in der Gestaltung und damit ein komplexeres Beurteilungsverfahren voraus. Ein Beurteilungskonzept, basierend auf pauschalen Mindestberstdrücken und anderen starren Vorgaben, ist wie bereits aus vielen Perspektiven dargestellt, ungeeignet für ein komplexes Beurteilungssystem. Es transferiert das eigentliche Schutzziel im Sinne von Zuverlässigkeit und Überlebenswahrscheinlichkeit in Vorgaben, die einfach zu handhabend und leicht zu überprüfen sind. Um diese Vereinfachung zu erreichen, müssen viele Annahmen getroffen und Pauschalisierungen vorgenommen werden, die dem Ziel der Maximierung von Auslegungsfreiheiten entgegen stehen (vergl. [36–38, 41, 84–86]).

Der Gedanke, bestehende Prüfvorschriften durch punktuelle Integration probabilistischer Kriterien zu verbessern, wird kritisch beurteilt. Um das Optimierungspotential des PA nutzen zu können, muss ein Mindestmaß der Anforderungen nach statistischen Kriterien beurteilt werden. Dies sind insbesondere die Kriterien der Mindestberst- bzw. Mindest-Lastwechselfestigkeiten. Kann das probabilistische Optmierungspotential aufgrund konkurrierender oder stufenweise vereinfachter Anforderungen nicht umfangreich genutzt werden, würde dies die Prüfkosten (Nachteile) ohne umfangreicher Ausschöpfung der potenziellen Vorteile erhöhen. Dagegen ermöglicht eine umfangreiche Nutzung des probabilistischen Optimierungspotentials eine Einsparung von Material und Herstellungsaufwand – und damit Kosten. Der Umfang der Einsparungen hängt von vielen Faktoren ab. Diese sind insbesondere die Qualität des Designs und die Qualität der Fertigung. Ein grober Einblick in die primären Zusammenhänge ist in Abb. 5.23 gegeben.

Abbildung 5.23 stellt hierzu die Interaktion von Stückzahl, Materialeinsparung pro Stück und Mehraufwand für zusätzliches Invest und die Baumusterprüfung dar. Für diese Parameterstudie ist als Beispiel angenommen, dass jeder betrachtete Fahrzeugspeicher einen Inhalt von 42-Liter mit 1,7 kg CGH$_2$ hat. Damit bräuchte jedes Fahrzeug mit einem Gesamtspeicherinhalt von 5 kg je 3 Speicher. So rechtfertigt eine Materialeinsparung (CF-T 700 mit Matrix) von 1 % an 25.000 Speichern einen Mehraufwand bis zu 250 k€. Selbst bei einer Stückzahl von weniger als 1000 Stück (335 Fahrzeugen) wäre ein Mehrinvestition von 50 k€ bei einer Materialeinsparung von 5 % ausgeglichen.

Die in Abb. 5.23 dargestellten Analysen können grob zusammengefasst werden: Jeder Prozentpunkt Materialeinsparung rechtfertigt bei Materialkosten von 20 € pro kg in etwa 10 € Mehrkosten für zusätzliche Prüfungen pro nachfolgend gefertigtem CC. Es ist somit eine Frage des Produktionsvolumens, ob der probabilistische Ansatz als Zulassungsansatz sinnvoll ist („Sparleichtbau"). Die Frage der Attraktivität eines Produktes auf dem Markt kommt hinzu („Gewichtsleichtbau").

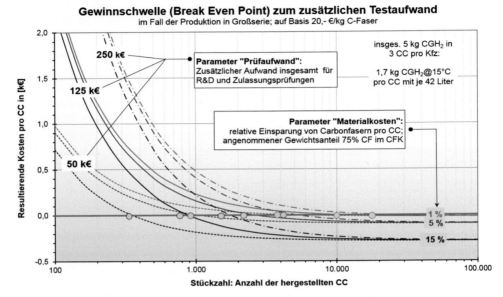

Abb. 5.23 Abwägung von Kostenmehraufwand gegenüber -einsparung im Zuge der Anwendung des PA zur Zulassung (vergl. [86] für höhere Materialkosten)

5.3.3 Grundlegende Anforderungen für die Einführung des probabilistischen Zulassungsansatzes

Die wesentlichen Aspekte des „probabilistic approval approach" PAA lassen sich in 6 Arbeitsschritte gliedern:

1. Erfassung der Neu- und Restfestigkeiten zu den zentralen Eigenschaften der Betriebsfestigkeit anhand von eindeutig definierten Stichproben;
2. Deutlichere Trennung von „performance based (artificial) aging" und Restfestigkeitsprüfung in der Baumusterprüfung;
3. Erfassung von Neu- und Restfestigkeiten als Stichprobeneigenschaft zumindest nach der Prüfmethode, die am besten auf den „first failure" abzielt;
4. Transformation der ermittelten Stichprobeneigenschaften auf die Population mit Hilfe statistischer Methoden, Bewertung der abgeschätzten Eigenschaften der Population gegenüber den Mindest-Zuverlässigkeitswerten;
5. Überwachung der Produktionsqualität durch adäquate Stichprobenauswertung;
6. Überprüfung der ursprünglich geschätzten, sicheren Betriebsdauer mittels betriebsbegleitenden Vergleich der Eigenschaften von Stichproben unterschiedlichen Alters und mittels Vergleich der Ergebnisse aus der künstlichen Alterung mit Ergebnissen aus der betrieblichen Alterung.

Damit könnten die Betrachtung der besonderen Belastungen (chemical exposure test, impact test, drop test usw.) in einem ersten Schritt der Gestaltung unverändert bleiben. Dennoch sollte die statistische Betrachtung auch von Unfallszenarien wie im Abschn. 3.5.2 dargestellt, für die weitere Entwicklung beachtet werden.

Die oben angeführten Punkte können wie folgt ausgeführt werden:

Zu 1. Erfassung der Neu- und Restfestigkeiten zu den zentralen Eigenschaften der Betriebsfestigkeit anhand von eindeutig definierten Stichproben

Die heute üblicherweise an einzelnen bis maximal drei Prüfmustern durchgeführten Prüfungen erlauben keine statistische Auswertung der Prüfergebnisse im Rahmen der Baumusterprüfung. So müssten zumindest die als zentral geltenden Schlüsselprüfungen an Stichproben eines definierten Mindestumfangs durchgeführt werden. Die Prüfverfahren selbst müssten soweit konkretisiert und deren Prüfparameter in so engen Grenzen formuliert werden, dass eine – gegenüber heute – deutlich verbesserte Reproduzierbarkeit der Prüfabläufe erreicht wird. Dies ist Voraussetzung für eine absolute Zuverlässigkeitsbewertung, aber auch bereits für eine „nur" vergleichende Betrachtung.

Zu 2. Deutlichere Trennung von „performance based (artificial) aging" und Restfestigkeitsprüfung in der Baumusterprüfung

Auch bisher werden neue Prüfmuster und vorgeschädigte Prüfmuster auf Restfestigkeit geprüft (z. B. „extreme temperature cycle test", „environmentally assisted stress rupture test"; [55]). Es gibt aber einen relativ hohen Anteil von Prüfungen, die nur dem Nachweis dienen, dass eine dem Betrieb als adäquat angenommene Belastung in einem für den Betrieb als adäquat angenommenen Umfang (Dauer, Anzahl der Wiederholungen, etc.) ertragen wird. Dies bedeutet in vielen Fällen den Abbruch der Prüfung ohne ein quantitatives Ergebnis zur Festigkeit.

Stellt man im Kontext des PAA die Frage nach der quantitativen Festigkeit, bedeutet dies in der Regel die Prüfung von Stichproben, verbunden mit einer statistischen Auswertung. Dies bedeutet für die relevanten Fälle der künstlichen Alterung entweder diese Belastung nicht abzubrechen und bis zum Versagen fortzusetzen oder die simulierte Beitragsbelastung nach definiertem Umfang im Sinne einer künstlichen Alterung zu beenden und den Grad der Degradation mit einer Restfestigkeitsprüfung abschließend zu quantifizieren. Es muss auch verstärkt sichergestellt werden, dass die Schädigung/Degradation durch die künstliche Alterung in Art und Umfang der Schädigung entspricht, die die CC im Betrieb erfahren. Da sich der Betrieb deutlich unterscheiden kann, müssten auch die Verfahren zur künstlichen Alterung diese Unterschiede in ihren Eckpunkten wiedergeben.

Zu 3. Erfassung der Restfestigkeiten als Stichprobeneigenschaften

Die Bedeutung der verschiedenen Prüfverfahren hat sich historisch deutlich verändert. Während anfangs das reine „Abdrücken" hinreichend war, kamen im Laufe der Zeit zunächst Berstprüfungen und dann auch Ermüdungsprüfungen hinzu. Bisher wird der

primäre Versagensablauf aber nicht gezielt betrachtet. Da der PA einen erhöhten Prüfaufwand mit sich bringt, müsste ein möglichst kosteneffizientes Prüfkonzept angewendet werden. Hierzu wird vorgeschlagen, zunächst jedes Baumuster darauf zu prüfen,
welches Prüfverfahren am besten und zuverlässigsten geeignet ist, Restfestigkeiten und
insbesondere ihre Degradation durch künstliche und betriebliche Alterung am besten
zu detektieren („Schlüsselprüfung"). Hierzu stehen mit Verweis auf Kap. 2 das Verfahren der Lastwechselprüfung und das der Zeitstandsprüfung, ersetzt durch die langsame Berstprüfung, zur Verfügung. Um einen „blinden Fleck" zu vermeiden, sollte
die Prüfung auf das sinnvollste Verfahren zu Restfestigkeitsermittlung sowie ggf. die
Leck-vor-Bruch-Eigenschaft im Laufe der betrieblichen Alterung wiederholt überprüft
werden.

Zu 4. Bewertung der ermittelten Stichprobeneigenschaften anhand statistischer Methoden

Liegen Prüfergebnisse zur Anfangs- oder Restfestigkeit nach künstlicher oder betrieblicher Alterung vor, müssen diese statistisch bewertet werden. Hierzu wird
auf die Erläuterungen in Kap. 3 verwiesen. Dies kann rechnerisch oder vereinfacht
durch Anwendung eines geeigneten Sample Performance Chart (SPC) erfolgen. Dies
schließt – soweit möglich – die Betrachtung der Verteilungsfunktion, Prüfung auf Frühausfälle, Homogenität der Verteilung und des Konfidenzniveaus mit ein.

Zu 5. Überwachung der Produktionsqualität durch adäquate Stichprobenauswertung

Mit den bisher beschriebenen Schritten kann nur das Verhalten derjenigen CC bewertet
werden, die dem Baumuster bzw. der geprüften Stichprobe vergleichbar sind. Hierzu
muss die Fertigung überwacht werden. Die Eigenschaften der Prüfmuster dürfen nur
minimal schwanken.

Verändern sich Mittelwert oder Streuung der Herstellungslose kann die Aussage zur Sicherheit der Population einer veränderten Produktion nicht mehr aus den vorgenannten
Betrachtungen abgeleitet werden. Dies betrifft die zum Baumuster gemachten Aussagen zur künstlichen und betrieblichen Alterung, sowie zum Versagensablauf. Vielmehr
wäre in diesem Fall ein neues Baumuster zu definieren, deren Population separat vom
Anfangsbaumuster zu überwachen wäre. Dies gilt auch, wenn sich Mittelwert oder
Streuung so verändern würden, dass die Anfangszuverlässigkeit höher ist als die vorangegangene Baumusterprüfung. Der Gesamtprüfaufwand würde erheblich steigen.

Um die Streuung aus der Herstellung nach statistischen Gesichtspunkten zu überwachen, müssten die Herstellungslosprüfungen (Batch Tests) so angepasst werden, dass
für jedes Los zumindest die primäre Festigkeit mittels der „Schlüsselprüfung" ermittelt wird (vergl. Unterkapitel 4.6 und Abschn. 5.2.1). Zusätzlich sollten zerstörungsfrei
Prüfverfahren hinzugezogen werden, um die Homogenität innerhalb eines Produktionsloses zu überwachen (Abschn. 4.6.4).

Zu 6. Überprüfung der ursprünglich geschätzten, sicheren Betriebsdauer

Im Gefahrguttransport gibt es bereits seit dem Frühjahr 2001 mit der Herausgabe der
12. überarbeiteten Fassung der UN Model Regulations („Orange Book" UN Recom-

mendations on the Transport of Dangerous Goods 2001; s. [83]) Anforderungen, die Lebensdauer von Composite-Druckgefäßen nach 15 Jahren Betrieb zu überprüfen. Diese Anforderungen sind in den Landverkehrsvorschriften auf UN-Druckgefäße begrenzt umgesetzt worden. Wie in [87] beschrieben, sind diese in den UN Model Regulations aus 2015 (19. Fassung der UN Recommendations on the Transport of Dangerous Goods [83]) erheblich modifiziert worden. Dieses sog. „UN-Service-Life" Prüfprogramm soll das Defizit ausgleichen, das dadurch entsteht, dass keine zerstörungsfreien Prüfmethoden für CC verfügbar sind, die die Funktionalität der wiederkehrenden Prüfung an monolithischen Druckgefäßen erfüllen. So wird mit der 19. Fassung der UN Model Regulations die Unterscheidung zwischen „Design Life" und „Service Life" eingeführt. Die dort gestellten Anforderungen an einen „Service Life Check" kann ein selektiver probabilistischer Ansatz, wie er z. B. unter „CAT" in [42] zu finden ist, umfassend leisten.

Aus Sicht der europäischen Vorschriften und auch internationalen Normen stellt diese Verknüpfung von Baumusterprüfung und betrieblicher Überwachung der Eigenschaften im direkten Vergleich zu Details der Baumusterprüfung ein gänzliches neues Instrument dar. Mit Verweis auf Kap. 4 ist die betriebsbegleitende Prüfung mit statistischer Betrachtung ein scharfes und zentral wirkendes Instrument zur Überprüfung des als sicher bestätigbaren „Service Life" in Relation zum „Design Life". Dieses Instrument sollte deshalb auch im Rahmen jedes PAA konsequent eingeführt werden. Anderenfalls ist die Unsicherheit bzgl. der Alterung beträchtlich. Dies gilt insbesondere dann, wenn die Sicherheitsmargen, auf das Lebensende hin probabilistisch optimiert werden und gleichzeitig lange Lebensdauern angestrebt werden.

Damit sind die wichtigsten Aspekte des PAA dargestellt. Diese sind essentiell, um den probabilistischen Ansatz zu gestalten und um ihn zunächst für besondere Anwendungen, wie z. B. die diskutierten Fahrzeugspeicher und Trailer-Großflaschen, einführen zu können.

Fazit zum Probabilistischen Ansatz

Der Probabilistische Ansatz basiert auf der Vorgabe akzeptierter Ausfallwahrscheinlichkeiten. Diese Grenzwerte zu Eintrittswahrscheinlichkeit unerwünschter Ereignisse hängen nach Maßgabe des Grenzrisikos von dem jeweils zu erwartenden Schadensausmaß (Konsequenz) ab. Es wurde gezeigt, dass nicht nur die Eintrittswahrscheinlichkeit oder das Risiko ein Maß für die Akzeptanz sein sollten. Vielmehr sollt auch erwogen werden, das Risiko unmittelbar dem Nutzen (Chance) gegenüber zu stellen. Im Ergebnis können Lösungen mit einem grenzwertigen Risiko volkswirtschaftlich risikoärmer sein als die Mehrfachnutzung einer vermeintlich sichereren Lösung.

Die erläuterte Art und Weise, die heute geltenden Mindestanforderungen in statistische Kriterien zu übertragen, basiert erneut auf den „Sample Performance Charts" SPC. Die graphische Darstellung des üblichen deterministischen und des probabilistischen Ansatzes im Vergleich zeigen Sicherheitslücken in den deterministischer Kriterien.

Außerdem wurden die Bereiche dargestellt, die für weitere Optimierungen jenseits heutiger Vorschriften nutzbar sind. So wurde auch gezeigt, dass eine pauschale Reduktion deterministischer Mindestanforderungen, wie diese seit Jahren diskutiert wird, sicherheitstechnisch nicht umfassend beherrschbar ist. Im Einzelfall ist die z. B. mit reduzierten Berstdrücken technologisch erreichbare Sicherheit hinreichend. Dennoch entstünde ein sicherheitstechnisch bedenklicher Zustand der Unsicherheit durch Lücken im Nachweis der tatsächlichen Sicherheit, sofern ein rein deterministisches Nachweisverfahren beibehalten werden würde.

Zum Abschluss sind die neuralgischen Punkte und Aspekte der Fehlervermeidung sowie die Grundzüge des probabilistischen Ansatzes in seiner Anwendung für die Zulassung zusammenfassend dargestellt.

Literatur

1. Schulz-Forberg B (1997) Model for a world-wide regulation for the transport of dangerous goods by all modes „yellow paper". Storck-Verlag, Hamburg
2. Ganz C (2012) Risikoanalysen im internationalen Vergleich. Bergische Universität, Fachbereich Maschinenbau, Wuppertal
3. Ganz C (2012) Andere Länder, andere Sitten – Risikoanalysen im internationalen Vergleich. URN (NBN): urn:nbn:de:hbz:468-20120301-143325-2
4. Boellinghaus TH, Mair K, Georg W, Grunewald T (2014) Explosion of iron hydrogen storage containers – investigations from 120 years ago revisited. Eng Fail Anal 43:47–62. doi:10.1016/j. engfailanal.2014.03.017
5. Ganz C (2012) Entwicklung einer anwendungsbezogenen Methodik der Risikobeurteilung am Beispiel ausgewählter Szenarien des Druckbehälterversagens von Erdgasfahrzeugen im Straßenverkehr (Diss). Dissertation. BUW, Wuppertal
6. Ganz CD, Deuerler F (2011) Die Risikoanalyse mittels Konsequenz und Eintrittswahrscheinlichkeit – Methodik am Beispiel des Druckbehälterversagens – Teil 1: Konsequenz. Technische Sicherheit (TS) 1(10)
7. Ganz CD, Deuerler F (2011) Die Risikoanalyse mittels Konsequenz und Eintrittswahrscheinlichkeit – Methodik am Beispiel des Druckbehälterversagens – Teil 2: Eintrittswahrscheinlichkeit. Technische Sicherheit (TS) 1(11/12)
8. Kendall HW, Hubbard RB, Minor GC, Bryan WM (1977) The risks of nuclear power reactors: a review of the NRC reactor safety study: WASH-1400 research report. Union of Concerned Scientists, Cambridge
9. Wolter A (2007) Neue rechtliche und technische Ansätze bei der Beurteilung von Chemieanlagen bzw. Betriebsbereichen i. S. d. Störfall- Verordnung im Rahmen der Bauleitplanung – Typisierende Betrachtung mit Hilfe von Elementen der Risikobewertung. Dissertation, Wuppertal
10. Bundesverfassungsgericht (1978) BVerfGE 49, 89 – Kalkar I
11. Hauptmanns U, Herttrich M, Werner W (1987) Technische Risiken – Ermittlung und Beurteilung. Springer, Berlin
12. Hartwig S (1999) Die Risikoanalyse als Hilfe für Sicherheitsentscheidungen – gezeigt am Beispiel schwerer Gase und des Chlorstoffzyklus. Erich Schmidt Verlag GmbH & Co.
13. Trbojevic VM (2009) Another look at risk and structural reliability criteria. Structural Safety. 31(3): 245–250

14. Bottelberghs PH (2000) Risk analysis and safety policy developments in The Netherlands. J Hazard Mater 71:59–84
15. Vrijling JK, van Hengel W, Houben RJ (1995) A framework for risk evaluation. J Hazard Mater 43:245–261
16. Kuhlmann A (1995) Einführung in die Sicherheitswissenschaft, 2. völlig überarbeitete Auflage Aufl. Verlag TÜV Rheinland GmbH, Köln
17. Zanting J, Duinkerken J, Kuik R, Bolt R, Jager E (2003) Introduction of an easy-to-use risk assessment tool for natural gas transmission pipelines. Safety and Reliability. Swets & Zeitlinger, Lisse
18. EIGA (2001) Determination of safety distances doc 75/01/E/rev. doi:http://www.eiga.org
19. Jonkmann SN et al (2003) An overview of quantitative risk measures for loss of life and economic damage. J Hazard Mater A99:1–30
20. HSE (2001) Reducing risks, protecting people. Norwich
21. State of New South Wales through the Department of Planning (2008) Hazardous industry planning advisory paper no 10, risk criteria for land use safety planning. Sydney NSW Australia 2000
22. HSE (2007) CD212 – proposals for revised policies to address societal risk around onshore non-nuclear major hazard installations. Norwich
23. RICHTLINIEN (1996) Beurteilungskriterien I zur Störfallverordnung StFV. Bundesamt für Umwelt BAFU, Bern
24. Störfall-Kommission beim Bundesministerium für Umwelt (2004) N.U.R.: Report: Risikomanagement im Rahmen der Störfall-Verordnung des Arbeitskreises Technische Systeme, Risiko und Verständigungsprozesse. Forschungsbericht (research report). Bd SFK-GS-41
25. Kauer R, Fabbri L, Giribone R, Heerings J (2002) Risk acceptance criteria and regulatory aspects. Op Maint Mate Issues 1. http://ommi.co.uk/PDF/Articles/61.pdf
26. Buncefield Major Incident Investigate Board (2008) Recommendations on land use planning and the control of societal risk around major hazard sites
27. Giampiero BE (1997) Risk assessment in the Netherlands: discussion paper. Discussion paper, Bd 91
28. Kommission für Anlagensicherheit (KAS) beim Bundesministerium für Umwelt, Naturschutz, Bau und Reaktorsicherheit vormals Störfallkommission. http://www.kas-bmu.de/
29. Schutzkommission beim Bundesministerium des Inneren. http://www.bbk.bund.de/DE/AufgabenundAusstattung/ForschungundEntwicklung/Schutzkommission/schutzkommission_node.html
30. Festag S, Barth U (2014) Risikokompetenz – Beurteilung von Risiken, Bd BAND 7. Schriften der Schutzkommission. Bundesamt für Bevölkerungsschutz und Katastrophenhilfe, Bonn
31. Wissenschaftliche Beirat der Bundesregierung für Globale Umweltveränderung. http://www.wbgu.de/
32. Welt im Wandel (1999) Erhaltung und nachhaltige Nutzung der Biosphäre; Hauptgutachten 1999, Bd 2000 XXVI. Springer, Berlin
33. López E, Rengel R, Mair GW, Isorna F (2015) Analysis of high-pressure hydrogen and natural gas cylinders explosions through TNT equivalent method. Proceeding Hyceltec 2015. Iberian Symposium on Hydrogen, fuel cells and advanced batteries.
34. Mair GW (2006) Die probabilistische Bauteilbetrachtung am Beispiel des Treibgasspeichers im Kfz – Teil 2: Drei gute Gründe dafür. Technische Überwachung (TÜ) 47(1/2 – Jan/Febr):39–43
35. Mair GW, Anders S, Novak P, Scholz I (2006) Die probabilistische Bauteilbetrachtung am Beispiel des Treibgasspeichers im Kfz – Teil 3: Erste Schritte in der Normung? Technische Überwachung (TÜ) 47(3):39–46
36. Mair GW (2005) Highlights of SP SAR within StorHy related to RC&S

37. Mair GW (2005) Hydrogen onboard storage – an insertion of the probabilistic approach into standards & regulations?

38. Mair GW (2005) Hydrogen onboard storage – an insertion of the probabilistic approach inot standards & regulations? Proceeding ICHS 2005

39. Mair GW (2005) Die probabilistische Bauteilbetrachtung am Beispiel des Treibgasspeichers im Kfz – Teil 1: Ein Werkzeug für die Risikosteuerung. Technische Überwachung (TÜ) 46(Nr.11/12 – Nov./Dez.):42–46

40. Mair GW (2004) Advantages of reliability analyses of hydrogen storage receptacles. EUCAR, Brüssel

41. Mair GW (2004) Generals on a Probabilistic Approach. In: StorHy-Consortium (Hrsg) Workshop on International RCS: Gaps and Adaptations

42. Mair GW, Schere F, Saul H, Spode M, Becker B (2013) CAT (Concept Additional Tests): Concept for assessment of safe life time of composite pressure receptacle by additional tests. http://www.bam.de/en/service/amtl_mitteilungen/gefahrgutrecht/gefahrgutrecht_medien/druckgefr_regulation_on_retest_periods_technical_appendix_cat_en.pdf. (2013, 1st rev. 2014, 2nd rev. 2015)

43. ADR/RID 1999 (1998) Techncial annexes to the European agreements concerning the international carriage of dangerous goods. http://www.unece.org/trans/danger/danger.html

44. Becker B, Mair GW (2015) Risiko und Sicherheitsniveau von Composite-Druckgefäßen. Tech Sicherheit 5(11/12):38–44

45. Krinninger K (2015) Protokoll der 19. Sitzung der Arbeitsgruppe „Klasse 2", Bd 19. Sitzung. Arbeitsgruppe „Klasse 2" des AGGB zur Beratung des BMVI, Köln/Bonn

46. ISO 11119-2 (2012) Gas cylinders – refillable composite gas cylinders and tubes – design, construction and testing – Part 2: fully wrapped fibre reinforced composite gas cylinders and tubes up to 450 l with load-sharing metal liners. In: Part 2: fully wrapped fibre reinforced composite gas cylinders and tubes up to 450 l with load-sharing metal liners. Bd ISO 11119-2, S 30. ISO, Geneva (CH)

47. EUR-Lex (2009) Regulation (EC) No 79/2009 of the European Parliament and of the council of 14 January 2009 on type-approval of hydrogen-powered motor vehicles, and amending directive 2007/46/EC (Text with EEA relevance)

48. European Parliament (2010) Regulation (EU) No 406/2010 Implementing Regulation (EC) No 79/2009 of the European parliament and of the council on type-approval of hydrogenpowered motor vehicles. In: Regulation Commission (Hrsg) Bd (EU) No 406/2010. Brussels

49. GTR (2012) Revised Draft global technical regulation on hydrogen and fuel cell vehicles. ECE/TRANS/WP.29/GRSP/2012/23. Geneva

50. UN WP.29/SGS (2011) GTR-Draft SGS-11-02 on the agreement concerning the establishing of global technical regulations for wheeled vehicles, equipment and parts which can be fitted and/or be used on wheeled vehicles. Addendum Global technical regulation No. 3 HYDROGEN FUELED VEHICLE. Appendix Proposal and report pursuant to Article 6, paragraph 6.3.7 of the Agreement. UN Geneva

51. UN ECE (2014) Proposal for a new Regulation on hydrogen and fuel cell vehicles (HFCV). ECE/TRANS/WP.29/2014/78. Geneva

52. UN ECE (2014) Regulation 110: Uniform provisions concerning the approval of: I. Specific components of motor vehicles using compressed natural gas (CNG) and/or liquefied natural gas (LNG) in their propulsion system II. Vehicles with regard to the installation of specific components of an approved type for the use of compressed natural gas (CNG) and/or liquefied natural gas (LNG) in their propulsion system. ECE R110

53. CEN (2012) EN 12245: Transportable gas cylinders – fully wrapped composite cylinders. Bd DIN EN 12245. EUROPEAN STANDARD, Brussels

54. CEN (2003) EN 12257: Transportable gas cylinders – seamless, hoop-wrapped composite cylinders. Bd DIN EN 12257. EUROPEAN STANDARD, Brussels
55. ISO (2013) ISO 11119-3: Gas cylinders – refillable composite gas cylinders and tubes Part 3: fully wrapped fibre reinforced composite gas cylinders and tubes up to 450L with non-load-sharing metallic or non-metallic liners. Bd ISO 11119-3. Geneva (CH)
56. CEN (1999) EN 1964-1: Ortsbewegliche Gasflaschen – Gestaltung und Konstruktion von nahtlosen wiederbefüllbaren ortsbeweglichen Gasflaschen aus Stahl mit einem Fassungsraum von 0,5 Liter bis einschließlich 150 Liter – Teil 1: Nahtlose Flaschen aus Stahl mit einem Rm-Wert weniger als 1100 MPa. EUROPEAN STANDARD, Brussels
57. European research project „StorHy" Hydrogen Storage Systems for Automotive Application: FP 6; Integrated Project; Sustainable development, global change and ecosystems Project No.: 502667
58. Mair GW, Hoffmann M (2013) Baumusterprüfung von Composite-Druckgefäßen – Probabilistische Betrachtung der Mindestberstdruckforderung nach Norm. Technische Sicherheit 3(11/12):48–54
59. Mair GW, Hoffmann M, Scherer F (2015) Type approval of composite gas cylinders – probabilistic analysis of RC&S concerning minimum burst pressure. Int J Hydrogen Energy 40(15):5359–5366
60. Haibach E (2006) Betriebsfestigkeit – Verfahren und Daten zur Bauteilberechnung (VDI-Buch), 3., korr. u. erg. Aufl. Springer, Berlin
61. Newhouse NL, Webster C (2008) Data supporting composite tank standards development for hydrogen infrastructure applications: STP-PT-014. ASME Standards Technology, LLC, New York
62. Chou HY, Bunsell AR, Mair GW, Thionnet A (2013) Effect of the loading rate on ultimate strength of composites. Application: pressure vessel slow burst test. Compos Struct 104:144–153. doi:10.1016/j.compstruct.2013.04.003
63. Scott AE, Sinclair I, Spearing SM, Thionnet A, Bunsell A (2012) Damage accumulation in a carbon/epoxy composite: comparison between a multiscale model and computed tomography experimental results. Composites(Part A 43):1514–1522
64. Camara S, Bunsell AR, Thionnet A, Allen DH (2011) Determination of lifetime probabilities of carbon fibre composite plates and pressure vessels for hydrogen storage. Int J Hydrogen Energy 36:6031–6038
65. Bunsell AR (2006) Composite pressure vessels supply an answer to transport problems. Reinf Plast 50:38–41. 0034-3617/06
66. Blassiau S, Thionnet A, Bunsell AR (2006) Micromechanisms of load transfer in a unidirectional carbon fibre epoxy composite due to fibre failures. Part 1: micromechanisms and 3D analysis of load transfer: the elastic case. Compos Struct 74:303–318
67. Blassiau S, Thionnet A, Bunsell AR (2006) Micromechanisms of load transfer in a unidirectional carbon fibre epoxy composite due to fibre failures. Part 2: Influence of viscoelastic and plastic matrices on the mechanisms of load transfer. Compos Struct 74:319–331
68. Blassiau S, Thionnet A, Bunsell AR (2008) Micromechanisms of load transfer in a unidirectional carbon fibre epoxy composite due to fibre failures. Part 3: Multiscale reconstruction of composite behaviour. Compos Struct 83:312–323
69. European Research Project „HyComp". Enhanced design requirements and testing procedures for composite cylinders intended for the safe storage of hydrogen. Fuel Cell Hydrogen Joint Undertaking (FCH JU); Grant agreement N 256671; FCH-JU-2009-1
70. Bunsell A et al (2013) HyCOMP_WP2_D2.4_ARMINES_20130923_V3.doc: Deliverable Report WP2 Summary report for the WP2 with remarks and recommendations. http://www.hycomp.eu/menus-sp/menu-bas/pressroom/publicdelivrables.html

71. Bunsell AR, Thionnet A, Chou HY (2014) Intrinsic safety factors for glass & carbon fibre composite filament wound structures. Appl Compos Mater 21:107–121
72. Multilateral Agreement M270 under section 1.5.1 of ADR, concerning the working pressure of composite cylinders intended for the carriage of hydrogen (UN 1049). M270
73. Mair GW (1996) Zuverlässigkeitsrestringierte Optimierung faserteilarmierter Hybridbehälter unter Betriebslast am Beispiel eines CrMo4-Stahlbehälters mit Carbonfaserarmierung als Erdgasspeichers im Nahverkehrsbus. Bd Fortschrittsbericht Reihe 18. VDI-Verlag, Düsseldorf
74. Mair GW (1999) The fail-safe properties of hoop wrapped pressure vessels: oral presentation at the 4th General Assembly of the European Pressure Equipment Research Council (EPERC) in Berlin (BAM); EUR; EN; EC, DG-JRC/IAM, Nl-1755 ZG Petten-NL 1999(19046)
75. Ali AH, Mohamed HM, ElSafty A, Benmokrane B (2015) Long-term durability testing of Tokyo rope carbon cables. Paper presented at the 20th International Conference on Composite Materials, Copenhagen, 19–24th July 2015
76. Grubbs FE (1969) Procedures for detecting outlying observations in samples. Technometrics 11(1):1–21. doi:10.1080/00401706.1969.10490657
77. Sachs L, Hedderich J (2006) Statistik: Angewandte Statistik, 12. Aufl. Springer, Berlin
78. Pearson ES, Hartley HO (1972) Biometrika tables for statisticians. Volume II (v. 2). Cambridge University Press, Cambridge
79. Mair GW, Scherer F, Scholz I, Schönfelder T (2014) The residual strength of breathing air composite cylinders towards the end of their service life – a first assessment of a real-life sample. Proceeding of ASME Pressure Vessels & Piping Conference 2014
80. Mair GW, Becker B, Scherer F (2014) Burst strength of composite cylinders – assessment of the type of statistical distribution. Mater Test 56(9):642–648
81. Stephens MA (1974) EDF statistics for goodness of fit and some comparisons. J Am Stat Assoc 69:730–737. doi:10.2307/2286009
82. Stephens MA (1986) Tests based on EDF statistics. In: D'Agostino RB, Stephens MA (Hrsg) Goodness-of-fit techniques. Marcel Dekker, New York
83. UN Model Regulations, UN Recommendations on the transport of dangerous goods. United Nations Publications, Geneva, New York
84. Workshop on International RCS: Gaps and Adaptations: During 5th Annual StorHy-Meeting. In: StorHy-Consortium (Hrsg) Paris, 3rd June 2008
85. Mair GW (2007) Pre-regulatory research results related to public safety. EC-Hydrogen and Fuel Cell Review Days. Brussels, October 2007
86. Mair GW, Hoffmann M (2014) Regulations and research on RC&S for hydrogen storage relevant to transport and vehicle issues with special focus on composite containments. Int J Hydrog Energy 39(11):6132–6145. doi:10.1016/j.ijhydene.2013.08.141
87. Mair GW (2013) „Ein Leben unter Druck" Zulassung von Composite-Druckgefäßen – aktuelle Änderungen der Modellvorschriften der Vereinten Nationen (UN) im Kontext ihrer Entstehung. Gefährliche Ladung 58(8):29–31

Nachwort

Mit diesem Buch sind die wesentlichen Aspekte der probabilistischen Sicherheitsbewertung aus einigen der vielen möglichen Perspektiven dargestellt. Diese Aspekte gilt es zu bedenken, zu diskutieren, zu formulieren und anzuwenden wenn die „Sicherheitsanalyse von Composite-Cylindern für die Speicherung von Gasen" mittels statistischer Methoden erfolgen soll.

Insbesondere der Aspekt der Streuung der Eigenschaften – inklusive ihrer Änderung im Betrieb – wird derzeit zu sehr vernachlässigt. Dieses Defizit in der Betrachtung bietet in manchen Fällen auch Angriffsfläche für das „Restrisiko". Als das Werkzeug der Wahl für das Schließen dieser derzeit in der Praxis noch eher unterkritischen Lücke ist die statistische Betrachtung der Festigkeitseigenschaften im probabilistischen Sinne. Dies bietet zudem Möglichkeiten zur Optimierung bzgl. Gewicht und Kosten auf jedem vom Gesetzgeber geforderten Sicherheitsniveau.

Wie ich in den letzten Jahren erfahren durfte, erfordert die Einführung eines probabilistischen Ansatzes und insbesondere die Darstellung der komplexen Zusammenhänge viel Zeit und Geduld; aber insbesondere auch kontroverse Diskussionen. Nicht alles was ausgedrückt werden sollte, ist nur mit Worten eindeutig beschreibbar. Nicht alles was geschrieben wurde, erhebt den Anspruch der Weisheit letzter Schluss zu sein. Vieles kann missverstanden werden, und vieles was erläutert wurde, setzt ein minimales Grundverständnis der Statistik voraus. Letzteres sei als ein Petitum dafür verstanden, dass ein Grundverständnis von Statistik jedem/er Ingenieursstudenten/in hinreichend vermittelt werden sollte. Es soll aber auch eine Lanze für eine offene Risikokommunikation brechen, die nur auf einem bereits in der Schule geprägten Risikobegriff aufbauen kann.

Ich hoffe, dass es mit diesem Buch gelungen ist zu veranschaulichen, dass sich Composite-Cylinder anders verhalten als monolithische Gasflaschen. Dies gilt insbesondere für die ausgewählten Aspekte des komplexen Werkstoff- und Bauteilverhaltens in Kombination mit den Aspekten der Streuung. Dieses Verhalten ist Realität, ob es statistisch

© Springer-Verlag Berlin Heidelberg 2016
G. W. Mair, *Sicherheitsbewertung von Composite-Druckgasbehältern,*
DOI 10.1007/978-3-662-48132-5

im Detail erfasst wird oder erstazweise deterministisch global abgeschätzt und im Detail unberücksichtigt bleibt.

Sollte eine anschauliche Erläuterung der vielschichtigen Aspekte und Beobachtungen gelungen sein, könnte dies die zukünftige Arbeit in der Regelsetzung bereichern. Im Idealfall gestattet das Recht in Zukunft die angestrebt größere Design-Freiheit. Dann könnte von den Herstellern, die trotz des höheren Prüfaufwandes Interesse haben, sichere und wirtschaftlich attraktivere Treibgasspeicher und Druckgefäße aus Verbundwerkstoffen jenseits aktueller Prüfvorschriften gestaltet, gebaut und durch Dritte zugelassen werden.

Begriffe und Definitionen

Begriffe und Definitionen

Abweichungsmaß einer Stichprobe (x_{ND}) meint hier einen dimensionslosen Wert für den Vergleich einer statistisch verteilten Festigkeit mit einem zugehörigen Belastungswert. Er berechnet sich aus der Differenz der Last und der mittleren Festigkeit, normiert auf die Standardabweichung der Festigkeitseigenschaft einer Stichprobe. Ist die Belastung größer als der Festigkeitsmittelwert, ist das Abweichungsmaß $x_{ND} > 0$; ist die Last kleiner als der Mittelwert der Festigkeit ist $x_{ND} < 0$.

Allgemeiner Betrieb meint die Verwendung und Zulassung einer Gasflasche oder einer Großflasche für verschiedene Gase oder Gasegruppen. In diesem Fall kann der →maximaler Betriebsdruck (MSP) des kritischsten Gases den →Prüfdruck PH erreichen.

Alterung, künstliche Alterung meint die Vorkonditionierung eines Prüfmusters bis zu einem möglichst exakt vorherbestimmten Zustand der Degradation.

Terms and Definitions

Standard score (x-score) of a sample (x_{ND}) means here a dimensionless value for comparison of a statistically distributed strength with a dedicated load value. It is calculated from the difference of the load and the average strength, normalised on the standard deviation of the strength property of a sample. If the load is higher than the average strength the standard score $x_{ND} > 0$; if the load is smaller than the mean value of strength is $x_{ND} < 0$.

General service means the approval and use of a gas cylinder or tube for several gases or groups of gases. In this case the →MSP of the most critical gas may reach →PH.

Artificial aging means the pre-conditioning of a specimen to a certain, as near as possible, predicted status of degradation.

© Springer-Verlag Berlin Heidelberg 2016
G. W. Mair, *Sicherheitsbewertung von Composite-Druckgasbehältern,*
DOI 10.1007/978-3-662-48132-5

Note: In der Zukunft sollte die künstliche Alterung dazu verwendet werden, gezielt den Grad der Degradation zu erreichen, der mit dem Grad der Degradation der Eigenschaften eines Druckgefäßes über-eintstimmt, der aus dem Betrieb über eine vorgegebenen Anzahl von Jahren resultiert.

Note: In the future, artificial aging is intended to achieve a status of degradation comparable to the degradation of cylinder properties caused by operation for a dedicated number of years in service.

Anfangsfestigkeit (UTS) meint die Festigkeit eines →CCs am Anfang des Lebens und beschreibt den Ausgangspunkt der betrieblichen Degradation. Der UTS kann sich auf verschiedene Festigkeitseigenschaften beziehen; auf den Berstdruck, die Lastwechselzahl etc.

Initial strength (Ultimate Tensile Strength UTS) means the strength of a →CC at the beginning of life and describes the starting point of service degradation. The UTS can refer to different strength properties; to the burst pressure, the number of load cycle etc.

Arbeitsdiagramm (SPC) meint eine hier verwendete, spezielle Form eines Arbeitsdiagramms, das zur Darstellung der statistischen Auswertung von Stichprobenprobeneigenschaften verwendet wird.

Sample Performance Chart (SPC) means a special kind of a performance chart, developed and used here for visualisation of the statistical assessment of sample properties.

Arbeitsdruck (PW) (→Nennbetriebsdruck NWP)

Working Pressure (PW) (→Nominal working pressure NWP)

Ausfallrate (FR) meint den relativen Anteil von Prüfmustern, der bis zu einer festgelegten Belastung (Druck, Anzahl der Lastwechsel, Zeit unter Last etc.) ausgefallen ist. Sie ist das Komplement zur Überlebensrate. Wird im Folgenden aber auch im weiteren Sinne als Synonym für die →Ausfallwahrscheinlichkeit verwendet.

Failure rate (FR) means the ratio of specimens within a sample that has failed to a dedicated load level (pressure level, number of load cycles, time under load etc.). It is the complement to →survival rate. In the following FR is used in a wider sense as synonym for →probability of failure.

Ausfallwahrscheinlichkeit meint die Wahrscheinlichkeit, dass es unter einer festgelegten Belastung (Druck, Anzahl der Lastwechsel, Zeit unter Last etc.) zu einem Ausfall kommt.

Probability of failure means the probability of a failure at a dedicated load level (pressure, number of the load changes, time under load etc.).
The probability of failure is the complement to →survival rate.

Die Ausfall- oder auch Versagens-wahrscheinlichkeit ist das Pendant zur →Überlebenswahrscheinlichkeit.
In diesem Kontext ist der Unterschied zwischen Ausfallrate und Ausfallwahr-scheinlichkeit ohne Bedeutung.

Within this context the difference between probability of failure and failure rate is not relevant.

Auslegungsdruck meint den Druck, für den ein CC-Baumuster ausgelegt und zugelassen ist. Dieser Druck muss vom →CC während der gesamten Auslegungslebensdauer ohne →plastische Deformation oder andere nicht akzeptable Degradationseffekte ertragen werden können.

Design pressure means the pressure to which a cylinder is designed and approved. This pressure shall be held by the cylinder during its design life without any →plastic deformation or other unacceptable effects of degradation.

Auslegungslebensdauer meint die Anzahl von Betriebsjahren, für die ein CC-Baumuster nominell ausgelegt und zugelassen ist (begrenztes Leben / nicht begrenztes Leben).

Design life means the number of years in service to which a cylinder design type has been designed and approved (limited life time / non limited life time).

Autofrettage meint einen Prozess, der mittels →Überdruck zum gesteuerten Plastifizieren des metallischen Liners führt. Ziel ist es, eine möglichst dauerhafte Druckvorspannung des Liners zu erreichen, die die Lebensdauer des Liners zu Lasten erhöhter Zugbelastung des Composites verlängert.

Autofrettage process means a process based on a controlled over-pressurisation, which causes the yielding of the metal liner. The aim is to achieve a permanent compressive pre-stress, which increase the service life of the metal liner but causes higher tensile stress in the composites.

Batch ist der in englischsprachigen Normen übliche und inzwischen auch im Deutschen zur Abgrenzung gegen andere Definitionen von Gruppen von Cylindern, wie z. B. eine Stichprobe, verwendeter Ausdruck für ein →Produktionslos (oder auch Herstellungslos) nach der Definition der jeweils verpflichtend anzuwenden Norm.

Batch is usually defined as a collective term for a set of homogeneous items or material. The number of items (cylinders) in a batch may vary according to the mandated standard and the context in which the term is used. Within this context it used as short form of →production batch.

Batch Test(s) meint die Prüfung(en), die nach Vorschrift zerstörend an einem →Batch (→Produktionslos) durchgeführt werden müssen. Sind die Mindestanforderungen nach der entsprechend Vorschrift für die Prüfmuster aus dem Produktionslos erfüllt, kann dieses Produktionslos freigeben werden.

Baumuster meint ursprünglich das Muster, dem alle weiteren Exemplare entsprechend nachgebaut werden mussten. In diesem Sinne drückt hier ein „Baumuster" eine möglichst perfekte Übereinstimmung aller betreffenden Exemplare mit dem geprüften Muster aus.
Diese eng gefasste Definition steht im Widerspruch zu den relevanten Normen, die definierte →Varianten (Baureihe oder Familie) eines →CC-Baumusters zulassen, ist aber im Kontext der probabilistischen Betrachtung erforderlich, um die Streuung aus der Fertigung von der aus einer gestalterischen Variation unterscheiden zu können.

Baumusterprüfung meint eine einzelne Prüfung oder die Summe aller Prüfungen, die als notwendige Voraussetzung durchgeführt werden müssen, um eine Herstellungs- und Verwendungsgenehmigung (Zulassung) für ein →Baumuster erhalten zu können.
Die hinreichende Bedingung ist, dass mit diesen Prüfungen die geforderten Mindesteigenschaften erfolgreich nachgewiesen sind.

Begrenzte Lebensdauer (Limited Life) meint, dass die →Auslegungslebensdauer eines →CCs auf eine gekennzeichnete Lebensdauer begrenzt ist.

Batch Test(s) means the check(s), which must be carried out according to regulation in →batch (→production batch). If the tested cylinders sampled from a production batch meet the minimum requirements according to the relevant regulation, the whole batch can offered for use.

Design type means originally the pattern to which all produced items shall be manufactured identically. Regarding to this a "design type" means a compliance of all produced items on a level as high as possible with the relevant pattern.
This is in contradiction to relevant standards, which permit defined →variants (family concept) of a cylinder design type.
Nevertheless this stringent limitation is necessary in the context of a probabilistic assessment: otherwise it is not possible to differentiate the safety relevant scatter of production from the result of a creative variation of the design type.

Design Type Testing means a single check or the sum all tests, which have to be performed as a necessary condition to receive a permission for production and use (approval) of a →design type.
The successful demonstration of all requested minimum requirements is the sufficient condition for approval.

Limited life (time) means that the →design life of a CC is limited to a determined and marked lifetime.

Bersten meint das plötzliche Totalversagen eines →CCs. Üblicherweise kommt es beim Bersten zum Aufplatzen (monolithischer Cylinder) oder, insbesondere bei Baumustern ohne metallischem Liner, auch zum Zerlegen in viele Teile.

Berstdruck meint den Druck, bei dem ein Baumuster spontan versagt. Kommt es zu einer geringen Leckage, die in der Prüfung einen weiteren Druckanstieg zulässt, kann der Druck dieses Teilversagens nicht als Berstdruck bezeichnet werden.

Berstdruckverhältnis ist hier definiert als der gemessene Berstdruck eines Composite Cylinders, bezogen auf den MSP (→maximaler Betriebsdruck), wie dieser für die jeweils zugelassene Verwendung gefordert ist.
Er findet Anwendung in den Vorschriften für den Gefahrguttransport, z. B. in der EN 12245, ISO 11119-Reihe und dem ADR/RID Abschn. 6.2.5.5. Im Gefahrguttransport wird für vollumwickelte Flaschen und Großflaschen ein Mindestwert vom 2-fachen →Prüfdruck PH gefordert. In der ISO 11119-Reihe (Neufassung 2012/2013) ist der Mindestwert für andere Fasern als die Carbonfaser höher. Das Berstdruckverhältnis findet auch im Bereich der Kraftstoffspeicher Anwendung (z. B. EU-Regulation 406/2010), wird dort aber auf den Nennbetriebsdruck bezogen (Carbonfaser: 2,25 NWP)

Berstprüfung meint eine Prüfprozedur bei der der Innendruck hydraulisch relativ schnell bis zum Bersten gesteigert wird.

Burst means the sudden total failure of a cylinder. Usually the burst of a monolithic cylinder means a single crack, while the burst of a composite cylinder without a metallic liner usually means rupture into several parts even into a large number of pieces.

Burst pressure means the pressure at which a specimen fails catastrophically. In cases of a first failure with a leakage rate, which enables a further increase of pressure, the pressure of this first failure shall not interpreted as burst pressure or pressure of total failure.

Burst ratio means the ascertained burst pressure of a composite cylinder related to the MSP (→maximum service pressure), as specified for the intended service.
It is used in regulations for the transport of dangerous goods, as in ISO 11119-series, EN 12245 and ADR/RID Sect. 6.2.5.5. In the field of transport of dangerous goods fully wrapped cylinders and tubes meets a minimum burst ration of 2-times the test pressure PH. In the standards of the ISO 11119-series (revised edition 2012/2013) the minimum values for other fibre types are higher than the one for carbon fibre. The minimum burst ratio is even in use in the field of automotive storage (e.g. EC-Regulation 406/2010). There it is related to the nominal working pressure (carbon fibre: 2.25 NWP)

Burst test means a hydraulic test based on rapid increase of internal pressure until the rupture of a cylinder.

Betriebliche Alterung/betriebliche Degradation meint die Alterung bzw. Degradation, wie diese in Art und Umfang durch Jahre des Betriebes bedingt ist.

Betriebsdruck (PW) (→Nennbetriebsdruck NWP)

Boss meint den metallischen Einsatz in einem Plastikliner eines →CCs, in den das Halsgewinde zum Anschluss des Ventils oder der Druckleitung geschnitten ist.

Composite meint einen Verbundwerkstoff, bestehend aus in Kunststoffmatrix gebetteten Bündeln von Endlosfasern, sog. Konstruktionsfasern. Verwendet werden überwiegend Carbonfasern und Glasfasern, aber auch Aramidfasern, Basaltfasern etc.

Composite-Cylinder (CC) meint →Cylinder aus →Composite. Die Bauweisen der Composite-Cylinder werden nach →Typen unterschieden.

Cylinder meint hier einen Überbegriff für alle Arten von Druckbehältern (stationärer Speicher), von Druckgasspeichern im Kraftfahrzeug und von Druckgefäßen (Gasflasche, Großflasche etc.). Dies geschieht im Widerspruch zur strengen Definition von „Cylinder" im Gefahrgutrecht. Dort definiert er eine „Gasflasche", die auf ein Wasservolumen von 150 L begrenzt ist.
Zur Vereinfachung im Ausdruck wird „Cylinder" hier als allgemeiner Begriff verwendet und ist ohne weiteren Hin-

In-service aging/in-service degradation means the aging or degradation resulting from years of service, with respect to nature and intensity.

Working Pressure (PW) (→Nominal Working Pressure NWP)

Boss means a metallic connection element incorporated in the plastic →liner of a →type IV or V →composite cylinder. The main function of a boss is to provide the neck thread, in which the valve or pressure piping is screwed and sealed in.

Composite means a composite material, made from bundles of endless fibres layered in plastic matrix. Predominantly used fibres are carbon fibres and glass fibres, but also aramid fibres and rarely basalt fibres are in use.

Composite-Cylinder (CC) means →cylinders made from →composite. The differing forms of construction of composite cylinders are differentiated by →types.

Cylinder/gas cylinder is used here as a collective term for all kinds of pressure vessels (stationary purpose), of pressure storage containments for on-board storage and →pressure receptacle ("gas" cylinder, tube, pressure drum etc.). Where a "cylinder" is used in the dedicated meaning of small pressure receptacle (up to 150 L) for transport of gas as dangerous good, "cylinder" it completed by "gas".
This usage deviates a little from definitions in transport regulations but impro-

weis nicht auf den engen Sinn des Ge-
fahrgutrechtes begrenzt.

Degradation meint den Verlust an Festigkeit und damit auch an Sicherheit. Der
Verlust von Festigkeit kann durch künstliche oder betriebliche Alterung bedingt
sein. Die Degradation wird hier als Differenz zweier Stichprobenprüfergebnisse zu einer Festigkeitseigenschaft
verstanden (Berstfestigkeit, Lastwechselfestigkeit; Überlebenswahrscheinlichkeit). Eine Degradation gilt dann als
kritisch, wenn die verbleibende →Über-
lebenswahrscheinlichkeit den geforderten Mindestwert nicht mehr erfüllt bzw.
deren Erfüllung nicht gewährleistet ist.

Degradationspfad meint den Verlauf der
degradationsbedingten Veränderung
einer Festigkeitseigenschaft, wie sich
diese als Linie im →SPC (vergl. →De-
gradation) darstellen. Die Degradation
hinterlässt im Rückblick eine „Spur" im
SPC. Die Degradationsspur beschreibt
die durch Prüfung ermittelte Degradation im Sinne eines retrospektiv erstell-
ten Pfades. Über die Degradationsspur
hinaus kann der Degradationspfad auch
auf Basis von Prüfungen in den ersten
Jahren des Betriebs und/oder von künstlicher Alterung mittels Extrapolation bis
zum Lebensende (grob) perspektivisch
geschätzt werden.

Design Life meint die →Auslegungs-
lebensdauer, auf die ein Baumuster
offiziell zugelassen ist. Sofern diese limitiert ist, wird diese den Vorschriften
folgend auf den →Composite-Cylindern
deutlich gekennzeichnet.

ves clarity of meaning in this specific
context.

Degradation means the loss of strength
and with it also a loss of safety. The loss
of strength can be caused by artificial
or operational ageing. The degradation
is understood here as a difference of a
safety related property determined by
comparison of two sample test results
addressing the same strength property (burst strength, load cycle strength;
survival rate). A Degradation is deemed
critical when the remaining →survival
rate does not comply with the demanded
minimum value any more or just compliance is not guaranteed.

Trace of Degradation means the development of degradation of strength properties, displayed as a line in a sample performance chart (→SPC; compare →De-
gradation). In a review at end of life, the
comparison of several periodic checks
of remaining strength leaves a "track"
in the SPC as an indicator of degradation. Besides this retrospective analysis,
a prediction of the trace of degradation
until end of life can be (roughly) estimated by extrapolating test results of the
first years of service and/or by artificial
aging.

Design Life means the period of service
for which a cylinder is formally approved. In case of an approval for a limited design life this is clearly marked on
the →composite cylinder in accordance
with regulations.

Druckgefäß ist ein Sammelbegriff im Gefahrguttransport. Er umfasst Flaschen, Großflaschen, Druckfässer, geschlossene Kryo-Gefäße, Metallhydrid-Speichersysteme, Flaschenbündel und Bergungsdruckgefäße.
Er wird hier für Flaschen und Großflaschen als Elemente von Bündeln und Batteriefahrzeugen verwendet.

Pressure receptacle is a collective term used in the area of transport of dangerous goods. It includes tubes, pressure drums, closed cryogenic receptacles, metal hydride storage systems, bundles of cylinders and salvage pressure receptacles.
Here it is used for cylinders and tubes as elements of bundles and battery vehicles.

Durchschnitt (Durchschnittswert) (→Mittelwert)

Average (value) (→Mean value)

Eintrittshäufigkeit bezeichnet die Häufigkeit mit der ein bestimmtes Ereignis, zu dem die Konsequenz betrachtet wird, eintritt bzw. eintreten darf.
Hier bezieht sich die Eintrittshäufigkeit auf die Arbeit mit einem F-N-Diagramm. Sie stellt den Wert dar, der an einer →F-N-Kurve in Abhängigkeit von der Konsequenz als akzeptierte Schadenshäufigkeit F abgelesen werden kann.

Frequency of occurrence (F) means the frequentness by which a dedicated incident is assigned to an accepted consequence in case of occurrence.
Here, frequency of occurrence is related to the work with a →F-N-curve. It means the accepted value read from an F-N-curve, which depends from the accepted risk (means consequence) of the entry damage frequency F.

F-N-Kurve meint ein Diagramm, das es auf Basis akzeptierter Risikowerte erlaubt, einer Konsequenz eine akzeptierte →Eintrittshäufigkeit bzw. jeder Eintrittshäufigkeit eine noch akzeptable Konsequenz zuzuordnen.

F-N-Curve means a diagram, which allows, on the basis of accepted risk values, the assignment of a consequence to an acceptable →frequency of occurrence or the assignment of a frequency of occurrence to an acceptable consequence of a failure.

Filament meint eine Einzelfaser, die tausenderweise zu einem Faserbündel (Roving) gebündelt sind und in einem →Composite Laminat abgelegten werden.

Filament means a single fibre of a fibre bundle (roving) layered in a →composite laminate.

Großflasche ist eine spezielle Art eines Druckgefäßes. Großflasche meint ein Druckgefäß (→Composite Cylinder) für den Transport von Gas mit einem Fassungsraum (Wasserkapazität) von mehr als 150 L bis zu 3000 L.

Grundgesamtheit meint die Grundmenge mit einer Mächtigkeit Q zu einem Baumuster, aus der eine Stichprobe entnommen wird.
Im konkreten Fall der →Composite Cylinder ist die Grundgesamtheit identisch mit →Population. Wenn zusätzlich das Alter als Kriterium für die Definition einer →Stichprobe verwendet wird, muss auch die Grundgesamtheit, aus der eine Stichprobe entnommen wird, enger in Übereinstimmung mit den Kriterien für die Stichprobe, z. B. auf einen Jahrgang einer Population, begrenzt sein.

Herstellungslos (→Produktionslos)

Isoasfale meint eine Linie konstanter Versagenswahrscheinlichkeit. Sie kann definiert werden mit Bezug auf die Ausfallrate, Überlebenswahrscheinlichkeit/ Zuverlässigkeit oder das Abweichungsmaß. Hier wird es verwendet, um im Arbeitsdiagramm SPC eine grobe Bewertung von graphisch dargestellten Stichprobeneigenschaften zu ermöglichen.

Komposit (→Composite)

Konzept zusätzlicher Prüfungen (CAT) meint eine an der BAM (Bundesanstalt für Materialforschung und -prüfung, Berlin) entwickelte Prozedur, die der Festlegung der sicheren Be-

Tube is a special kind of →pressure receptacle.
Tube means a →pressure receptacle for the transport of gas with a capacity (water capacity) exceeding 150 L and not more than 3000 L.

Basic population means a basic amount of a design type with a cardinal number Q from which a random sample is taken.
In the concrete case of→ Composite Cylinders the basic amount is identical with the →population. If, in addition, the age is used as a criterion for sampling, the basic amount, from which the sample is taken, shall be limited more narrowly in accordance with the criterion of the sample; e. g. to a year of production of a population or similar.

Batch (→production batch)

Isoasfalia means a line of constant probability of failure. It can be defined in terms of →failure rate, →survival rate/ reliability or →standard-score. Here it is used for enabling a rough evaluation of sample properties plotted in the →sample performance chart.

Composite (→Composite)

Concept Additional Test CAT means a procedure developed by BAM (Federal Institute for Materials Research and Testing, Berlin), which serves the determination of safe service life within the sco-

triebsdauer im Rahmen der sog. „Service Life Tests" für UN-gekennzeichnete CC dient; einzelne Bausteine daraus kommen auch bei der Festlegung von Prüffristen zum Einsatz.

Konfidenzniveau meint die Wahrscheinlichkeit, dass das verwendete Konfidenzintervall den wahren Wert des betrachteten Parameters der →Population enthält (Komplement zur Irrtumswahrscheinlichkeit).

Konditionierung oder Vorkonditionierung meint, ein Prüfmuster vor der Festigkeitsprüfung klar definierten Last- oder Temperaturbedingungen etc. auszusetzen. Hier wird der Begriff überwiegend im Sinne der →künstlichen Alterung eines Prüfmusters unmittelbar vor der abschließenden Restfestigkeitsprüfung verwendet.

Lastwechselempfindlichkeit meint eine Eigenschaft eines Baumusters, die die Empfindlichkeit gegen zyklische Lasten zum Ausdruck bringt. Es wird als Kriterium für die Auswahl der bevorzugten Methode (→Schlüsselprüfung) zur →Restfestigkeitsprüfung herangezogen. Für die Klassifizierung dieser Eigenschaft wird eine Stichprobe aus mindestens 5 CCn der Lastwechselprüfung bei Raumtemperatur (LCT) unterworfen. Versagt keines der Prüfmuster innerhalb von 50.000 Lastwechseln gilt das Baumuster als lastwechselunempfindlich. Anderenfalls wird das Baumuster als lastwechselempfindlich eingestuft. Diese Eigenschaft des Composite Cylinders kann sich im Laufe des Lebens, d. h. abhängig vom Degradationszustand, ändern.

pe of the so-called „service life tests" for UN-marked Composite cylinders; single elements of this procedure are also used for determination of retest periods.

Confidence level means the probability that the confidence interval contains the true value of the relevant →population parameter (complement of probability of error).

Conditioning or pre-conditioning means exposing a specimen to certain conditions of load, temperature etc. before testing; here it is mainly used in the meaning of →artificial aging of a specimen in advance of a residual strength test.

Cycle fatigue sensitivity means a property of a design type that expresses the possibility to quantify service strength by load cycle tests. Therefore it is used as criterion for choosing the method to be preferred for quantification of residual strength (key test).
For classification of this property a sample of at least 5 cylinders undergoes load cycle tests at ambient temperature (LCT). If none of the specimens ruptures or leaks while performing LCT up to 50.000 LCs the design type is classified as non-cycle fatigue sensitive.
Otherwise the design is classified as cycle fatigue sensitive. This property of a composite cylinder can change during service life, i. e. caused by degradation.

Langsame Berstprüfung (SBT) meint ein Prüfverfahren, bei dem der Druck gleichmäßig mit einer vorgegebenen, genau kontrollierten Druckanstiegsrate bis zum Versagen gesteigert wird. Als maximale Druckanstiegsrate ist der doppelte →Prüfdruck in 10 h angesehen. Als Ergebnis der Prüfung kann sowohl der →Berstdruck wie auch die Zeit bis zum Versagen ausgewertet werden.

Diese Prüfung wird bevorzugt für die Restfestigkeitsermittlung von Baumustern verwendet, die als lastwechsel*un*empfindlich gelten (→Lastwechselempfindlichkeit).

Lastwechselprüfung (LCT) meint ein hydraulisches Prüfverfahren, bei dem der Innendruck bei Raumtemperatur zwischen zwei Druckniveaus, dem unteren und dem oberen Druckniveau, zyklisch verändert wird. Das untere Druckniveau ist nicht höher als 2 MPa, das obere Druckniveau ist bei Zulassung für ein einziges Gas mindestens der → MSP, oder im Fall einer allgemeinen Zulassung der →Prüfdruck (PH).

Das Ergebnis der LCT ist die Anzahl der Lastwechsel bis zum ersten Versagen (Leckage oder Bersten). Diese Prüfung ist das bevorzugte Verfahren für die Bestimmung der Neu- und Restfestigkeit und damit der →Degradation im Fall von lastwechselempfindlichen Baumustern (→Lastwechselempfindlichkeit).

Leck-vor-Bruch-Verhalten (LvB) meint eine Form der Fail-Safe-Eigenschaft bzw. Schadenstoleranz im Fall einer Leckage durch Rissbildung.

Sofern aus einem CC aufgrund eines ersten Versagens in der →Lastwechsel-

Slow burst test (SBT) means a test procedure at a specific constant rate of pressure increase. The pressure rate is exactly controlled until rupture occurs. The maximum pressure rate is accepted as double the test pressure in a period of 10 h. Either time to rupture or pressure at rupture can be evaluated as test result. This test is the preferred procedure for quantification of residual strength in case of designs classified as non-cycle fatigue sensitive (→cycle fatigue sensitivity).

Load cycle test (LCT) means a hydraulic test procedure of a periodically alternating internal pressure at ambient temperature. The inner pressure cycles periodically in a range between a defined lower and upper pressure level. The lower pressure value of each cycle is equal or less than 2 MPa, while the upper pressure level is greater than maximum service pressure →MSP (or test pressure PH for →general service).

As result of LCT the number of load cycles to first failure (leakage or to rupture) is evaluated. This test is the preferred procedure for quantification of residual strength and relevant →degradation in case of a cycle fatigue sensitive design. (→cycle fatigue sensitivity).

Leek-before-break (LBB) means a kind of fail-safe property or damage tolerance in case of leakage due to crack initiation.

prüfung das Druckmedium austritt und kein Bersten auftritt, spricht man im weiteren Sinne von einem Leck-vor-Bruch-Verhalten. Im engeren Sinn kann einem CC nur dann ein LBB-Verhalten bestätigt werden, wenn anhand mehrerer Prüfmuster in der Gaszyklenprüfung nachgewiesen ist, dass keines der Prüfmuster eines CCs durch Bersten versagt. Ersatzweise können statistische Restfestigkeitsbetrachtungen zum Composite herangezogen werden.

A cylinder failing by release of the pressure medium and depressurisation instead of a sudden rupture shows a leak-before-break behaviour in a broader sense. In a narrower sense LBB-behaviour of a cylinder means having demonstrated by gaseous sample testing that none of the tested specimens ruptured after leakage when cycled to failure at maximum pressure (MSP or PH).

Leckage meint eine Undichtigkeit durch eine kleine, meist durch Rissbildung entstanden Öffnung in der Wandung eines →CCs, verbunden mit einem Verlust des Inhalts (Flüssigkeit oder Gas).
In bestimmen Zusammenhängen wird „Leckage" auch als Medienaustritt durch eine undichte Ventileindichtung, ein undichtes Ventil oder durch Versagen der Boss-Liner-Verbindung verwendet.
Leckage schießt nicht den Gasverlust eines →CC durch eine intakte Wandung (Permeation) ein.

Leakage means a release of a fluid (liquid or gaseous) through a small opening in a cylinder wall, usually caused by a fatigue crack.
In a particular context "leakage" is used for a leaking valve seal or gas a release due to a debonding of metal bosses in plastic liners.
Leakage does not cover permeation, which is the loss of gas in a composite cylinder through a wall free of defects.

Lebensdauer meint die Nutzungsdauer in Jahren. Bei der Verwendung im Gefahrguttransport wird die Lebensdauer weiter unterschieden zwischen der zugelassenen →Auslegungslebensdauer (Design Life) und der (anfangs) genehmigten →Nutzungsdauer (Service Life). Die (sichere) Nutzungsdauer kann kürzer als die Auslegungslebensdauer sein und kann nach erfolgter Überprüfung bis zum Ende der Auslegungsdauer verlängert werden.

Life time means the period of use in years. In case of transport of dangerous goods life time is differentiated between →design life and the (initially) permitted period of use (service life). The (safe) service life can be shorter than the design life. In accordance with current regulation and dependent from the results of a service life check, it can be extended up to the end of the approved design life.

Maximal zulässiger Betriebsdruck (MAWP) meint den Druck, der maximal im CC erreicht werden darf. (vergl. → Maximaler Betriebsdruck)

Maximaler Betriebsdruck (MSP) meint den entwickelten Druck bei gleichmäßiger, maximal erlaubter Betriebstemperatur während Füllung, Ortsveränderung und Entleerung. Im Fall von CCn, die nicht nur für einen →spezifischen Betrieb zugelassen sind, ist der MSP dem Prüfdruck PH gleichgesetzt.
Ein Überschreiten des MSP wird abhängig von der Ursache als →Überdrückung oder als →Überfüllung bezeichnet

Median meint den Zahlenwert, der die höhere Hälfte der Prüfergebnisse oder eine Wahrscheinlichkeitsverteilung von der unteren Hälfte trennt. Im Fall einer symmetrischen Verteilung ist der Median identisch mit dem →Mittelwert.

Mittelwert meint das arithmetische Mittel von Prüfergebnissen. Es ist die Summe der gesammelten Prüfergebnisse (→Stichprobe) geteilt durch die Anzahl der gesammelten Prüfergebnisse. Im Fall von Ergebnissen aus der Lastwechselprüfung wird der Mittelwert auf Basis der Logarithmen berechnet.

Modus meint den Wert eines Merkmals (z. B. Festigkeitsmerkmal „Berstdruck") der am häufigsten vorkommt und damit mit der höchsten Dichte einer Verteilung einhergeht. Dieser fällt bei einer symmetrischen Verteilung, wie der Normalverteilung, mit dem Mittelwert und dem Median zusammen.

Maximum allowable working pressure (MAWP) means the pressure which is permitted as the maximum load (compare →maximum service pressure)

Maximum service pressure (MSP) means the developed pressure at maximum allowed settled temperature in service (filling, transport and use). In case of composite cylinders not approved to a →dedicated service the MSP equals test pressure PH.
Exceeding the MSP is differentiated in accordance with its cause →over-pressurisation or →overfilling.

Median means the numerical value separating the higher half of experimental results or a probability distribution, from the lower half. In case of symmetric distributions median equals →mean value.

Mean/mean value means the arithmetic average of experimental results. It is the sum of a collection of test results (→sample) divided by the number of results in the collection (specimens of the sample). In case of LC test results the mean is calculated on the basis of log-values.

Mode/mode value means the value of a distribution with the highest frequency of occurrence and is the maximum of the →density function. In case of symmetric distributions mode equals →mean value.

Nennbetriebsdruck (NWP) meint den Druck, der sich in einem →Composite Cylinder bei einer maximal zulässigen Füllmenge bei 15 °C gleichmäßiger Temperatur einstellt. Im Fall des Überschreitens der zulässigen Füllmenge spricht man unabhängig vom resultierenden Druck von →Überfüllung.

Neues Prüfmuster meint eine unbelastete Werkstoffprobe oder einzelnen →CC, der außer der erstmaligen Druckprüfung vor der jeweils betrachteten Prüfung keine Belastung erfahren hat.

Neue Stichprobe meint eine zusammengestellte Gruppe neuer und ausschließlich erstmalig druckgeprüfter Composite Cylinder, die als Prüfmuster verwendet werden und identisch mit den angebotenen bzw. an einen Kunden ausgelieferten Composite Cylindern sind.

Plastische Deformation meint eine irreversible, ggf. nur lokale Verformung des Werkstoffs.
Eine großflächig plastische Deformation ist meistens mit einer Vergrößerung des inneren und äußeren Durchmessers und der Länge eines Cylinders verbunden. Diese kann z. B. kontrolliert im Rahmen des Autofrettageprozesses eingestellt werden, durch ggf. unbemerkten Überdruck entstehen oder aus betriebsbedingtem Kriechens des Composites resultieren.

Population meint die Menge einzelner Composite Cylinder, die von dem betreffenden Baumuster (im engsten Sinne) in Verkehr sind. Damit werden Baureihen als eigene Baumuster angesehen.

Nominal working pressure (NWP) means the pressure to which composite cylinders are nominal filled at 15 °C settled temperature to capture the maximum amount of gas. Exceeding the relevant maximum amount of gas means overfilling.

New specimen means a virgin (non-loaded) specimen or individual composite cylinder, which has not experienced other loads than the initial proof test.

Virgin sample means a sampled group of new and exclusively proof-tested cylinders used as test-specimens and being identical to those offered to the market and delivered to the customer.

Plastic deformation means an irreversible, in some cases exclusively local deformation of the material.
A plastic deformation of a large area usually causes an increase of inner and outer diameter and length of a cylinder. It can be caused during autofrettage in a controlled process, by unintended overpressurisation or by creep of the composite material during service.

Population means the amount of individual composite cylinders of the relevant design type (in the narrow sense) in service. Each design variant is treated as a separate design type.

Im Einzelfall kann ein Teil der Population von →CCn separat beschrieben werden durch Angabe des Betreibers/Eigentümers, des Herstellungszeitraums etc. (vergl. →Grundgesamtheit).

Produktionslos meint eine Menge von Composite Cylindern zu einem Baumuster, die aufeinanderfolgend und unter Anwendung gleich bleibender Herstellungsparameter gefertigt wurden. Aus diesem Grund wird den CCn in einem Produktionslos nur minimale Abweichungen unterstellt. Die maximale Menge von →CCn, die einem Los zugeordnet werden dürfen, wird in der jeweiligen Herstellungsnorm vorgegeben.

Prüfdruck (PH) meint einen Druck bis zu dem jeder Composite Cylinder als letzter Schritt der Produktion einzeln hydraulisch geprüft wird. Er hat meist einen Wert von 150% des →Nennbetriebsdrucks und soll alle möglichen →MSP aller zur Speicherung zugelassener Gase abdecken (→Allgemeiner Betrieb).

Prüfmuster meint eine einzelne Werkstoffprobe oder einzelnen CC, die/der geprüft werden soll.

Raumtemperatur meint das gesteuerte Einhalten von Temperaturanforderungen; meist in einem Temperaturbereich zwischen 18° und 23°C.

Restfestigkeit meint die Festigkeit, die im Nachgang an eine künstliche Alterung (Konditionierung) oder betriebliche Alterung gemessen werden kann. Die Restfestigkeit neuer Prüfmuster gibt die Anfangsfestigkeit (UTS) wieder. Der

If appropriate a subgroup of the population of CCs can be defined by tracing the operator/owner, the period of manufacturing etc. (compare →basic population).

Production batch means the number of composite cylinders related to a dedicated design type and produced continuously under the condition of constant production parameters.
Therefore it is assumed that the CC properties of one production batch scatter to a very limited amount. The maximum number of CC, which may be counted as one batch, is determined by the relevant standard for production and initial testing.

Test pressure (PH) means the pressure to which each cylinder is individually hydraulically tested at the end of production. It means 150% of →working pressure and is intended to cover →MSP of all gases relevant for →general service; sometimes called proof test.

Specimen means an individual material specimen or individual CC, which is intended for testing.

Ambient temperature (in a room) means controlled temperature conditions; mainly within a temperature range between 18° and 23°C.

Residual strength means strength measured in after artificial aging (conditioning) or after in-service-aging. The residual strength of new samples means the →intital or ultimate strength. Thus the comparison of different levels of aging

Vergleich verschiedener Alterungszu-stände beschreibt die alterungsbedingte Degradation der zugehörigen Betriebs-festigkeit.

Sichere Betriebsdauer meint die An-zahl von Jahren im Betrieb, die von der →Population eines Baumusters ertragen werden kann, ohne dass die betriebliche →Degradation kritisch wird. Ist in den Zulassungsvorschriften ein Service Life definiert, kann die auf Basis betrieblicher Sicherheitsbeurteilungen effektiv erlaub-te Betriebslebensdauer kürzer oder maxi-mal gleich mit dem →Design Life sein.

Spannungsverhältnis ist definiert als die Spannung in den Fasern beim angegebe-nen minimalen Berstdruck geteilt durch die Spannung in den Fasern beim no-minellen Betriebsdruck (Fahrzeugspei-cher: s. z. B. ISO 11439 oder Regulation 406/2010; vergl. →Burst Ratio). Der Stress Ratio ist von besonderer Wichtig-keit für die CC, die aus Fasern verschie-dener Steifigkeit bestehen.

Spezifischer Betrieb meint die begrenzte Verwendung eines Composite Cylinders für nur ein bestimmtes Gas.
Im weiteren Sinn kann dies nur vorü-bergehend durch den Eigentümer oder Betreiber festgelegt werden. Im engeren Sinne – so wie der Begriff hier verwen-det wird – meint „spezifischer Betrieb" die dauerhafte festgelegte Beschränkung der Verwendung eines Baumusters auf nur ein Gas. Diese ist durch eine strikte Begrenzung der Zulassung auf nur ein Gas erkennbar. In diesem Fall kann für die Festigkeitsnachweise der reduzierte Auslegungsdruck →MSP angewendet werden.

properties describes the degradation of the relevant service strength.

Safe service life means the amount of ye-ars in service before degradation of the produced population of a cylinder de-sign type either in total or a part of this population being in service at named operators becomes critical; i.e. residual survival rate of the relevant population drops below the minimum requested →survival rate (reliability level).

Stress ratio means the fibre stress at calcu-lated minimum design burst pressure di-vided by the fibre stress at nominal wor-king pressure (automotive storage: e. g. ISO 11439 or EC- regulation 406/2010; compare →Burst Ratio). Stress ratios are of special importance for composite cylinders made from several fibres with different stiffness.

Dedicated service means to limit the ser-vice of a gas cylinder to one specific gas. In a broader sense this can be temporari-ly determined by the owner or operator. In narrower sense – as it is used here – "dedicated service" means to limit per-manently the service of a design type of a gas cylinder to one specific gas. This is indicated by a strict limitation of the design type approval to one gas exclu-sively. In this case the reduced design pressure →MSP may be used for the performance of strength tests.

Stichprobe meint eine Anzahl von →Prüfmustern, bei denen auch der jeweils relevante Stichprobenparameter identisch ist; wird auch als Los bezeichnet.

Prüfmuster können zu einer Stichprobe/Los zusammengefasst werden, wenn die relevanten Stichprobenparameter bzgl. Produktion und Betrieb identisch sind (z. B. Produktionszeitraum, Betriebsdauer etc.). Für statistische Vergleichszwecke zweier Stichproben müssen alle grundlegenden Parameter beider Stichproben identisch sein, bis auf den Parameter, dessen Einfluss quantifiziert werden soll.

Typ I meint einen Metall-Cylinder, monolithisch/nahtlos oder geschweißt. Üblicherweise besteht er aus Stahl oder Aluminium.

Typ II meint einen teilarmierten →CC mit mittragendem Liner, dessen umfangsorientierte, faserverstärkte Wicklungen auf den zylindrischen Teil beschränkt sind.

Typ III meint einen vollarmierten →CC mit mittragendem Liner, dessen mehrachsige, faserverstärkte Wicklungen sowohl den zylindrischen Teil wie auch die Bodenbereiche überdecken. Als Liner wird in den meisten Fällen Aluminium, oder auch Stahl verwendet.

Typ IV meint einen vollarmierten →CC mit einem nicht-mittragendem Liner, dessen mehrachsig faserverstärkte Wicklungen die gesamte Last tragen. In den meisten Fällen ist der Liner aus Kunststoff (z. B. PE).

Sample means a number of → specimens that have identical values for the relevant parameters of the sample; it is sometimes called lot.

Specimens can be grouped to a sample/lot if relevant sample parameters of production and service are identical (e. g. the production date, month in service etc.). For the purpose of a statistical comparison of two samples all essential parameters of both samples have to be identical while one of the parameters (e. g. age) differs.

Type I means a Metal-Cylinder, monolithic/seamless or welded. Usually it is made from steel or aluminium.

Type II means partly reinforced →CC with a load sharing liner whose hoop wrapped fibre-reinforcement is limited to the cylindrical part.

Type III means a fully wrapped →CC with a load sharing liner whose multiaxial, fibre-reinforced windings cover the cylindrical part as well as the bottom/dome areas. Aluminium is used as liner in most cases; steel is also used.

Type IV means a fully-wrapped →CC with a non-load sharing liner whose multiaxial fibre-reinforced windings carry the whole load. In most cases the liner is made from plastic (e. g. PE).

Typ V meint einen vollarmierten →CC aus faserverstärktem Kunststoff ohne Liner.

Überdrückung meint, dass ein →CC über den →maximal zulässigen Betriebsdruck (MAWP) bzw. über den als →maximale Betriebslast angenommenen Innendruck (MSP) hinaus belastet ist.
Eine Überdrückung kann verursacht durch überhöhte Temperatur sein. Im Fall einer →Überfüllung steigt der Innendruck auch bereits im normalen Temperaturbereich über den MSP.

Überfüllung meint, dass ein →CC über die maximale Füllmenge hinaus gefüllt ist. Die Folge daraus ist ein Innendruck, der bei 15 °C höher ist als der →Nennbetriebsdruck bzw. bei der →maximal zulässigen Betriebstemperatur höher ist als der →maximal zulässigen Betriebsdruck.
Eine Überfüllung stellt bei einer entsprechend reduzierten Betriebstemperatur noch keine Überdrückung bzw. Überlastung des →CCs dar.

Überlebenswahrscheinlichkeit (SR) meint den relativen Anteil von →Prüfmustern einer →Stichprobe, der die Belastung bis zu einem bestimmten Maß (Druck, Lastwechsel, Zeit unter Last) versagensfrei ertragen hat.
In der Regel liegt das Niveau der diskutierten Überlebenswahrscheinlichkeit oberhalb des Wertes, der mit dem verfügbaren Stichprobenumfang dargestellt werden kann. Daher schließt die „Überlebenswahrscheinlichkeit" auch die Zuverlässigkeit gegen Versagen beim maximalen Betriebsdruck (MSP) mit ein. Letztere wird auf Basis von Prüfergebnissen und

Type V means fully wrapped →CC of fibre-reinforced plastic without liner.

Over-pressurisation means to pressurise a cylinder above →maximum allowable working pressure (MAWP) or above the pressure load assumed as maximum service pressure (MSP).
An over-pressurisation may occur in an accurately filled cylinder in case of excessive temperature. In case of →overfilling pressure exceeds the MSP within the allowed temperature range.

Overfill means to fill a cylinder above the maximum allowable amount of gas. This causes a pressure higher than →nominal working pressure at 15 °C and higher than →maximum allowable working pressure at maximum allowable temperature.
An overfill does not mean an over-pressurisation of a composite cylinder or an excessive load in case of an adequate reduced service temperature.

Survival rate (SR) means the relative ratio of specimens within a sample that have survived up to a dedicated load level (pressure level, number of load cycles, time under load etc.) without failure. Usually the addressed level of survival rates is higher than the level to be demonstrated directly by the limited amount of tested specimens in a sample. Therefore "survival rate" includes the reliability of expecting no failure at the maximum service pressure (MSP). Reliability is extrapolated to the addressed

unter Verwendung einer angenommenen Verteilungsfunktion auf die entsprechend hohen SR-Werte extrapoliert.

Worst-Case-Corner (WCC) meint die Ecke in einem Konfidenzbereich, die die ungünstigste Kombination der Unsicherheiten (Konfidenzintervalle) zum geschätzten Mittelwert und zur geschätzten Streuung einer Stichprobe im →Arbeitsdiagramm (SPC) beschreibt.

Variante (eines Baumusters) meint ein neues →CC-Design, das mit definierten Veränderungen (z. B. gemäß Auslegungs- und Prüfnorm) von dem ursprünglichen und bereits zugelassenen →Baumuster abweicht.
Eine Variante (Baureihe) wird üblicherweise nach Erfüllung ergänzender, gegenüber dem Ausgangsbaumuster reduzierten Prüfaufwand zugelassen. Die Summe aller Varianten bildet mit dem Ausgangsbaumuster eine Baumusterfamilie.
Im Rahmen der statistischen Betrachtung muss grundsätzlich jede Variante wie ein selbständiges Baumuster betrachtet werden.

Zeitstandsprüfung meint eine Prüfung, bei der ein →CC hydraulisch mit einem vorgegebenen Prozentsatz der mittleren Berstfestigkeit des Baumusters unter konstantem Innendruck und bei definierter Temperatur belastet wird. Die Prüfung endet üblicherweise mit dem Bersten. Das Prüfergebnis wird in Zeit bis zum →Bersten gemessen.
Diese Form der Belastung kann auch zur künstlichen Alterung eingesetzt werden, sofern die Belastung vor dem ersten Versagen abgebrochen wird.

SR-value on the basis of test results by using an assumed distribution function.

Worst Case Corner (WCC) means the corner in a confidence region (confidence area) representing the most unfavourable combination of uncertainties (confidence intervals) with respected to the estimated mean value and to the estimated scatter of sample in the →Sample Perfomance Chart (SPC).

Variant (of a design type) means a new →CC design which, deviates by defined modifications (e. g. according to design and approval standard) from the original and already approved →design type.
Usually, a variant gets approved in case of successful demonstration of a certain, but in comparison with the original design type reduced set of tests. The sum of all variants including the original design type represents a "design type family".
Within the discussion of statistical evaluation methods each variant has to be treated as a discrete design type.

Sustained load test (creep rupture test) means a test during which a composite cylinder has been loaded hydraulically to a certain ratio of average burst strength of the design and stays under controlled sustained pressure until rupture. This tests results in a time to rupture at a given pressure.
This kind of loading can be also used for artificial aging, provided that the loading is stopped before the first failure.

Sachverzeichnis

© Springer-Verlag Berlin Heidelberg 2016
G. W. Mair, *Sicherheitsbewertung von Composite-Druckgasbehältern,*
DOI 10.1007/978-3-662-48132-5

Printed in the United States
By Bookmasters